"十二五"普通高等教育本科国家级规划教材

有机化学

（第四版）

董先明　杨卓鸿　罗　颖　主编

科学出版社

北　京

内 容 简 介

本书是根据高等农业院校有机化学教学研讨会指定的教学大纲,结合有机化学发展动态和趋势、有机化学教学计划和培养目标及教学手段等综合改革而编写的。在内容上力争做到理论知识与实际应用相结合,能够反映有机化学与其他学科的相互交叉、相互渗透,并增设一些世界发展的前沿研究内容作为课后阅读,借以扩大学生知识面和提高学生的学习兴趣。本书共 15 章,在保证有机化学知识系统性的基础上,分散难点,突出重点,主要介绍各类有机化合物的结构、性质及其制备方法,以及立体化学、金属有机化合物等,并对各类化合物的典型代表进行介绍,旨在使学生掌握有机化学的基本反应原理,了解有机化学发展的历史和取得的成就,培养学生科学的思维能力、分析及解决问题的能力和创新能力。

本书可作为高等院校农、林、水及生物专业本科生的基础有机化学教材,也可供农业院校科技工作者及科研人员参考。

图书在版编目(CIP)数据

有机化学/董先明,杨卓鸿,罗颖主编. —4 版. —北京:科学出版社,2017
"十二五"普通高等教育本科国家级规划教材
ISBN 978-7-03-051644-2

Ⅰ.①有… Ⅱ.①董… ②杨… ③罗… Ⅲ.有机化学-高等学校-教材 Ⅳ.①O62

中国版本图书馆 CIP 数据核字(2017)第 009075 号

责任编辑:赵晓霞 / 责任校对:林青艳
责任印制:师艳茹 / 封面设计:迷底书装

科学出版社 出版
北京东黄城根北街 16 号
邮政编码:100717
http://www.sciencep.com

保定市中画美凯印刷有限公司 印刷
科学出版社发行　各地新华书店经销

*

2003 年 3 月第 一 版　　开本:787×1092　1/16
2007 年 3 月第 二 版　　印张:22
2012 年 10 月第 三 版　　字数:524 000
2017 年 1 月第 四 版　　2023 年 12 月第二十一次印刷

定价:49.80元

第四版前言

在《有机化学》(第三版)的使用过程中,教师和学生提出了许多有益的意见和建议。同时,为了适应现代社会对学生能力和素质培养的要求,本书在第三版的基础上进行了整理、删改和调整,充实了部分内容,目的在于提高教材的整体层次和水平。

本书秉承第三版的难度分散、理论深度适当、具有农业院校特色等优点,结合教学实践经验,在第三版的基础上除旧推新,精简知识点,尽量避免重复。同时在保证有机化学知识系统性的前提下,突出重点、分散难点,对部分内容进行修改,对部分章节进行适当调整,以便更适合学生学习和有关人员参考。本书共 15 章,将第三版中的第 10 章核磁共振谱的内容并入醛、酮一章,并缩减相关内容。在书中增加课堂提问部分,以便学生及时练习并掌握所学的关键知识;增加关键词和重要有机化合物的中英文对照。在典型有机化合物介绍中增加了一些与实际生产和生活密切相关的内容,使学生在掌握有机化学基本知识的基础上,更好地了解有机化学的现状和取得的成就,为其今后的自学和在专业上的发展打好基础。

本书由董先明教授进行整体的修改策划和编写大纲,并修编第 1 章和第 11 章,杨卓鸿教授修编第 2 章和第 4 章,禹筱元教授修编第 3 章和第 5 章,罗颖副教授修编第 6 章和第 7 章,李春远副教授修编第 8 章,汤日元教授修编第 9 章和第 14 章,张淑婷副教授修编第 10 章,徐莉副教授修编第 12 章和第 13 章,丁唯嘉讲师修编第 15 章。

在本书的修编过程中,得到了华南农业大学材料与能源学院有机化学教研室和有机化学教学团队全体教师的大力支持与帮助,他们提出了许多宝贵意见;在第三版修编过程中担任主编的谷文祥教授提出了指导意见;并得到了“有机化学”省级精品资源共享课建设项目的资助;书中部分有机化合物结构模型图由郑文旭副教授绘制,在此一并表示衷心的感谢。

本书结合国内外专业参考书和教材,力求做到既符合农业院校各专业学生能力和素质培养的要求,又不失有机化学内容的系统性,对以前的不足进行适当的补充。虽然我们尽了最大努力,但书中难免存在疏漏和不妥之处,恳切希望同行和读者批评指正。

编 者
2016 年 9 月

第三版前言

自 2007 年《有机化学》(第二版)出版以来,使用教师和学生提出了一些有益的意见。同时,随着时代的进步和教学实践经验的增加,本书在第二版的基础上进行了整理、删改和调整,充实了部分内容,提高了教材的整体层次和水平。

本书继续保持第二版的优点,如难度分散,理论深度适当,具有农业院校的特点等。在原版的基础上除旧推新,对于前面课程讲授过的知识点,予以精简,尽量减少重复。同时和中学教学内容紧密衔接,在保证有机化学知识系统性的基础上,分散难点,突出重点。在保持原版风格的基础上,结合教学实践,对部分章节内容进行了修改和增补,并对编排次序进行了适当调整,以便更适合学生学习和有关人员参考。全书仍为 16 章,在第 1 章绪论中,对有机化学结构理论知识进行了比较详细的介绍。有机合成,含硫、含磷化合物和油脂类脂化合物仍不单独成章节,而将其内容分散在有关章节。增加了有机化学基础知识的篇幅,在介绍典型化合物时增加了一些与生活有关的内容,同时增加课后阅读,以扩大学生的知识面,旨在让学生掌握有机化学的基本反应原理,了解有机化学发展的历史和取得的成就,为今后的自学和在专业上的发展打好基础。

本书由华南农业大学谷文祥教授作全书的整体修改策划,编写大纲,并修编前言,第 1、4、15 章,华南农业大学禹筱元教授修编第 2、13 章,罗颖副教授修编第 3、8 章,董先明教授修编第 10、12 章,李春远副教授修编第 14、16 章;天津农学院潘虹讲师修编第 5 章,李萍讲师修编第 6 章,明媚讲师修编第 7 章,徐晓萍讲师修编第 9 章,尹立辉副教授修编第 11 章。

在本书的修编过程中,得到了华南农业大学理学院应用化学系和天津农学院有机化学教研室全体教师的支持与帮助,他们提出了许多宝贵意见,还有在第二版修编过程中付出过辛勤劳动的杨卓鸿教授、张淑婷副教授、赵颖副教授,在此一并表示衷心的感谢。

本书结合国内外专业参考书和教材,力求做到既符合农业院校学生能力和素质培养的要求,又不失有机化学内容的系统性,对以前的不足进行了适当的补充。虽然我们尽了最大的努力,难免出现应当补充的内容没有写入,而不应该删去的部分被删去的情况,同时书中难免存在疏漏和不当之处,恳切希望同行和读者批评指正。

编　者

2012 年 5 月

第二版前言

在我国第十一个五年计划之际,《有机化学》迎来了再版的机会。随着对教材使用意见的收集以及近年来教学实践经验的积累,我们对第一版教材进行了整理、删改和调整,充实了部分内容,提高了教材的整体层次和水平。

本书继续保持第一版的优点,如难度分散、理论深度适当、具有农业院校的特点等。在第一版的基础上除旧推新,对于本课程之前讲授过的知识点予以精简,尽量减少重复。同时和中学教学内容紧密衔接,在保证有机化学知识系统性的基础上,分散难点,突出重点。在保持第一版风格的基础上,结合教学实践,对部分章节的内容进行了修改和增补,并对编排次序进行了适当的调整,以便更适合学生学习和有关人员参考。全书仍为16章,在第1章绪论中,对有机结构理论知识进行了比较详细的介绍。考虑到学生所掌握的有机化学知识较少,不适合一开始就进行现代物理方法在有机分析上的应用教学,因此将第一版第2章的内容分散到本书的各章中进行介绍,并在第10章单独介绍了核磁共振谱,以适应学科当前的发展趋势。有机合成,含硫、含磷化合物和油脂类脂化合物不单独成章节,而将其内容分散在有关章节中,增大了卤代烃、苯、醛酮等有机化学基础知识的篇幅,旨在让学生掌握有机化学的基本反应原理,为今后的自学和在专业上的发展打好基础。

本书由谷文祥教授制定编写大纲,并编写第二版前言,修编第1、3、4、5、6、8、9、16章;禹筱元讲师修编了第2章;杨卓鸿副教授修编了第7章;董先明副教授修编了第10、12章;张淑婷副教授修编了第11、13章;赵颖副教授修编了第14、15章。第一版作者王奎堂副教授、何庭玉副教授曾参与本书的编写,对很多章节付出过辛勤的劳动。

在本书修编过程中,得到了华南农业大学理学院应用化学系有机化学教研室全体教师的支持与帮助,他们提出了许多宝贵意见,在此向他们表示衷心的感谢。

本书结合国内外专业参考书和教材,力求做到既符合农业院校学生能力和素质培养的要求,又不失有机化学内容的系统性,对以前的不足进行了适当的改进。虽然我们尽了最大的努力,但限于水平和时间,本书难免存在错误和不当之处,恳切希望同行和读者批评指正。

编 者
2006 年 11 月

第一版前言

本书是根据高等农业院校有机化学教学研讨会指定的教学大纲,结合有机化学当前世界发展的动态和趋势、有机化学教学计划、培养目标、教学手段等的综合改革而编写的。在编写过程中,考虑到目前农业院校基础课程学时不断减少的情况,在基本内容上尽量与相关学科衔接,减少重复,将结构和灵活性的关系贯穿始终。力争做到理论知识与实际应用相结合,能够反映有机化学与其他学科的相互交叉、相互渗透,在内容上做到前呼后应,同时结合本学科的发展趋势与科研动态,增设一些世界发展前沿课题内容,借以扩大学生的知识面和提高学生的学习兴趣。除此之外,我们力求所编教材适合具有高中化学水平的学生自学,但绝不是知识的简单重复。全书共分 16 章。在内容上除旧推新,尽量减少重复,在保持系统性的基础上,分散难点,突出重点。在绪论后首先介绍了波谱技术,使学生了解现代物理分析方法在有机化学中的应用。根据有机化学在农业领域有广泛应用的特点,适当介绍一些与生产实际相关的化合物。本书始终把结构和活性的关系作为主线,分析结构特点,进行逻辑推理,借以培养学生分析问题、解决问题的能力。此外将有机合成,硫、磷元素有机化学部分分别组成章节,以利于学生的学习。

本书由华南农业大学谷文祥和王奎堂担任主编。参加编写的人员有:华南农业大学谷文祥(第 1、2、3、9 章)、王奎堂(第 4、5、6、8 章)、何庭玉(第 15、16 章)、万新(第 13、14 章)、张淑婷(第 10、11、12 章),仲凯农学院陈睿(第 7 章)。全书统稿由谷文祥完成。

在本书的编写过程中,得到了华南农业大学理学院应用化学系及有机化学教研室教师们的支持与帮助,以及华南农业大学"农科有机化学课程教学综合改革"校长基金项目资助,在此表示感谢。

本书主要以华南农业大学有机化学教学实践所积累的资料为依据,结合流行专业参考书和国内外农业院校有机化学教材,力求做到适合于学生素质和能力的培养。虽然我们尽了很大的努力,但由于水平所限,书中难免存在错误和不当之处,恳切希望同行与读者批评指正。

编　者

目　录

◆ **本书配套教辅资源**

书名:《有机化学学习指南与练习(第三版)》

作者:董先明

书号:9787030516459

科学出版社电子商务平台购买二维码如下:

第1章 绪 论

1.1 有机化合物与有机化学

1.1.1 有机化学的研究对象

有机化学(organic chemistry)是化学的一个重要分支,是与人们的生活关系极其密切的一门学科。有机化学是研究碳氢化合物的化学。18世纪,人们从动物和植物体内分离得到一些化合物,其性质和组成不同于从矿物中得到的化合物,故称为有机化合物(organic compounds)。这些来源于生物体的化合物都有一个共同的特点,即都含有碳、氢元素,以后的研究发现除了碳、氢元素外,有的还含有氧、氮、硫、磷和卤素。尽管有机化合物所含元素的种类远不如无机化合物多,但有机化合物的种类和数量远比无机化合物多,且性质也有较大差异。

有机化学作为一门学科,是在19世纪发展起来的。自从创造了有机化合物的分析方法之后,人们发现有机化合物均含有碳元素,并且大多数还含有氢元素,于是把含碳的化合物称为有机化合物,把有机化学定义为碳化合物的化学。后来人们发展了这一观点,认为碳的四个价键除自相连接外,其余和氢相结合,这样就形成了各种各样的烃类,其他元素取代烃中的氢原子而得到烃的衍生物。这样有机化学又被定义为研究烃及其衍生物的化学。

为什么要把有机化学作为一门独立的学科研究呢? 其主要原因首先是有机化合物种类繁多,而且有重要的研究价值,同时和人们的生活也息息相关;其次是有机化合物具有与典型无机化合物截然不同的特性。

1.1.2 有机化合物的特性

如果将有机化合物和无机化合物进行比较,不难发现有机化合物具有以下一些特性。

1. 结构特性

有机化合物结构特殊。在有机化合物中,组成有机化合物的元素并不多,但有机化合物种类繁多,其主要原因是有机化合物具有同分异构现象。在有机化合物中,碳原子之间结合能力强,且以多种方式相互连接,如环状、链式等,一个分子式也可以代表多种不同性质的化合物,如 C_2H_6O 就可以代表乙醇(CH_3CH_2OH)和甲醚(CH_3OCH_3)。

这种具有相同分子式而结构和性质不同的化合物称为同分异构体,这种现象称为同分异构现象。有机化合物的同分异构一般包含两大类:构造异构和立体异构。化学式相同但分子中原子排列的顺序不同引起的异构称为构造异构。构造异构根据原子排列的不同特征可分为碳架异构、官能团异构和官能团位置异构。构造式相同但原子在空间的排布不同引起的异构称为立体异构,它分为构型异构和构象异构。因此在有机化合物中分子仅用分子式表示是不行的,必须使用构造式或结构式表示。

碳原子还可以与其他原子结合。在有机化合物中碳原子总是以四价出现,而且由于它在周期表中的特殊位置,它不易失去或得到电子,一般均以共价键的形式与氢原子或其他原子结合,这是典型的有机化合物结构特征。

2. 性质上的特征

有机化合物在性质上有与无机化合物显著不同的特点。其主要表现在以下几方面。

1) 有机化合物一般易燃烧,生成二氧化碳和水

在日常生活中,酒精、棉花、汽油、脂肪均是易燃的物品。糖和盐分别是有机化合物和无机化合物的典型代表,糖加热熔融、发烟、变黑、发焦,而盐则不是这样。在实验室中可采用灼烧实验来区分有机化合物和无机化合物。

2) 有较低沸点和熔点

大多数固体无机化合物依正、负离子的顺序排列成晶格,正、负离子之间靠静电吸引力来获得晶格能,形成离子晶体。要破坏这种排列,需要较大的能量来克服晶格能,因此无机物一般熔点较高。而有机化合物是分子间排列形成的晶体,靠分子间力来维持分子晶体,一般熔点较低。通常有机化合物熔点在 400℃ 以下,而且液体有机化合物沸点也较低。测定物质熔点或沸点是鉴定有机化合物的常用方法之一。

3) 一般不溶于水而溶于有机溶剂

水是一种极性较强的液体。无机物一般在水中的溶解度较大,而有机化合物在水中的溶解度很小。当然也有与水完全相溶的有机化合物,如乙醇、乙酸等,这是因为在这类比较小的分子中含有较大的极性基团。根据相似相溶原理,它(们)在水中的溶解度很大。而一般的有机化合物均是非极性或弱极性的化合物,它们在水中的溶解度很小,但它们易溶于有机溶剂,这为提取有机化合物提供了条件,如分离提取中草药中的有效成分时,常用乙醇、甲醇作溶剂。

4) 有机化合物反应慢而且复杂,反应副产物多

大多数有机反应是在分子间进行的,需要足够的能量且碰撞到适当的反应部位,反应才能发生。因此大多数有机反应速率慢,需要一定的反应时间,有些甚至要很长时间才能发生,如乙酸和乙醇的酯化反应在常温下约需 16 年才能进行。为了加速反应的进行,可以采用加热、搅拌及加催化剂的方法。

有机分子结构复杂,发生反应部位常常不止一点,这就使得反应复杂,在主反应进行的同时,还常常伴随着副反应,产物一般为混合物,为分离纯化目标产物带来许多麻烦。因此分离技术是研究有机化合物的重要手段之一。

1.1.3　有机化学的产生和发展

科学的产生和发展都是与当时的社会生产水平和科学水平相联系的。人类应用有机物的历史则可以追溯到很久以前。据历史记载,我国劳动人民很早就知道谷物酿酒制醋,以后逐渐发展到使用染料、香料、中草药等。中国是一个文明古国,在有机化学发展的早期阶段,中华民族一直处于世界领先地位,但由于生产力不发达,人们对有机化合物的认识仍然处于初级阶段,没有形成一门学科。直到 18 世纪末,有机化学才取得较快发展,人们开始用科学的方法对有机化合物进行研究。

随着欧洲工业革命的发生、社会需要与科学技术的进步,分离提取有机化合物的技术发展很快使有机化学逐渐形成。1769 年,Scheele 发现并最先确认了一些最重要的有机酸,如酒石酸、柠檬酸、五倍子酸、乳酸、尿酸等;1773 年,人们首次从尿液中提取获得纯的尿素;1805 年,

当时享有盛名的化学家 Berzelius 首先使用有机化学这个名字,以区别于无机化学。当时,人们不仅发现了许多有机化合物,也测定了许多有机化合物的结构与组成,使人们对于有机化合物的认识提高到一个新的阶段。1828 年,德国化学家 Wöhler 冲破生命力论,在实验室里第一次用人工合成的方法获得尿素,在有机化学的发展史上具有划时代的意义,为有机化合物的人工合成开辟了前进的道路。1845 年,Kolbe 合成了乙酸;1854 年,Berthelot 合成了属于油脂的物质;1850~1900 年,成千上万的药品、染料被合成出来,从此有机化学进入了合成的新时代。

在人们对有机化合物的组成和性质有了一定认识的基础上,有机结构理论也得到了蓬勃发展。1858 年,德国化学家 Kekulé 和 Couper 提出了碳原子在有机化合物中是四价及碳原子之间相互连接成碳链的概念,成为研究有机化合物分子结构的最原始和最基础的理论。1861 年,Butlerow 对有机化合物的结构提出了比较完整的概念,指出了原子之间存在着相互影响,化合物的结构决定性质。1865 年,Kekulé 提出了苯的构造式。1874 年,荷兰化学家 van't Hoff 和法国化学家 Le Bel 建立了分子的立体概念,解释了对映异构和几何异构现象;1885 年,Baeyer 提出了分子张力学说。至此,经典有机化学结构理论基本建立起来。

20 世纪初,在物理学一系列新发现的推动下,建立了价键理论;当量子力学原理引入化学领域后,建立了量子化学,使化学键理论获得了理论基础。量子化学阐明了化学键的微观本质,使得诱导效应、共轭效应理论及共振论相继出现。20 世纪 60 年代,波谱技术在化学上开始得到广泛应用,这为测定分子结构提供了强有力的手段;分子轨道理论、对称守恒原理的提出,使有机化学进入一个辉煌的阶段。与此同时大量复杂的有机化合物被合成出来,如牛胰岛素、叶绿素、维生素 B_{12}、红霉素、海葵毒素等。

1.2 有机化合物中的共价键

1.2.1 原子轨道、原子的电子构型

1. 原子轨道

电子、原子等微观粒子具有波粒二象性,可以通过薛定谔(Schrödinger)方程来描述这些微观粒子的运动规律。依据薛定谔方程求解,可得到描述电子在原子核外运动状态的波函数 Ψ(原子轨道)和对应的能量 E。通常将一个电子在原子核外空间最可能出现的区域称为原子轨道(atomic orbital),根据原子轨道大小、形状和方向的不同,可分为 s、p、d、f 轨道,如 s 轨道是以原子核为中心的球体,p 轨道是哑铃形的(图 1-1、图 1-2)……

s轨道　　　　　　　　　　p轨道

图 1-1　s 轨道、p 轨道示意图

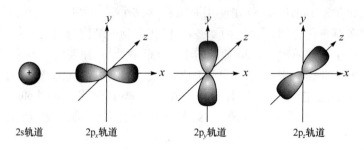

2s轨道　　　2p$_x$轨道　　　　2p$_y$轨道　　　　2p$_z$轨道

图 1-2　2s 轨道和 2p 轨道

2. 原子的电子构型

原子的电子构型由四个量子数 n、l、m、m_s 来确定,核外电子的排布遵守以下三个原则:能量最低原理、泡利(Pauli)不相容原理和洪德(Hund)规则。

能量最低原理是自然界一切事物共同遵守的法则,多电子原子在基态时,核外电子总是尽可能分布在能量最低的轨道上,以保持整个原子体系的能量最低。泡利不相容原理指明任何一个原子轨道只能被两个电子占据,而且这两个电子必须自旋相反,它们被称为配对电子。自旋相同的电子倾向于尽可能彼此远离,这种倾向在决定分子形状和性质诸因素中是主要的。洪德规则是指电子在等价轨道上分布时,总是尽可能以自旋平行的方向分占不同的轨道,这样才能使原子的能量最低。

1.2.2　离子键和共价键概述

我们知道,使离子相结合或原子相结合的作用力统称为化学键。那么分子是如何形成的呢? 两类特殊类型的键——离子键(ionic bond)和共价键(covalent bond),解释了有机分子中离子、原子之间的相互作用。

离子键是由正、负离子之间通过静电引力吸引而形成的,原子相互得失电子形成稳定的正、负离子,当离子间吸引与排斥处于平衡状态时就形成了离子键,离子键的形成使体系的总能量降低(图 1-3)。

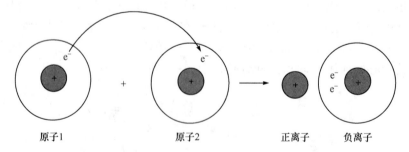

原子1　　　　　　　　原子2　　　　　　正离子　　负离子

图 1-3　离子键的形成

共价键是通过电子的分享而形成的化学键,原子通过共用电子对形成共价键后,体系总能量降低(图 1-4)。

我们还发现,许多原子与碳原子以这两种特殊形式的中间形式化合形成键。有些离子键有共价的性质,而一些共价键有离子的特性(极化)。那么如何解释这两类化学键呢? 为了回

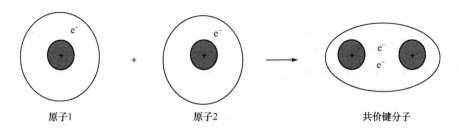

图 1-4 共价键的形成

答这个问题,让我们回到原子和它的构成。在元素周期表中,原子核外的电子数目随着原子序数的增加而增加,而原子核外的电子是形成化学键的基础。

在有机分子中,最常见的元素是碳(C)、氢(H)、氧(O)、氮(N)、硫(S)、氯(Cl)、溴(Br)、碘(I)。某些用于有机合成的常用试剂有元素锂(Li)、镁(Mg)、硼(B)、磷(P)。在周期表中,元素按照原子序数或核电荷数排列,其核电荷数等于核外的电子数。电子占据不同的能级或层数,且在每层都有一个固定容量。每一层能容纳 $2n^2$ 个电子,例如,第一层能容纳 2 个电子,第二层能容纳 8 个电子,第三层能容纳 18 个电子等。氦的外层只有两个电子,而其他的稀有气体最外层都是 8 个电子,它们特别稳定,不易发生化学反应。所有其他的元素核外缺少八电子壳层,在形成分子时,原子有形成八电子层结构的趋势。这样在纯离子键中,通过电子的转移,形成八电子的稳定结构。

为了更方便地描述原子周围的价电子,我们在元素符号周围用小圆点来表示外层电子,字母代表核与核内层的所有电子-核结构。

$$Li\cdot \quad \cdot Be\cdot \quad \cdot \dot{B}\cdot \quad \cdot \dot{\underset{.}{C}}\cdot \quad \cdot \ddot{\underset{.}{N}}\cdot \quad \ddot{\underset{.}{O}}\colon \quad \ddot{\ddot{F}}\cdot$$

$$Na\cdot \quad \cdot Mg\cdot \quad \cdot \dot{Al}\cdot \quad \cdot \dot{Si}\cdot \quad \cdot \dot{\underset{.}{P}}\cdot \quad \ddot{\underset{.}{S}}\cdot \quad \ddot{\ddot{Cl}}\cdot$$

在共价键中,电子被形成共价键的原子分享而达到八电子层结构。有些形成共价键的电子被原子分享而形成非极性共价键,如 Cl—Cl 键;但是在大多数化合物中,成键电子不是完全分享的,这就形成了极性共价键,如 C—H 键。在有机分子结构式中,常用一条直线代表共价键。

$$:\ddot{Cl}\cdot + \cdot \ddot{Cl}: \longrightarrow :\ddot{Cl}:\ddot{Cl}: \qquad \begin{matrix} & H & \\ & \ddot{} & \\ H:\overset{\ddot{}}{\underset{\ddot{}}{C}}:H \\ & \ddot{} & \\ & H & \end{matrix} \qquad \begin{matrix} & H & \\ & | & \\ H-\overset{|}{\underset{|}{C}}-H \\ & | & \\ & H & \end{matrix}$$

共价键的属性包括键长、键角和键能。键长是指原子核之间的平均距离,键长受多种因素的影响,因此即使是同一种共价键在不同的化合物中也会有差别。键角是指每两个共价键之间的夹角。例如,甲烷的每个 C—H 键之间的夹角是 109.5°。键能是指共价键断裂过程中吸收的能量,键能越大,键越牢固不容易断裂,键能越小,键越容易断裂。

1.2.3 σ键和π键

共价键的形成是成键电子的原子轨道发生重叠的结果,要使共价键稳定,必须使重叠部分最大。共价键按其共用电子对的数目不同可以分为单键和重键;按成键的原子轨道的方向不同又可分为 σ 键和 π 键。

1. σ键

两个成键的原子轨道沿着其对称轴的方向相互交盖而形成的键,称为 σ 键(图 1-5)。构成 σ 键的电子称为 σ 电子。在 σ 键中,成键电子云沿键轴成圆柱形分布,用这种键连接的两个原子或基团,可以绕键轴自由旋转。同时由于成键原子轨道是在直线上相互交盖,且交盖程度较大,因此 σ 键较牢固,在化学反应中不易断裂(图 1-6)。

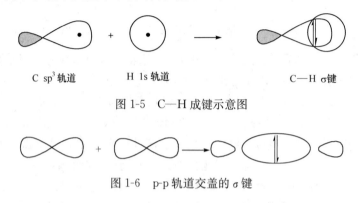

C sp³ 轨道　　　　　　H 1s 轨道　　　　　　　　C—H σ键

图 1-5　C—H 成键示意图

图 1-6　p-p 轨道交盖的 σ 键

2. π键

如果成键原子轨道除了以 σ 键相互结合外,它们的 p 轨道又相互平行交盖形成键,此时成键的两个 p 轨道的方向刚好与连接两个原子的轴垂直,这种键称为 π 键(图 1-7)。在 π 键中,成键电子云分布在键轴的上下方,而且有一个对称平面,在该平面上的电子云密度为零。与 σ 键相比,两个 p 轨道交盖程度较小,使得 π 键的强度一般不如 σ 键,在化学反应中容易断裂,同时碳原子有形成较牢固 σ 键的倾向,从而含有 π 键的化合物容易发生加成反应。

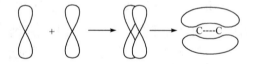

图 1-7　π 轨道形成示意图

1.2.4　价键理论要点

有机化合物一般都是通过共价键结合起来的,而对共价键本质的解释常用的是价键理论和分子轨道理论。在 19 世纪末和 20 世纪初,一大批科学家致力于碳的结构研究。荷兰化学家范特霍夫(van't Hoff)和法国化学家 Le Bel 提出了有机分子三维空间的概念及碳的四面体学说,指出有机化合物的结构是建立在碳原子的价键理论上的。美国化学家 Lewis 提出的共价键电子理论认为,碳碳之间的成对电子可以是单键、双键(两对电子)或叁键(三对电子)。在化合物中,当一个碳原子周围具有外层 8 电子结构后,共价键达到饱和,这样便解释了四价碳的结合力。而有机化合物中碳原子的方向性问题直到鲍林(Pauling)提出价电子的杂化轨道理论才得以确定。

1. 最大重叠原理

在形成共价键时,成键原子的外层原子轨道及其电子参与成键,两原子靠近时,自旋方向相反的未成对的价电子配对形成共价键,使体系能量降低。价键的形成是原子轨道的重叠或电子配对的结果。成键电子的原子轨道重叠越多,形成的共价键越牢固,这就是最大重叠原理。

2. 共价键的饱和性

在形成共价键时,形成的共价键的键数与原子的成单电子数相同。一个电子和另一个电子配对之后就不能再与其他电子配对,这种性质称为共价键的饱和性。原子有几个未成对的价电子,一般就只能和几个自旋方向相反的电子配对成键。

3. 共价键的方向性

为满足最大重叠原理,成键时原子轨道只能沿着轨道伸展的方向重叠,成键的两个电子的原子轨道只有在一定方向上才能达到最大重叠,形成稳定的共价键,这就是共价键的方向性。只有当原子轨道对称性相同的部分重叠,电子在原子间出现的概率密度才会增大,才能形成化学键。

如果两个原子都有未成对电子并且自旋相反,就能配对形成共价键。由一对电子形成的共价键称为单键;由两对或三对电子形成的共价键分别称为双键或叁键。共价键的实质是原子轨道的重叠。例如

$$
\begin{array}{c}
H \\
| \\
H-C-H \qquad\qquad C=C \qquad\qquad -C\equiv C- \\
| \\
H
\end{array}
$$

1.2.5 杂化轨道理论

价键理论比较清楚地阐述了共价键的形成和本质,并成功地解释了共价键的方向性和饱和性。但是随着近代测试技术的发展,许多分子的空间构型被确定,用价键理论解释这些分子的构型遇到了一定困难,如甲烷分子 CH_4,按照价键理论,碳原子 $C(2s^2 2p^2)$ 只有两个未成对电子,故只能形成两个共价单键,而且这两个共价单键应互相垂直,键角为 $90°$。然而现代实验表明甲烷为正四面体,碳原子位于正四面体的中心,四个氢原子占据四面体的四个顶角,分子中有四个相等的 C—H 共价键,其键角为 $109.5°$。为了解释多原子分子的空间构型,解决价键理论的局限性,在价键理论的基础上,鲍林于 1931 年引入了杂化轨道的概念,从而补充和发展了价键理论。

杂化轨道理论(hybrid orbital theory)中"杂化"是指原子成键时,参与成键的若干个能级相近的原子轨道相互"混杂",组成一组新轨道(杂化轨道),我们把这一过程称为原子轨道的"杂化",而通过杂化形成的轨道称为杂化轨道。

1. 杂化轨道理论要点

(1) 只有能量相近的原子轨道才能进行杂化,同时只有在形成分子的过程中才会发生,而孤立的原子是不可能发生杂化的。在形成分子时,通常存在激发、杂化、轨道重叠等过程。

(2) 杂化轨道的成键能力比原来未杂化轨道的成键能力强,形成的化学键键能大。因为杂化后原子轨道的形状发生了变化,电子云分布集中在某一方向上,比未杂化的 s、p、d 轨道的电子云分布更为集中,重叠程度增大,成键能力增强。

(3) 杂化轨道的数目等于参加杂化的原子轨道的总数。

(4) 杂化轨道成键时,要满足化学键间最小排斥原理。键与键间排斥力的大小取决于键的方向,即取决于杂化轨道间的夹角。故杂化轨道的类型决定分子的空间构型。

2. 有机分子中常见的杂化类型

在有机分子中,根据参加杂化的原子轨道的种类和数目的不同,杂化轨道有 ns 和 np 轨道组合的 sp、sp^2、sp^3 杂化轨道。

1) sp^3 杂化

以甲烷为例,成键时碳原子的一个 s 轨道和 3 个 p 轨道进行杂化,形成 4 个能量相等的杂化轨道,称为 sp^3 杂化轨道(图 1-8),每个轨道中含 1/4 的 s 成分、3/4 的 p 成分。4 个 sp^3 杂化轨道在空间排列上形成正四面体结构。

图 1-8　sp^3 轨道杂化示意图

sp^3 杂化轨道的形状既不同于 s 轨道,也不同于 p 轨道,而是电子云集中在原子核一端的呈一头大一头小的“梨”形轨道,这样使轨道的方向性加强了(图 1-9～图 1-12)。

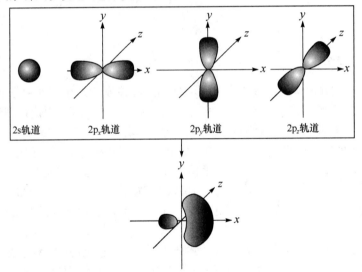

图 1-9　sp^3 杂化轨道的形成

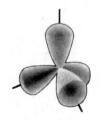

图 1-10　C 原子 sp^3
杂化轨道

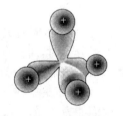

图 1-11　sp^3 杂化轨道与氢
原子的 1s 轨道成键

图 1-12　甲烷的分子结构

2) sp^2 杂化

研究结果已证明乙烯分子中的 6 个原子都处于同一平面内,每个碳原子与两个氢原子及另一个碳原子相连。乙烯分子中碳原子的原子轨道以 sp^2 杂化方式成键。碳原子以激发态的 $2p_x$、$2p_y$ 和 $2s$ 形成 3 个 sp^2 杂化轨道，这 3 个轨道能量相等，位于同一平面并互成 $120°$ 夹角，形成平面正三角形结构，另外一个未杂化 $2p_z$ 轨道位于与平面垂直的方向上（图 1-13）。成键时碳原子以其中两个 sp^2 杂化轨道分别与氢原子的 $1s$ 轨道交盖形成 C—H σ 键，两个碳原子各以一个 sp^2 杂化轨道以头对头的方式相互交盖，形成 C—C σ 键；而两个碳原子上未参与 sp^2 杂化的 $2p$ 轨道以肩并肩的方式从侧面相互平行交盖，形成了碳碳 π 键，且垂直于 sp^2 杂化轨道所在平面。两个碳原子之间共用的两对成键电子形成碳碳双键，其中一个是 σ 键，另一个是 π 键（图 1-14～图 1-17）。

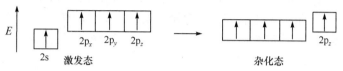

图 1-13　sp^2 轨道杂化示意图

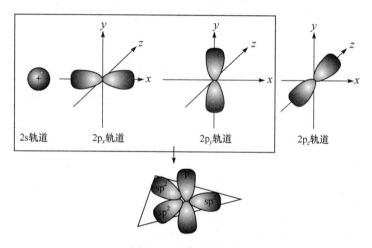

图 1-14　sp^2 杂化轨道

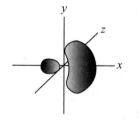

图 1-15　C 原子 sp^2 杂化后的轨道形状

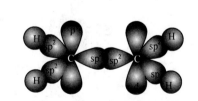

图 1-16　头对头重叠形成 C—C σ 键

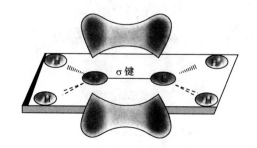

图 1-17　肩并肩重叠形成 π 键

碳碳双键由一个 σ 键和一个 π 键组成,即双键中两个键是不等同的。由于 π 键原子轨道的重叠程度小于 σ 键,因此不稳定,容易断裂,所以含有双键的烯烃很容易发生加成反应,如乙烯(H_2C＝CH_2)和氯气(Cl_2)反应生成 1,2-二氯乙烷(Cl—CH_2—CH_2—Cl)。

3) sp 杂化

在炔烃分子中,碳碳叁键(—C≡C—)是经过碳原子的 sp 杂化轨道形成的。在形成乙炔分子的过程中,激发态碳原子中的 2s 和 $2p_x$ 轨道杂化,形成 sp 杂化轨道,这两个能量相等的 sp 杂化轨道在同一直线上,其中之一与 H 原子形成 C—H σ 单键,另一个 sp 杂化轨道形成 C—C σ 键,而未参与杂化的 p_y 与 p_z 轨道则垂直于 x 轴,并相互垂直,它们以肩并肩的方式与另一个 C 的 p_y、p_z 轨道形成 π 键。即碳碳叁键是由一个 σ 键和两个 π 键组成,这两个 π 键不同于 σ 键,轨道重叠较少且不稳定,因而容易断开,所以含叁键的炔烃也容易发生加成反应(图 1-18～图 1-22)。

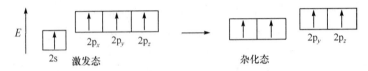

图 1-18　sp 轨道杂化示意图

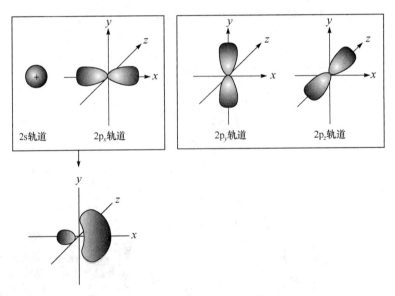

图 1-19　乙炔中 C 的 sp 杂化轨道形状

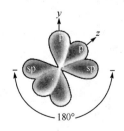

图 1-20　杂化后乙炔中
　　　　C 的轨道形状

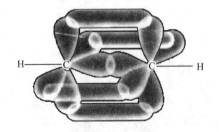

图 1-21　乙炔的成键方式

图 1-22　乙炔的直线形分子

问题 1-1　指出下列有机化合物中各碳原子的杂化类型和所形成共价键的类型。

(1)　$CH{\equiv}C{-}CH{=}CH{-}CH_3$　　　　　(2)　$H_3C{-}\langle\bigcirc\rangle{-}\overset{\displaystyle H}{\underset{\displaystyle O}{C}}$

问题 1-2　根据杂化轨道理论,判断 SiH_4、BH_3、CO_2 的杂化类型分别是什么? 它们的分子结构是什么形状?

1.2.6　分子轨道理论

分子轨道理论认为化学键是原子轨道重叠产生的,当任何数目的原子轨道重叠时都可以形成相同数目的分子轨道,而分子中的电子沿着一个多核的分子轨道运动。分子轨道的要点如下:

分子中每一电子的运动状态可用波函数 Ψ 来描述;Ψ 称为该电子的分子轨道函数或分子轨道,Ψ 可用原子轨道的线性组合来表示;

$$\Psi_1 = C_1\Psi_a + C_2\Psi_b \tag{1-1}$$
$$\Psi_2 = C_2\Psi_a - C_2\Psi_b \tag{1-2}$$

当然分子轨道也可以由多个原子轨道组成。

每一个分子轨道 Ψ_i 上最多只可能容纳两个电子,且自旋相反;每一个分子轨道有它相应的能量 E_i,在不违背泡利不相容原理的前提下,分子中的电子将尽可能先占有能量最低的轨道。双原子分子中,当两个原子轨道形成分子轨道时,生成的两个分子轨道一个能量比原子轨道的能量低,电子处于该分子轨道上结合成为稳定的分子,有能量放出,该轨道称为成键轨道;另一个分子轨道的能量高于原子轨道,电子从原子轨道进入该轨道时需补充能量,所以称为反键轨道,如氢分子的形成(图 1-23)。

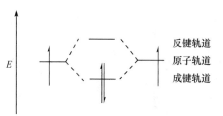

图 1-23　氢的分子轨道

在原子轨道形成分子轨道时,必须满足三个条件:①对称性匹配条件:只有位相相同的原子轨道才能匹配形成分子轨道;②最大重叠原则:原子轨道相互交盖的程度越大,形成的共价键越稳定;③能量相近原则:只有能量相近的原子轨道才能组成分子轨道。

1.3　共价键的断裂和有机反应类型

旧键的断裂和新键的形成是化学反应的本质。在化学反应中共价键有两种断裂方式,即均裂和异裂。

1.3.1　均裂和游离基反应

当共价键断裂时,如果共用电子对平均分配给两个成键原子或原子团,这种断裂方式称为均裂(homolysis)。均裂所生成的两个带有单电子的原子或原子团称为游离基或自由基(radical)。这种经均裂生成游离基的反应称游离基或自由基反应(radical reaction)。游离基或自由基反应一般在光和热的条件下进行。

1.3.2 异裂和离子型反应

当共价键断裂时,如果成键电子完全转移给成键原子的某一方,这种断裂方式称为异裂(heterolysis)。异裂生成正离子和负离子。这种经异裂生成离子而进行的反应称为离子型反应(ionic reaction)。一般在酸碱或极性物质催化下进行。离子型反应又分为亲电反应(electrophilic reaction)和亲核反应(nucleophilic reaction),由正离子进攻引起的反应称为亲电反应,正离子(E^+)称为亲电试剂(electrophilic reagent),如 H^+、Br^+、Cl^+、NO_2^+ 等;由负离子进攻引起的反应称为亲核反应,负离子($Nu\colon^-$)称为亲核试剂(nucleophilic reagent),如 OH^-、NH_2^-、CN^-、I^- 等。

游离基、碳正离子、碳负离子都是有机反应活性中间体,它们产生、存在的时间很短,但能证明和测定其确实存在。

1.4　有机化合物的分类

有机化合物种类繁多,严谨的科学分类是十分必要的,一般按以下两种方式分类。

1.4.1 按碳架分类

按碳架可以将有机化合物分为三类:开链化合物、碳环化合物和杂环化合物。

1. 开链化合物

在开链化合物中碳原子互相结合形成链状化合物,如

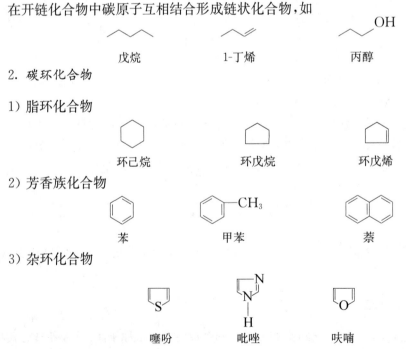

戊烷　　　　　　1-丁烯　　　　　　丙醇

2. 碳环化合物

1) 脂环化合物

环己烷　　　　　　环戊烷　　　　　　环戊烯

2) 芳香族化合物

苯　　　　　　甲苯　　　　　　萘

3) 杂环化合物

噻吩　　　　　　吡唑　　　　　　呋喃

这种分类方法是从有机化合物的母体(或碳骨架)结构形式,即链状和环状来分,但并不反映化合物的性质特征,也不反映结构的本质。由于脂环化合物的性质和开链化合物性质相似,也可将其分为一类而统称脂肪族化合物。而杂环化合物中许多具有芳香性,也可并入芳香族

化合物。碳氢化合物从性质上又可分为饱和烃、不饱和烃和芳香烃三类,其中饱和烃包含烷烃和环烷烃,不饱和烃包含烯烃和炔烃,芳香烃可分为苯系芳烃和非苯芳烃,其他有机化合物可作为这三类烃的衍生物。

1.4.2　按官能团分类

官能团(functional group)是指有机化合物分子中特别能起化学反应的一些原子和基团。它通常可以决定化合物的主要性质,如乙醇中的羟基(—OH)、乙酸中的羧基(—COOH)等。一般来说,含有相同官能团的化合物能发生相似的化学反应,故把它看作一类化合物。常见官能团及其结构见表 1-1。

表 1-1　重要官能团的名称及其结构

化合物类型	官能团的结构	官能团的名称	实例	
烯烃	$\diagdown C{=}C\diagup$	双键	$H_2C{=}CH_2$	乙烯
炔烃	$-C{\equiv}C-$	叁键	$H-C{\equiv}C-H$	乙炔
卤代烃	$-X$	卤素	C_2H_5Cl	氯乙烷
醇和酚	$-OH$	羟基	C_2H_5OH	乙醇
			C_6H_5OH	苯酚
醚	$C-O-C$	醚键	$C_2H_5-O-C_2H_5$	乙醚
醛和酮	$\underset{O}{\overset{\|}{-C-}}$	羰基	$CH_3-\overset{O}{\overset{\|}{C}}{-}H$	乙醛
			$CH_3\overset{O}{\overset{\|}{C}}CH_3$	丙酮
羧酸	$-COOH$	羧基	CH_3COOH	乙酸
硝基化合物	$-NO_2$	硝基	CH_3NO_2	硝基甲烷
胺	$-NH_2$	氨基	$C_6H_5NH_2$	苯胺
偶氮和重氮化合物	$-N{=}N-$	偶氮基	$C_6H_5-N{=}N-C_6H_5$	偶氮苯
硫醇和硫酚	$-SH$	巯基	C_2H_5SH	乙硫醇
			C_6H_5SH	苯硫酚
磺酸	$-SO_3H$	磺酸基	$C_6H_5SO_3H$	苯磺酸

1.5　酸碱理论的扩展

酸和碱都是重要的化学物质。随着科学的发展,酸和碱的范围越来越广泛,很多化学物质包含在它们的范围之中,因而对它们进行系统的认识显得更加重要。

1.5.1 酸碱质子理论

Brönsted 和 Lowry 在 1923 年同时提出该理论。由于前者在这方面做的工作较多,因而通常简称为 Brönsted 理论。该理论认为:酸是能释放出质子的物质;碱是能接受质子的物质。

$$A \Longleftrightarrow B^- + H^+$$
$$\quad 酸 \qquad 碱$$

A、B⁻ 为共轭酸碱对,如

$$HCl \Longleftrightarrow Cl^- + H^+$$

氯化氢分子和氯负离子为一对共轭酸碱。

酸碱都可以是正离子、电中性分子或负离子。

$$NH_4^+ \Longleftrightarrow H^+ + NH_3$$
$$[Al(H_2O)_6]^{3+} \Longleftrightarrow H^+ + [Al(H_2O)_5OH]^{2+}$$
$$H_2PO_4^- \Longleftrightarrow H^+ + HPO_4^{2-}$$

上述各式,左端为酸,右端为碱和氢离子。不难看出,质子论扩大了离子论的酸碱范围。

从表 1-2 中可以看出,有些中性分子(H_2O)或离子(HSO_4^-、HCO_3^-),既是酸又是碱。

表 1-2　质子论酸碱举例

电荷状态	酸	碱
中性分子	HI、HBr、HCl、HF、HNO₃、HClO₄、H₂SO₄、H₃PO₄、H₂S、HCN、H₂CO₃、H₂O	NH₃·H₂O,RNH₂、N₂H₄、H₂NOH
正离子	[Al(H₂O)₆]³⁺、NH₄⁺、[Fe(H₂O)₆]³⁺、[Cu(H₂O)₄]²⁺	[Al(H₂O)₅OH]²⁺、[Fe(H₂O)₅OH]²⁺、[Cu(H₂O)₃OH]⁺
负离子	HSO₄⁻、H₂PO₄⁻、HCO₃⁻、HS⁻	I⁻、Br⁻、Cl⁻、F⁻、HSO₄⁻、HS⁻、S²⁻、OH⁻、O²⁻、CN⁻、HCO₃⁻、CO₃²⁻

$$HSO_4^- \longrightarrow H^+ + SO_4^{2-} \qquad 为酸$$
$$HSO_4^- + H^+ \longrightarrow H_2SO_4 \qquad 为碱$$

同一种物质呈现酸性或碱性与所处的环境有关。酸碱性的强弱程度也与环境有关。

质子论认为酸碱反应是质子转移或接受的过程。它既不要求反应必须在溶液中进行,也不要求先生成质子再与碱反应,只要质子从一种物质转移到另一种物质上,反应可在气相或无溶剂的情况下进行,这为研究化学反应开辟了更广阔的天地。

质子论比离子论扩大了酸碱范围,特别是扩大了碱的范围。OH⁻ 只不过是负离子碱的一种而已,此外还有正离子碱和电中性分子碱。

质子论把酸碱的性质和溶剂的性质联系起来,将酸或碱和它们作用的对象联系起来,将物质的内因和外因联系起来,既阐明了物质的特征又表现出一定的相对性。

1.5.2 酸碱电子理论

1923 年,路易斯(Lewis)提出了酸碱电子理论,他将酸碱定义为:酸是在反应过程中能够接受电子对的物质,称为电子对接受体,简称受体。碱是反应过程中能够给出电子对的物质,称为电子对给予体或授予体,简称授体。电子论的酸碱反应是碱的未共用电子对通过配位键跃迁到酸的空轨道中,反应产物是两者的加合产物,称为酸碱配合物。

$$A+ :B \longrightarrow A : B$$

酸　碱　酸碱配合物

按照这一观点,酸碱离子论中的酸和碱本身都是酸碱配合物。在化合物中配位键普遍存在,因而路易斯酸碱范围十分广泛,如 $[Cu(NH_3)_4]^{2+}$、$[FeCl_4]^-$、$SnCl_4$ 等正离子、负离子与中性分子。在有机化合物中,有机物可以解析为酸碱两部分,如乙醇可解为乙基正离子和氢氧根负离子。

$$C_2H_5OH \longrightarrow C_2H_5^+ + OH^-$$

由于电子论的酸碱范围十分广泛,因此有人把它们称为广义酸碱理论。

问题 1-3 根据酸碱质子论,下列有机化合物哪些是酸? 哪些是碱? 哪些既是酸又是碱?

$C_2H_5OH,CH_3OCH_3,C_6H_5OH,CH_3COOH,C_6H_5NH_2,H_2NCH_2CH_2COOH$

问题 1-4 根据酸碱电子论,下列分子或离子哪些是酸? 哪些是碱? 哪些既是酸又是碱?

H^+ ,OH^- ,Br^+ ,I^- ,NH_2^- ,NO_2^+ ,CN^- ,RNH_2 ,R^+ ,NH_3 ,$C_2H_5OC_2H_5$

1.6　研究有机化合物的一般步骤

研究一个新的有机化合物一般经过以下步骤。

1.6.1　分离提纯

对于一个新的有机化合物的研究,首先必须将它分离提纯,以保证达到应有的纯度。提纯有机化合物有时是非常艰巨的工作,特别是从大量的天然物中提取,如从 1500kg 的猪卵巢提取到 12mg 孕二醇衍生物结晶。如今,随着方法和技术上的改进,提纯分离手段达到一个较高的水平。分离提纯的方法很多,常用的有重结晶、升华、蒸馏、层析及离子交换等方法。

1. 重结晶

许多有机化合物是固体,具有一定的结晶形状。但是如果含有杂质,往往为不定形粉末或焦油状物质。利用它们在某一特定的溶剂中溶解度不同的性质进行提纯,其中选择溶剂是十分重要的工作。一般要求被提纯物在所选溶剂中高温时溶解度较大,低温时溶解度很小,而杂质在所选溶剂中低温时溶解度也较大。这样经几次结晶后,即可得到纯的化合物。

2. 蒸馏

蒸馏是将某一物质变为蒸气,然后将蒸气移动到别处冷凝下来的方法。在常温常压下使用这种方法分离的物质必须在沸腾状态时不分解。对于在沸点容易分解的物质,常采用减压蒸馏,这样可使沸点降低很多。

3. 升华

某些固体物质不经过熔化而直接变为蒸气,然后冷凝成为固体,这个过程称为升华。对于某些在较低温度下就能升华的物质,往往用这种方法提纯比较简便,如茶叶中咖啡因的分离提纯。升华一般在减压条件下进行。

4. 萃取与层析法

萃取是提纯有机化合物的常用方法。当一个物质分配在两种彼此不能混溶的溶剂中,在每一溶剂中所含的物质取决于该物质在两种溶剂中的分配系数。层析是利用吸附剂对物质不同的吸附能力而将不同物质分开的方法,包括纸层析、薄板层析、气相层析和液相层析等。层析的原理也是利用物质在不同相之间的分配比不同。根据这一原理,设计出各种可以将微克数量级的物质迅速分开方法。现今高压液相色谱是已知最迅速、最敏锐的分离方法,其灵敏度可达 $10^{-9} \sim 10^{-12}$ mol。

1.6.2 纯度的检定

纯有机化合物具有固定的物理常数,如沸点、熔点、密度和折光率等,测定这些物理常数可以测定有机化合物的纯度。在实验室中,测定固体样品纯度最简单的方法是测定其熔点,而液体样品是测定其折光率。

1.6.3 实验式和分子式的确定

利用元素分析可以确定该化合物由哪些元素组成,根据分析结果求出各元素的质量比,得出它的实验式,然后利用质谱测定其相对分子质量,并确定分子式。

1. 实验式的确定

利用元素分析确定某有机物质的元素质量分数后,即可计算有机化合物的实验式,以下举例说明其计算方法。

已知某化合物样品中含有 C、H、N、O,其中 C 20%,H 6.7%,N 46.4%。求该化合物的实验式。

它们的原子个数比值为 C:H:N:O=(20/12):(6.7/1):(46.4/14):(26.9/16)=1.67:6.7:3.31:1.68,由于原子的数目必须是整数,以其中的最小数作为分母,得出原子个数比为 C:H:N:O=1:4:2:1,所以该化合物的实验式为 CH_4N_2O。

2. 分子式的确定

要确定分子式首先必须确定相对分子质量,目前确定相对分子质量的方法很多,其中质谱法是测定相对分子质量最有效的方法。当一个有机化合物分子在高真空状态下受到一束电子的轰击时,电子将能量传递给分子,受激发的分子放出一个电子,变为带电荷的分子离子,该分子离子的质量就是其相对分子质量。根据实验式中原子的个数和相对分子质量,就可以确定分子式。

例如,已知苯由 C、H 两种元素组成,其中 C 92.1%,H 7.9%,相对分子质量为 78,写出苯的分子式。

C:H=(92.1/12):(7.9/1)=7.68:7.9=1:1,则 CH 为苯的实验式。78/13=6,所以苯的分子式为 C_6H_6。

1.6.4　构造式和结构式的确定

有机化合物的构造式和结构式的确定比较复杂,一般可利用化学方法和现代物理方法来确定。可用于有机化合物结构式测定的常规物理分析手段主要有紫外光谱(UV)、红外光谱(IR)、核磁共振谱(NMR)等。

分子的结构包括分子的构造、构型和构象。构造是分子中原子成键的顺序和键性;构型是指具有一定构造的分子中原子在空间的排列情况;构象则是指具有一定构造的分子通过单键的旋转而产生的分子中原子或原子团在空间的不同排列方式。目前,对于能形成单晶的有机化合物,常采用单晶 X 射线衍射法来确定该化合物的构造和构型。

1.7　有机化学与农业的关系

1.7.1　农业创造了有机化学

人类对有机化学的认识最早来自于农业,早在 2000 多年前,中国人就开始了谷物酿酒。随着科学的进步,工业从农业中分离出来,变为第二产业。但化学工业与农业的关系始终紧密相连。长期以来,农业为化学提供各式各样的原料,也为化学提出许多新的课题和新的领域。化学对农业生产的发展起着至关重要的作用,其主要表现在以下几个方面。

1. 农业科学研究的对象——动植物最基本的组织形式为有机化合物

为了获得动植物的优质高产,除了必要的外界条件外,还必须了解动植物体的成分——有机化合物结构、性质及它们在生物体内的合成、分解转化的情况。只有在深入研究的基础上,了解各个阶段的生理生化状态和生长变化规律,进而掌握和控制它们的生长发育方向,才能获得农、林、牧、副、渔的高产和丰厚的经济效益。

2. 有机化学为农业生产提供充足的物质基础

在农业生产中,许多化学品作为基本生产资料得到了广泛的应用。例如,蔬菜和水果的保鲜剂和催熟剂、植物生长调节剂、昆虫引诱剂和不育剂、作物育种的化学去雄剂和化学诱变剂等;土壤结构改良剂、化学除草剂、高效低毒杀虫杀菌剂等;家畜水产中的各种前列腺素、激素、饲料添加剂、畜药等。

3. 有机化学与生物技术的结合将显示强大的生命力

在生物技术中,分子生物学及基因重组、天然药物与次生代谢物、分子识别、天然产物与细胞周期的调控及生命过程的调控,以及组合化学方法获得的各种各样具有生物活性功能的分子,决定了生物技术与有机化学密切联系。同时生物技术在有机合成上的应用,为清洁生产、绿色化学提供了可能性。这种结合已经成为发展趋势,今后必将取得更为丰硕的成果。

1.7.2　农业的可持续发展需要有机化学

在全球战略和可持续发展中,要求减少和消除污染,保护环境。所谓的绿色技术正是基于此而提出的。从合成 DDT 开始的化学农药和从合成氨开始的化学肥料,把农业推进到前所未有的高度。然而由于人工合成的化学物质多数不具备环境相容性,地球缺乏对它的自净能力,随着它们在环境中的残留物越来越多,危害着人类和其他生物,以及人类赖以生存的生态环境。化学工业的发展对环境造成相当程度的破坏,在人们的心目中化学似乎变成了有害的同义词。一些发达国家已经或正在将一些有毒有害的化学工业生产转移到发展中国家。我国正在或已经将这种生产从城市转移到农村,从沿海转移到内地。这种做法的结果只是"搬起石头砸自己的脚",只会毁灭我们赖以生存的地球。

按照可持续发展的要求,必须彻底改变传统的和以末端治理为主的污染控制方式,大力开发和利用清洁工艺和清洁产品,对于不可避免产生的三废,应尽可能进行生产过程的内循环而综合利用;对于最终需排入环境的"三废",必须在排放前进行无害化处理。

绿色化学是利用化学的技术和方法,去消灭和减少那些对于人类健康、社区安全、生态环境有害的原料、催化剂、溶剂、试剂、产物、副产物等的使用和生产。其理想在于不再使用有毒有害的物质,不再产生废物,不再处理废物,并在技术上、经济上研制可行的化学品、化学污染防治的基本方法和科学手段。环境对农药、农产品的质量及植物生产的环境提出了更高的要求,只有依靠化学家的努力,才会在技术上有所突破和发展。

1.7.3　现代农业对人才知识结构的要求需要有机化学

知识经济的迅速兴起为农业带来了广阔的发展前景,科学技术已成为农业发展的主要推动力。建设社会主义新农村,实行农业产业化、农村工业化和乡村城镇化、农民知识化是农业现代化的标志。因而对教育资源和人才的需求提出了更高更多的要求。有机化学作为一门基础课程而渗透于农科的所有专业中,只是各个专业的侧重面有所不同。如前所述,有机化学是生物科学中的一门重要基础课程,而且已经成为研究生命科学的重要工具。在分子生物学、植物细胞中有效成分的生长与积累、基因组合工程中小分子化合物的合成及酶催化剂的制备等方面有着广泛的应用。在植物保护与环境资源专业也是以生命科学研究为主,昆虫毒理学、昆虫生态学、环境污染学、农药学、肥料学及植物保护,处处离不开有机化学,而且要求有较高的有机化学水平以处理有效成分的分离提取、结构鉴定、部分有机合成、结构改造等工作。在畜牧兽医领域,饲料添加剂、兽医药、生长促进剂、防霉保鲜剂等几乎都是有机化学品……综观农业院校的各个专业,不难看出,有机化学是农业院校十分重要的基础课,学好有机化学是社会发展的要求,也是农业可持续发展的需要。

阅读材料

现代有机化学

20世纪以来,有机化学从实验方法到基础理论都有了巨大的进展,显示出蓬勃发展的强劲势头和活力。许多有机化合物因具有特殊功能而用于材料、能源、生命科学、环境科学、工业、农业、医药、美容化妆、食品营养、石油化工等与人类生活密切相关的行业中,直接或间接地为人类提供了大量的必需品。与此同时,人们也面对着天然的和合成的大量有机化合物对生态、环境、人体的影响问题。有机化学将帮助人类优化使用有机化合物和有机反应过程。现代有机化学主要包括以下研究领域。

1. 有机合成化学

有机合成是创造新有机分子的主要手段和工具,是有机化学中最重要的基础学科之一。发现新反应、新试剂、新方法和新理论是有机合成的创新所在。有机合成发展的基础是各类基本合成反应,不论合成多么复杂的化合物,其全合成可用逆合成分析法(retrosynthesis analysis)分解为若干基本反应,如加成反应、重排反应等。每个基本反应均有其特殊的反应功能。合成时可以设计和选择不同的起始原料,用不同的基本合成反应,获得同一个复杂有机分子目标物,起到异曲同工的作用,这在现代有机合成中称为"合成艺术"。形成有工业前景的生产方法和工艺是现代有机合成的发展方向。

2. 金属有机化学和有机催化

金属有机化学结构和功能的特殊性及其广泛的应用前景,是当前有机化学中最活跃的研究领域之一,特别是与有机催化联系在一起。均相催化使有机化学、高分子化学、生命科学及现代化学工业发展到一个新的水平。无机化学和有机化学交叉产生的金属有机化学使人们认识到会产生如此巨大的活力和作用;同时还发现许多金属有机化合物在生物体系内有重要的生理功能,如叶绿素、维生素 B_{12} 等,已引起了生物学界的广泛关注。

3. 天然有机化学

天然有机化学是研究来自自然界动植物的内源性有机化合物的化学。大自然创造的各种有机化合物使生物能生存在陆地、高山、海洋、冰雪之中。发掘和认识自然界这一丰富资源是世界发展和人类生存的需要,是有机化学主要研究任务之一,也是认识世界的基础研究。从事天然产物化学研究的目的是希望发现有生理活性的有效成分,或是直接用于临床药物和用于农业作为增产剂和农药,或是发现有效成分的主结构作为先导化合物,进一步研究其各种衍生物,从而发展成一类新药、新农药和植物生长调节剂等。对于自然界的天然产物,有机化学家和药物化学家长期以来一直对它具有浓厚的兴趣,并从中获得了许多新药和先导化合物。

4. 物理有机化学

物理有机化学研究有机分子结构与性能的关系,研究有机化学反应机理及用理论计算化学的方法来理解、预见和发现新的有机化学现象。对有机分子结构与性能的关系及对有机化学反应机理的研究,是希望从实验数据中找到其内在规律,并提高到理论化学的高度来理解和认识。有机化合物结构测定是物理有机化学研究的基础工作,只有了解清楚分子结构,才有可能联系其性能,研究结构与性质的关系。研究进展表明,对任何一个有机化学反应历程,最终必须搞清楚反应过程中原子和分子的碰撞及重组情况,不同反应步骤的速率及反应中能态和相关能量。同时弄清反应历程的速率、能量和分子间的相互作用,对于预测产物、控制有机化学反应十分重要。

5. 生物有机化学

生物有机化学的主要研究对象是核酸、蛋白质和多糖三种主要生物大分子及参与生命过程的其他有机化合物分子。它们是维持生命机器正常运转的最重要的基础物质。核酸是信息分子,负担着遗传信息的储存、传递及表达功能,并显示出独特的催化活性。核酸研究的深入发展,深刻揭示了 DNA 复制、转录、RNA 前体加工、蛋白质生物合成过程中的相互关系,从而了解许多疾病的病因与核酸的相关性,为核酸在医学上的应用开拓了广阔的前景。按化学、生物、催化等性质的需要合成新的蛋白质分子,对酶蛋白和膜蛋白的研究和模拟将起到重要作用。多糖研究侧重于分离、纯化、化学组成及生物活性测定等方面。模拟酶的主客体分子间的相互识别与相互作用已取得了可喜的进展,通过这种研究,极有可能创造出新型的高效、高选择性催化剂。生物膜化学和细胞信号传导的分子基础是生物有机化学的另一个重要研究领域,对医学、卫生、农业生产均会产生深远的影响。

习　　题

1. 价键理论和杂化轨道理论的主要区别是什么?

2. 经元素分析表明某有机化合物由碳和氢元素组成,其中碳的质量分数为 86.2%,氢的质量分数为 13.8%,经质谱分析测定其相对分子质量为 70,它的分子式是什么?

3. 共价键有哪几种断裂方式? 各发生什么样的反应?

4. 根据生活实际,简述有机化学的作用与用途。

5. 已知 σ 键是原子之间的轴向电子分布,具有圆柱状对称,π 键使 p 轨道的边缘交盖,σ 键和 π 键对称性有何不同?

6. 丙烯 $CH_3CH{=\!=}CH_2$ 中的碳原子,哪个是 sp^3 杂化? 哪个是 sp^2 杂化?

7. H_2N^- 是一个比 HO^- 更强的碱,对于它们的共轭酸 NH_3 和 H_2O,哪个酸性更强,为什么?

8. 根据酸碱质子论,下列物质哪些是酸? 哪些是碱? 哪些既是酸又是碱?

$\qquad H^+$,H_2O,CN^-,RCH_2^-,RNH_3^+,OH^-,HS^-,NH_2^-,NH_3,RO^-,HCO_3^-,H_2S

第 2 章　烷　　烃

烷烃(alkane)是通式为 C_nH_{2n+2}(n 为碳原子数)的碳氢化合物的总称。在其分子结构中,碳原子的四个价键除了以碳碳单键互相连接外,其余完全被氢原子所饱和,故烷烃是一种饱和烃(saturated hydrocarbon)。

2.1　烷烃的同系列及同分异构现象

2.1.1　烷烃的同系列

甲烷是最简单的烷烃,分子式为 CH_4;其次为乙烷,分子式为 C_2H_6。在表 2-1 中列出了一些烷烃的名称和分子式。从表 2-1 可以看出,烷烃每增加一个碳原子,同时就增加两个氢原子。也就是说,相邻两个烷烃的组成都是相差一个 CH_2,不相邻的则相差两个或多个 CH_2,所以烷烃的通式为 C_nH_{2n+2},n 表示碳原子数。

表 2-1　部分烷烃的中英文名称和分子式及异构体数目

中文名称	英文名称	分子式	异构体数目	中文名称	英文名称	分子式	异构体数目
甲烷	methane	CH_4	1	辛烷	octane	C_8H_{18}	18
乙烷	ethane	C_2H_6	1	壬烷	nonane	C_9H_{20}	35
丙烷	propane	C_3H_8	1	癸烷	decane	$C_{10}H_{22}$	75
丁烷	butane	C_4H_{10}	2	十一烷	undecane	$C_{11}H_{24}$	159
戊烷	pentane	C_5H_{12}	3	十五烷	pentadecane	$C_{15}H_{32}$	4347
己烷	hexane	C_6H_{14}	5	二十烷	eicosane	$C_{20}H_{42}$	366319
庚烷	heptane	C_7H_{16}	9	三十烷	triacontane	$C_{30}H_{62}$	4111646763

凡具有同一个通式,结构相似,化学性质也相似,物理性质则随着碳原子数的增加而有规律变化的化合物系列称为同系列(homologous series);同系列中的化合物互称同系物(homologs)。相邻同系物在分子组成上相差一个 CH_2,这个 CH_2 称为系列差。

同系列是有机化合物的普遍现象,除了烷烃外,其他官能团化合物也都有各自的同系列。由于同系列现象的存在,因此只要研究同系列中的代表性化合物,就可以推知其他同系物的大致性质,为有机化合物的研究带来了不少方便。但也应注意矛盾的普遍性和特殊性之间的关系,在运用同系列概念时,除了要注意同系物的共性外,也要注意它们的个性,要根据分子结构上的差异来理解性质上的异同,这是学习有机化学的基本方法之一。

2.1.2　烷烃的同分异构现象

烷烃从丁烷开始,分子中碳原子就有不同的连接方式,从而产生结构不同的化合物。像这种分子式相同而结构不同的化合物称为同分异构体,这种现象称为同分异构现象,简称同分异构。同分异构是有机化合物中一种普遍现象。它们可作如下的分类:

- 同分异构
  - 构造异构
    - 官能团异构
    - 碳链异构
    - 位置异构
  - 立体异构
    - 顺反异构
    - 对映异构
    - 构象异构

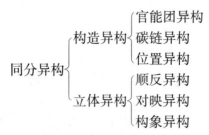

分子中原子的相互连接方式和次序称为构造；分子式相同而构造式不同的异构称为构造异构（constitutional isomerism）；烷烃的构造异构是由于碳架不同而产生的，因此有时就称为碳架异构。在这里主要讨论碳链异构。

在烷烃分子中，随着碳原子数的增加，异构体的数目很快增加。C_4H_{10}、C_5H_{12} 和 C_6H_{14} 分别有 2、3 和 5 个同分异构体，它们的构造式用碳架（省去了氢原子）表示如下：

C_4H_{10}

C_5H_{12}

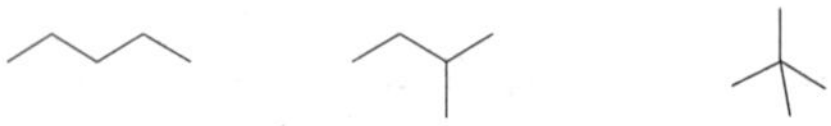

C_6H_{14}

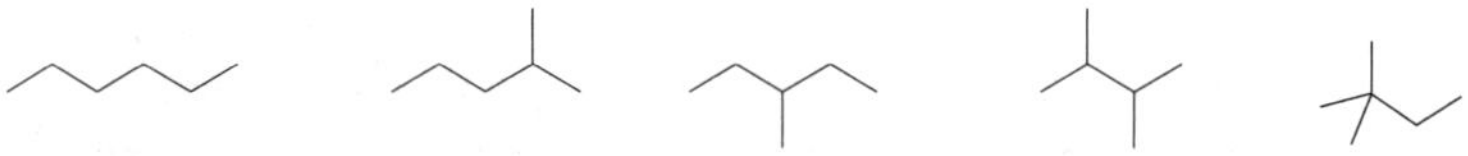

异构体数目的增长，远比碳原子数增加得快，有关数字如表 2-1 所示。

低级烷烃的异构体数目，可利用碳架的不同推导出来，其步骤为：①写出烷烃的最长直链式；②写出少一个碳原子的直链为主链，且依次用一个碳原子去取代各个碳原子上的氢原子，且去掉相同的结构式；③再写出少两个碳原子的主链，把这两个当支链或当一个支链去取代主链上的氢原子，然后去掉相同的结构式；④依此类推，把重复者去掉，确认异构体数目。

构造式既能代表化合物分子的组成，又能表明分子中各原子的结合次序。在书写时，可以用简式表示构造式，例如

	价线式	简化式	缩写式	
乙醇		$CH_3—CH_2—OH$	CH_3CH_2OH	
丙烯		$CH_3—CH{=}CH_2$	$CH_3CH{=}CH_2$	

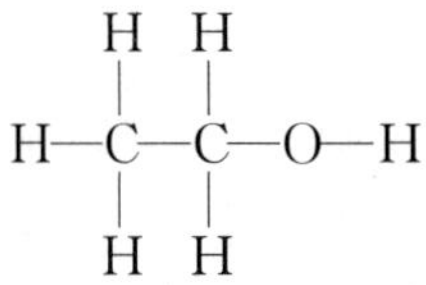

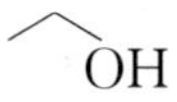

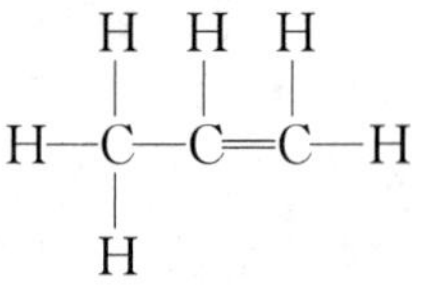

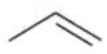

2.1.3 碳原子和氢原子的类型

从构造式中碳原子的连接方式可以看出，碳原子可以分别与一个、两个、三个、或四个碳原子相连，分别称这些碳原子为伯、仲、叔和季碳原子，也可以用 1°C、2°C、3°C、4°C 表示；同样，把与伯、仲、叔碳原子连接的氢原子分别称为伯、仲、叔氢原子，也可用 1°H、2°H、3°H 表示。

$$
\begin{array}{c}
\overset{(1°)}{CH_3} \quad \overset{(1°)}{CH_3} \\
| \quad | \\
\overset{(1°)}{CH_3} - \overset{(4°)}{C} - \overset{(3°)}{CH} - \overset{(2°)}{CH_2} - \overset{(1°)}{CH_3} \\
| \\
\overset{(1°)}{CH_3}
\end{array}
$$

不同类型的氢原子在反应活性上有一定差异,这将在后续内容中进一步讨论。

2.2 烷烃的命名

烷烃的命名法则是有机化合物命名的基础。对于某一分子结构而言,采用某一确定的命名法时,只能对应于一个名称。反之,一个确定的名称只能对应于一个结构。烷烃常用的命名法有普通命名法和系统命名法。

2.2.1 普通命名法

(1) 直链烷烃按其所含碳原子数目以甲、乙、丙、丁、戊、己、庚、辛、壬、癸加"烷"字表示。自第 11 个碳原子起用汉字十一、十二等中文数字再加"烷"字表示,且三个碳原子以上的直链烷烃在前面常冠以"正"字。例如,$CH_3CH_2CH_2CH_3$ 含有四个碳原子称为正丁烷;$CH_3CH_2CH_2CH_2CH_2CH_3$ 含有六个碳原子称为正己烷;$C_{11}H_{24}$(没有支链)含有十一个碳原子称为正十一烷。

(2) 支链烷烃以"异"、"新"表示。凡是在支链烷烃分子中碳链的一端含有两个甲基 $[(CH_3)_2CH-]$ 的都称为异某烷。例如

$$(CH_3)_2CHCH_3 \qquad\qquad (CH_3)_2CHCH_2CH_3$$
$$\text{异丁烷} \qquad\qquad\qquad \text{异戊烷}$$

凡是在链的一端连有一个季碳原子 $[(CH_3)_3C-]$ 的称为新某烷。例如

$$(CH_3)_3CCH_3 \qquad\qquad (CH_3)_3CCH_2CH_3$$
$$\text{新戊烷} \qquad\qquad\qquad \text{新己烷}$$

普通命名法简单方便,但只能适用于构造较简单的烷烃。对于较复杂的烷烃必须使用系统命名法。

2.2.2 系统命名法

系统命名法是根据国际纯粹与应用化学联合会(International Union of Pure and Applied Chemistry,IUPAC)命名法结合我国文字的特点制定出来的。直链烷烃的命名与普通命名法基本相同,区别仅在于不用"正"字。如

$$CH_3(CH_2)_2CH_3 \qquad\qquad CH_3(CH_2)_4CH_3$$
$$\text{丁烷} \qquad\qquad\qquad \text{己烷}$$

对于支链烷烃,其命名基本原则如下。

1. 选取主链

选取分子中含碳原子数最多的碳链为主链且按碳原子数称为"某烷"。当分子中含有几个相同碳原子数的碳链时,选取含支链最多的为主链,把主链以外的分支链都作为取代基,这时的取代基称为烷基;烃分子中去掉一个氢原子后的剩余部分称为烃基。烷基就是烷烃分子中

去掉一个氢原子后的剩余部分。常见烷基的结构与名称见表 2-2。

表 2-2　常见烷基的结构与名称

结构	名称	符号
CH₃—	甲基	Me
CH₃CH₂—	乙基	Et
CH₃CH₂CH₂—	丙基	*n*-Pr
(CH₃)₂CH—	异丙基	*i*-Pr
CH₃(CH₂)₂CH₂—	丁基	*n*-Bu
(CH₃)₂CHCH₂—	异丁基	*i*-Bu
CH₃CH₂(CH₃)CH—	仲丁基	*s*-Bu
(CH₃)₃C—	叔丁基	*t*-Bu

2. 将主链碳原子编号

对于简单的烷烃从靠近支链最近的一端开始,依次用阿拉伯数字编号,使支链位号最小。取代基的位置就是它所连接的主链碳原子的位次。当主链上有几个取代基和编号有两种可能时,应采用"最低系列"编号法,即由小到大依次比较两种编号中取代基的位次,位次小的编号为合理编号。

3. 写出化合物的名称

(1) 所有的取代基放在母体的前面,取代基与取代基之间用"-"隔开,不同的取代基按由小到大的顺序排列,其位次必须逐个注明,表示位次的数字之间要用","隔开。如果有相同的取代基则把它们合并起来,其数目用二、三、四……来表示,并放在相应取代基的前面。

(2) 位次与取代基之间也用"-"连接,且每个取代基的位次都要写出且用"-"隔开,放在相应取代基的前面。例如

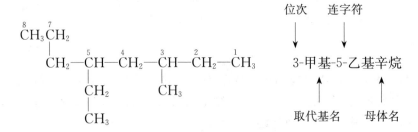

(3) 如果两个不同取代基所取代的位置按两种编号法位次和相同时,则从较小基团一端编号,主要烷基的大小顺序为异丙基>丙基>乙基>甲基。例如

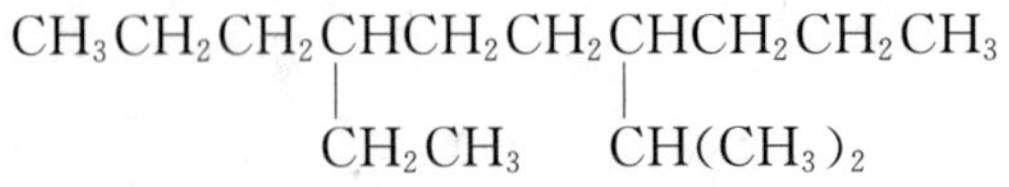

CH₃CH₂CH₂CHCH₂CH₂CHCH₂CH₂CH₃
|　　　　　　　　|
CH₂CH₃　　　CH(CH₃)₂

4-乙基-7-异丙基癸烷

(4) 复杂烷烃如有两个以上等长的碳链,则选择支链数目最多、支链位次和最小的为主链。例如

$$\begin{array}{c} \qquad\quad CH_3 \quad\ CH_3 \\ CH_3CH_2CHCHCH_2CHCH\!-\!CH_3 \\ \qquad\qquad CH_2 \quad\ CH_3 \\ \qquad\qquad CH_2 \\ \qquad\qquad CH_3 \end{array}$$

2,3,5-三甲基-4-丙基庚烷

（5）如支链上还有取代基，则从主链相连的碳原子开始，将支链的碳原子依次编号，支链上取代基的位置就由这个编号所得的位次表示，把该取代支链名称放在括号中来表明支链中的碳原子。例如

$$\begin{array}{c} \qquad\qquad\quad CH_3 \\ C_2H_5\!-\!\overset{|}{C}\!-\!CH_3 \\ CH_3CH_2CH_2CH_2CHCH_2CH_2CHCH_3 \\ \qquad\qquad\qquad\qquad CH_3 \end{array}$$

2-甲基-5-(1,1-二甲基丙基)壬烷

问题 2-1 写出链状烷烃 C_6H_{14} 的所有同分异构体，并以系统命名法命名。

问题 2-2 以系统命名法命名下列化合物结构。

$$\begin{array}{cc} CH_3CH_2CH_2CHCH_2CH_2CHCH_2CH_2CH_3 \qquad\qquad CH_3CH_2CH_2CH_2CHCH_2CH_2CHCH_3 \\ \quad CH_2CH_3 \quad\ CH_3 \qquad\qquad\qquad\qquad\qquad CH(CH_3)_2 \ CH_3 \end{array}$$

2.3 烷烃的结构

杂化轨道理论认为，烷烃分子中的碳原子都是采用 sp^3 杂化轨道成键的。甲烷的分子式为 CH_4，只有一个碳原子。杂化后四个等同的 sp^3 杂化轨道分别与四个氢原子的 1s 轨道沿着对称轴的方向相互重叠，形成四个完全等同的 C—H σ 键，如图 2-1 所示。碳原子位于正四面体的中心，四个氢原子分别位于正四面体的四个顶点，四个键的夹角完全相等，H—C—H 键角为 $109.5°$，C—H 键长为 0.110nm，C—C 键的键长为 0.153nm。不同烷烃中的键角、键长仅有微小的差别。图 2-2 为甲烷分子的模型。

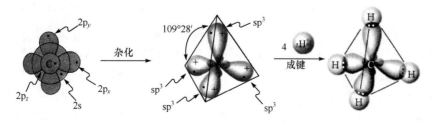

图 2-1 甲烷分子形成示意图

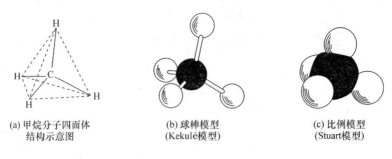

(a) 甲烷分子四面体
结构示意图

(b) 球棒模型
(Kekulé模型)

(c) 比例模型
(Stuart模型)

图 2-2　甲烷分子的模型

乙烷分子中的碳原子也是 sp^3 杂化的。两个碳原子各以一个 sp^3 杂化轨道重叠形成 C—C 键,又以三个 sp^3 杂化轨道分别与氢原子的 1s 轨道重叠形成 C—H 键。乙烷分子中所有碳氢键都是等同的,如图 2-3 所示。

图 2-3　乙烷分子形成示意图及球棒模型

由于在烷烃分子中所有的碳原子都是采用 sp^3 杂化,sp^3 轨道的几何构型为正四面体,轨道对称轴夹角为 109.5°,这就决定了烷烃分子中碳原子的排列不是直线形的。实验证明,气态或液态的两个碳原子以上的烷烃,由于 σ 键自由旋转而形成多种曲折形式。例如,正戊烷的碳链有如图 2-4 所示的几种形式。而在结晶状态时,烷烃的碳链排列整齐,且呈锯齿状。

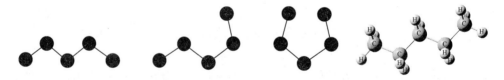

图 2-4　正戊烷在液态和气态时碳链的运动形式及球棒模型

2.4　烷烃的构型与构象

2.4.1　构型与构象概念及其表示方法

构型是指具有一定构造的分子中的原子在空间的排列状况,如甲烷分子的构型是正四面体。

构象(conformation)是指在一定构造的分子中的原子或原子团通过单键旋转而产生的不同空间排列形式。每一种空间排列形式就是一种构象,因构象不同而产生的异构现象称为构象异构。构象异构是有机化合物中一类最普遍的同分异构现象,构造式相同的化合物可能有多种不同的构象。构象与构象之间有一定的能垒。不同的构象是由于化学键旋转产生的,因此能垒是旋转过程中所需要的能量。构象常用以下两种方法表示:

(1) 透视式。将分子的构象直接投影在纸平面上的一种方法。

（2）纽曼（Newman）投影式。将分子的构象采用一定的规则投影到纸平面上，将眼睛对于键轴上，用圆圈表示后面的碳原子，用原点表示前面的碳原子，其氢原子分别与前后碳原子相连。

乙烷的构象用透视式、纽曼投影式分别表示如下：

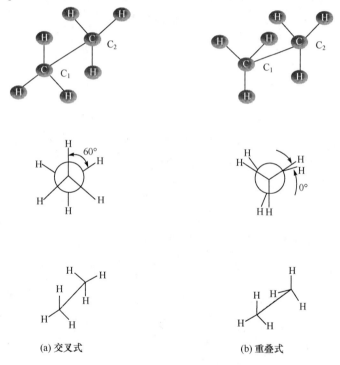

透视式　　　　　　　　　　Newman 投影式

2.4.2 乙烷的构象

在乙烷分子中有一个可以自由旋转的 C—C 单键，当以该键为轴进行旋转时，可以产生无数种构象。图 2-5 为乙烷的两种典型构象：一种是交叉式构象（staggered conformation），一种是重叠式构象（eclipsed conformation）。

(a) 交叉式　　　　　　　　　　(b) 重叠式

图 2-5　乙烷的交叉式构象和重叠式构象

在乙烷的交叉式构象中，两个碳原子上的氢原子之间距离最远，相互排斥作用最小，因此内能最低、稳定性最大，这种构象称为优势构象。在重叠式中，两个碳原子上的氢原子距离最近，相互排斥作用最大，因此内能最高、最不稳定；交叉式和重叠式之间还有许多个中间构象。从能量上说，大多数乙烷分子应处于最稳定的交叉式构象，但是实际上交叉式和重叠式构象之间的能量只相差 12.1kJ/mol。这个能量很小，在室温下分子的热运动所提供的能量就足以使所有的构象之间迅速地相互转化，从而一般不可能把某一种构象分离出来。X 射线衍射分析方法或核磁共振方法测定表明，乙烷分子在低温时的优势构象，是最稳定的交叉式构象。

旋转乙烷分子中 C—C 单键所需能量称为扭转能。这种扭转能是由于分子中的扭转张力所引起的,这种张力来源于范德华力。乙烷中各种构象的能量变化曲线如图 2-6 所示。

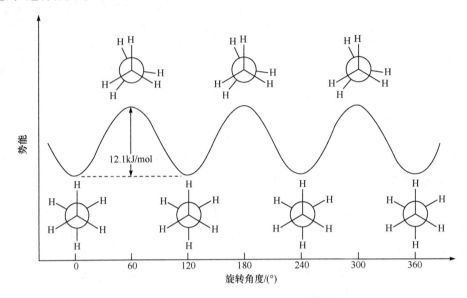

图 2-6　乙烷分子中各种构象的能量变化曲线

2.4.3　正丁烷的构象

正丁烷中有三个可旋转的 C—C 单键,因此它的构象要复杂得多,如果把注意力集中在中间 C_2—C_3 单键上,将其看作是乙烷分子中的氢原子被甲基取代,即把丁烷看成是 1,2-二甲基乙烷。图 2-7 说明了丁烷分子中通过 C_2—C_3 键旋转一周的各种构象的能量变化曲线。

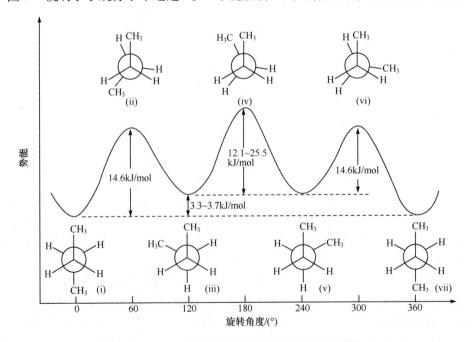

图 2-7　正丁烷分子中各种构象的能量变化曲线

结构式(i)中两个甲基处在对位,两对氢原子也处于交叉的位置,这种构象称为对位交叉式构象(或反叠式);从这个构象出发,旋转 60° 得结构式(ii),为部分重叠式构象(或反错式),其能量较对位交叉式构象高约 14.6kJ/mol;再旋转 60° 得邻交叉式(或顺错式),两个甲基处于邻位,两对氢原子却处于交叉位置如结构式(iii),其能量比结构式(i)高 3.3~3.7kJ/mol,但低于结构式(ii);再旋转 60° 得结构式(iv),两个甲基和两对氢原子都重叠,此时能量最高、稳定性最小,这种构象称为全重叠式(或顺叠式)。丁烷的优势构象是对位交叉式构象。

问题 2-3　化合物 FCH_2CH_2F 有哪几种典型构象,哪一种构象最稳定?

2.5　烷烃的性质

2.5.1　烷烃的物理性质

有机化合物的物理性质通常包括化合物的状态、熔点、沸点、相对密度、溶解度、折射率和偶极矩等。除状态外,它们在一定的条件下都有固定的数值,因此把这些数值称为物理常数。这些常数均可从手册中查到,它们对阐明化合物的结构有一定的价值,同时通过物理常数的测定,可以检验物质的纯度或对物质进行定性鉴定。表 2-3 列出了一些烷烃的物理常数。

表 2-3　部分烷烃的物理常数

名称	熔点/℃	沸点/℃	相对密度 d_4^{20}	折射率
甲烷	-182.5	-161.5	0.554	—
乙烷	-172.0	-88.6	0.546	—
丙烷	-187.7	-42.1	0.585	1.2898
丁烷	-138.3	-0.5	0.579	1.3326
戊烷	-129.7	36.1	0.626	1.3575
己烷	-95.3	68.7	0.659	1.3750
庚烷	-90.6	98.4	0.684	1.3877
辛烷	-56.8	125.7	0.703	1.3974
壬烷	-53.6	150.8	0.718	1.4054
癸烷	-29.7	174.1	0.730	1.4102
十一烷	-25.6	194.5	0.741	1.4172
十二烷	-9.6	214.5	0.751	1.4216
十六烷	18.5	287.5	0.774	1.4345
十七烷	22.5	303.0	0.775	1.4369
十八烷	28.0	317.0	0.775	1.4390

从表 2-3 中可以清楚地看出,烷烃的物理性质是随着相对分子质量的增大而显出一定的递变规律:在室温下,$C_1 \sim C_4$ 的烷烃是气体,$C_5 \sim C_{16}$ 是液体,C_{17} 以上是固体。低沸点的烷烃为无色液体,有特殊气味;高沸点烷烃为黏稠状液体,无味。

正烷烃的熔点和沸点是随相对分子质量的增加而有规律的升高。这主要与分子间的作用力(范德华力)有关,分子间的作用力越大,物质的熔点和沸点越高。在烷烃中,分子间的作用力主要来源于色散力。随着相对分子质量增大,碳原子数越多,分子间接触面积越大,色散力当然也就越大。在同分异构体中,由于支链的阻碍,分子间接触面积变小,所以,正烷烃的沸点高于它的异构体,支链越多,沸点越低。

烷烃的相对密度也随着相对分子质量的增大而增大,但都小于 1。烷烃都是非极性或极性很小的物质,它们不溶于水或极性溶剂而溶于极性小的有机溶剂中,如苯、氯仿和四氯化碳。

2.5.2　烷烃的化学性质

烷烃的化学性质比较稳定,通常与强酸、强碱、强氧化剂、还原剂、金属钠等都不发生反应。但烷烃中的 C—C 键、C—H 键在光、热或引发剂的作用下可以发生均裂反应。

1. 燃烧

在常温下烷烃与空气中的氧气不反应,但在高温时可以部分氧化,生成醇、醛、酮和酸。烷烃在高温和足够的空气中燃烧,生成二氧化碳和水并放出大量的热能,放出的热称为燃烧热,为热化学中的一个重要数据,可以用它进行反应热的计算。汽油和柴油在发动机中的燃烧也是这一基本反应。低级的烷烃与一定比例空气的混合物,遇到火花时会发生爆炸,这就是矿井瓦斯爆炸的原因,即甲烷在空气中的含量达 5.53%～14% 时,爆炸极为可能。

$$CH_4 + 2O_2 \longrightarrow CO_2 + 2H_2O$$

2. 热裂反应

烷烃在没有氧气的条件下加热到 400℃ 以上时,碳链断裂生成较小的分子,这种反应称为热裂反应。热裂反应的反应机理是热作用下的游离基反应,其过程很复杂,产物也复杂,C—C 键和 C—H 键均可断裂,断裂时可以在分子中间,也可以在分子一侧。烷烃分子中所含碳原子数越多,越容易断裂,产物也越复杂。

$$\diagup\diagdown\diagup \xrightarrow{500℃} \begin{cases} CH_4 + CH_3CH=CH_2 \\ CH_3CH_3 + CH_2=CH_2 \\ CH_3CH_2CH=CH_2 + H_2 \end{cases}$$

现在热裂化已被催化裂化所代替,催化裂化可降低反应温度。工业上利用催化裂化把高沸点的重油变成低沸点的柴油、汽油等,增加了汽油的产量,同时提高了汽油的质量和石油的利用率。通过催化裂化还可以获得其他重要的化工原料,如乙烯、丙烯、丁二烯等。

3. 卤代反应

烷烃中的氢原子被卤素取代,生成卤代烃,并放出卤化氢。这种取代反应称为卤化反应,也称卤代反应。反应的活性次序是 $F_2 > Cl_2 > Br_2 > I_2$,在一般情况下碘不易发生碘代反应,而氟能与烷烃自动发生反应,反应非常剧烈,是一个难以控制的破坏性反应,生成碳和氟化氢。

$$C_nH_{2n+2} + (n+1)F_2 \longrightarrow nC + (2n+2)HF$$

卤代反应在黑暗中不发生或很少发生,但在高温或光的照射下极易发生,有时可达到剧烈爆炸的程度。

1) 甲烷的氯代

一般来说,卤代反应主要是氯代和溴代,比较有实际意义的是氯代。如甲烷在光或热的作用下,与氯反应得到各种氯代烷。

$$CH_4 \xrightarrow[300\sim400℃]{Cl_2} CH_3Cl \xrightarrow{Cl_2} CH_2Cl_2 \xrightarrow[\triangle]{Cl_2} CHCl_3 \xrightarrow{Cl_2} CCl_4$$

氯甲烷　　二氯甲烷　　三氯甲烷　　四氯化碳

反应较难停留在一氯甲烷阶段,继续被氯代生成二氯甲烷、三氯甲烷(氯仿,chloroform)和四氯化碳(carbon tetrachloride),工业上把这种混合物作为溶剂使用。通过精馏,也可以将混合物一一分开。但通过控制反应条件和原料的用量比,可使其中一种氯代烷成为主要产品。例如,用极过量的甲烷,反应可以几乎完全限制在一氯代反应阶段;如用大量氯气,则主要得到四氯化碳。以上几个氯代产物,均是重要的溶剂与试剂。

烷烃的卤代反应是按游离基历程进行的。反应历程是指化学反应所经历的途径或过程,又称为反应机理(reaction mechanism)。以甲烷为例,烷烃的氯代反应历程经历了以下三个阶段:

(1) 链的引发。光照或加热情况下,氯分子吸收能量均裂成高能量的氯游离基,引发反应。

$$Cl : Cl \xrightarrow{h\nu} 2Cl \cdot$$

(2) 链的增长。产生的氯游离基立即从甲烷分子中夺取一个氢原子,生成一个新的甲基游离基和氯化氢。生成的甲基游离基也非常活泼,可与氯分子及其他分子碰撞,生成新的游离基,就这样周而复始,使反应不断地进行下去,理论上可把甲烷分子中的氢全部夺取,这种反应称为链反应。链反应的特点是一旦引发,就会迅速地反应,并且反应速率很快。

$$Cl \cdot + CH_4 \longrightarrow HCl + CH_3 \cdot$$
$$CH_3 \cdot + Cl : Cl \longrightarrow CH_3Cl + Cl \cdot$$
$$CH_3Cl + Cl \cdot \longrightarrow HCl + \cdot CH_2Cl$$
$$\cdot CH_2Cl + Cl_2 \longrightarrow CH_2Cl_2 + Cl \cdot$$

(3) 链的终止。使用阻化剂或产生的游离基相互结合,可使链反应终止。此时活性中间体消失了,反应也就停止了。

$$Cl \cdot + Cl \cdot \longrightarrow Cl_2$$
$$CH_3 \cdot + Cl \cdot \longrightarrow CH_3Cl$$
$$CH_3 \cdot + CH_3 \cdot \longrightarrow CH_3CH_3$$

所有链反应都需经链引发、链的增长(链转移)、链终止三个阶段。以上链反应由于活性中间体是游离基(或称自由基),故称为游离基(自由基)型的链反应。

2) 高级烷烃的卤代和烷基游离基的稳定性

对于碳链较长的烷烃,不同氢原子上的卤代反应速率也不同。下面是丙烷与2-甲基丙烷的氯代、溴代反应。

氯代

$$2CH_3CH_2CH_3 + 2Cl_2 \xrightarrow{光,25℃} CH_3CH_2CH_2Cl + CH_3\overset{\overset{\displaystyle Cl}{|}}{C}HCH_3 + 2HCl$$

　　　　　　　　　　　　　　　　　　　43%　　　　　　57%

$$2CH_3\underset{\underset{CH_3}{|}}{C}HCH_3+2Cl_2\xrightarrow{\text{光},25℃}CH_3\underset{\underset{CH_3}{|}}{C}HCH_2Cl+(CH_3)_3CCl+2HCl$$
$$\qquad\qquad\qquad\qquad\qquad\qquad\quad 64\%\qquad\quad 36\%$$

溴代

$$2CH_3CH_2CH_3+2Br_2\xrightarrow{\text{光},25℃}CH_3CH_2CH_2Br+CH_3\underset{\underset{Br}{|}}{C}HCH_3+2HBr$$
$$\qquad\qquad\qquad\qquad\qquad\qquad\quad 3\%\qquad\qquad 97\%$$

$$2CH_3\underset{\underset{CH_3}{|}}{C}HCH_3+2Br_2\xrightarrow{\text{光},25℃}CH_3\underset{\underset{CH_3}{|}}{C}HCH_2Br+(CH_3)_3CBr+2HBr$$
$$\qquad\qquad\qquad\qquad\qquad\qquad\quad \text{少量}\qquad\quad >99\%$$

丙烷中有六个 $1°H$,两个 $2°H$,氯代时夺取每个 $1°H$ 与 $2°H$ 的概率分别为 $43/6$ 与 $57/2$; 2-甲基丙烷中有九个 $1°H$,一个 $3°H$,夺取每个 $1°H$ 与 $3°H$ 的概率分别为 $64/9$ 与 $36/1$。因此,三种氢的大致反应活性为 $3°H:2°H:1°H=5:4:1$。以此类推,溴化时三种氢的大致反应活性为 $3°H:2°H:1°H=1600:82:1$。表 2-4 列出了烷烃中的四种不同类型的氢卤代时的反应活性。

表 2-4　烷烃中的四种不同类型氢卤代时的反应活性

C—H	Cl ·	Br ·
CH_3—H	0.004	0.002
RCH_2—H	1	1
R_2CH—H	4	82
R_3C—H	5	1600

为什么卤代时烷基氢的活性顺序为 $3°H>2°H>1°H>CH_4$？另外,为什么溴代反应的选择性比氯代的选择性高,也就是说,溴代反应时烷基氢的活性差别比氯代大呢？

我们先来回答第一个问题。烷基氢原子的活性差异实际上是反应速率问题,而反应速率的快慢与反应活化能的大小有关。活化能的大小可以通过过渡态的势能、结构来判断。如果一个反应可以生成几种产物,则每一产物是通过不同的过渡态形成的。最主要的产物是通过势能最低的过渡态形成的。而过渡态的势能取决于活性中间体的稳定性,活性中间体越稳定,过渡态势能就越低;过渡态势能越低,则活化能越小,反应速率就越快。但是卤代是一个多步反应,决定反应速率的一步才是有意义的。例如

$$RH+Cl \cdot \longrightarrow R \cdot +HCl \qquad\qquad\qquad (2-1)$$
$$R \cdot +Cl_2 \longrightarrow R—Cl+Cl \cdot \qquad\qquad\qquad (2-2)$$

这两步是连续反应,而其中反应(2-1)是比较慢的一步,因此是决定反应速率的步骤。比较不同烷基氢的反应(2-1),就可以得到不同氢原子的氯代反应活性。对于游离基反应,往往可以从反应中间体游离基的稳定性来判断活化能的高低。

游离基的稳定性与游离基的结构有什么关系呢?

$$CH_3—H \longrightarrow CH_3 \cdot +H \cdot \qquad\qquad \Delta H=435.1kJ/mol$$
$$CH_3CH_2—H \longrightarrow CH_3CH_2 \cdot +H \cdot \qquad\qquad \Delta H=410kJ/mol$$
$$CH_3CH_2CH_2—H \longrightarrow CH_3CH_2CH_2 \cdot +H \cdot \qquad\qquad \Delta H=410kJ/mol$$

$$CH_3\overset{H}{\underset{|}{C}}HCH_3 \longrightarrow CH_3\overset{CH_3}{\underset{|}{C}}H \cdot + H \cdot \qquad \Delta H = 397.5\text{kJ/mol}$$

$$CH_3 \overset{CH_3}{\underset{\underset{CH_3}{|}}{\overset{|}{C}}} H \longrightarrow CH_3 \overset{CH_3}{\underset{\underset{CH_3}{|}}{\overset{|}{C}}} \cdot + H \cdot \qquad \Delta H = 380.7\text{kJ/mol}$$

同一类型的键(如 C—H)发生均裂时,键的解离能越小,则游离基越容易生成,生成的游离基越稳定。从上述烷烃的解离能可以看出,形成游离基所需要的能量大小顺序为

$$CH_3 \cdot > 1° > 2° > 3°$$

于是,烷基游离基的稳定性的次序为

$$3° > 2° > 1° > CH_3 \cdot$$

我们也可以从电荷分散程度考虑。按照一般规律,体系中电荷越分散,体系越稳定。在叔丁基游离基中,单电子电荷可以分散到九个氢原子和四个碳原子上,分散程度相对较大,因此最稳定。游离基的空间结构见图 2-8。

由于烷烃上的 $1°H$、$2°H$、$3°H$ 和 CH_4 上的氢分别与卤素原子反应,分别得到 $1°$、$2°$、$3°$ 游离基和 $CH_3 \cdot$,所以 $1°H$、$2°H$、$3°H$ 和 CH_4 上的氢的卤代反应的活性顺序为

$$3°H > 2°H > 1°H > CH_4$$

那么烷烃卤代时,为什么溴代时的选择性比氯代时强?

这是由于溴原子的活性比氯原子低。氟、氯、溴、碘原子的活性次序为

$$F \cdot > Cl \cdot > Br \cdot > I \cdot$$

活性高的试剂进行反应所需的活化能低,过渡态来得早,其过渡态相对地较接近于反应物的状态。而当试剂的活性较低时,反应活化能较高,其过渡态来得晚,相对地较接近于产物的状态。因此溴代时过渡态比氯代时更接近于游离基的状态,也就是说游离基稳定的因素在过渡态中影响更大。因此 $1°$、$2°$、$3°$ 游离基稳定性因素对溴代过渡态影响更大,所以 $1°H$、$2°H$、$3°H$ 的活性差别也就更突出。而氯代时过渡态相对地较接近于反应物,因此游离基稳定性的因素在过渡态中影响较小,所以 $1°H$、$2°H$、$3°H$ 的活性差别不大,反应的选择性相对就较低(图 2-9)。

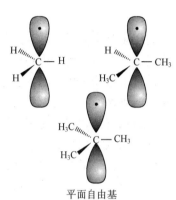

平面自由基

图 2-8　游离基的空间结构

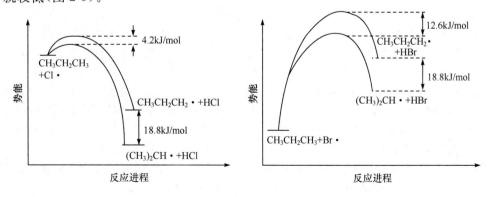

图 2-9　丙烷与氯、溴原子反应势能图

从卤代反应这个例子可以看到:预测和比较反应活性的大小,需根据反应历程,抓住起决定因素的一步反应。通过对这步反应中间体结构的分析,运用有机结构理论判断中间体的稳定性,从而预测过渡状态位能的高低及反应活化能的相对大小。这种方法以后还要经常用到。

问题 2-4　写出丙烷与氯气在光作用下的反应机理。

问题 2-5　写出正丁烷与氯气在光作用下的反应产物,并计算其理论产率。

2.6　烷烃的来源和用途

烷烃主要来源于石油和天然气。天然气的主要成分是甲烷,还有乙烷、丙烷等低级烷烃,可作燃料。石油主要是由各种烷烃、环烷烃和芳香烃组成的混合物,其成分因产地而异,我国的石油含大量的烷烃。石油经过炼制可得溶剂油、汽油、煤油、柴油、润滑油等溶剂和燃料,以及炼厂气等。炼厂气是低级烷烃和各种烯烃的混合物。除作燃料外,还可合成纤维、油漆、洗涤剂、染料、农药、医药、化肥、塑料、橡胶等产品。

利用农牧业副产品和废物,如秸秆、树叶、粪便、垃圾等,进行厌氧发酵可产生沼气。沼气的主要成分也是甲烷,可用作燃料或动力能源。因而农村开展沼气化,既可净化环境,又可提供廉价的能源。发酵后的残液,可以养鱼、喂猪和作肥料用,所以在农村开展沼气化有着广阔的发展前途。我国从 20 世纪 60 年代起沼气化已在广大农村推广,成绩显著,并引起世界各国的重视。我国的小型沼气池于 1979 年被国际沼气会议命名为中国型沼气池。国家科技部也将沼气的应用列为全国科学技术重点推广项目。

生物体中烷烃含量很少,但有其独特的功能。有些植物的叶面、果皮上的蜡质中含有高级烷烃,如苹果皮上蜡质含二十七烷及二十九烷,烟叶上蜡质含二十七烷及三十一烷。这些烷烃对植物表面起着保护作用。

阅读材料

可 燃 冰

可燃冰的学名为"天然气水合物"(natural gas hydrate),是指由天然气与水在高压低温条件下形成的类冰状结晶物质。因其外观像冰而且遇火即可燃烧,所以又被称为"可燃冰"或"固体瓦斯"、"气冰"。它可用 $mCH_4 \cdot nH_2O$ 来表示,m 代表水合物中的气体分子,n 为水合指数(也就是水分子数)。组成天然气的成分如 CH_4、C_2H_6、C_3H_8、C_4H_{10} 等同系物及 CO_2、N_2、H_2S 等,可形成单种或多种天然气水合物。形成天然气水合物的主要气体为甲烷,甲烷分子含量超过 99% 的天然气水合物通常称为甲烷水合物(methane hydrate)。

天然气水合物在自然界广泛分布在大陆永久冻土、岛屿的斜坡地带、活动和被动大陆边缘的隆起处、极地大陆架及海洋和一些内陆湖的深水环境。形成可燃冰有三个基本条件:温度、压力和原材料。首先,可燃冰可在 0℃ 以上生成,但超过 20℃ 便会分解。而海底温度一般保持在 2~4℃;其次,可燃冰在 0℃ 时,只需 30 个大气压即可生成,而以海洋的深度,30 个大气压很容易保证,并且气压越大,水合物就越不容易分解。最后,海底的有机物沉淀,其中丰富的碳经过生物转化,可产生充足的气源。海底的地层是多孔介质,在温度、压力、气源三者都具备的条件下,可燃冰晶体就会在介质的空隙间生成。

在标准状况下,1 单位体积的天然气水合物分解最多可产生 164 单位体积的甲烷气体。天然气水合物是一种新型高效能源,被誉为 21 世纪具有商业开发前景的战略资源,开采时只需将固体的"天然气水合物"升温减压就可释放出大量的甲烷气体。天然气水合物使用方便,燃烧值高,清洁无污染。据了解,全球天然气水合物的储量是现有天然气、石油储量的两倍,具有广阔的开发前景。据测算,中国南海天然气水合物的资源量为 700 亿吨油当量,约相当我国目前陆上石油、天然气资源量总数的 1/2。

"可燃冰"在给人类带来新的能源前景的同时,对人类生存环境也提出了严峻的挑战。可燃冰中的甲烷,其温室效应为 CO_2 的 20 倍,温室效应造成的异常气候和海面上升正威胁着人类的生存。全球海底天然气水合物中的甲烷总量约为地球大气中甲烷总量的 3000 倍,若有不慎,让海底天然气水合物中的甲烷气逃逸到大气中,将产生无法想象的后果。而且固结在海底沉积物中的水合物,一旦条件变化使甲烷气从水合物中释出,还会改变沉积物的物理性质,极大地降低海底沉积物的工程力学特性,使海底软化,出现大规模的海底滑坡,毁坏海底工程设施等。天然可燃冰呈固态,不会像石油开采那样自喷流出。如果把它从海底一块块搬出,在从海底到海面的运送过程中,甲烷就会挥发殆尽,同时还会给大气造成巨大危害。

为了获取这种清洁能源,世界许多国家都在研究天然可燃冰的开采方法。从 20 世纪 80 年代开始,美国、英国、德国、加拿大、日本等发达国家纷纷投入巨资相继开展了本土和国际海底天然气水合物的调查研究和评价工作,同时美国、日本、加拿大、印度等国已经制定了勘查和开发天然气水合物的国家计划。科学家认为,一旦开采技术获得突破性进展,那么可燃冰将会成为 21 世纪的主要能源。

习　　题

1. 用系统命名法命名下列化合物。

(1) $(CH_3CH_2)_2CHCH_3$　　　　　(2) $\underset{\displaystyle CH_2CH_2CH_3}{\overset{\displaystyle C_2H_5}{CH_3CH_2CH_3}}$

(3) $\underset{\displaystyle (CH_3)_3C\quad CH(CH_3)_2}{\overset{\displaystyle CH_3CH_2\quad CH_2CH_3}{C}}$　　　　(4) $(C_2H_5)_2CHCH(C_2H_5)CH_2CH(CH_3)_2$

2. 写出下列化合物的构造式。

(1) 由一个叔丁基和异丙基组成的烷烃;

(2) 相对分子质量为 114,同时含有 1°、2°、3°、4°碳的烷烃。

3. 写出下列化合物的结构式,如其名称与系统命名原则不符,请予以改正。

(1) 3,3-二甲基丁烷　　　　(2) 2,3- 二甲基-2- 乙基丁烷

(3) 4-异丙基庚烷　　　　　(4) 3,4- 二甲基-3-乙基戊烷

(5) 3,4,5-三甲基-4-正丙基庚烷

(6) 2-叔丁基 - 4,5-二甲基己烷

4. 相对分子质量为 72 的烷烃进行高温氯代反应,根据氯代产物的不同,推测各种烷烃的结构式。

(1) 只生成一种一氯代产物　　　(2) 可生成三种不同的一氯代产物

(3) 生成四种不同的一氯代产物　(4) 只生成二种二氯代产物

5. 不查表将下列烷烃的沸点由高至低排序。

(1) 2,3-二甲基戊烷　　(2) 2-甲基己烷　　(3) 正庚烷　　(4) 正戊烷

6. 写出下列化合物的优势构象。

(1) $BrCH_2CH_2Cl$　　(2) $CH_3CH_2CH_2CH_2CH_3$

第3章　烯烃和红外光谱

分子中含有 C=C 的烃称为烯烃(alkene)。"烯"表示分子中的氢原子比同数碳原子的烷烃少。烯烃又可分为单烯烃、二烯烃和多烯烃。单烯烃的通式为 C_nH_{2n}。

3.1　烯烃的命名与结构

3.1.1　烯烃的命名

C=C 是烯烃的特征官能团。有些烯烃也用普通命名法命名,取代基放在烯的前面,如

$$CH_2{=}CH_2 \qquad CH_2{=}CH{-}CH_3 \qquad \underset{Cl}{\overset{Cl}{C}}{=}\underset{H}{\overset{Cl}{C}}$$

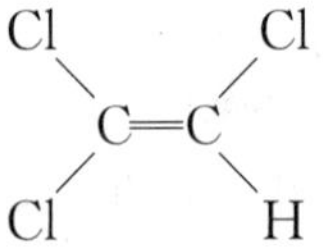

乙烯　　　　　　　丙烯　　　　　　　三氯乙烯

在 IUPAC 系统命名法中,它的命名原则和烷烃基本相似。规则如下:

(1) 选择包含双键的最长碳链为主链,看作母体,称为"某烯"。

(2) 从靠近双键的一端起进行编号,以确定取代基和双键的位置。注意双键的位置用两个碳原子中编号较小的一个表明,放在烯烃名称的前面。环烯烃中的双键要求连续编号,如编为 1,2。不同双键位置的化合物称为双键异构体,双键在 1-位的烯烃称为端基烯烃。如

1-丁烯　　　　　　2-丁烯　　　　　　　2-戊烯　　　　　　环己烯

(3) 其他取代基放在母体的前面,并使其位码最小。如

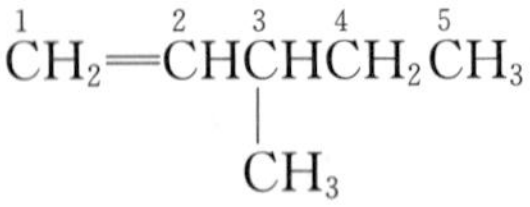

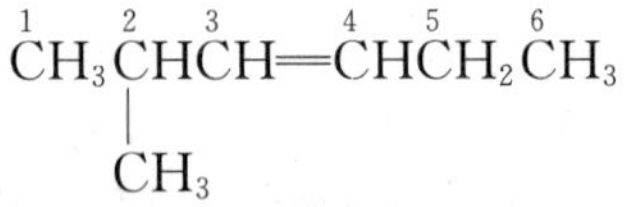

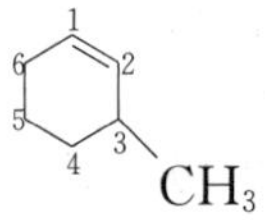

3-甲基-1-戊烯　　　　　　2-甲基-3-己烯　　　　　　3-甲基环己烯

(4) 在两个双键碳上都有取代基的烯烃中,由于双键不能自由旋转,如果同一碳上连有两个不相同的基团,就能够产生几何异构(又称顺反异构)。我们把两个相同基团在同一边的称为顺式(cis-),在相反边的称为反式(trans-)。例如,2-丁烯就有两种不同的空间排列方式

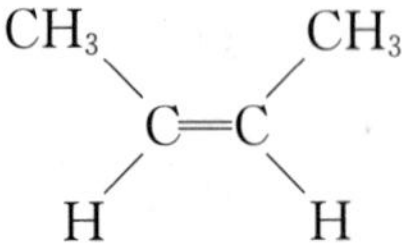

顺-2-丁烯(cis-2-butene) 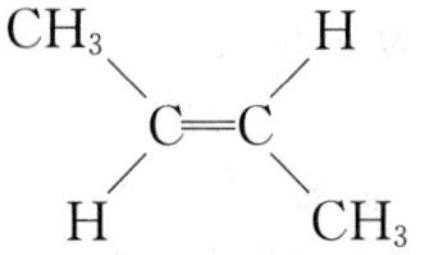　　　　　　反-2-丁烯(trans-2-butene)

必须注意的是,只有当双键的两个碳原子上每个都带有不相同的原子和基团时才有这种异构现象。例如,乙烯、丙烯、2-甲基-2-丁烯就没有几何异构现象,它们只有一种排列方式。

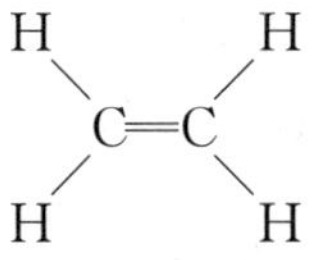

乙烯 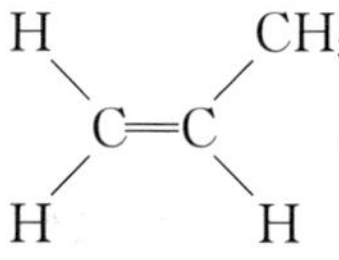 丙烯 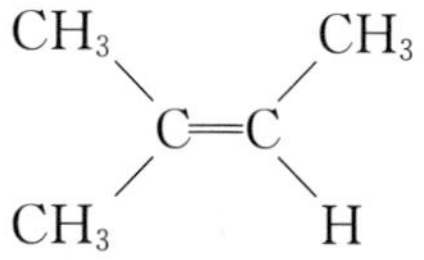 2-甲基-2-丁烯

顺式和反式异构体是两种不同的物质,具有不同的沸点及其他物理性质,且两个异构体不能通过键的旋转而相互转化。

当有 3~4 个不相同的基团连接在双键碳原子上时,顺反命名已经不能正确地表示,于是 IUPAC 规定了一个次序规则,并确定用 (Z)、(E) 法来命名 $[Z,E$ 分别来自德文,zusammen 意为"一起"和 entgegen 意为"相反"$]$。按照次序规则,当两个优先基团在同侧时为 (Z) 构型,在异侧时为 (E) 构型。

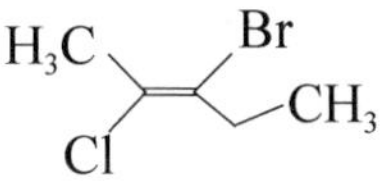

(E)-2-氯-3-溴-2-戊烯 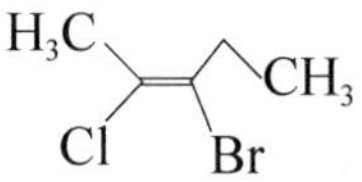 (Z)-2-氯-3-溴-2-戊烯

次序规则的内容如下:

(1) 将双键碳原子所连接的原子或基团按其原子序数的大小排列,原子序数大的原子优先,同位素则是质量大的优先。如果大的原子或基团处于同侧则为 (Z) 式,反之为 (E) 式。

$$Br > Cl > O > N > C > H \qquad\qquad D > H$$

(2) 如果与双键碳相连的两个基团的第一个原子相同,则比较与第一个原子相连的其他原子的原子序数,同样按原子序数的大小排出优先顺序,如果仍相同,则继续比较下去,直到有差别为止。

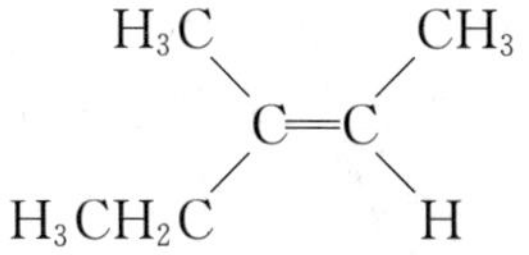

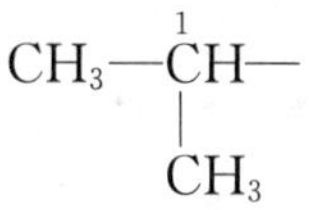

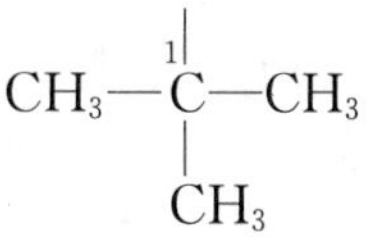

甲基、乙基的第一个原子都是碳,因此需要往下比。与甲基相连的原子是 H、H、H,而在乙基中是 C、H、H,因此乙基优于甲基。比较异丙基和叔丁基,在异丙基中 C_1 相连的原子是 C、C、H,而在叔丁基中与 C_1 相连的原子是 C、C、C,因此叔丁基优先。

几种常见的烃基顺序为

$$(CH_3)_3C- > (CH_3)_2CH- > CH_3CH_2- > CH_3-$$

应该注意的是,优先顺序是由原子序数而不是由基团体积的大小确定的。例如

$$-CH_2Cl > -C(CH_3)_3$$
$$(Cl、H、H) \quad (C、C、C)$$

因此氯甲基优先于叔丁基。

(3) 当含有双键或叁键时,则当作两个或三个单键看待。例如

$-CH=CH_2$ 当作 $-C-C-C$ $-C\equiv CH$ 当作 $-C-C-C$

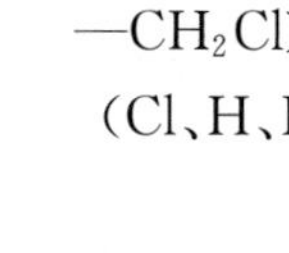

在命名中必须注意,(Z)、(E) 命名法和顺反命名法没有内在联系,(Z) 式不一定是顺式,反之亦然,如

$$\underset{\substack{\text{(Z)-3-甲基-2-戊烯}\\(\text{反-3-甲基-2-戊烯})}}{\underset{\text{CH}_3\text{CH}_2}{\overset{\text{CH}_3}{}}\text{C}=\text{C}\underset{\text{CH}_3}{\overset{\text{H}}{}}}$$

$$\underset{\substack{\text{(E)-3-甲基-2-戊烯}\\(\text{顺-3-甲基-2-戊烯})}}{\underset{\text{CH}_3\text{CH}_2}{\overset{\text{CH}_3}{}}\text{C}=\text{C}\underset{\text{H}}{\overset{\text{CH}_3}{}}}$$

（4）烯烃去掉一个氢原子的部分称为烯基。例如

$$\underset{\text{乙烯基}}{\text{CH}_2=\text{CH}-}\qquad\underset{\text{烯丙基}}{\text{CH}_2=\text{CHCH}_2-}\qquad\underset{\text{丙烯基}}{\text{CH}_3\text{CH}=\text{CH}-}$$

问题 3-1　以系统命名法（IUPAC）命名下列化合物。

(1)　$(\text{CH}_3)_3\text{C}-\text{CH}_2-\underset{}{\overset{\overset{\displaystyle\text{CH}_2}{\|}}{\text{C}}}-\text{CH}_3$

(2)　$\underset{\text{H}}{\overset{\text{Br}}{}}\text{C}=\text{C}\underset{\text{CH}_3}{\overset{\text{H}}{}}$

(3)　$\underset{\text{H}_3\text{C}}{\overset{\text{Br}}{}}\text{C}=\text{C}\underset{\text{C}_2\text{H}_5}{\overset{\text{Cl}}{}}$

(4)　$\underset{\text{H}_3\text{C}}{\overset{\text{H}}{}}\text{C}=\text{C}\overset{\text{H}}{\underset{\text{CH}_2}{}}\underset{\text{H}}{\overset{\text{H}}{}}\text{C}=\text{C}\underset{\text{H}}{\overset{\text{CH}_3}{}}$

问题 3-2　试判断下列化合物有无顺反异构体，如果有，则写出其构型和名称。

(1)　异丁烯　　　　　　　　　　（2）4-甲基-3-庚烯

3.1.2　烯烃的结构

　　乙烯（ethene）是最简单的烯烃，分子式为 C_2H_4，乙烯中的碳原子为 sp^2 杂化，形成的三个 sp^2 杂化轨道同处于一个平面，任意一对轨道之间的夹角都是 $120°$，乙烯的两个碳原子各以一个 sp^2 杂化轨道相互结合，形成 C—C σ 键，其余两个轨道与氢的 s 轨道形成 C—H σ 键，分子中所形成的五个 σ 键都处于同一平面。剩下未杂化的 2p 轨道垂直于 sp^2 杂化轨道所在的平面，p 轨道平行重叠形成 π 键。其他烯烃的结构与此基本相似。

　　在烯烃中，双键是由一个 σ 键和一个 π 键组成的，由于两个碳原子之间增加了一个 π 键，从而增加了原子核对电子的吸引力，使碳原子靠得更近，同时双键的形成使分子中的碳原子不能以 C—C σ 键为轴"自由"旋转，从而产生稳定的异构体，这就是立体异构体中的顺反异构体。

3.1.3　烯烃的同分异构

　　烯烃的同分异构现象较烷烃复杂，必须考虑以下三个因素：

　　（1）碳架不同引起的异构。

　　（2）双键的位置不同引起的官能团位置异构。

　　（3）双键不能自由旋转而可能引起的几何异构（又称顺反异构），如 2-丁烯就有两种不同的空间排列方式。

$$\underset{\text{顺-2-丁烯}}{\underset{\text{H}}{\overset{\text{CH}_3}{}}\text{C}=\text{C}\underset{\text{H}}{\overset{\text{CH}_3}{}}}\qquad\qquad\underset{\text{反-2-丁烯}}{\underset{\text{H}}{\overset{\text{CH}_3}{}}\text{C}=\text{C}\underset{\text{CH}_3}{\overset{\text{H}}{}}}$$

3.2　烯烃的物理性质

烯烃的物理性质和烷烃相似。含 2~4 个碳原子的烯烃为气体,含 5~18 个碳原子的烯烃为液体,含 19 个以上碳原子的为固体。相对密度都小于 1,无色,不溶于水,易溶于有机溶剂。沸点、熔点、相对密度均随相对分子质量的增加而增大。其物理常数见表 3-1。

表 3-1　常见烯烃的物理常数

名称	熔点/℃	沸点/℃	密度(20℃)/(×10³kg/m³)
乙烯	−169	−102	—
丙烯	−185	−48	—
1-丁烯	−184	−6.5	—
1-戊烯	−138	30	0.643
1-己烯	−138	63.5	0.675
1-庚烯	−119	93	0.698
1-辛烯	−104	122.5	0.716
1-壬烯	—	146	0.731
1-癸烯	−87	171	0.743

3.3　烯烃的制备

3.3.1　由醇脱水制备

醇在无机酸催化剂存在下加热时,失去一分子水而得到相应的烯烃。常用的酸是硫酸和磷酸。

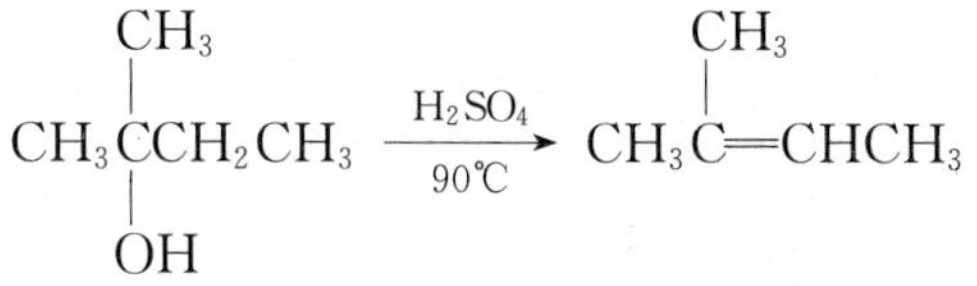

$$CH_3CCH_2CH_3 \xrightarrow[90℃]{H_2SO_4} CH_3C=CHCH_3$$

不对称醇脱水时,与卤代烃一样,符合查依采夫(Saytzeff)规则,生成较稳定的烯烃。参见 9.1.4 节"醇的化学性质"。

3.3.2　由卤代烃制备

卤代烃消除一分子 HCl 相当于消除一分子的酸,反应在强碱条件下进行。一般在 NaOH(KOH)的醇溶液中加热,得到烯烃。

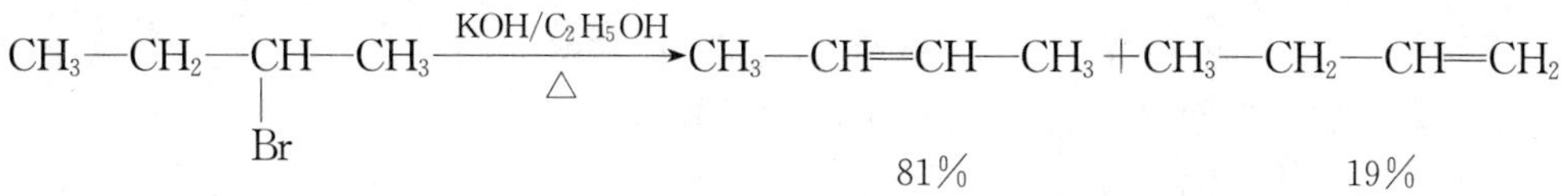

$$CH_3-CH_2-CH-CH_3 \xrightarrow[\triangle]{KOH/C_2H_5OH} CH_3-CH=CH-CH_3 + CH_3-CH_2-CH=CH_2$$

$$81\% \qquad 19\%$$

除此之外,还可从邻二卤代烃脱卤获得(参见 8.3.3 节"卤代烃的消除反应")。

3.4　烯烃的化学性质

碳碳双键是烯烃的官能团,从而使烯烃具有很大的化学活泼性,大部分烯烃的化学反应都发生在双键上,且以双键加成反应为特征。此外,α-碳原子上的氢原子也容易发生被取代的反应,这也是由双键的吸电子诱导效应引起的。

3.4.1　催化氢化反应

烯烃在镍、钯、铂等催化剂的存在下,和氢发生加成反应,生成烷烃。氢的加成多数是顺式加成,例如

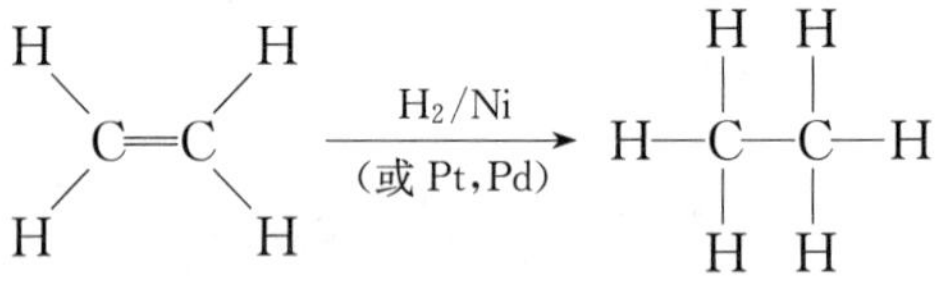

催化加氢属于还原反应的一种形式,在无催化剂存在的情况下,加氢反应速率很慢。催化剂降低了反应进行的活化能,使反应在室温下就能进行。利用催化氢化反应(catalytic hydrogenation)可以将汽油中的烯烃除去,以提高汽油质量。油脂中烃基不饱和键通过氢化而饱和,从而使油脂的质量得到改变,提高使用价值。在结构测定中,根据氢的定量吸收可推知烯烃的含量或双键的多少等。因此,催化氢化在实际应用中具有十分重要的作用。

烯烃加氢是放热反应,通过氢化热放出的多少,可以了解烯烃的稳定性。一般来说,反式异构体比顺式稳定。

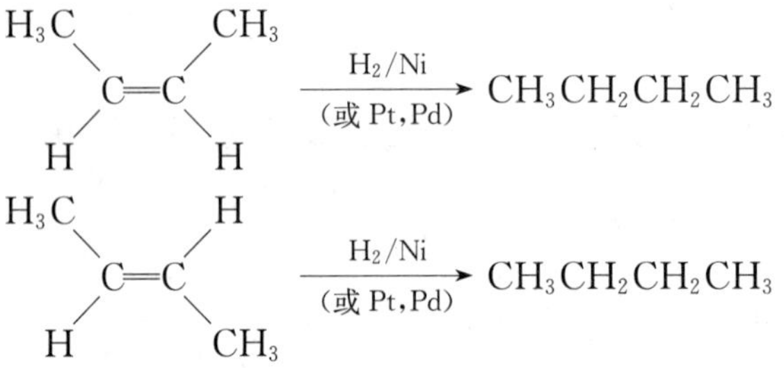

$$\Delta H^{\ominus}=119.7\,\text{kJ/mol}$$

$$\Delta H^{\ominus}=115.5\,\text{kJ/mol}$$

除此之外,烯烃的稳定性还与双键的位置有关,连接在双键碳原子上的烷基越多,双键越稳定。

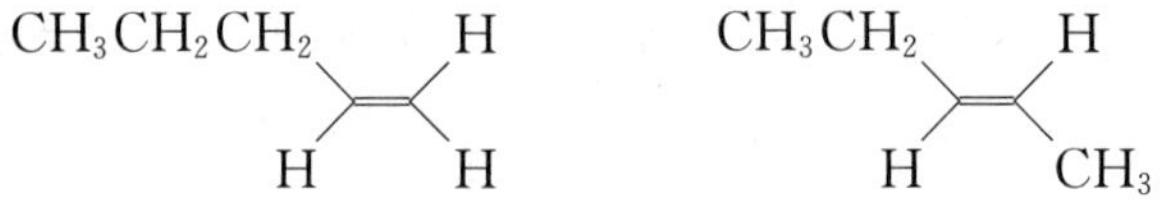

戊烯　　　　　　　　2-戊烯
125.9kJ/mol　　　　　119.7kJ/mol

3.4.2　亲电加成反应

根据烯烃的结构特征,烯烃的电子云分布在双键所在平面的上下方,因此烯烃易于给出电子,与亲电试剂发生加成反应,我们把这种反应称为亲电加成反应(electrophilic addition reaction)。烯烃的亲电加成反应有如下几种。

1. 卤素对烯烃的亲电加成（F_2、Cl_2、Br_2、I_2）

$$CH_2=CH_2 + X_2 \longrightarrow XCH_2CH_2X$$

$$CH_2=CH-CH_3 \xrightarrow{Br_2/CCl_4} \underset{\underset{Br}{|}}{CH_2}-\underset{\underset{Br}{|}}{CH}-CH_3$$

将丙烯通入溴的四氯化碳溶液中,溴的颜色立即消失,利用此反应可以检验烯烃的存在。在反应中,卤素的活性次序为 $F_2 > Cl_2 > Br_2 > I_2$。由于氟相当活泼,而碘又较难反应,因此一般加卤素指的是加氯或溴。

2. HX 对烯烃的亲电加成($X=Cl,Br,I$)

$$\overset{\diagdown}{\underset{\diagup}{}}C=C\overset{\diagup}{\underset{\diagdown}{}} + HX \longrightarrow -\underset{\underset{H}{|}}{C}-\underset{\underset{X}{|}}{C}-$$

当不对称烯烃加成时,可以生成两种产物;

$$\underset{\underset{I}{|}}{CH_3CHCH_3} \xleftarrow{HI} CH_3-CH=CH_2 \xrightarrow{HI} CH_3CH_2CH_2I$$

主要产物　　　　　　　　　　　　　次要产物

Markovnikov 考察了许多这类反应之后,得出了一个经验规律:不对称结构的烯烃与卤化氢加成时,氢原子总是加在含氢较多的双键碳原子上。该规律简称为马氏规则。

马氏规则是一个经验规则,为什么会有这个现象? 要解决这个问题,我们必须从结构和中间体的稳定性两个方面来考虑,下面以丙烯为例:

$$\underset{sp^3}{CH_3}\longrightarrow \overset{\delta+}{\underset{sp^2}{CH}}=\overset{\delta-}{\underset{sp^2}{CH_2}}$$

根据杂化轨道理论,在杂化轨道中所含的 s 成分越多,其电负性越大。我们知道,电负性不同,成键原子对电子的吸引力不同,从而使形成的共价键具有极性。在丙烯中,sp^3 杂化的碳原子的电负性要低于 sp^2 杂化的碳原子,这样使得 sp^3 碳原子上的电子向双键转移,甲基表现出给电子的性质,其结果使得 H^+ 加在双键碳上含氢较多的碳原子上。

另外,在烯烃的亲电加成反应中,首先是亲电试剂进攻 π 键引起的,反应中形成了碳正离子中间体。

$$\overset{3}{CH_3}-\overset{2}{CH}=\overset{1}{CH_2} + H^+X^- \longrightarrow \left[\begin{array}{l} CH_3-\overset{+}{CH}-CH_3 \qquad (3\text{-}1) \\ CH_3-CH_2-\overset{+}{CH_2} \qquad (3\text{-}2) \end{array}\right.$$

从上面的反应式可知,当 H^+ 加到 C_1 上时形成异丙基碳正离子[式(3-1)],而加到 C_2 上时形成正丙基碳正离子[式(3-2)]。在式(3-1)中由于两个甲基的给电子作用,正电荷有较大的分散,而在式(3-2)中只有一个乙基分散电荷。根据电荷越分散体系越稳定的理论,得出碳正离子的稳定性次序为 $3° > 2° > 1° > CH_3^+$。因此式(3-1)比式(3-2)稳定,氢原子加在 C_1 上有利,从而解释了马氏规则。

3. 酸对烯烃的亲电加成反应

烯烃能和浓硫酸发生加成反应,生成硫酸烷基氢酯。例如

$$CH_3—CH=CH_2 + \overset{+}{H}\overset{-}{O}SO_3H \longrightarrow CH_3—\underset{\underset{OSO_3H}{|}}{CH}—CH_3$$

反应遵循马氏规则。硫酸烷基氢酯可溶于浓硫酸,在水中加热则水解得到醇,这是工业上用烯烃制备醇的一种方法。同时利用该性质可以除去某些有机物中的烯烃。

4. 烯烃与水的加成反应

在酸存在的情况下,烯烃加水生成醇。这个反应又称为烯烃的水合反应,是工业上制备低级醇的方法之一。

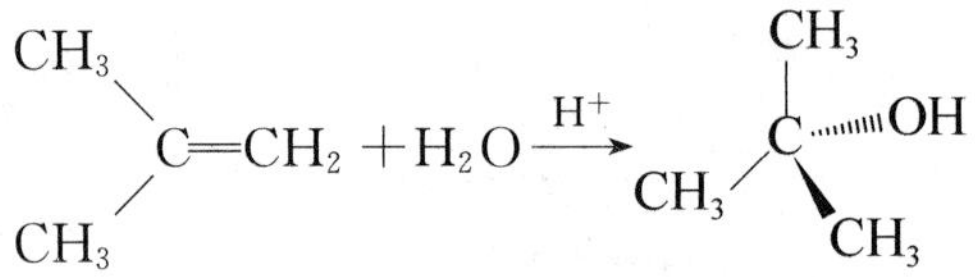

烯烃加水也遵循马氏规则。在反应过程中,烯烃首先与 H^+ 作用,生成碳正离子,然后碳正离子与水作用生成醇。

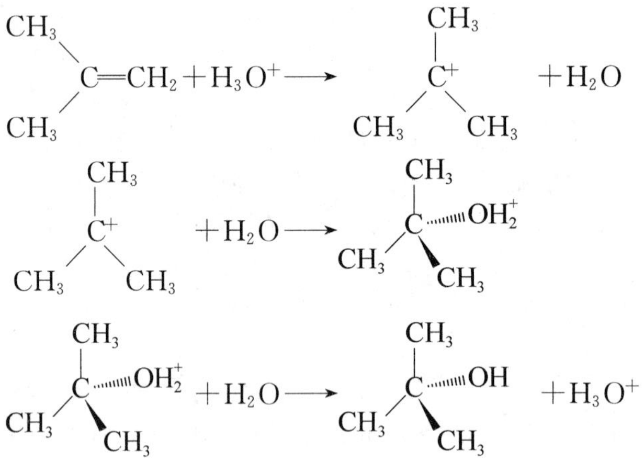

5. 硼氢化氧化反应

乙硼烷是一种无色有毒气体,可在空气中自燃。实验室中可由硼氢化钠与三氟化硼反应制得。

$$3NaBH_4 + 4BF_3 \longrightarrow 2B_2H_6 + 3NaBF_4$$

乙硼烷通常在乙醚、四氢呋喃中保存及使用,进行反应时,能迅速解离成甲硼烷-醚的配合物($R_2O—BH_3$),并与烯烃进行定量的加成反应生成烷基硼化物,后者在碱性条件下经过氧化氢氧化,可得到醇与硼酸。

$$R—CH=CH_2 + B_2H_6 \longrightarrow (RCH_2CH_2)_3B \xrightarrow[OH^-]{H_2O_2} RCH_2CH_2OH + H_3BO_3$$

此反应称为硼氢化-氧化反应,是制备低级伯醇的较好方法。从反应的结果来看,相当于发生了烯烃与水的反马氏加成。

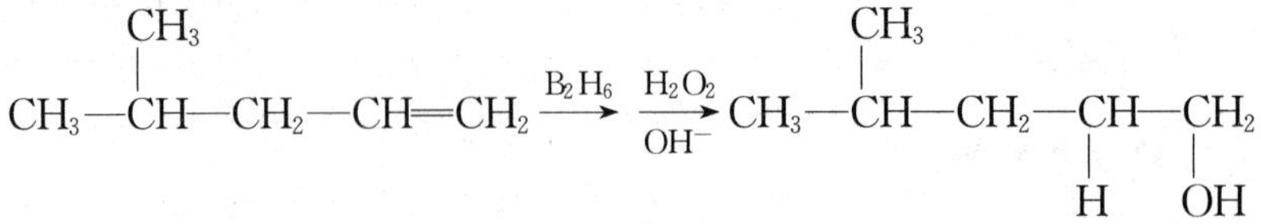

4-甲基-1-戊烯　　　　　　　　　　　　4-甲基-1-戊醇

　　硼氢化反应的机理是经历了一个四中心过渡态。首先,甲硼烷中缺电子的硼与烯烃的 π 键作用生成 π 配合物,硼原子带部分负电荷,碳原子带部分正电荷;然后带微负电的硼有释放氢的倾向,继而形成四中心过渡态,最后硼氢键断裂,形成烷基硼化物。

$$\begin{array}{ccccc}
\diagup C = C \diagdown & \xrightarrow{BH_3} & \pi络合物 & \longrightarrow & 四中心过渡态 & \longrightarrow & 烷基硼化物
\end{array}$$

3.4.3　氧化反应

1. KMnO$_4$ 氧化

高锰酸钾与烯烃反应,在不同的条件下获得不同的产物。

$$R-CH=CH_2 + KMnO_4 + H_2O \longrightarrow R\underset{\underset{OH}{|}}{C}HCH_2OH + MnO_2 + KOH$$

$$R-CH=CH_2 \xrightarrow{KMnO_4/H_2SO_4} RCOOH + CO_2$$

　　在中性或碱性条件下,烯烃生成邻二醇,这类反应相当于在烯烃的双键上加两个羟基,故称为烯烃的羟基化反应。

　　如果在酸性条件下,烯烃则氧化生成酸或酮(与重铬酸钾也发生类似反应)。常利用高锰酸钾的紫红色或重铬酸钾的橙黄色消失来鉴别烯烃。

2. 臭氧氧化反应

　　将含有臭氧($6\%\sim8\%$)的氧气通入烯烃的溶液中,臭氧迅速而定量地与烯烃作用,生成黏糊状的臭氧化物,这个反应称为烯烃的臭氧氧化反应。生成的臭氧化合物具有爆炸性。在还原剂(如 Zn 粉)存在下水解可得到醛或酮。例如

$$CH_3CH=CHCH_3 \xrightarrow[-80℃]{O_3} H_3C-CH \underset{O-O}{\overset{O}{\diagup \diagdown}} CH-CH_3 \xrightarrow{Zn/H_2O} 2CH_3\overset{\overset{O}{\|}}{C}-H$$

　　还原剂的作用是防止生成的醛氧化成酸。反应中断裂处刚好是双键处,因此根据反应产物可以推断原来的分子结构。如在有还原剂存在的情况下臭氧氧化反应产物为

$$\underset{CH_3}{\overset{CH_3}{\diagdown \diagup}} C=O \qquad CH_3CH_2\overset{\overset{}{|}}{\underset{\underset{O}{\|}}{C}}-H$$

　　一产物为丙酮,说明烯烃分子中含有 $\diagup\diagdown$ = 结构,而另一产物为 CH$_3$CH$_2$CHO,说明含有 CH$_3$CH$_2$CH 结构,所以原来的烯烃为

$$\underset{CH_3}{\overset{CH_3}{\diagdown \diagup}} C=CH-CH_2CH_3$$

即 2-甲基-2-戊烯。在反应中,如果烯烃分子中含有 CH$_2$ = 时,反应后还原水解产物为甲醛;

含有 RCH ═时得到醛类;含有 R₂C ═时则得到酮类。

3. 烯烃的催化氧化

在金属或金属卤化物存在的情况下,烯烃可被空气中的氧氧化。例如

$$2CH_2{=}CH_2 + O_2 \xrightarrow[200\sim300℃]{Ag} 2H_2C{-}CH_2$$

$$CH_3CH{=}CH_2 + 1/2O_2 \xrightarrow[120℃]{PdCl_2,CuCl_2} CH_3\overset{O}{\overset{\|}{C}}CH_3$$

$$CH_3CH{=}CH_2 + NH_3 + \frac{3}{2}O_2 \xrightarrow[Bi_2O_3]{Mo_2O_3} CH_2{=}CHCN + 3H_2O$$

后一反应称为氨氧化反应。利用这些反应可以进行一些特殊的制备。

4. 过(氧)酸的环氧化作用

烯烃被过氧酸氧化,生成环氧乙烷及同系物。例如

$$CH_3CH{=}CH_2 \xrightarrow{RCOOH} CH_3{\text-}\triangle + RCOOH$$

$$\underset{H}{\overset{H_3C}{>}}C{=}C\underset{H}{\overset{CH_3}{<}} \xrightarrow{CH_3CO_3H} +CH_3COOH \quad 78\%$$

3.4.4 游离基反应——反马氏规则加成

当不对称烯烃与 HBr 加成时,如有少量过氧化物(R—O—O—R)存在,将主要得到反马氏规则产物。例如

$$CH_3CH_2CH{=}CH_2 \xrightarrow[ROOR]{HBr} \begin{cases} CH_3CH_2CHCH_3(Br) & 5\% \\ CH_3CH_2CH_2CH_2(Br) & 95\% \end{cases}$$

反应机理属于游离基加成,这种现象称为过氧化物效应。

$$R{-}O{-}O{-}R \longrightarrow 2RO\cdot$$
$$RO\cdot + HBr \longrightarrow ROH + Br\cdot$$
$$2R{-}CH{=}CH_2 + 2Br\cdot \longrightarrow R{-}\overset{\cdot}{C}H{-}CH_2Br + R{-}CHBr{-}\overset{\cdot}{C}H_2$$
$$R{-}\overset{\cdot}{C}H{-}CH_2Br + HBr \longrightarrow R{-}CH_2{-}CH_2Br + Br\cdot$$

在 HX 中,只有 HBr 有过氧化物效应。

3.4.5 烯烃的聚合反应

在一定的条件下,π 键发生断裂进行加合反应(polymerization),生成高分子化合物。例如

$$n\mathrm{CH_2}=\mathrm{CH_2} \xrightarrow[\substack{0.1\sim1\mathrm{MPa}\\60\sim75℃}]{\mathrm{TiCl_4},\mathrm{Al}(\mathrm{C_2H_5})_3} \left(\!\!\!-\mathrm{CH_2CH_2}\!-\!\!\!\right)_n$$
聚乙烯

3.4.6　烯烃 α-碳原子上氢原子的卤代反应

在烯烃中,与 C $=$ C 双键相连的碳原子称为 α-碳原子,其上连接的氢原子称为 α- 氢原子。这种氢原子由于受双键的影响,在一定的条件下,能够发生取代反应。例如

$$\mathrm{CH_3CH}=\mathrm{CH_2}+\mathrm{Cl_2} \xrightarrow{500℃} \overset{\alpha}{\mathrm{C}}\mathrm{H_2CH}=\mathrm{CH_2} + \mathrm{HCl}$$
（Cl 在 α-碳上）

反应在较高温度下进行,α-氢原子也可在特殊卤化剂作用下发生卤代,如 NBS(N-溴代丁二酰亚胺)

反应式略

上述两种反应都属于游离基取代反应。

问题 3-3　完成下列反应式。

(1) $(\mathrm{CH_3})_2\mathrm{CHCH}=\mathrm{CH_2}+\mathrm{HBr} \longrightarrow$

(2) $(\mathrm{CH_3})_2\mathrm{CHCH}=\mathrm{CH_2} \xrightarrow[\mathrm{Cl_2}]{500℃} \xrightarrow{\mathrm{Br_2},\mathrm{H_2O}}$

(3) $(\quad) \xrightarrow[\text{②}\mathrm{Zn/H_2O}]{\text{①}\mathrm{O_3}} \mathrm{CH_3}-\mathrm{CHO}+ \underset{\mathrm{CH_3}}{\overset{\mathrm{CH_3}}{\mathrm{CH}}}-\underset{\mathrm{CH_3}}{\mathrm{C}}=\mathrm{O}$

问题 3-4　比较下列烯烃按对酸催化水合的反应活性大小顺序。

(1) $\mathrm{CH_2}=\mathrm{CH_2}$ 　　(2) $\mathrm{CH_3CH}=\mathrm{CH_2}$ 　　(3) $\mathrm{CH_3}\underset{}{\overset{\mathrm{CH_3}}{\mathrm{C}}}=\mathrm{CH_2}$

问题 3-5　写出丙烯和 $\mathrm{Br_2}$ 在下列条件下的反应机理。
(1) 高温或光照 (2) 常温四氯化碳溶液

问题 3-6　试列举几种鉴别烷烃和烯烃的常用方法。

3.5　自然界中的烯烃

3.5.1　昆虫信息素

昆虫信息素(insect pheromone)是一种由同种昆虫的个体释放并引起其他个体行为反应的化学通信物质。昆虫信息素主要有鳞翅目昆虫雌虫分泌的性聚集素,鞘翅目小蠹虫分泌的两性聚集素,蚁类释放的警告和追踪素等。许多昆虫信息素是简单的烯烃。从昆虫的某一部位,利用色谱技术分离,通常只能得到很少量的生物活性物质,在这种情况下,合成化学家在总合成中起到了重要的作用。下面是一些昆虫信息素。

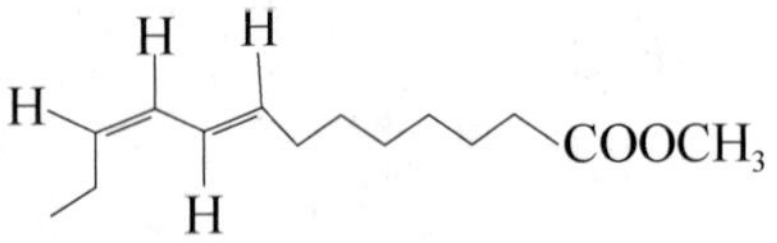

(8E,10Z)-8,10-十三碳二烯甲酯
(欧洲葡萄小卷蛾)

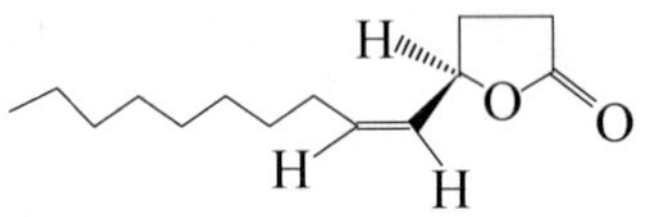

(5R)-5-[(1Z)-1-癸烯基]-2(3H)-二氢呋喃酮
(日本金龟子)

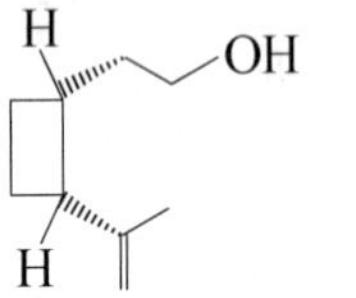

2-[(1R,2R)-2-异丙烯基环丁基]乙醇
(棉籽象)

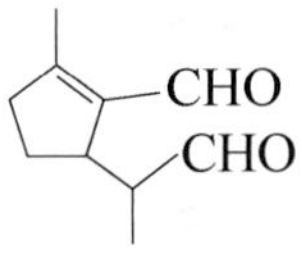

2-甲基-5-(1-甲基-2-氧代乙基)环戊烯甲醛
(叶甲幼虫防御信息素)

有趣的是,信息素的活性取决于双键的构型和分子中存在的手性中心,如母蚕性信息素,10-反-12-顺-十六碳二烯-1-醇,其活性是异构体 10-顺-12-反的 10^7 倍。

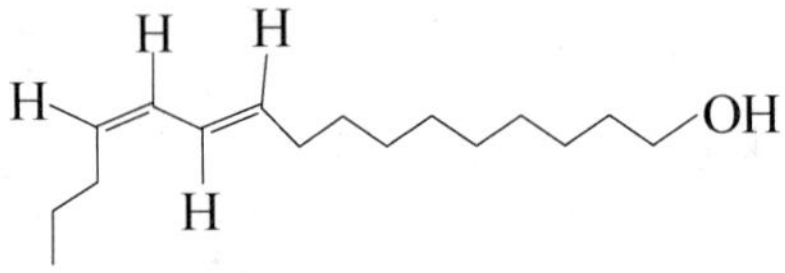

(10E,12Z)-十六碳二烯-1-醇(家蚕)

性信息素的研究为害虫控制提供重要的机会,每亩土地利用很少量的性信息素,就能吸引雌雄成虫,从而达到扑杀的目的,减少化学农药对环境的污染。有机化学家和昆虫生物学家正在共同努力,在不久的将来,必将作出重要的贡献。

3.5.2 乙烯和植物内源激素

乙烯是目前生产量最大的有机化工产品。最重要的工业用途是制聚乙烯,生产薄膜及各种日用化工产品。此外乙烯还用作合成环氧乙烷、乙醛、乙酸乙烯酯、乙醇、苯乙烯、氯乙烯等产品的原料。

乙烯对植物的生理作用,早在 20 世纪初就已经知道。但直到 20 世纪 60 年代初,由于分析技术的发展,才确定了乙烯是健康细胞的正常代谢产物,它不仅是和果实成熟有关的内源激素,而且还和细胞分裂、延长、种子的休眠、萌发及开花、性别分化、器官衰老、脱落等生理现象有关。

乙烯是植物内源激素之一。植物内源激素就是植物在发芽、生长、开花、结果和成熟等整个生长周期里为适应本身生理和生化上的需要而产生的激素。它有两种不同的作用:①促进作用;②抑制作用。

天然植物内源激素可分为五大类:①生长素,如吲哚乙酸类;②赤霉素,如赤霉酸 GA3;③细胞分裂素,如激动素、玉米素等;④脱落酸类;⑤乙烯类,如乙烯。

在许多植物的器官中都含有微量的乙烯。作为内源激素,乙烯主要有以下几个方面的作用:①偏上性生长,它可以促使向上细胞分裂。②促进果实成熟和促进叶片、花瓣、果实等器官的脱落。利用这一性质,可以用人工合成的方法提高青果中乙烯的含量,加速果实成熟。所以乙烯常用作水果的催熟剂。③抑制细胞生长,但仍能促进膨大生长。④诱导花芽的形成和开花,并可控制花的性别。⑤促进呼吸 RNA 及蛋白质的合成,提高细胞的通透性,积累代谢产物。⑥提高过氧化酶和多酚氧化酶的活性。

现今认为,在促进果实成熟时,乙烯的作用点是在细胞壁上和细胞膜上,其直接作用是抑制生长素的极性运输,使细胞横向生长。尽管乙烯有多方面的生理作用,但由于它是气体,在农业和园艺上的应用存在许多困难。1968 年,合成了一种称为 2-氯乙基瞵酸的化合物,才为乙烯的应用提供了可能性,这种化合物的商品名称为乙烯利,分子式为 $ClCH_2CH_2PO(OH)_2$,它是一种酸性液体,可溶于水。在酸性条件下稳定,pH 到 4.1 时开始分解放出乙烯。

$$ClCH_2CH_2—PO(OH)_2 + OH^- \longrightarrow CH_2=CH_2 + H_2PO_3^- + Cl^-$$

3.6　红外光谱

3.6.1　有机化合物结构的物理检测方法

确定有机化合物的结构是有机化学研究过程中的一个非常重要的方面。自 20 世纪 50 年代以来,光谱学的发展为有机化合物的结构测定带来了极大的方便。目前最常用、最重要的检测有机化合物结构的方法包括紫外光谱(UV)、红外光谱(IR)、核磁共振谱(NMR)和质谱(MS)。现代波谱分析方法具有快速、灵敏、准确和信息丰富等特点,而且使用样品极少,一般 2~3mg 即可,最低可少到 1mg。除质谱外,其他方法无样品消耗,可回收再使用。配合元素分析(或高分辨质谱),可以方便准确地确定化合物的结构,因此被广泛地应用于有机化学、高分子化学、药物化学、材料化学、环境化学、生物化学等诸多研究领域,是现代化学、医药、材料、环境和生物工作者必须掌握的重要内容之一。本教材将陆续介绍这些物理检测方法的基本知识。

3.6.2　分子的跃迁类型与吸收电磁波范围的关系

分子的运动,除了平动之外,其他运动形式,如转动、分子内部原子或基团的振动、电子的运动等,都是量子化的,只有吸收了与某一运动方式的能阶变化能量相当的电磁波,才能使相应的运动方式能阶提高。表 3-2 所示为电磁波范围与分子跃迁的运动关系。

表 3-2　电磁波范围与分子跃迁的运动关系

电磁波	波长范围/nm	应用范围
X 射线	0.05~1	X 射线衍射
远紫外	100~185	
近紫外	185~400	电子跃迁
可见光	400~800	
近红外	800~2 000	
红外光	2000~30 000	分子内振动跃迁
微波	30 000~100 000	分子内转动跃迁

3.6.3　基本原理

红外光谱是分子振动能级发生跃迁产生的,也伴随着分子的转动能级的改变,因而实际测得的振动光谱中也包含转动光谱,使得谱线变宽而形成吸收带。在分子振动的过程中,其频率可按式(3-3)计算：

$$\nu = \frac{1}{2\pi}\sqrt{\kappa\left/\frac{m_1 m_2}{m_1 + m_2}\right.} \tag{3-3}$$

式中，ν 为振动频率；m_1、m_2 为由相应价键连接的两个原子的各自相对原子质量；$m_1 m_2/(m_1 + m_2)$ 称为折合质量；κ 为键的力常数。

对于某一单色光的吸收程度，是受通过光的百分数控制的，而与入射光的强度无关，这一规律即是朗伯-比尔(Lambert-Beer)定律。在红外光谱中，主要以透射率来表示，见式(3-4)。

$$T = 100\% \times \frac{I}{I_0} \tag{3-4}$$

分子的振动可分为两类，即伸缩振动(ν)和弯曲振动(δ)。伸缩振动需要改变键长，所需能量较高，力常数 κ 也就较高。弯曲振动不改变键长，因此所需能量较低，力常数也低。所以两类振动吸收的红外光的波长也不相同。

在上述两类振动中，还可以细分成几种不同的振动方式，图 3-1 给出了这些振动的示意图。

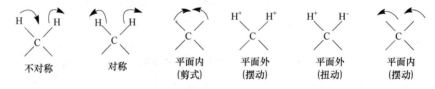

图 3-1　分子的振动方式

一定频率的红外光通过分子后，被分子中具有相同振动频率的键所吸收，并转化为键的振动能，使键振动的振幅增大。如果分子中没有相同频率的键，红外光就不会被吸收。因此当用连续红外光照射样品时，分子中的化学键就会连续吸收与自己振动频率相同的红外光，用仪器按照波数(波长)记录透射光的强度，得到一条表示吸收谱带的曲线，这就是红外光谱。

3.6.4　红外光谱的表示方法

红外光谱图(图 3-2)的纵坐标代表透射率(T)，上下两个横坐标分别代表波长和波数，波长和波数经式(3-5)换算。

$$\bar{\nu}(\text{cm}^{-1}) = \frac{10^4}{\lambda} \tag{3-5}$$

3.6.5　红外光谱在有机化学中的应用

在有机化学中，由于各种有机官能团的存在，各种不同的官能团在红外光谱的吸收中具有一定的特征性，我们称这种吸收为特征吸收。特征吸收峰尖所指的波数值称为特征频率。特征频率是有机化合物红外光谱定性分析的依据。表 3-3 是一些基团红外吸收的特征频率。

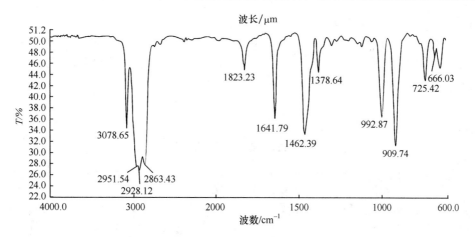

图 3-2　1-辛烯的红外光谱图

表 3-3　一些基团红外吸收的特征频率

化合物类型	基团及振动方式	频率范围/cm^{-1}
烷烃	C—H(伸缩)	2960~2850(s)
	(弯曲)	1740~1350(s)
烯烃	=C—H(伸缩)	3080~3020(m)
	(弯曲)	1100~675(s)
	C=C(伸缩)	1680~1640(v)
芳烃	=C—H(伸缩)	3100~3000(m)
	(弯曲)	870~675(s)
	C=C(伸缩)	1600,1500(v)
炔烃	≡C—H(伸缩)	3300(s)
	C≡C(伸缩)	2260~2100(v)
醇、醚、羧酸、酯	C—O(伸缩)	1300~1080(s)
醛、酮、羧酸、酯	C=O(伸缩)	1760~1690(s)
一元醇、酚(游离)	O—H(伸缩)	3640~3610(v)
(缔合)	O—H(伸缩)	3600~3200(w)
羧酸	O—H(伸缩)	3300~2500(w)
胺、酰胺	N—H(伸缩)	3500~3300(w)
	(NH$_2$)	3500~3300(m)
	(弯曲)	1650~1590(s)
腈	C—N(伸缩)	1360~1180(s)
	HC≡N(伸缩)	2260~2210(v)
硝基化合物	—NO$_2$(伸缩)	1560~1515(s)
	(弯曲)	1380~1345(s)

　　从表 3-3 可见,大多数官能团的伸缩振动吸收谱带都出现在 1400cm^{-1} 波数以上,在这一区域里的特征吸收,对判断官能团有很大的价值,我们称它为官能团区。而在 1400cm^{-1} 以下区域,大多数谱带复杂,强度较弱,但是这一区域的整个谱形能反映整个分子的结构特征,不同的有机化合物在这里显示出不同的特征谱带,因此我们称该区域为指纹区。该区的谱带对鉴

定化合物是否为同一化合物特别有用。

红外光谱是目前在有机化学研究中用得最多的方法之一,在有机化合物的鉴定中主要有以下用途:①确定官能团及结构类型;②对化合物进行鉴定;③杂质的检查;④对反应进行程度的测定;⑤定量分析。

钯催化的交叉偶联反应

　　美国科学家理查德·海克和日本科学家根岸英一、铃木彰因在"有机合成领域钯催化的交叉偶联反应"上的杰出贡献而获得 2010 年度的诺贝尔化学奖。

　　"钯催化的交叉偶联反应"听起来似乎过于专业,暂且让我们温习一下中学化学知识。例如,根据钠原子的核外电子排布图,它的最外层有 1 个电子非常容易失去,变成 Na^+,从而达到"八电子稳定结构";而氯原子最外层有 7 个电子,非常容易得到另外一个电子,变成 Cl^-,同样形成"八电子稳定结构"。于是,Na^+ 与 Cl^- 便轻易地结合成了氯化钠。反观碳原子,它的最外层不多不少有 4 个电子,无论是"抛弃"还是"抢夺"电子的"热情"都不是很高,这使得碳原子与其他原子之间不太容易发生反应,让碳原子彼此之间亲密接触,即形成碳碳键更是难上加难。怎么让这些"懒洋洋"的碳原子活跃起来,好将它们凑在一起? 100 多年前人们已经想到办法,法国科学家格林尼亚发明了一种试剂,利用镁原子强行塞给碳原子两个电子,使碳原子变得活泼起来。这是一项非常重要的成果,使格林尼亚获得了 1912 年的诺贝尔化学奖,这类试剂也被统称为"格氏试剂"。但是这样的方法在合成复杂大分子时有很大局限:人们不能控制活跃的碳原子的行为,反应会产生一些无用的副产物。在制造大分子的过程中,副产物生成得非常多,反应效率低。用钯作为催化剂可以解决这个问题。钯原子就像"媒人"一样,把不同的碳原子吸引到自己身边,使碳原子之间的距离变得很近,容易结合,也就是"偶联",而钯原子本身不参与结合。这样的反应不需要把碳原子激活到很活跃的程度,副产物比较少,更加精确而高效。

　　科学家之所以痴迷于让碳原子亲密接触,执着于为碳原子牵线搭桥,是因为碳元素是地球生命的基础。有机分子都有着碳原子搭成的"骨架",因而碳原子之间的结合是有机化学合成的核心。凭借"钯催化的交叉偶联"这一神奇"利器",化学家能随心所欲地复制甚至创造与自然本身一样复杂的碳基分子。例如,科学家从一种深海海绵中发现一种抗癌物质 discodermolide,其对癌细胞的杀伤力比现时最常用的抗癌药物之一紫杉醇高 80 倍,但是天然物质十分罕见,幸好有了"钯催化交叉偶联反应"这一研究成果,现在科学家已能够人工制造出 discodermolide 这种超级抗癌药;科学家还可以利用这一反应对现有药物加以改造,如让现有的抗生素万古霉素的分子可以杀灭未来出现的"超级细菌";此外,利用这一反应合成的一些有机材料能够发光,可用于制造只有几毫米厚、像塑料薄膜一样的显示器……

习　题

1. 写出 C_5H_{10} 所有直链烯烃的同分异构体,并用系统法命名,并指出哪些有顺反异构体。

2. 命名下列化合物或写出化合物的构造式。

(1) $CH_3CH=C(CH_3)C_2H_5$

(2) $CH_3CHCHCH_2CH_3$ （上方 CH_3，下方 $\parallel CH_2$）

(3)
$$\begin{array}{c}Cl\\Br\end{array}C=C\begin{array}{c}H\\C_2H_5\end{array}$$

(4)
$$\begin{array}{c}CH_3CH_2\\H\end{array}C=C\begin{array}{c}H\\CHCH_3\\Cl\end{array}$$

(5) 2,3-二甲基-1-己烯　　　　　　　　(6) 顺-4-甲基-2-戊烯

(7) 反-4,4-二甲基-2-戊烯　　　　　　　(8)(E)-3-甲基-4-异丙基-3-庚烯

3. 用什么方法能除去裂化汽油中含有的烯烃?

4. 某烯烃经酸性高锰酸钾溶液氧化后,得到 CH_3CH_2COOH 和 CO_2,另一烯烃经同样处理后,得到 $C_2H_5COCH_3$ 和 $(CH_3)_2CHCOOH$,写出这两个烯烃的构造式。

5. 将下列碳正离子按照稳定性由大到小排列成序。

(1)　$CH_3\overset{+}{C}—CH=CHCH_3$　　　　　　(2)　$CH_3CH_2\overset{+}{C}HCHCH_3$
　　　　　$|$　　　　　　　　　　　　　　　　　　　　　　　$|$
　　　　　CH_3　　　　　　　　　　　　　　　　　　　　　CH_3

(3)　$CH_3CH_2CH=\overset{+}{C}HCH_2$　　　　　　(4)　$CH_3CH_2\overset{+}{C}CH_3$
　　　　　　　　　　　　　　　　　　　　　　　　　　　　$|$
　　　　　　　　　　　　　　　　　　　　　　　　　　　　CH_3

6. 两个化合物分子式都是 C_5H_{10},与氢碘酸作用后生成相同的碘化烃,试推测原来的烯烃的构造式。

7. 某化合物 A 的分子式为 $C_{10}H_{18}$,化合物 A 和过量的高锰酸钾溶液作用,得到下列三种化合物:CH_3COCH_3、$CH_3COCH_2CH_2COOH$ 和 CH_3COOH,写出化合物 A 的构造式:

8. 完成下列各反应式(把正确答案填在题中括号内)。

(1)　$(CH_3)_2C=CH_2$　$\xrightarrow{\quad HBr \quad}$　(　　　　　)
　　　　　　　　　　　　$\xrightarrow[\text{过氧化物}]{\quad HBr \quad}$　(　　　　　)

(2)　　　CH_3
　　　　　　$|$
　　　　$CH_3CHCH=CH_2$　$\xrightarrow[\text{高温}]{\quad Br_2 \quad}$　(　　　　　)
　　　　　　　　　　　　　　$\xrightarrow[CCl_4]{\quad Br_2 \quad}$　(　　　　　)

(3)　$CH_3CH=CH_2$　$\xrightarrow{\quad B_2H_6 \quad}$　(　　　　)　$\xrightarrow[OH^-]{\quad H_2O \quad}$　(　　　　　)

(4)　$(CH_3)_2C=CHCH_2CH_3$　$\xrightarrow[H_2O]{\quad O_3 \quad\quad Zn \quad}$　(　　　　)

(5)　⬡ $+KMnO_4$(稀,冷)　$\longrightarrow$　(　　　　　)

第4章 炔烃、共轭二烯烃和紫外光谱

含有碳碳叁键(C≡C)的碳氢化合物称为炔烃(alkyne)。链状单炔烃的通式为 C_nH_{2n-2}，与二烯烃(alkadiene)互为同分异构体。

4.1 炔烃的命名与结构

4.1.1 炔烃的命名

炔烃的命名与烯烃相似，只要将"烯"改为"炔"即可，例如

$$CH_3—CH—C≡CH$$
（带 CH_3 支链）

$$H_3C—C—C≡C—CH$$
（带 CH_3 支链）

3-甲基-1-丁炔　　　　　　　　　2,2,5-三甲基-3-己炔

分子中同时含有双键和叁键的化合物称为烯炔(enyne)，这类化合物命名时，首先选取同时含有双键和叁键的最长碳链为主链，位次的编号常使双键的位次最小，命名为某烯炔。例如

$$CH_2=CH—CH=CH—C≡CH \qquad CH_2=CH—CH_2—C≡CH$$
1,3-己二烯-5-炔　　　　　　　　　　　　1-戊烯-4-炔

如果两种编号中其中一种的数字和较大时，则采用数字和小的一种。

$$CH_3—CH=CH—C≡CH$$
3-戊烯-1-炔（不是 2-戊烯-4-炔）

在复杂的结构中炔基可作为取代基。

问题 4-1 命名下列化合物。

$$H_3C—CH_2—C≡CH \qquad H_3C—CH=CH—C≡C—CH_3 \qquad H_3C—HC=CH—CH_2—C≡CH$$

4.1.2 炔烃的结构

在乙炔分子中，碳原子进行 sp 杂化，形成的 sp 杂化轨道分别与 H 原子的 s 轨道形成 C—H σ键，与另一碳原子的 sp 杂化轨道形成 C—C σ键，在每个碳原子上未经杂化的两个 p 轨道，相互平行以侧面重叠形成两个互相垂直的 π键，因此叁键是由一个 σ键和两个 π键构成的，且两个键的电子云混合在一起，围绕两个 C 原子核的连线呈圆柱形对称分布，得到所测定的乙炔为直线形分子结构的验证(图 4-1)。

图 4-1　乙炔的形成及球棍模型

4.2 炔烃的性质

4.2.1 物理性质

炔烃的物理性质和烷烃、烯烃基本相似。低级的炔烃在常温常压下是气体,但沸点比相应的烯烃略高。随着碳原子数目的增多,沸点升高。叁键位于碳链末端的炔烃与叁键位于中间的炔烃相比,前者具有较低的沸点。

炔烃不溶于水,但易溶于极性小的有机溶剂。一些炔烃的物理常数见表4-1。

表 4-1 炔烃的物理常数

中文名称	英文名称	熔点/℃	沸点/℃	相对密度 d_4^{20}	折射率
乙炔	acetylene	−80.8	−84	0.618	—
丙炔	propyne	−101.5	−23.2	0.671	1.374.6
1-丁炔	1-butyne	−125.7	8.1	0.678	—
1-戊炔	1-pentyne	−90	40.1	0.690	1.3860
1-己炔	1-hexyne	−131.9	71.4	0.716	1.3990

4.2.2 化学性质

同烯烃一样,炔烃的化学性质主要表现在叁键上,即叁键的加成反应和叁键碳上氢原子的活泼性,可以发生加成、氧化、聚合等反应。但由于双键和叁键结构上的差异,炔烃和烯烃在许多反应中有差别。同时炔烃还有一些独特的性质。

1. 氢化催化

炔烃催化氢化时得到烷烃。例如

$$-C\!\equiv\!C-\begin{cases}\xrightarrow{\text{Na,NH}_3\,(\text{l})}-CH\!=\!CH-\longrightarrow-CH_2\!-\!CH_2-\\[2mm]\xrightarrow{\text{H}_2,\text{Pd}}-CH\!=\!CH-\longrightarrow-CH_2\!-\!CH_2-\end{cases}$$

选择催化可使反应停留在烯烃阶段,工业上利用该反应除去乙烯中存在的少量乙炔。如果是烯炔,氢化反应首先发生在叁键上。

2. 亲电加成

炔烃可以和卤素、卤化氢、水发生亲电加成反应。例如

$$R\!-\!C\!\equiv\!C\!-\!R\xrightarrow{X_2}\underset{\underset{X}{\mid}\;\underset{X}{\mid}}{R\!-\!C\!=\!C\!-\!R}\xrightarrow{X_2}\underset{\underset{X\;X}{\mid\;\mid}}{\overset{\overset{X\;X}{\mid\;\mid}}{R\!-\!C\!-\!C\!-\!R}}$$

当和氯、溴加成时,控制反应条件,可使反应停留在一分子加成阶段。

$$R\!-\!C\!\equiv\!C\!-\!R\xrightarrow{Br_2}\underset{\underset{Br}{\mid}\;\underset{Br}{\mid}}{R\!-\!C\!=\!C\!-\!R}$$

和烯烃相比,炔烃的亲电加成活性要小一些。因此当分子中有双键和叁键同时存在时,首

先在双键上发生卤素的加成。缓慢地加入溴可使叁键不受影响。这是因为叁键的 p 轨道之间的重叠程度较大,与烯烃相比,其 π 键比烯烃中的 π 键相对稳定些,因而亲电反应也就相对难一些。例如

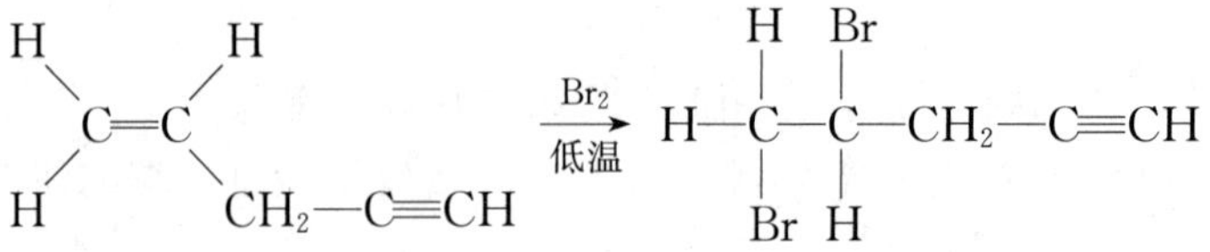

炔烃和卤化氢加成时,如果是不对称炔烃,其产物遵循马氏规则。

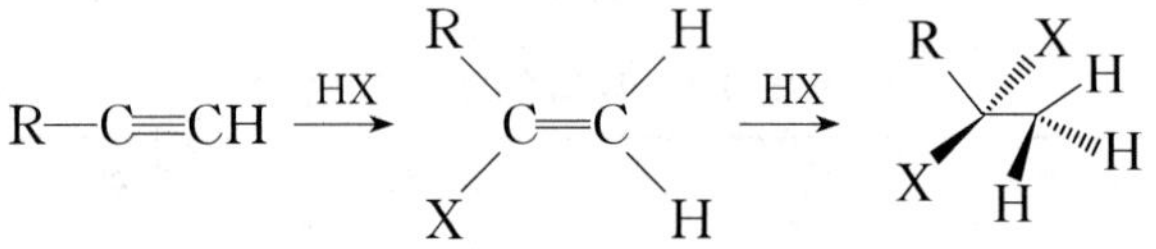

炔烃与 HBr 加成也存在过氧化物效应,其产物也是反马氏规则的,且主要得到反式加成产物。

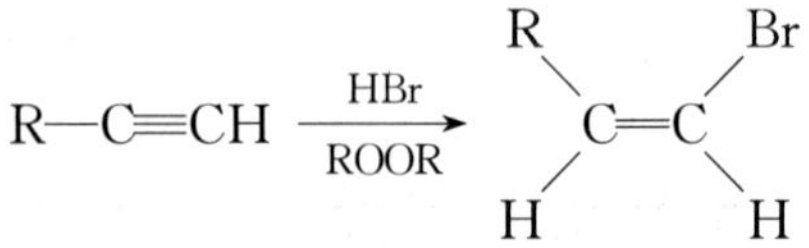

炔烃和水加成没有烯烃容易,必须在催化剂硫酸汞和稀硫酸存在的情况下加成,首先生成烯醇,然后重排为醛或酮。炔烃的水合反应又称为库切罗夫(Kucherov)反应。例如

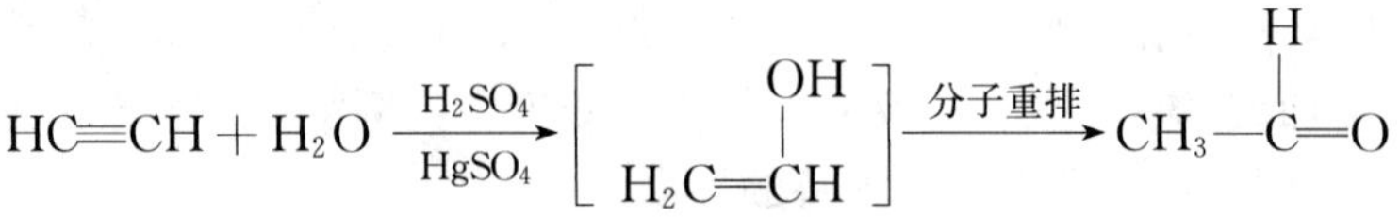

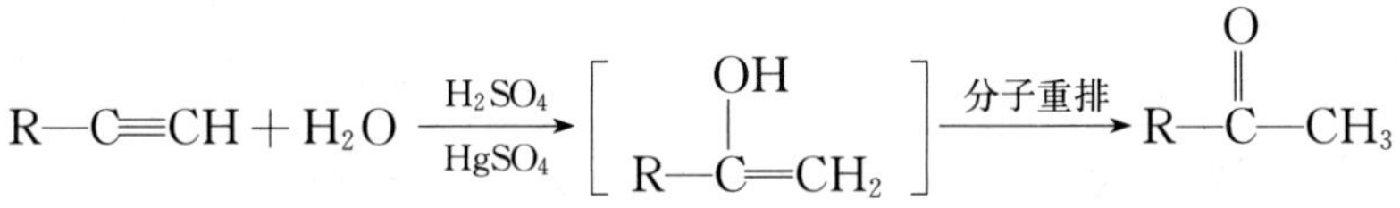

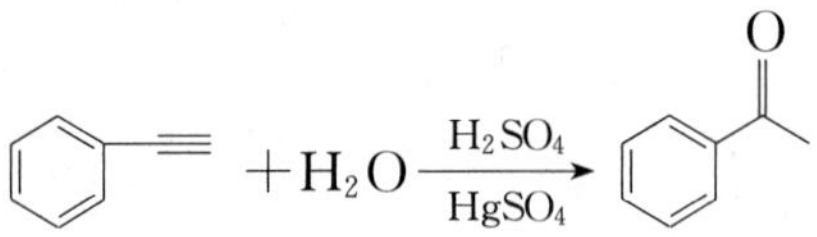

3. 亲核加成

炔烃可发生首先由负离子进攻所引起的反应——亲核加成反应,生成含有双键的乙烯基化合物。常见的负性基团有—OH、—SH、—CN、—NH$_2$、=NH、—CONH$_2$、RCOO—等。

$$HC\equiv CH + C_2H_5OH \xrightarrow[150\sim180℃]{碱} H_2C=CH-OC_2H_5$$

$$HC\equiv CH + HCN \xrightarrow{Cu_2Cl_2-NH_4Cl} H_2C=CH-CN$$

4. 氧化反应

炔烃也能发生氧化反应,利用高锰酸钾溶液红棕色的消失,可定性鉴定炔烃的存在;臭氧氧化反应断裂叁键生成两个酸,可根据酸的结构推断原炔烃的结构;当双键和叁键同时存在时,反应首先发生在双键上。例如

$$R—C\equiv CH \xrightarrow{KMnO_4/H^+} RCOOH+CO_2\uparrow$$

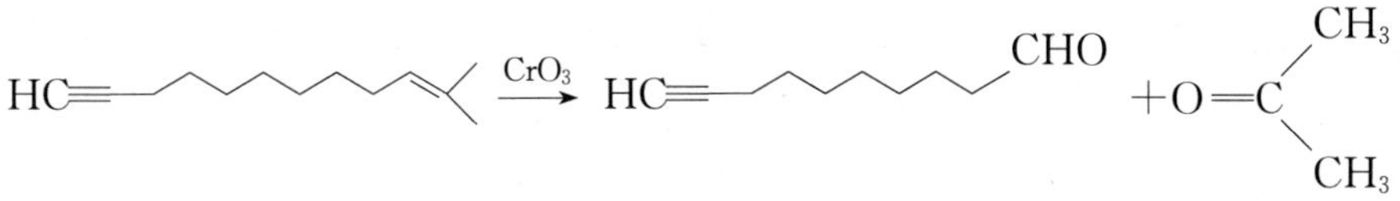

$$HC\equiv\cdots\cdots \xrightarrow{CrO_3} HC\equiv\cdots\cdots CHO + O\!\!=\!\!C\!\!\begin{array}{l}CH_3\\CH_3\end{array}$$

5. 聚合反应

炔烃在不同的条件下发生聚合反应,生成二聚、三聚、四聚化物,也可生成具有导电性能的高聚物——聚乙炔。

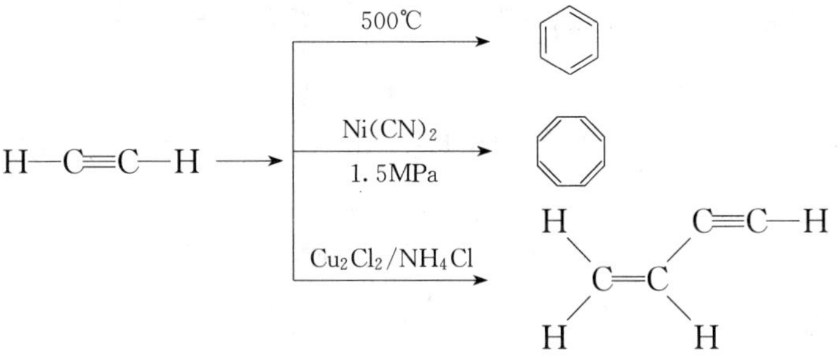

$$H—C\equiv C—H \longrightarrow$$

500℃ →〔苯〕

Ni(CN)₂ 1.5MPa →〔环辛四烯〕

Cu₂Cl₂/NH₄Cl →

6. 炔化物的生成

端基炔烃中与叁键相连的氢原子具有微弱的酸性,从而它能被金属离子取代生成炔化物。其中炔化银为灰白色沉淀,炔化亚铜为红棕色沉淀。由于生成炔化银和炔化铜的反应灵敏,现象明显,故常用来鉴别乙炔和含有 R—C≡CH 类型的炔烃。

金属炔化物在干燥的状态下容易在受热或撞击下发生爆炸,故不能干燥保存,反应完成后应将生成的炔化物用无机酸处理使其分解,以免发生危险。

$$HC\equiv CH + 2Ag(NH_3)_2OH \cdot xH_2O \longrightarrow AgC\equiv CAg\downarrow + 2NH_3 + 2NH_4NO_3$$
　　　　　　　银氨溶液　　　　　　乙炔银(灰白色)

$$RC\equiv CH + Cu(NH_3)_2Cl \longrightarrow RC\equiv CCu\downarrow + NH_3 + NH_4Cl$$
　　　　氯化亚铜氨溶液　　　炔化亚铜(红棕色)

问题 4-2　用化学方法鉴别下列化合物。

$$HC\equiv CH \qquad H_2C\!\!=\!\!CH_2 \qquad H_3C—C\equiv C—CH_3$$

问题 4-3　完成下列反应。

(1) 从丙炔到 2,2-二氯丙烷　　　(2) 从丙炔到 1-己炔　　　(3) 从 2-丁炔到 2,3-二溴-2-丁烯

4.3　炔烃的制备

4.3.1　由二元卤代烷脱卤化氢

1. 邻二卤代烷的脱卤

烯烃和卤素反应形成邻二卤化合物,在强碱溶液中,邻二卤化合物脱去一分子卤化氢,生成乙烯型卤代烃。在更强烈的条件下,脱去卤化氢,生成炔烃。该反应常用来制备末端炔烃。

$$H_3C-\overset{\overset{\displaystyle H}{|}}{\underset{\underset{\displaystyle X}{|}}{C}}-\overset{\overset{\displaystyle H}{|}}{\underset{\underset{\displaystyle X}{|}}{C}}-CH_3 \xrightarrow{KOH/醇} H_3C-\overset{}{\underset{\underset{\displaystyle X}{|}}{C}}=\overset{\overset{\displaystyle H}{|}}{C}-CH_3 \xrightarrow[\text{或 NaNH}_2]{\text{热 KOH}} H_3C-C\equiv C-CH_3$$

$$H_3C-\overset{}{\underset{\underset{\displaystyle Br}{|}}{CH}}-\overset{}{\underset{\underset{\displaystyle Br}{|}}{CH_2}} \xrightarrow{KOH/醇} H_3C-\overset{}{\underset{\underset{\displaystyle H}{|}}{C}}=\overset{\overset{\displaystyle H}{|}}{\underset{\underset{\displaystyle Br}{|}}{C}}-H \xrightarrow{NaNH_2} H_3C-C\equiv C-H$$

2. 偕二卤代烷脱卤化氢

用 PCl$_5$ 将酮或醛变成偕二氯化合物，然后在氨基钠的作用下，生成炔烃。

$$H_3C-\overset{\overset{\displaystyle CH_3}{|}}{\underset{\underset{\displaystyle CH_3}{|}}{C}}-CH_2-CHO \xrightarrow{PCl_5} H_3C-\overset{\overset{\displaystyle CH_3}{|}}{\underset{\underset{\displaystyle CH_3}{|}}{C}}-CH_2-\overset{\overset{\displaystyle H}{|}}{\underset{\underset{\displaystyle Cl}{|}}{C}}-Cl \xrightarrow[\triangle]{NaNH_2} \xrightarrow{H_2O} H_3C-\overset{\overset{\displaystyle CH_3}{|}}{\underset{\underset{\displaystyle CH_3}{|}}{C}}-C\equiv C-H$$

　　　　　　　　　　3,3-二甲基-1,1-二氯丁烷　　　　　　　　　　　　3,3-二甲基丁炔

4.3.2　由炔化物制备

末端炔烃上的氢原子被金属取代，形成的炔基负离子可与卤代烃 R—X 进行取代反应，形成新的 C—C 键，使一个低级炔烃转变成为一个高级炔烃。

$$R-C\equiv C-Li \xrightarrow{R'X} R-C\equiv C-R'$$

$$H-C\equiv C-Na + CH_3CH_2I \longrightarrow HC\equiv C-CH_2-CH_3 + NaI$$

从乙炔出发，可以制备一取代乙炔，也可制备二取代乙炔。如

$$H-C\equiv C-H + NaNH_2 \xrightarrow[-33℃]{(液氨)} H-C\equiv C-Na \xrightarrow{n\text{-}C_4H_9Br} H-C\equiv C-C_4H_9$$

$$H-C\equiv C-H \xrightarrow[NaNH_2]{(液氨)} Na-C\equiv C-Na \xrightarrow{2CH_3Br} H_3C-C\equiv C-CH_3$$

　　　　　　　　　　　　　　　　　　　　　　　　　　　　　　2-丁炔

问题 4-4　从指定原料出发合成下列化合物。

(1) 将(Z)-2-丁烯转化为(E)-2-丁烯　　(2) 将 1-氯丙烷转化为 2-丁炔　　(3) 将氯乙烷转化为 3-己炔

4.4　共轭二烯烃

4.4.1　二烯烃的分类

二烯烃是含有两个 C＝C 双键的烯烃。根据双键的位置不同分为三类，即共轭二烯烃（conjugated diene）、累积二烯烃（cumulative diene）和孤立二烯烃（isolated diene）。

$$\overset{|}{C}=\overset{|}{C}-\overset{|}{C}=\overset{|}{C} \qquad \overset{|}{C}=C=\overset{|}{C} \qquad \overset{|}{C}=\overset{|}{C}-\overset{|}{C}-\overset{|}{C}=\overset{|}{C}$$

　　　　共轭二烯烃　　　　　　累积二烯烃　　　　　　　孤立二烯烃

分子中双键和单键相互交替的二烯为共轭二烯烃;分子中两个双键集中在一个碳原子上的烯烃为累积二烯烃;分子中的两个双键被多个单键隔开的二烯烃称为孤立二烯烃。我们以1,3-丁二烯为例重点讨论共轭二烯烃。

4.4.2 1,3-丁二烯的结构

在1,3-丁二烯(1,3-butadiene)的分子中,碳原子是 sp^2 杂化,六个氢原子和四个碳原子都在同一平面;每个碳原子上未杂化 p 轨道垂直于该平面,以肩并肩的方式互相重叠,形成由四个原子轨道组成的大 π 键(图 4-2、图 4-3)。

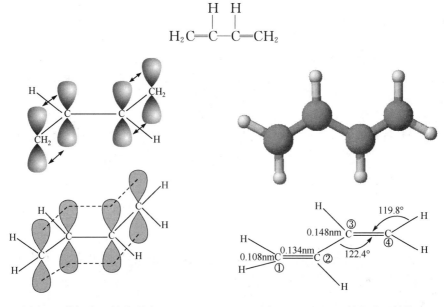

图 4-2 共轭大 π 键的形成　　　　　图 4-3 1,3-丁二烯的分子结构

由于大 π 键的形成,1,3-丁二烯分子成为一个不同于一般烯烃的特殊整体,分子中成键电子不是局限在任意两个碳原子之间,而是在整个分子区域中运动,这种现象称为**电子离域现象**。在分子中,每个电子不只受到两个核的束缚,而是受到四个核的束缚,从而增强了分子的稳定性。这个特殊的整体在化学上称为**共轭体系**(conjugation system)。

在有机化合物分子中,由于相邻原子 p 轨道发生交盖和形成大 π 键,单双键键长趋于平均化,分子的能量降低,这种电子效应称为**共轭效应**。通常把这种涉及 π 键之间的共轭称为 **π-π 共轭**,把由于共轭作用降低的能量称为共轭能或共振能(resonance energy)。

形成的 π-π 共轭体系一般具有以下特点:①所有的原子都处于同一个平面。②单双键的键长趋于平均化;③整个体系的能量降低,分子趋于稳定;④由于 π 电子的转移,共轭链上出现正负极性交替的现象。

在1,3-丁二烯中,由于 C_2—C_3 之间具有部分双键的性质,故丁二烯可以有下列两种构象:s-顺丁二烯和 s-反丁二烯,由于反式比较稳定,所以主要以反式存在(s 表示单键,single 的缩写),如图 4-4 所示。

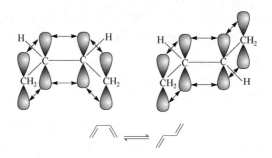

图 4-4　顺丁二烯和反丁二烯

4.4.3　1,3-丁二烯的反应

1. 1,2-和 1,4-加成反应

共轭的 1,3-丁二烯进行亲电加成反应时,同时产生 1,2-加成和 1,4-加成两个产物。

$$H_2C=CH-CH=CH_2 \xrightarrow{Br-Br} H-\underset{\underset{Br}{|}}{\overset{\overset{H}{|}}{C}}-\underset{\underset{H}{|}}{\overset{\overset{Br}{|}}{C}}-C=CH_2 + H-\underset{\underset{Br}{|}}{\overset{\overset{H}{|}}{C}}-CH=CH-\underset{\underset{H}{|}}{\overset{\overset{Br}{|}}{C}}-H$$

$$H_2C=CH-CH=CH_2 \xrightarrow{HBr} H_3C-\underset{\underset{}{|}}{\overset{\overset{Br}{|}}{C}}H-CH=CH_2 + H_3C-CH=CH-\underset{\underset{H}{|}}{\overset{\overset{Br}{|}}{C}}-H$$

产物的比例与反应条件密切相关。在极性溶剂和室温条件下,以 1,4-加成为主;在非极性溶剂和低温条件下,以 1,2-加成为主。反应机理如下:

$$\underset{4}{H_2C}=\underset{3}{CH}-\underset{2}{CH}=\underset{1}{CH_2} \xrightarrow{H^+} \underset{4}{H_2C}=\underset{3}{\overset{+}{C}H}-\underset{2}{CH}-\underset{1}{CH_3} \xrightarrow{Br^-} H_2C=CH-\underset{}{\overset{\overset{Br}{|}}{C}}H-CH_3 + H_2C-CH=CH-CH_3$$

温度	1,2-加成产物	1,4-加成产物
40℃	20%	80%
−80℃	80%	20%

2. Diels-Alder 反应

共轭二烯烃与二烯亲和物发生 1,4-加成反应称为 Diels-Alder 反应,也称双烯合成。

产物图示（反应式）

Diels-Alder 反应的反应物分为两部分:一部分提供共轭双烯,称为**双烯体**;另一部分提供不饱和键,称为**亲双烯体**。常见的亲双烯体有氯乙烯、丙烯醛、丙烯酸酯、顺丁烯二酸酐及不饱和二酸酯等。关于该类反应,需注意以下几点:

（1）反应条件。反应在加热或光照下进行，反应过程中不需催化剂，无中间体生成，一步完成。

（2）反应产物相当于单烯烃对共轭二烯烃的 1,4-加成。

（3）当单烯烃上连有—NO_2、羰基、酰基等吸电子基时，反应易于发生。

问题 4-5　写出分子式为 C_5H_8 的所有二烯烃类同分异构体。

问题 4-6　以对应碳原子数烯烃分别合成 1-丁炔和 2-丁炔。

问题 4-7　写出 2-甲基-1,3-丁二烯与等物质的量的溴化氢的主要加成产物。

4.5　诱导效应和共轭效应

在有机化学中，分子中原子间的相互影响一般可用电子效应和立体效应来描述，其中电子效应主要包括诱导效应和共轭效应，现分别讨论如下。

4.5.1　诱导效应

当两个原子形成共价键时，由于原子的电负性不同，成键电子云偏向于电负性较大的一方，形成极性共价键。这种极性共价键产生的电场引起邻近价键电荷的转移，如

$$CH_3 \overset{\delta\delta\delta^+}{—CH_2} \overset{\delta\delta^+}{—CH_2} \overset{\delta^+}{—CH_2} \longrightarrow Cl$$

C—Cl 形成的电场使第二个碳原子也带上部分的正电荷（$\delta\delta^+$），而第三个碳原子带有更小的正电荷（$\delta\delta\delta^+$）。诱导效应（inductive effect）是指在有机化合物中，电负性不同的取代基团使整个分子中的电子云按取代基的电负性所确定的方向而偏移的效应。一般用 I 来表示诱导效应，饱和 C—H 键的诱导效应规定为零，－I 表示吸电子诱导效应；＋I 表示给电子诱导效应。

$$\overset{\delta^+}{Y}—\overset{\delta^-}{C} \qquad C—H \qquad \overset{\delta^+}{C}—\overset{\delta^-}{X}$$
$$+I \qquad\qquad I=0 \qquad\qquad -I$$

常见具有－I 效应的基团或原子的相对强度如下：

对于同族元素

$$—F > —Cl > —Br > —I$$

对于同周期元素

$$—F > —OR > —NR_2$$

对于不同杂化状态 C 原子

$$—C \equiv CR > —CR = CR_2 > —CR_2—CR_3$$

常见具有＋I 效应的基团主要是烷基。

$$(CH_3)_3C— > (CH_3)_2CH— > CH_3CH_2— > CH_3—$$

4.5.2　共轭效应

共轭效应（conjugated effect）是指在共轭体系中原子间的相互影响。除了前面所说的 π-π 共轭外，还有 p-π 共轭和超共轭。这种影响使得分子更稳定，内能更小，键长趋于平均化，并引起物质性质的一系列变化。共轭效应一般用 C 表示。

1. p-π 共轭

图 4-5　p-π 共轭

如图 4-5 所示，与双键碳原子相连的 X 原子，其 p 轨道上的电子向双键方向转移，呈给电子的 +C 效应。我们把 p 电子和 π 电子相互作用所引起的作用称为 p-π 共轭效应。不同元素的 +C 效应强度顺序为

$$-\overset{\cdot\cdot}{I}<-\overset{\cdot\cdot}{Br}<-\overset{\cdot\cdot}{Cl}<-\overset{\cdot\cdot}{F}$$

$$-\overset{\cdot\cdot}{Te}R<-\overset{\cdot\cdot}{Se}R<-\overset{\cdot\cdot}{S}R<-\overset{\cdot\cdot}{O}R$$

$$-Te^-<-Se^-<-S^-<-O^-$$

2. 超共轭

超共轭分为 σ-π 与 σ-p 两类。与碳碳双键相连的饱和碳原子的 C—H σ 键可与 π 键产生微弱的共轭作用，这种共轭称为 σ-π 超共轭效应（图 4-6）。烷基自由基、碳正离子和碳负离子等有机反应活性中间体，它们的中心碳原子为 sp^2 杂化，其中自由基的 p 轨道上有一个电子，碳负离子 p 轨道上有两个电子，碳正离子的 p 轨道上没有电子。如果与中心碳原子相连的饱和碳原子上具有 C—H σ 键，那么 σ 轨道也可与中心碳原子的 p 轨道微弱重叠而形成 σ-p 超共轭作用（图 4-7）。显然参与共轭的 C—H σ 键越多，电子离域的范围就越大，就越有利于电荷的分散，这种中间体就越稳定。

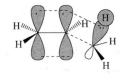　　　　　

图 4-6　σ-π 超共轭　　　　　　　　图 4-7　σ-p 超共轭

在 π-π 共轭中，π 电子向电负性大的元素偏移，呈现出吸电子的 -C 效应。

$$\overset{\cdot\cdot}{O}=C-C=C-$$

在周期表中，对于同周期元素，电负性越强，-C 效应越大；对于同族元素，原子序数增加，-C 效应变小。其强度顺序为

$$=O>=NR>=CR_2$$

$$=O>=S$$

必须指出，当共轭效应和诱导效应同时存在时，物质的性质是两种效应共同作用的结果。

问题 4-8　写出 1,3-戊二烯中不饱和碳原子的电荷分布。

4.6　紫外光谱

4.6.1　概述

紫外光谱（ultraviolet spectroscopy）常用 UV 作为代号，是 ultraviolet 的缩写。在紫外光谱中，波长用纳米（nm，$1nm=10^{-9}m$）表示。紫外分远紫外区和近紫外区两部分，一般来说，

200~400nm 称为近紫外区。在这一段的紫外光，能通过空气和石英，而小于上述波长的紫外光，能被空气中的氧吸收，只能在真空中进行工作，因此被称为真空紫外或远紫外光，由于真空紫外的测定和操作不便，仪器复杂，在实际工作中一般不用。波长在 400~800nm 的光称为可见光。常用分光光度计包括紫外和可见两部分。绝大部分有机分子中的各个原子是以共价键连接起来的，当两个原子轨道形成分子轨道时，放出大量的热，形成 σ 或 π 成键轨道，同时生成 σ^* 或 π^* 反键轨道。成键轨道能量低，成键电子均在成键轨道中，反键轨道能量高，因此在一般情况下，反键轨道是空的。成键轨道中的电子吸收一定能量后，可以激发到反键轨道上。由于 σ 键成键时放出的能量较 π 键多，故 σ 轨道的能量较 π 轨道能量低，因而 $\sigma \to \sigma^*$ 跃迁的能量也较 $\pi \to \pi^*$ 跃迁的能量高。氧、氮、卤素、硫等原子中，除成键电子外，还有孤电子对，这些孤电子对所占据的非键轨道称为 n 轨道，在成键过程中，n 轨道中的电子能量没有变化，因此，n 轨道中电子的能量比 σ 或 π 轨道中电子的能量高。图 4-8 是这些轨道能量高低和各种电子跃迁的能量示意图。

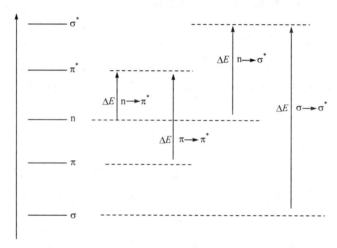

图 4-8　各类电子跃迁的相对能量

其能量的计算可从式（4-1）算出。

$$\Delta E = h\nu = \frac{hC}{\lambda} \tag{4-1}$$

各种基团或结构对紫外光的吸收数据是依据其峰顶的高度，也就是其吸收带中摩尔吸收系数 ε 为最大值时的波长，一般用 λ_{max} 表示。

4.6.2　有机化合物的紫外吸收光谱与化学结构的关系

1. 几个常用名词介绍

1）发色团

在光谱学中，某一个基团、结构或系统，能在某一段光谱范围内出现吸收带的称为这一段光谱范围内的发色团。紫外光谱的发色团是碳碳共轭结构、含有杂原子的共轭结构、能进行 $n \to \pi^*$ 跃迁的基团、能进行 $n \to \sigma^*$ 跃迁并在紫外区能吸收的原子或基团。

2）助色团

凡有不成键电子或电子对连接在共轭双键上，形成非键电子与 π 电子的共轭，即 p-π 共轭,使电子的活动范围增大。能使共轭体系吸收光波向长波方向移动的基团称为助色团。常见的有—OH、—OR、—NH$_2$、—NR$_2$、—SR、卤素等。

2. 几种效应

1) 红移效应和蓝移效应

凡是结构的变化(如顺式、反式等),共轭体系的延长、助色团及其他原因(如溶剂改变或溶液 pH 变动等),使吸收波长向长波方向移动的,称为红移或向红效应。使吸收波长向短波方向移动的称为向蓝或蓝移效应。

2) 增色效应和减色效应

结构的改变或其他原因可使摩尔吸光系数 ε 值发生改变,凡能使 ε 值升高的称为增色效应,使 ε 值降低的称为减色效应。

4.6.3　紫外光谱在有机化合物结构鉴定中的应用

1. 判定共轭体系、芳香结构和某些官能团的存在

当化合物在 200～400nm 区域无吸收,则该化合物为饱和烃;如果在 270～350nm 有弱的吸收,在 200～250nm 无任何吸收,且 ε<100,则可推知该化合物是含有一对孤电子对的不饱和基团,如 C＝O、C＝N、C＝S、NO$_2$ 等。

2. 鉴定化合物的纯度,对部分有机化合物进行定量分析

由于一般能吸收紫外光的物质 ε 值都很高,所以对一些在近紫外透明的化合物或溶剂,如其中的杂质能吸收紫外光,只要 ε>2000,检出的灵敏度能达到 0.005%。利用紫外光谱吸收重复性好的特点进行定量分析,要比红外光谱法准确。

3. 判定某些化合物的异构体、构型、构象

利用紫外光谱吸收的一些计算规则,计算 λ_{max} 值,然后与实验值比较,可确定某些化合物可能的结构式。图 4-9 为联苯类的紫外光谱图。

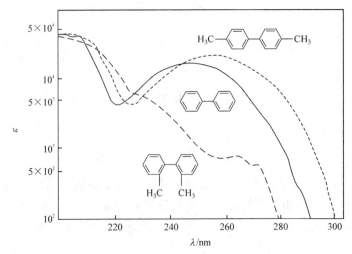

图 4-9　联苯类的紫外光谱图

4. 判定互变异构的存在

如果体系中有酮式-烯醇式存在,那么在强碱性条件下测定光谱,则它的长波段吸收会发生红移,这是因为在碱性条件下,烯醇式的氧负离子有效地增加了生色团的共轭强度。

4.7　烯烃和炔烃的光谱分析

4.7.1　紫外光谱

具有 π 键的化合物都能发生跃迁,但孤立的叁键和双键的吸收带几乎都在远紫外区(160~180nm),例如,乙烯的吸收在 $\varepsilon_{max}=10000$、$\lambda_{max}=165nm$,如果两个双键共轭,吸收将向近紫外移动(一般移动 5~20nm),吸收强度也显著增加。如 1,3-丁二烯 K 吸收带 $\lambda_{max}=217nm$、$\varepsilon_{max}=21000$。

4.7.2　红外光谱

烯烃的红外光谱由于双键的类型不同,其振动吸收的强度不同。$\nu_{C=C}$ 通常在 1640~1667cm^{-1} 处有中等强度的吸收,共轭双键的吸收较低,在 1578~1600cm^{-1},ν_{C-H} 频率和强度受取代基类型的影响,一般都高于 3000cm^{-1}。在指纹区,烯烃 δ_{C-H} 键面外弯曲振动在 650~1000cm^{-1},利用它可以判断双键的类型和顺反异构。

炔烃有两种形式的叁键,即 —C≡C—H 和 —C≡C— 两类,故炔烃不饱和碳上键的振动方式有 ν_{C-H}、$\nu_{C\equiv C}$、δ_{C-H}。在 —C≡C—H 类型的炔中,$\nu_{C\equiv C}$ 为 2100~2140cm^{-1}(w),ν_{C-H} 为 2222~3267cm^{-1}(s),δ_{C-H} 为 610~700cm^{-1}(强而宽);在 —C≡C— 类型的炔烃之中,$\nu_{C\equiv C}$ 为 2190~2260cm^{-1}(s)。

问题 4-9　用红外光谱鉴定正丁烷、2-丁烯和 2-丁炔。

阅读材料

导电聚合物

　　1977 年,在纽约科学院国际学术会议上,时为东京工业大学助教的白川英树(H. Shirakawa)把一个小灯泡连接在一张聚乙炔薄膜上,灯泡马上被点亮了。"绝缘的塑料也能导电!"此举让四座皆惊。塑料向来被认为是绝缘体,因此电线用塑料管当外皮,塑料渗透在我们生活的各个角落……塑料比金属轻得多,能做得很薄。不能把塑料做成导体吗? 白川英树自 70 年代开始就搞起了这个课题。这一想法是在一次偶然的无意的失败中提出的,却得到了巨大的成功。白川英树在东工大研究有机半导体时使用了聚乙炔黑粉,一次,研究生错把比正常浓度高出上千倍的催化剂加了进去,结果聚乙炔结成了银色的薄膜。白川英树想,这薄膜是什么,其有金属之光泽,是否可导电呢? 测定结果这薄膜不是导体。但正是这个偶然给了白川英树极大的启发,在后来的研究中,他发现在聚乙炔薄膜内加入碘、溴,其电子状态就会发生变化。

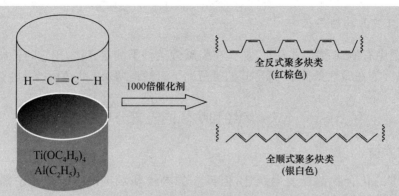

与此同时,在太平洋彼岸,麦克迪尔米德(A. G. MacDiarmid)和黑格(A. J. Heeger)正在实验用无机聚合物氮化硫制备具有金属光泽的薄膜。在日本东京的一次学术交流会的咖啡休息时间里,麦克迪尔米德很偶然地遇见了白川英树,当他得知他的同行发现了聚合物闪光薄膜后,便邀请白川英树到宾夕法尼亚大学访问。之后,他们着手通过碘蒸气氧化掺杂聚乙炔。黑格让他的一个学生来测量这种薄膜的导电性,结果发现经碘掺杂的反式聚乙炔的电导率提高了上千万倍!

导电聚合物的发现,已经过去 20 多年了。在这期间,它多次获诺贝尔奖提名,遗憾的是一直未能问鼎。2000 年诺贝尔化学奖终于颁给了导电聚合物的三位发明者:美国物理学家黑格、美国化学家麦克迪尔米德和日本化学家白川英树。

总之,导电聚合物打破了普通塑料的常规,已进入市场应用或某些用途正处于实验阶段,如抗静电地毯、把阳光挡在户外的"智能"窗、用薄膜制成的太阳能电池、新型彩色显示屏、可以发光的交通标志、墙纸、衣服和装饰品等。可以预测,它将为人类提供新一代的神奇装置,如可以折叠的电视机屏幕和可以穿在身上的计算机等。尽管目前导电聚合物的研究面临一些难题,但是 2000 年这一工作获得诺贝尔奖,必将大大激励此领域的科学家更加努力地工作,使这一国际前沿研究领域成为 21 世纪科学的先驱,让导电聚合物为人类造福!

习　　题

1. 用系统命名法命名下列各化合物或根据下列化合物的命名写出相应的结构式。

   (1) $(CH_3)_2CHC{\equiv}CC(CH_3)_3$　　　　　　(2) $CH_2{=}CHCH{=}CHC{\equiv}CH$

   (3) $CH_3CH{=}CHC{\equiv}CC{\equiv}CH$　　　　(4) 环己基乙炔

   (5) (E)-2-庚烯-4-炔　　　　　　　　(6) 3-仲丁基-4-己烯-1-炔

   (7) 聚-2-氯-1,3-丁二烯

2. 从乙炔合成下列化合物(其他有机、无机试剂任选)。

   (1) 1-戊炔　　　　(2) 2-己炔　　　　(3) 1,2-二氯乙烷　　　　(4) 顺-2-丁烯

   (5) 反-2-丁烯　　　(6) 2-丁醇　　　　(7) $CH_3CH_2CH_2CH_2Br$　　(8) 2,2-二氯丁烷

3. (1) 写出 $HC{\equiv}CCH_2CH_2CH_3 \longrightarrow H_2C{=}CHCH{=}CHCH_3$ 的反应步骤。

   (2) 写出 $(CH_3)_2CHCHClCH_2CH{=}CH_2 + KOH/醇$ 的反应产物。

   (3) 写出 $H_2C{=}CHCH_2CH(OH)CH_3$ 酸催化脱水时的主要产物和次要产物。

   (4) 解释为什么 $H_2C{=}CHCH_2C{\equiv}CH$(A)加 HBr 生成 $H_3CCHBrCH_2C{\equiv}CH$,而 $HC{\equiv}CCH{=}CH_2$(B)加 HBr 生成 $H_2C{=}CBrCH{=}CH_2$。

   (5) 乙炔中的 C—H 键是所有 C—H 键中键能最大者,而它又是酸性最大者。这两个事实是否矛盾?

   (6) 共轭二烯烃比孤立二烯烃更稳定,又更活泼,这一事实有矛盾吗?

   (7) $^{14}CH_3CH{=}CH_2$ 进行烯丙基游离基溴代。反应产物是否有标记的 $H_2C{=}CH^{14}CH_2Br$? 解释其原因。

4. 写出以下(A)～(N)所代表的化合物的结构式。

(1) $HC\equiv CCH_2CH_2CH_3$ $\xrightarrow{Ag(NH_3)_2^+}$ (A) $\xrightarrow{HNO_3}$ (B)

(2) $H_3CC\equiv CH$ $\xrightarrow{CH_3MgBr}$ (C,气体)+(D) $\xrightarrow{CH_3I}$ (E)

(3) $CH_3CH_2C\equiv CH+NaNH_2$ $\longrightarrow$ (F) $\xrightarrow{C_2H_5I}$ (G) $\xrightarrow{H_3O^+,Hg^{2+}}$ (H)

(4) $CH_3C\equiv CH+NaNH_2$ $\longrightarrow$ (I) $\xrightarrow{CH_3COOH}$ (J) $\xrightarrow[KMnO_4]{H_2O}$ (K)

(5) $ClCH_2CH(CH_3)CHClCH_3+KOH\text{-}C_2H_5OH$ $\longrightarrow$ (L) $\xrightarrow{BrCH_3}$ (M)+(N)

5. 某分子式为 C_6H_{10} 的化合物,加 2mol H_2 生成 2-甲基戊烷,在 H_2SO_4-$HgSO_4$ 的水溶液中生成羰基化合物,但和 $AgNO_3$ 的氨溶液不发生反应。试推测该化合物的结构式。

6. 1,3-丁二烯和 HCl 在酸中室温下加成可得到 78% $CH_3CHClCH\equiv CH_2$ 和 22% $CH_3CH\equiv CH—CH_2Cl$ 的混合物,此混合物再经长时间加热或与三氯化铁一起加热,则混合物的组成改变为前者仅占 25%,后者占 75%。解释原因,并用反应式表示。

7. 用乙炔、丙烯为原料合成下列化合物。

(1) $CH_2\equiv CH—C\equiv CCH_2CH\equiv CH_2$

(2) $CH_2\equiv CH—OCH_2CH_2CH_3$

(3) 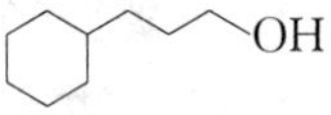 ![]结构图 —OH

(4) 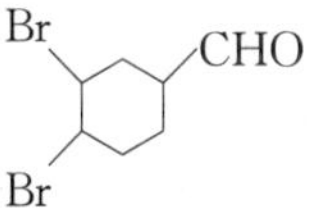 ![]结构图 带 Br、Br、CHO 的环己烷

8. 用化学方法分离或提纯下列各组化合物。

(1) 用化学方法分离 1-癸烯和 1-癸炔的混合物。

(2) 用化学方法除去环己烷中的少量 3-己炔和 3-己烯。

第5章 脂 环 烃

结构上具有环状的碳骨架而性质上与脂肪烃相类似的一类碳环化合物称为脂环烃(cyclic alkanes)。饱和的脂环烃称环烷烃,由于碳架成环,比烷烃少了两个氢原子,因此其通式和烯烃一样,为 C_nH_{2n}。环上有双键的称为环烯烃,有两个双键称为环二烯烃,有叁键的称为环炔烃,它们的化学性质差别不大。

5.1 脂环烃的分类与命名

5.1.1 脂环烃的分类

脂环烃及其衍生物广泛存在于自然界。脂环烃根据分子中碳环的数目,可分为单环烷烃(分子中只有一个碳环)和多环烷烃(分子中有两个或两个以上碳环)。单环烷烃又可按成环碳原子数目分为小环(3～4 个碳原子)、普通环(5～7 个碳原子)、中环(8～11 个碳原子)、大环(12 个以上碳原子)。多环烷烃按照环中共用碳原子的不同分为螺环烃(两个碳环共用一个碳原子)、稠环烃(两个相邻的碳环共用两个碳原子的碳环烃)及桥环烃(两个或两个以上的碳环共用两个以上碳原子的碳环烃)。

脂环烃还可以根据是否含有不饱和键有如下所示分类:

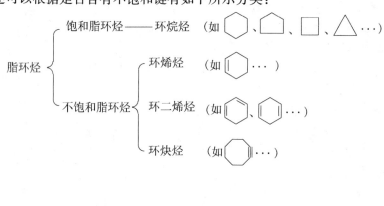

例如

十氢萘　　环戊烯　　环己炔

5.1.2 脂环烃的命名

1. 环烷烃的命名

环烷烃根据分子中成环碳原子数目,称为环某烷,有取代基时把取代基的名称写在环烷烃的前面,取代基位次按"最低系列"原则列出,基团顺序按"次序规则"、小的优先列出。

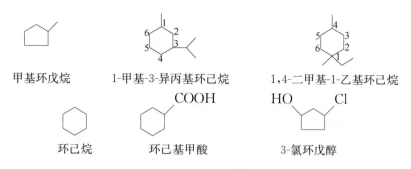

甲基环戊烷　　　1-甲基-3-异丙基环己烷　　　1,4-二甲基-1-乙基环己烷

环己烷　　　环己基甲酸　　　3-氯环戊醇

2. 不饱和脂环烃的命名

以不饱和碳环作为母体称为环某烯,侧链作为取代基,编号时,两个双键碳或叁键碳必须编为连续号码。例如

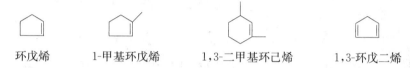

环戊烯　　　1-甲基环戊烯　　　1,3-二甲基环己烯　　　1,3-环戊二烯

3. 桥环化合物的命名

分子中含有两个碳环的化合物称为双环化合物。如果两个环共用两个或更多的碳原子的双环化合物称为桥环化合物。桥环化合物的共同特点是都有两个"桥头"碳原子和三条连在两个"桥头"上的"桥"。命名时,根据组成环的碳原子总数命名为"某烷",加上词头"双环",再把各"桥"所含碳原子的数目,按由大到小的次序写在"双环"和"某烷"之间的方括号内。例如

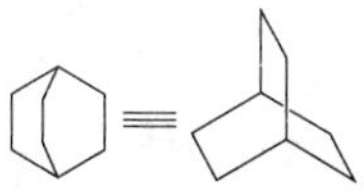

双环[2.2.2]辛烷 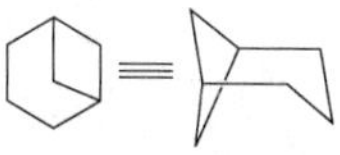　　　双环[3.1.1]庚烷

如果环上有取代基,则需对环上碳原子进行编号。编号时,从一个桥头碳原子开始编起,先编最长的桥至第二个桥头碳原子;再编余下的较长的桥,回到第一个桥头碳原子;最后编最短的桥。

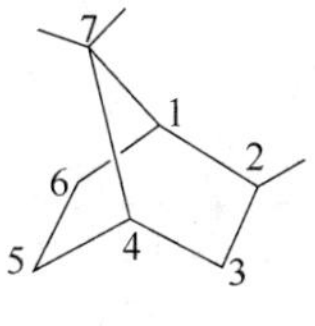

2,7,7-三甲基双环[2.2.1]庚烷 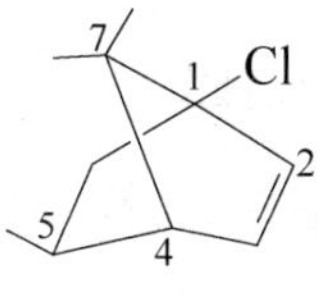　　　5,7,7-三甲基-1-氯双环[2.2.1]-2-庚烯

4. 螺环化合物的命名

分子中含有两个环共用一个碳原子的双环化合物称为螺环化合物。螺环化合物中,两个环共用的碳原子称为螺原子。命名螺环化合物时,根据成环碳原子的总数称为螺某烷,在方括号中按由小到大的顺序,标出各碳环中除螺碳原子以外的碳原子数目(小的数目排前,大的排后),其他同烷烃的命名。

如果环上有取代基时,则要对环上碳原子编号。编号时,从较小环中与螺原子相邻的一个碳原子开始,经小环到螺原子,再沿大环至所有环碳原子。

螺[2.4]庚烷   6-甲基螺[3.4]辛烷

问题 5-1 以系统命名法命名下列化合物。

(1)   (2)   (3) Br—

5.2 环烷烃的性质和结构

5.2.1 环烷烃的物理性质

环烷烃的沸点、熔点和相对密度都较含同碳数原子的开链脂肪烃高。常见环烷烃的物理常数如表 5-1 所示。

表 5-1 一些环烷烃的物理常数

名称	熔点/℃	沸点/℃	相对密度 d_4^{20}
环丙烷	−127.6	−32.9	0.720(−79℃)
环丁烷	−80.0	12.0	0.703(0℃)
环戊烷	−93.0	49.3	0.745
甲基环戊烷	−142.4	72.0	0.779
环己烷	6.5	80.8	0.779
甲基环己烷	−126.5	100.8	0.769
环庚烷	−12.0	118.0	0.810
环辛烷	11.5	148.0	0.836

5.2.2 环的结构与稳定性

1885 年，Baeyer 假定，环烷烃具有平面正多边形的结构：

60°   90°   108°   120°   128.6°   135°

环上 C—C 之间的键角偏离正常键角 109.5°，就会产生**角张力**（angle strain），偏差角越大，张力越大，分子越不稳定。于是得出这样的结论：三、四元环为**张力环**（strained rings），五元环为无张力环，六元环及其更大的环也是张力环。由于张力的存在，环不稳定。张力学说成功地解释了三、四、五元环的稳定性大小问题，但对于大环化合物稳定性无法解释。事实证明，六元环及大于六元环的环烷烃都是稳定的。

环的稳定性也可根据环烷烃的燃烧热来判断。燃烧热越大，说明其内能越高，越不稳定。表 5-2 列出部分环烷烃的燃烧热值。

表 5-2 环烷烃的燃烧热值

环的大小	每个"CH₂"的燃烧热/(kJ/mol)	环的大小	每个"CH₂"的燃烧热/(kJ/mol)
3	697.1	10	663.6
4	686.2	11	664.5
5	664.0	12	659.9
6	658.6	13	660.2
7	662.4	14	658.6
8	663.6	15	659.0
9	664.1	16	658.7

从表 5-2 中数据看出,环丙烷、环丁烷的燃烧热值特别大,说明两个小环不稳定,而环戊烷及其以后的环烷烃都差不多,说明它们的稳定性相差不大。从环丙烷到环戊烷,每个 CH_2 的燃烧热逐渐降低,说明环越小越不稳定。从环己烷到更大的环烷烃,每个 CH_2 的燃烧热与环戊烷的接近,说明大于五元的环并不是张力环,而是稳定的。

在环烷烃分子中,碳原子采取 sp^3 杂化,除了环丙烷以外,其他环烷烃的碳原子都不在同一平面上。分子中碳碳之间的键角能够保持或尽可能接近 $109.5°$,因此除了三、四元环为张力环以外,环戊烷及其以上的环烷烃都是稳定的(图 5-1)。

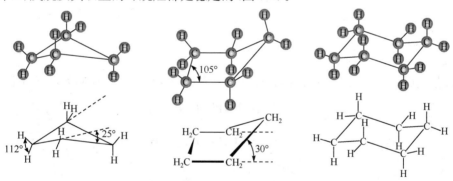

图 5-1 环丁烷、环戊烷、环己烷的分子结构

现代量子力学计算及对 X 射线衍射的电子云密度图的研究表明,由于几何形状上的限制,环丙烷分子虽是平面结构,但成键的电子云并不沿轴向重叠,而是形成一种弯曲键。C—C—C 键角为 $105.5°$,H—C—H 键角为 $114°$,C—C 键长比正常的键略短。环丙烷的几何形状要求碳原子之间的夹角为 $60°$,这时 sp^3 杂化不能沿键轴进行最大重叠,只可能形成弯曲的键,从而造成重叠程度小,键能下降,并产生角张力(图 5-2)。

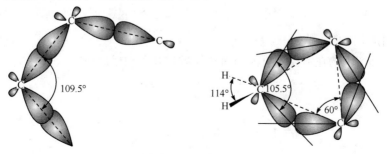

图 5-2 环丙烷中 sp^3 杂化轨道重叠示意图

环丁烷也是一个较不稳定的环,但与环丙烷不同,它的四个碳原子可以不在同一平面,实际上是形成一个折叠的环。但它仍然是形成弯曲的键,因此也是不稳定的,但不稳定程度比环丙烷小。

5.2.3　环烷烃的化学性质

从环烷烃的结构和环的稳定性的关系可知,小环分子中有弯曲键,存在角张力,致使环不稳定,弯曲键易断裂而与一些试剂发生加成反应。而环戊烷及其以上环烷烃分子中,无弯曲键,角张力很小或无张力,所以很稳定,可以预料其化学性质与烷烃一样,对一般试剂是不活泼的,在一定条件下才发生取代反应。

1. 取代反应

在光照或高温条件下,环烷烃发生游离基取代反应。分子中只有一种氢被取代,产品单一,可用于有机合成。

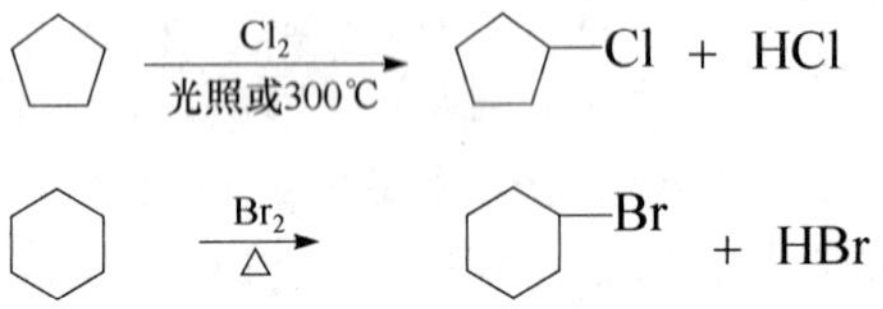

2. 加成反应

1) 加氢
在催化剂(如镍)存在下,环烷烃与氢加成,生成相应的烷烃。但反应条件有所不同。

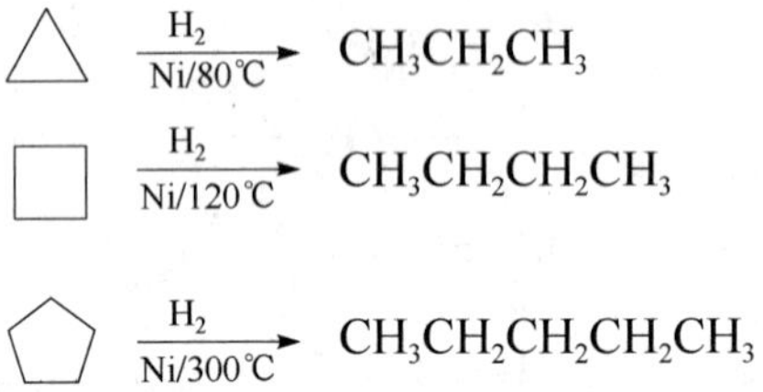

2) 加卤素
环丙烷在室温下就能与溴发生开环加成反应,环丁烷在加热条件下进行。环戊烷以上的环烷烃很难与溴进行加成反应。利用这个反应可以鉴别不同类型的环烷烃。

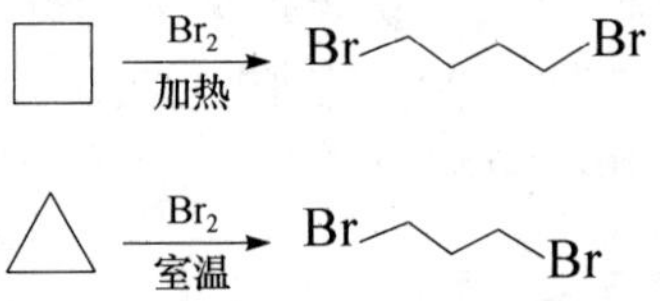

3) 加卤化氢
环丙烷及其衍生物在室温下就能与卤化氢进行开环加成反应。

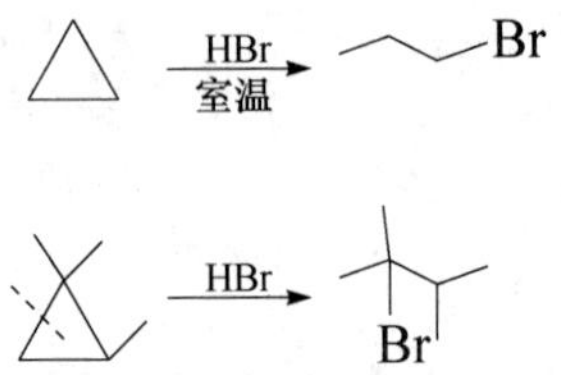

　　烷基取代环丙烷加成开环的位置在含 H 最多和最少的两个碳之间,与 HX 加成符合马氏规则。溴的加成有明显的颜色变化(由棕红色变成无色),因此可用来鉴别环丙烷及其衍生物。

　　常温下环烷烃与一般的氧化剂(如高锰酸钾溶液或臭氧)不发生氧化反应,因此可以用高锰酸钾溶液将环丙烷与烯烃、炔烃区分开来。

5.3　环烷烃的立体化学

5.3.1　顺反异构

　　当环烷烃环上有两个或两个以上的取代基时,环烷烃有顺反异构现象,这是因为 C—C σ 键旋转受到环的限制。实际上,这一点也不难理解,既然烯烃有顺反异构,而烯烃又可看成是特殊的环烃——二元环,那么当环上连有两个和两个以上的取代基时,环烃也应该有顺反异构体。例如,二甲基环己烷,两个甲基在环的同侧是顺式,反之则为反式。

顺-1,3-二甲基环己烷　　　　　　反-1,3-二甲基环己烷

5.3.2　环己烷及其衍生物的构象

　　环己烷及其衍生物是自然界存在最多的脂环化合物。环己烷内能低,能够稳定存在主要与它的构象有关。前面谈到,除三元环外,其他的脂肪环中碳原子都不在同一个平面,它们到底具有什么样的空间构象呢? 下面重点讨论环己烷及其衍生物的构象。

　　1. 环己烷的典型构象——椅式和船式

　　像乙烷的构象一样,通过 C—C 单键旋转,环己烷的构象也有无穷多种,但其中两种最典型的构象是椅式构象和船式构象。

椅式构象(99.9%)　　　　　　　　　船式构象(0.1%)

　　这两种构象中,每个碳都保持了正四面体键角,因而没有角张力。两种构象可以通过 C—C σ 键旋转而相互转变,就像乙烷中的重叠式和交叉式一样。椅式构象是环己烷中最稳定的构象,因为观察任意两个(相邻)碳原子上的碳氢键和碳碳键,都是处于交叉式,能量最低。船式构象虽然没有角张力,但是任意两个(相邻)碳原子上的碳氢键和碳碳键,都是处于重叠式。此外,"船头"两个 H 的距离很近,也会产生排斥力,从而船式构象的能量较高(图 5-3)。

　　2. 椅式环己烷中的两类 C—H 键——直立键和平伏键

　　环己烷的椅式构象中有两类不同的 C—H 键,如果在环己烷分子的中心有一个六重对称轴,就会发现其中一类与该轴平行,另一类与该轴几乎垂直,与对称轴平行的 C—H 键,称为直立键或 a 键,几乎垂直于对称轴的 C—H 键,称为平伏键或 e 键。整个六元环上有 6 个 a 键、

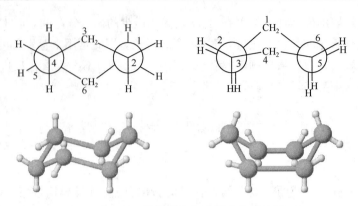

图 5-3　环己烷椅式和船式构象分子结构

6 个 e 键, 它们之间上下交替, 即一个碳的 a 键朝上, 其 e 键必朝下, 相邻碳的 e 键朝上, 其 a 键朝下。环己烷可以通过环上 C—C 单键的旋转实现构象翻转, 从一种椅式构象可以转变成另一种椅式构象。转环后, 原来的 a 键变成 e 键, e 键变成 a 键(图 5-4)。

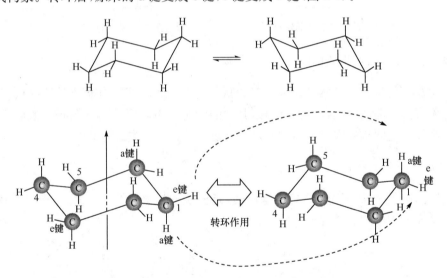

图 5-4　环己烷椅式构象的转环及 a、e 键互变

3. 取代环己烷的构象

1) 一取代环己烷的优势构象

如果将环己烷的六个碳原子近似地看作在同一平面, 处于环"平面"同侧的 a 键上的原子或原子团有相互排斥作用, 这种作用称为 1,3-a 键作用。由于邻位碳原子上的 a 键不在"平面"同侧, 因此没有 1,2-a 键作用。如果一个较大的基团取代了 α-H, 则会引起更大的 1,3-a 键作用, 使体系的能量上升, 稳定性下降。因此取代基尽可能占据 e 键, 如甲基环己烷, 甲基可能占据 a 键, 也可能占据 e 键, 两种构象可以互相转变, 但甲基占据 a 键的构象不如占据 e 键的构象稳定, 因此甲基处于 e 键的构象为优势构象(图 5-5)。

如果环上的氢原子被叔丁基取代, 由于基团较大, 其 1,3-a 键之间的作用更大, 叔丁基处于 e 键的构象为稳定构象。

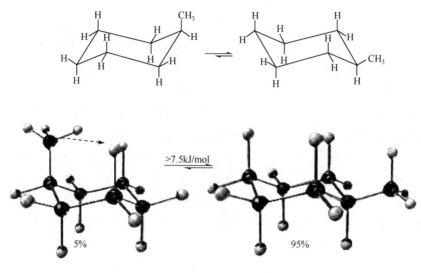

图 5-5　椅式构象之间的转化

小于0.1%　　　　　　　大于99.9%

2) 二取代环己烷的优势构象

反-1,2-二甲基环己烷和顺 1,2-二甲基环己烷分别有两种构象。其中前者一个是 ee 型,一个是 aa 型,以 ee 键的构象为优势构象。后者一个是 ea 型,一个是 ae 型,它们有相同的稳定性。

aa键　　　　　　　　　ee键

反-1,2-二甲基环己烷

ae键　　　　　　　　　ea键

顺-1,2-二甲基环己烷

实验测定表明,反式异构体比顺式异构体稳定,其能量差约为 7.1kJ/mol。

在反-1-甲基-3-叔丁基环己烷的两个椅式构象中,都有一个 e 键取代基和 a 键取代基,但叔丁基是体积较大基团,它如果占据 a 键,会有较大的 1,3-a 键作用,因此这种椅式构象不如另一种稳定。

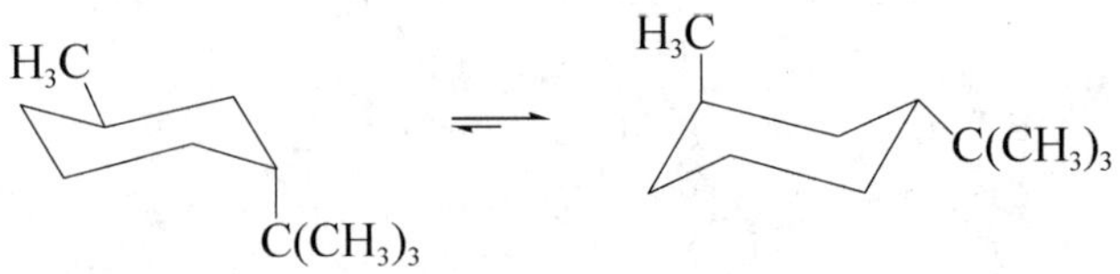

反-1-甲基-3-叔丁基环己烷

从而得出这样的结论:在多取代环己烷中,其优势构象是取代基处于 e 键较多的构象;有不同取代基时,大基团处于 e 键的构象为优势构象。

注意:写出某物质的最稳定构象时,不能把所有的取代基都放在 e 键,要看取代基的顺反情况而定。例如,顺-1,4-二甲基环己烷的最稳定构象是一个甲基在 a 键,一个甲基在 e 键,只有这样才是顺式。如果把两个甲基都写在 e 键,那就是反式了。反式和顺式是顺反异构体,两者是不同物质,它们不可能相互转化,因此写出最稳定构象时一定要尊重原化合物的顺反构型。

问题 5-2 下列反-1-甲基-3-叔丁基环己烷的椅式构象中最稳定的为( )。

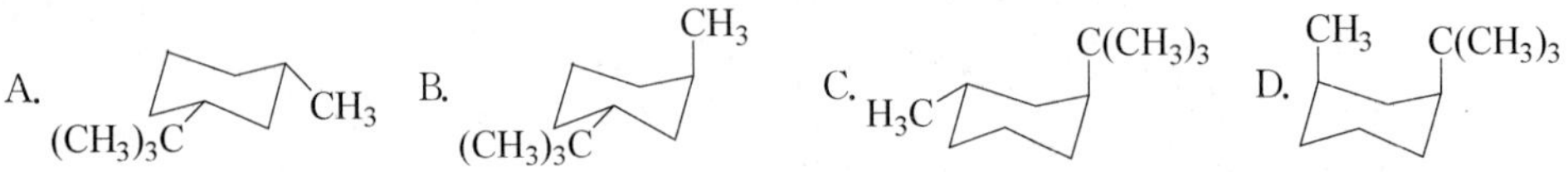

5.4 脂环烃的制备

5.4.1 分子内的偶联(小环的合成)

1. 分子内的烷基化

在碱性条件下,卤化物可以发生分子内环合反应,生成环烷烃。

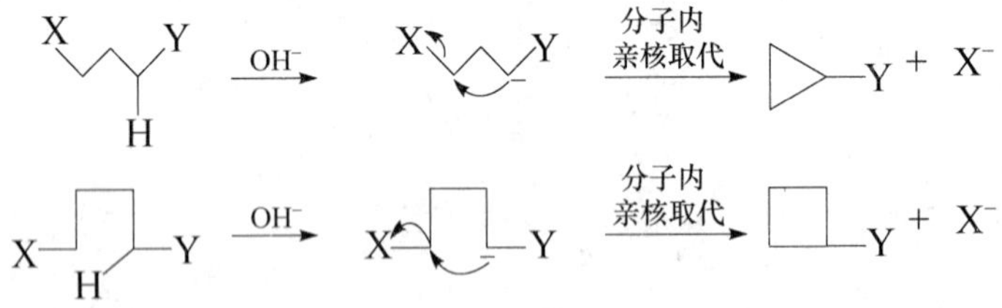

X 为卤代物或磺酸盐离子;Y 为—CN、—COR、—COOR。

2. Wurtz 型环合成法

如果两个卤素连在 C_1 和 C_3 上时,用钠或锌粉脱卤素得到环丙烷,这是制备环丙烷的方法。用此方法也可制备四元环。

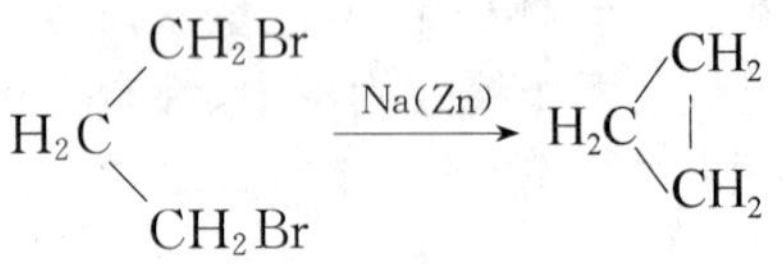

3. Friedel-Crafts 酰基化

分子内 Friedel-Crafts 酰基化反应(参见 6.4.1 节"亲电取代反应"),也可制备环烷烃。

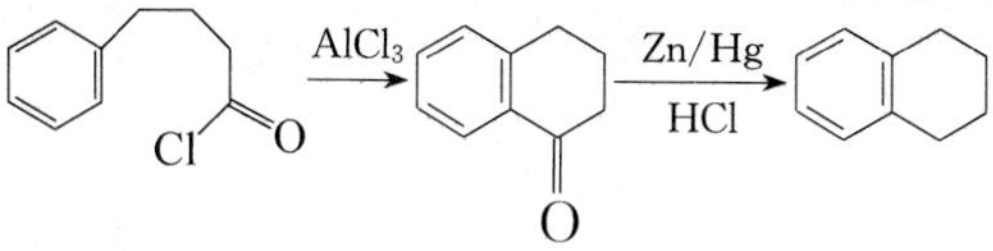

5.4.2　Diels-Alder 反应(双烯合成)

Diels-Alder 反应是合成六元环和桥环化合物的重要反应。

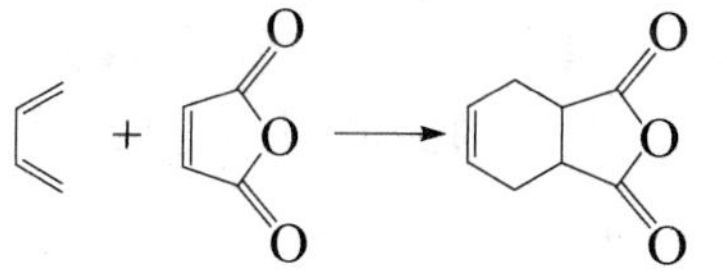

90%

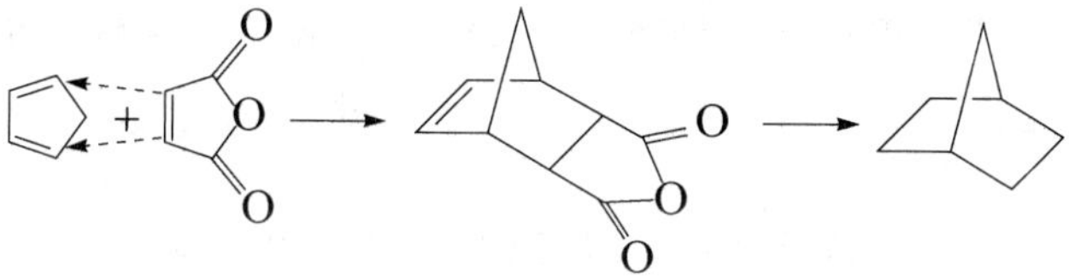

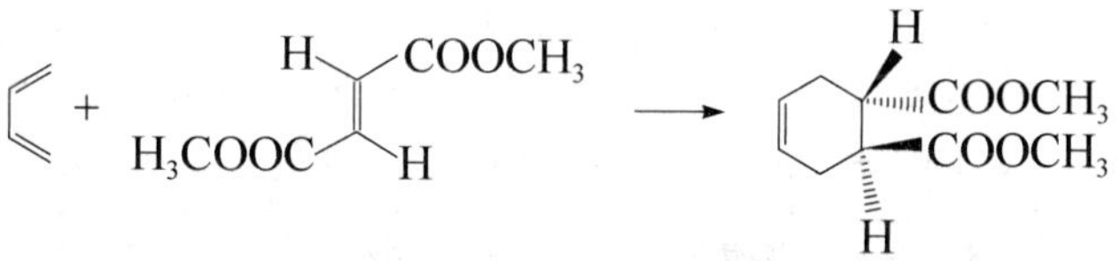

反-环己烯-4,5-二甲酸二甲酯

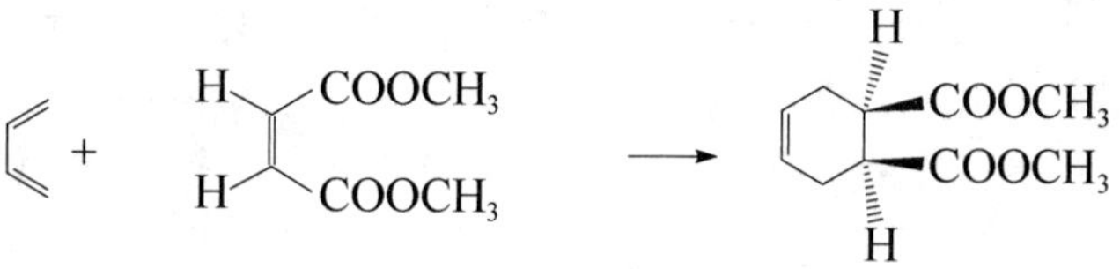

顺-环己烯-4,5-二甲酸二甲酯

5.4.3　脂环烃之间的转化

在酸性条件下,分子中发生重排反应,使环扩大。例如

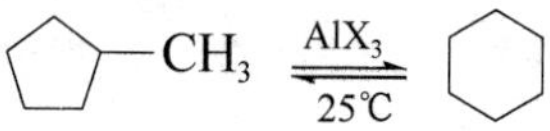

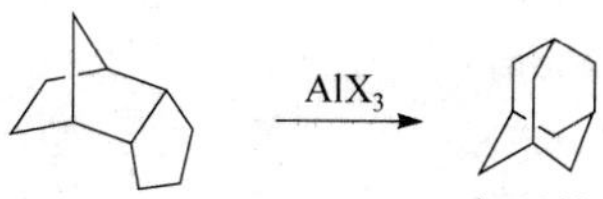

四氢化双环戊二烯　　　　金刚烷

问题 5-3　完成下列反应式。

(1) H₃C—△—CH₂CH₃ + HBr ——→

(2)

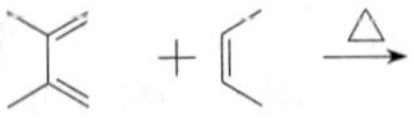

(3)

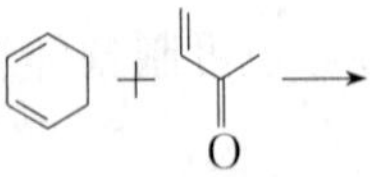

5.5　萜类化合物

萜类物质是一类天然的烃类化合物,其分子中有五个碳的基本单位,多具有不饱和键。一般把$(C_5H_8)_2$分子式的称为单萜,具有$(C_5H_8)_3$分子式的称为倍半萜,故凡是由异戊二烯聚合衍生的化合物,其分子式符合$(C_5H_8)_n$通式的均称为萜类化合物。萜类化合物在自然界广泛分布,种类繁多,是天然化合物中最多的一类。

萜类化合物可以是不饱和烃类、醇类、醛类、酸类、内酯、酮类或氧化物。按照分子中所含异戊二烯单位数目常分类为单萜类、倍半萜类、二萜类、三萜类和四萜类等。

5.5.1　单萜类

单萜类化合物广泛存在于高等植物中,常分布于唇形科、伞形科、松科等植物的分泌组织里,是某些植物香精油的主要成分。香精油是指由植物的根、茎、叶、花、果或树皮中得到的一些具有香味和较高挥发性的物质,如松节油、冬青油、橙皮油等。单萜类化合物一般按其结构的碳环数分为开链、单环、双环萜类。其主要结构类型及实例见表5-3。

表 5-3　一些常见单萜类化合物的结构类型

类型	实例	结构	来源
无环类	罗勒烯 (ocimene)	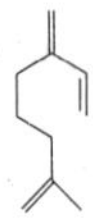	罗勒叶
单环	柠烯 (limonene)	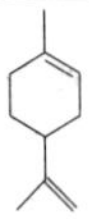	橘属植物
	蒎烯 (α-pinene)		松属植物
双环	侧柏醇 (thujyl alcohol)	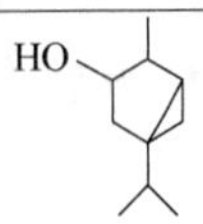	艾
	δ-樟脑 (δ-camphor)	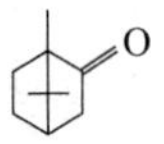	樟树
三环	三环白檀醇 (teresantalol)		白檀木

续表

类型	实例	结构	来源
五碳环类	番木鳖苷 (loganin)		睡菜、马钱

1. 烃类单萜

杨梅叶烯(myrcene)：$C_{10}H_{16}$，习称月桂烯，广泛存在于植物界，在杨梅叶、鱼腥草、啤酒花、松节油芫荽、黄柏果实等挥发油中含有。

罗勒烯(ocimene)：$C_{10}H_{16}$，在罗勒叶、吴茱萸果实挥发油中含有。

蒎烯(pinene)：$C_{10}H_{16}$，在松节油中 α-蒎烯约占 70%，β-蒎烯占 30%，在柠檬、八角茴香、蓝桉叶、白里香、茴香、橙花、薄荷油中广泛存在。是合成龙脑、樟脑的重要原料。

莰烯(camphene)：$C_{10}H_{16}$，是唯一结晶性萜烯。存在于樟木、樟叶、缬草油、香茅油等挥发油中。

2. 醇类单萜

香茅醇(citronellol)：$C_{10}H_{20}O$，存在于香茅油、香叶天竺葵油的挥发油中。

香叶醇(geraniol)：$C_{10}H_{18}O$，习称牻牛儿醇，在玫瑰油、香叶天竺葵油中含有，是玫瑰系列香料中不可缺少的成分。

橙花醇(nerol)：$C_{10}H_{18}O$，是香叶醇的几何异构体，在橙花油和香柠檬果皮的挥发油中存在。

薄荷醇(1-menthol)：$C_{10}H_{18}O$，其左旋体是薄荷油的主要成分，具有弱的镇痛、止痒和局麻作用，也有防腐、杀菌和清凉作用。

3. 醛类单萜

香茅醛(citronellal)：$C_{10}H_{18}O$，存在于香茅中，是重要的柠檬香气香料。

紫苏醛(perillaldehyde)：$C_{10}H_{14}O$，存在于紫苏挥发油中。

西红花醛(safranal)：$C_{10}H_{14}O$，又称藏红花醛，是西红花柱头中的西红花皂苷的水解产物，具有西红花的特有香气。

4. 酮类单萜

薄荷酮(menthone)：$C_{10}H_{18}O$，存在于薄荷、荆芥的挥发油中。

樟脑(camphor)：$C_{10}H_{16}O$，存在于樟油、菊蒿油中，具有局部麻醉作用和防腐作用，可用于神经痛及跌打损伤。

紫罗兰酮(ionone)：$C_{13}H_{20}O$，存在于千屈菜科指甲花挥发油中，可作合成维生素 A 的原料。

5. 单萜氧化物等

桉油精(cineole)：$C_{10}H_{18}O$，桉叶挥发油的主要成分，有樟脑似的香气，用作防腐杀菌剂。

斑蝥素(cantharidin)：$C_{10}H_{12}O_4$，存在于班蝥、莞青干燥虫体中，可作为皮肤发赤、发泡或生毛剂。

5.5.2 倍半萜与二萜类

倍半萜类化合物与单萜类化合物常共存于植物的挥发油中，是挥发油中高沸点部分的主要组成部分。倍半萜的含氧衍生物多有较强的香气和生物活性，是医药、食品、化妆品工业的重要原料。

1. 倍半萜类化合物

倍半萜类化合物是萜类化合物中较多的一支，基本骨架有 30 余种，一般类型有百余种，主要结构类型如表 5-4。

表 5-4　一些常见倍半萜类化合物的结构类型

类型	实例	结构	来源
无环类	橙花倍半萜醇(nerolidol)	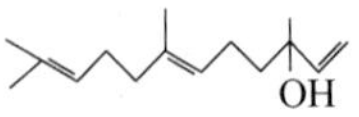	橙花油、秘鲁香
单环类	γ-没药烯(γ-bisabolene)	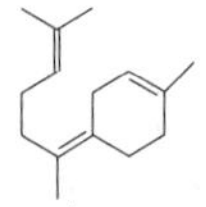	没药挥发油
	牻牛儿苗酮(germacrone)	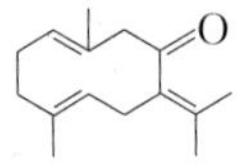	牻牛儿苗属植物
双环类	α-桉油醇(α-eudesmol)	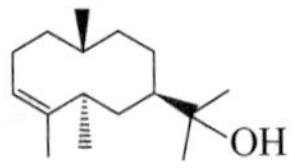	桉树属植物挥发油
	β-白檀烯(β-santalene)	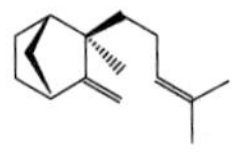	白檀木
三环类	喇叭茶醇(ledol)	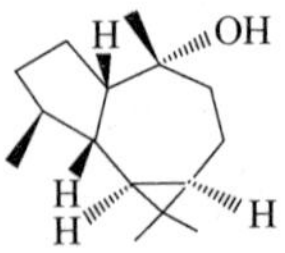	喇叭茶
	广藿香醇(patchouli alcohol)	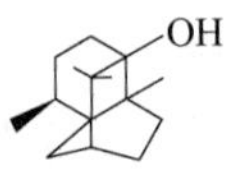	广藿香

2. 二萜类

二萜类分子式可用$(C_5H_8)_4$通式表示，此类化合物的基本骨架主要有 20 余种。一些二萜类的含氧化合物具有较强的生物活性，有的已经是重要的药物。二萜类化合物结构的主要类型见表 5-5。

表 5-5 二萜类化合物结构的主要类型

类型	名称	结构	来源
无环类	植物醇 (phytol)	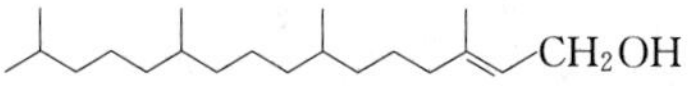	叶绿素
单环类	α-樟二萜烯 (α-camphorene)	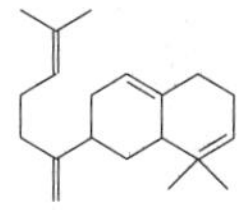	樟油
双环类	土槿酸 A (pseudolaric acid A)	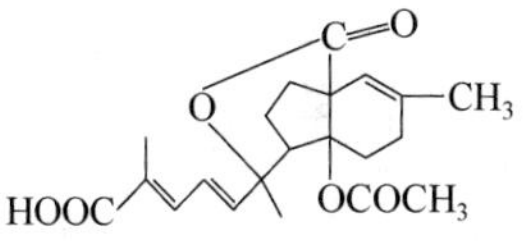	金钱松树皮
三环类	松香酸 (abietic acid)	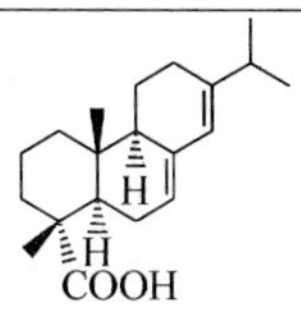	松香
	丹参酮 II A (tandshinone II A)	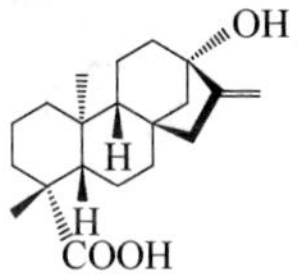	丹参根
	甜菊素 (stevioside)	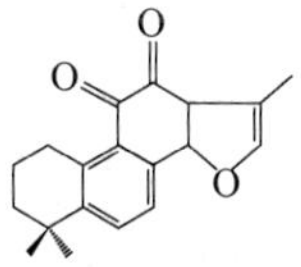	甜菊叶
四环类	八里麻毒素 (rhomotoxin)	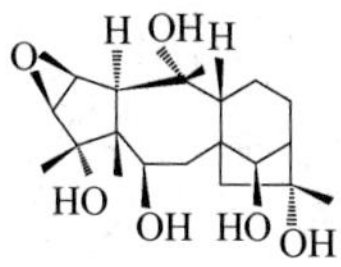	闹羊花果实

5.5.3 三萜类

三萜类在自然界中分布很广,大多是含氧的衍生物,一些重要的中草药中如人参、甘草、桔梗、远志、柴胡中均含有一些具有特殊生物活性的三萜皂苷或游离的三萜类化合物。主要结构类型见表 5-6。

表 5-6 三萜类的主要结构类型

类型	结构	名称	来源
齐墩果烷(oleanane)		β-香树脂醇(β-amyrin) $R_1 = R_2 = CH_3$	蒲公英
		齐墩果酸(oleanolic acid) $R_1 = CH_3, R_2 = COOH$	女贞子 青叶胆
		常春藤皂苷元(hederagenin) $R_1 = CH_2OH, R_2 = COOH$	常春藤

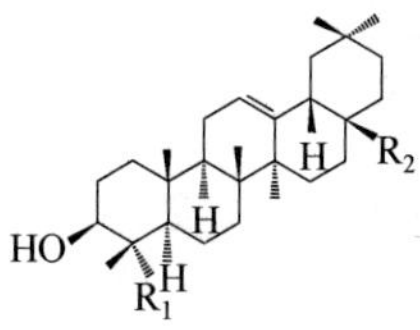

·80·

续表

类型	结构	名称	来源
乌素烷(ursane)		α-香树脂醇(α-amyrin) R=CH₃	桑白皮
		乌苏酸(ursolic acid) R=COOH	熊果叶 四季青
达玛烷(dammarane)		原人参二醇 R=H	人参原皂苷元
		原人参三醇 R=OH	
5α-大蓟烷(5α-euphane)		大蓟醇 (euphol)	大蓟乳汁
葫芦烷(cucurbitane)	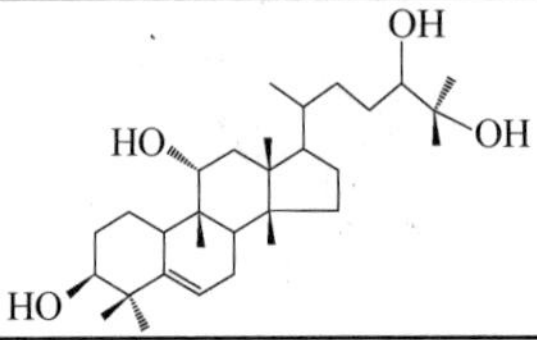	罗汉果甜苷元 (mogrol)	罗汉果

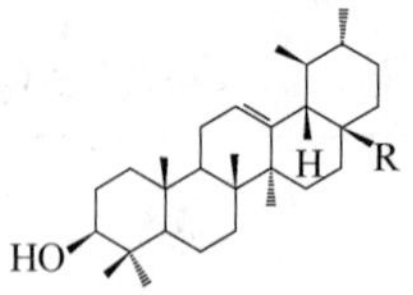

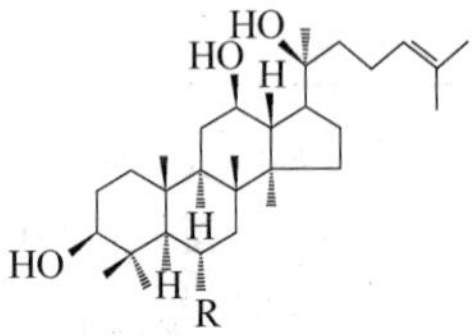

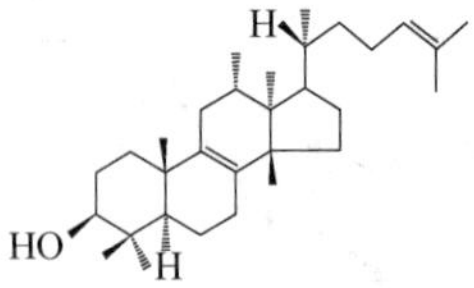

5.5.4　四萜类

　　四萜类化合物多指胡萝卜烃类,主要是胡萝卜红色素,由八个异戊二烯组成,多为链状化合物,是脂溶性色素。由于分子中存在一系列共轭双键发色基团,故具有颜色,成为多烯烃类。胡萝卜烃类成分的存在,对叶绿素在光照下有保护作用,对光合作用有利。胡萝卜烃类化合物多是具有橙黄到深红色的结晶,在空气中可缓慢氧化形成无色物质。此类色素在动物体内多半由汗腺排出,故食用橘子、南瓜过多,会出现皮肤染黄现象。在高等植物中,重要胡萝卜色素见表 5-7。

表 5-7　常见胡萝卜色素

类型	结构与名称	来源
胡萝卜烯类(carotenes)	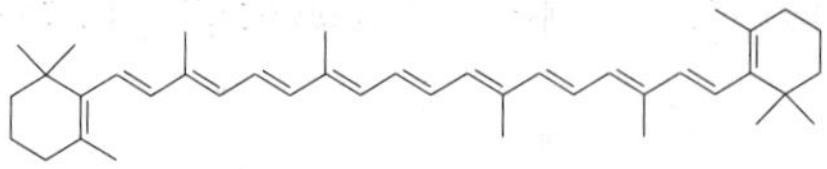 β-胡萝卜烯 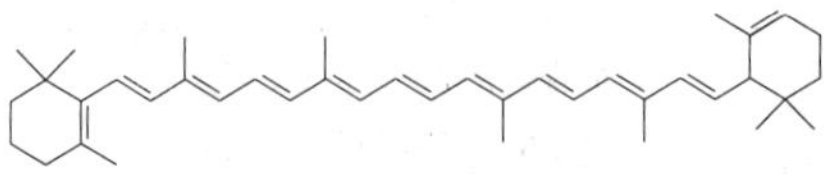 α-胡萝卜烯 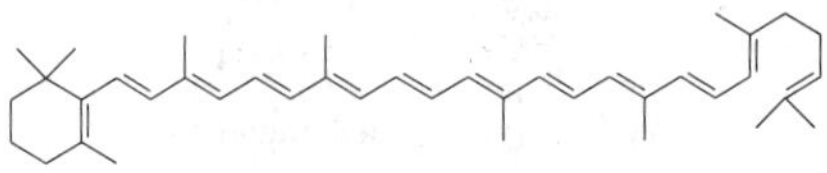 γ-胡萝卜烯	胡萝卜根南瓜,橘属植物果皮及油棕油中

续表

类型	结构与名称	来源
叶黄素类 （xanthophylls）	隐黄素（3-羟基-β-胡萝卜烯） 叶黄素（3,3′-二羟基-α-胡萝卜烯） 玉米黄素（3,3′-二羟基-β-胡萝卜烯）	普遍存在于玉米、柿子、酸浆果实和辣椒中
其他胡萝卜烃类	β-橘黄素	存在于橘子中

5.6 甾族化合物

甾族化合物广泛存在于动植物组织内，并在动植物生命活动中起着重要的作用。

5.6.1 甾族化合物的结构与命名

1. 基本结构

甾族化合物分子中，都含有一个称为甾核的四环碳骨架，环上一般带有三个侧链其通式为

R_1、R_2 一般为甲基，称为角甲基，R_3 为其他含有不同碳原子数的取代基。

甾是个象形字，是根据这个结构而来的，"田"表示四个环，"巛"表示为三个侧链。

许多甾族化合物除这三个侧链外，甾核上还有双羟基和其他取代基。四个环用 A、B、C、D 编号，碳原子也按固定顺序用阿拉伯数字编号，如图 5-6 所示。

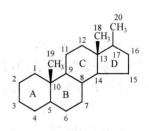

图 5-6 甾体编号顺序

2. 甾核的构型及表示方法

已知的天然产甾族化合物只有两种构型,一种是 A 环和 B 环以反式相并联,另一种是 A 环和 B 环以顺式相并联。而 B 环和 C 环、C 环和 D 环之间是以反式相并联的。

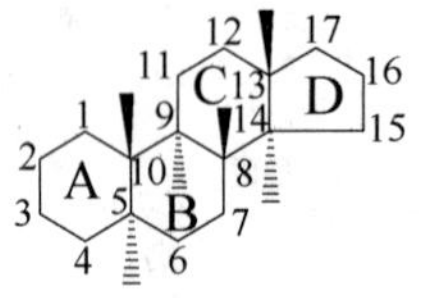

A、B 反式 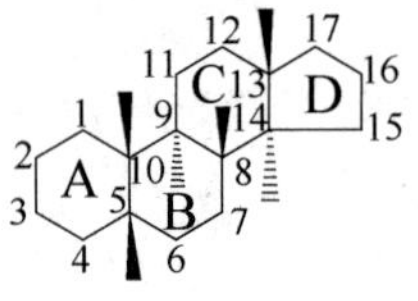　　　　　　　　A、B 顺式

构象式为

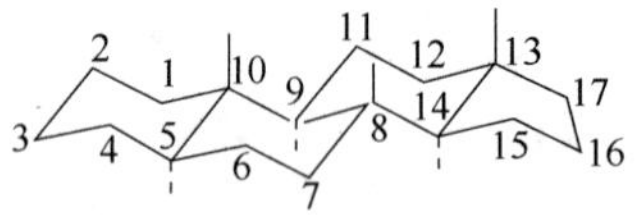

A、B 反式(5α 系) 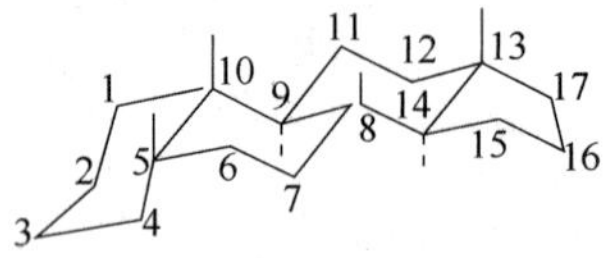　　　　　　　A、B 顺式(5β 系)

3. 甾族化合物的命名

甾族化合物的命名相当复杂,通常用与其来源或生理作用有关的俗名。根据甾族化合物的存在和化学结构,可分为甾醇、胆汁酸、甾族激素、甾族生物碱等。

5.6.2　重要的甾族化合物

1. 甾醇

1) 胆甾醇(胆固醇)

胆甾醇是最早发现的一个甾族化合物,存在于人及动物的血液、脂肪、脑髓及神经组织中。它是无色或略带黄色的结晶,熔点为 148.5℃,在高真空度下可升华,微溶于水,溶于乙醇、乙醚、氯仿等有机溶剂。

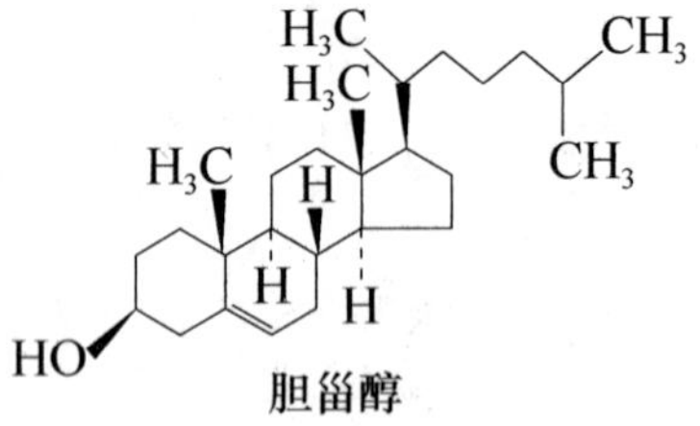

胆甾醇

5-胆甾烯-3-β-醇

体内发现的胆结石几乎全是由胆甾醇组成的,胆固醇的名称也是由此而来的。人体中胆固醇含量过高是有害的,它可以引起胆结石、动脉硬化等症。由于胆甾醇与脂肪酸都是醋源物质,食物中的油脂过多时会提高血液中的胆甾醇含量,因而食油量不能过多。

2) 7-脱氢胆甾醇

胆甾醇在酶催化下氧化成 7-脱氢胆甾醇。7-脱氢胆甾醇存在于皮肤组织中,在日光照射下发生化学反应,转变为维生素 D_3。

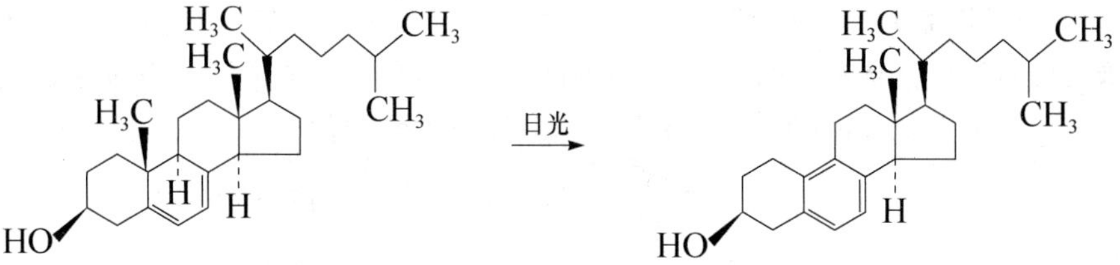

7-脱氢胆甾醇 → 日光 → 维生素D₃

维生素 D_3 是从小肠中吸收 Ca^{2+} 离子过程中的关键化合物。体内维生素 D_3 的浓度太低，会引起 Ca^{2+} 离子缺乏，不足以维持骨骼的正常生长而产生软骨病。

3）麦角甾醇

麦角甾醇是一种植物甾醇，最初是从麦角中得到的，但在酵母中更易得到。麦角甾醇经日光照射后，B 环开环而生成前钙化醇，前钙化醇加热后形成维生素 D_2（钙化醇）。

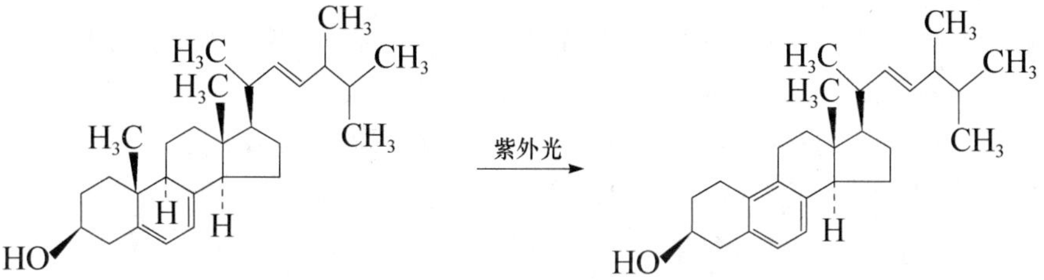

麦角甾醇 → 紫外光 → 维生素D₂

维生素 D_2 同维生素 D_3 一样，也能抗软骨病，因此，可以将麦角甾醇用紫外光照射后加入牛奶和其他食品中，以保证儿童能得到足够的维生素 D。

2. 胆汁酸

胆汁酸存在于动物的胆汁中，从人和牛的胆汁中所分离出来的胆汁酸主要为胆酸。胆酸是油脂的乳化剂，其生理作用是使脂肪乳化，促进它在肠中的水解和吸收，故胆酸称为"生物肥皂"。

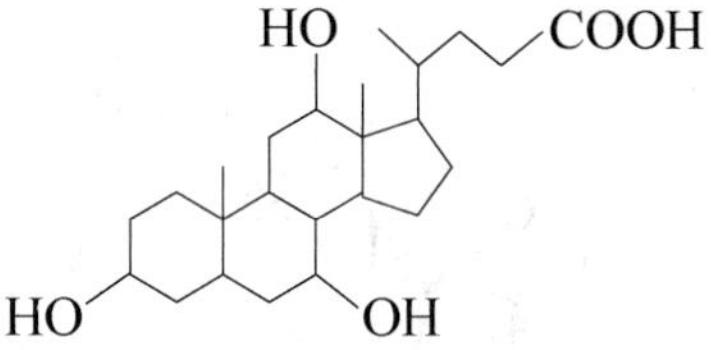

胆酸

3. 甾族激素

激素是由动物体内各种内分泌腺分泌的一类具有生理活性的化合物，它们直接进入血液或淋巴液中循环至体内不同组织和器官，对各种生理机能和代谢过程起着重要的协调作用。激素可根据化学结构分为两大类：一类为含氮激素，包括胺、氨基酸、多肽和蛋白质；另一类为甾族化合物。

甾族激素根据来源分为肾上腺皮质激素和性激素两类，它们的结构特点是在 C_{17}（R_3）上没有长的碳链。

1）性激素

性激素是高等动物性腺的分泌物，能控制性生理、促进动物发育、维持第二性征（如声音、体形等）的作用。它们的生理作用很强，很少量就能产生极大的影响。

性激素分为雄性激素和雌性激素两大类，两类性激素都有很多种，在生理上各有特定的生理功能。例如，睾丸酮素是睾丸分泌的一种雄性激素，有促进肌肉生长、声音变低沉等第二性征的作用，它是由胆甾醇生成的，并且是雌二醇生物合成的前体。

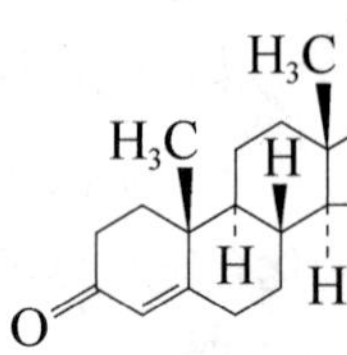

睾丸酮素

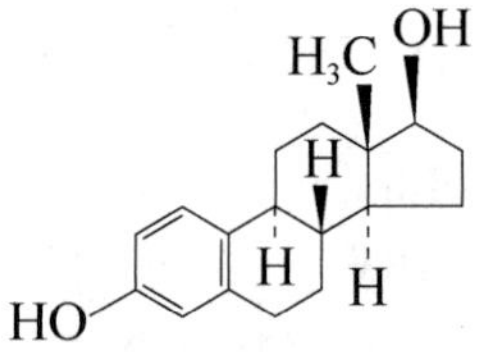

雌二醇

雌二醇为卵巢的分泌物，对雌性的第二性征的发育起主要作用。

动物体内分泌的睾丸酮素和雌二醇的量极少，为了进行科学研究，从 4t 猪卵巢只提取到 0.012g 雌二醇。

孕甾酮的生理功能是在月经期的某一阶段及妊娠中抑制排卵。临床上用于治疗习惯性子宫功能性出血、痛经及月经失调等。

炔诺酮是一种合成的女用口服避孕药，在计划生育中有重要作用。

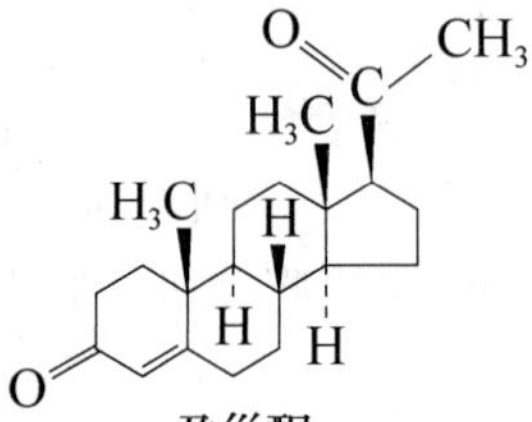

孕甾酮

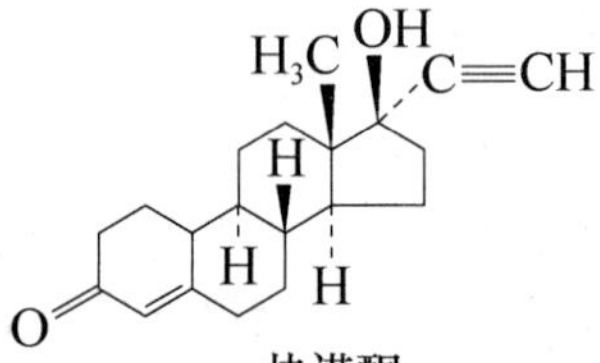

炔诺酮

2）肾上腺皮质激素

肾上腺皮质激素是哺乳动物肾上腺皮质分泌的激素，皮质激素的重要功能是维持体液的电解质平衡和控制碳水化合物的代谢。动物缺乏它会引起机能失常以至死亡。皮质醇、可的松、皮质甾酮等均为此类中重要的激素。

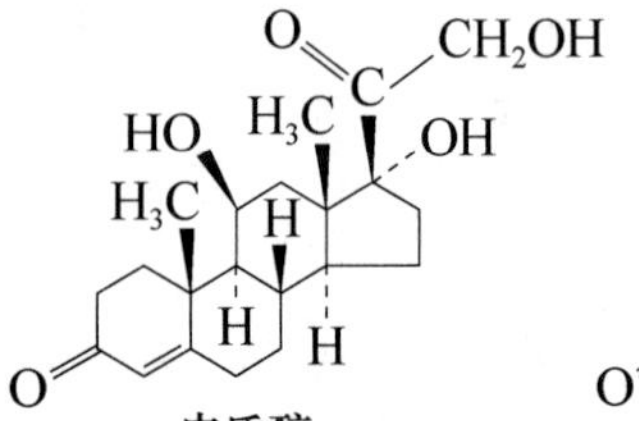

皮质醇

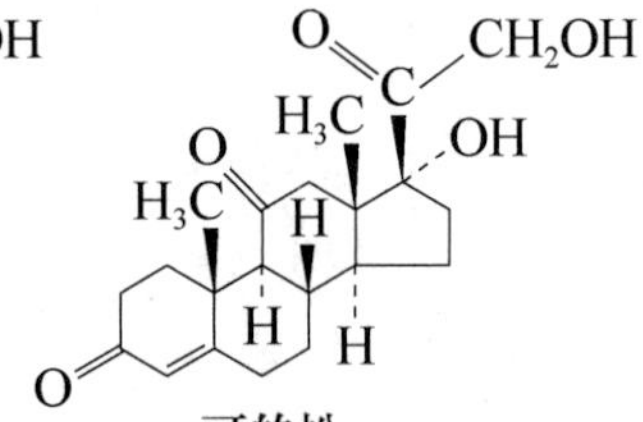

可的松

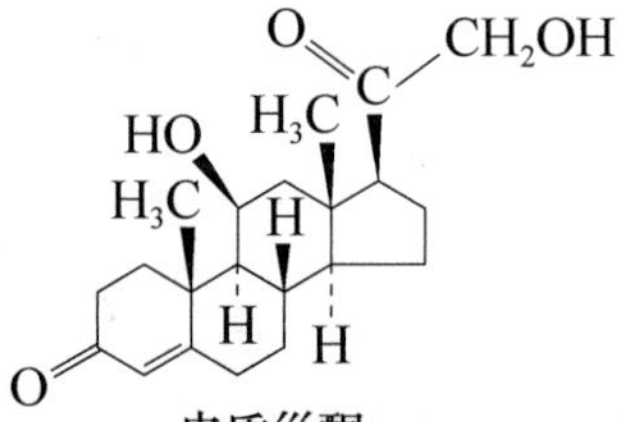

皮质甾酮

阅读材料

学问与年龄

阿道夫·冯·贝耶尔（Adolf Von Vaeyer），德国有机化学家，1835 年 10 月 31 日生于柏林。贝耶尔是染料史上第一个人工合成靛蓝并对其性质和结构进行研究的化学家，后又在酚醛树脂的合成及尿酸的研究方面有杰出贡献。23 岁时，贝耶尔进入凯库勒的实验室工作。在凯库勒教授的指导下获得柏林大学博士学位，他的博士论文《有机化合物凝结作用综合研究》为化学研究开辟了一个新途径。由于对合成靛蓝有机染料和芳香族化合物的研究作出重要贡献，获得了 1905 年诺贝尔化学奖。

贝耶尔的父亲约翰·佐柯白曾长期在普鲁士军队中服务,官至总参谋部陆军中将。他虽然出身行武,却对科学技术的发展非常感兴趣,但是日常工作很繁忙,没有时间学习。为此他非常苦恼,经常向一位牧师述说自己的心愿。牧师劝他退休后再作学习打算也不迟,只要坚持必能有一技之长。贝耶尔的父亲牢记牧师之言,50 岁时开始从师学习地质学。周围的人对他冷嘲热讽,他全然不顾。贝耶尔的母亲深知丈夫的心志,全力支持他学习。通过多年学习,贝耶尔的父亲成了地质专家,76 岁时竟出任柏林地质研究院院长。父亲的刻苦勤奋为贝耶尔树立了极好的榜样,也使幼年的贝耶尔受到了影响。父亲不仅学习努力,而且谦虚尊师,这种品德也深深地影响着贝耶尔的成长。

那一年,贝耶尔还在上大学,他与父亲随便谈起凯库勒教授。凯库勒教授那时已经是德国有机化学的权威,年轻气盛的贝耶尔随口对父亲说:"凯库勒吗,只比我大 6 岁……"父亲立刻摆手打断了他的话,狠狠地瞪了他一眼,问道:"难道学问是与年龄成正比的吗? 大 6 岁怎么样,难道就不值得学习吗? 我学地质时,几乎没有几个老师比我大,老师的年龄比我小 30 岁都有,难道就不要学了?"

此事对耶尔的震动很大,教育极深,后来他常对人讲:"父亲一向是我的榜样,他给我的教育很多,最深刻的算是这一次了。"

贝耶尔十分敬重父母,不仅是因为父母经常纠正他的错误、关心他的成长,更重要的是父母的言行给了他最好的教育。每当学习、研究遇到困难的时候,他的脑海就会浮现出戴着老花眼镜的父亲在灯下伏案学习的情景。一个五六十岁的老人竟有从头开始学习的信心和毅力,而年纪轻轻的他难道还有什么不能的吗?

习　　题

1. 命名下列化合物。

(1) 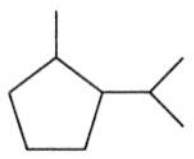 　　　　　　　　(2)

(3) 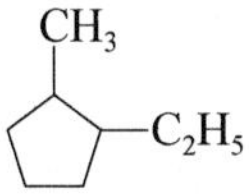 　　　　　　　　(4)

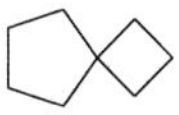

(5)  　　　　　　　　(6)

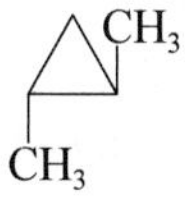

(7) 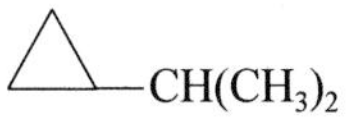 CH(CH₃)₂　　　　(8)

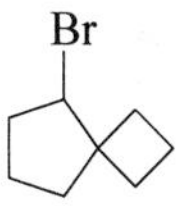

(9) 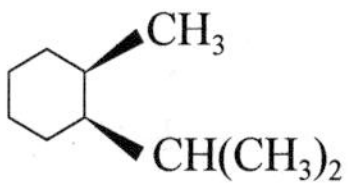 　　　　　　　　(10)

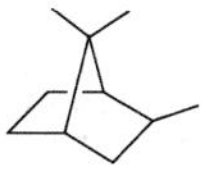

(11) 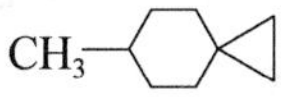 CH₃　　　　　　(12)

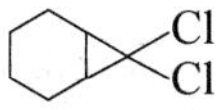

2. 写出下列化合物的结构式。

(1) 环戊基甲酸　　　　　　　　　　　(2) 4-甲基环己烯
(3) 二环[4.1.0]庚烷　　　　　　　　　(4) 反-1-甲基-4-叔丁基环己烷
(5) 3-甲基环戊烯　　　　　　　　　　(6) 5,6-二甲基二环[2.2.1]-2-庚烯
(7) 7-溴双环[2.2.1]-2-庚烯　　　　　　(8) 2,3-二甲基-8-溴螺[4.5]癸烷
(9) 4-氯螺[2.4]庚烷　　　　　　　　　(10) 反-3-甲基环己醇
(11) 8-氯二环[3.2.1]辛烷　　　　　　　(12) 1,2-二甲基-7-溴双环[2.2.1]庚烷

3. 完成下列反应。

(1) （1,3-丁二烯） ＋ $CH_2=CH-\overset{O}{\overset{\|}{C}}-CH_3$ ——→

(2) （环戊二烯） ＋ $CH_2=CHCl$ ——→

(3) $CH_3-CH-CH_2 + HBr$ ——→
　　　　　$\underset{CH_2}{|}$

(4) （环戊二烯） ＋ $\begin{matrix} COOEt \\ COOEt \end{matrix}$ ——→

(5) $CH_3-CH-CH_2 + HCl$ ——→
　　　　　$\underset{CH_2}{|}$

(6) （甲基环己二烯，CH_3） ＋ $\begin{matrix} COOCH_3 \\ COOCH_3 \end{matrix}$ ——→

(7) $\begin{matrix} CH_3 \\ CH_3 \end{matrix}C=C$ ＋ $\begin{matrix} COOCH_3 \\ COOCH_3 \end{matrix}$ ——→

(8) $\begin{matrix} H_3C \\ H_3C \end{matrix}$（环丙烷）$-CH_2CH_3 + Cl_2$ ——→

(9) （苯） ＋ $CH_2=CH-\overset{O}{\overset{\|}{C}}-CH_3$ ——→

(10) $\begin{matrix} H_3C \\ H_3C \end{matrix}$（环丙烷）$-CH_2CH_3 + HBr$ ——→

4. 写出下列化合物的稳定构象。
　(1) 顺-1-甲基-4-叔丁基环己烷
　(2) 反-1-甲基-3-异丙基环己烷
　(3) 反-1-甲基-4-异丙基环己烷
　(4) 反-1-叔丁基-4-氯环己烷
　(5) 顺-1-甲基-2-异丙基环己烷
　(6) 异丙基环己烷

5. 用化学方法鉴别下列化合物。
　(1) 苯乙炔、环己烯、环己烷
　(2) 1-戊烯、1,2-二甲基环丙烷
　(3) 2-丁烯、1-丁炔、乙基环丙烷
　(4) 环己烯、异丙基环丙烷
　(5) 1,2-二甲基环丙烷、环戊烷

6. 合成题。

　(1) 以乙炔为原料合成 （环己烷）—CN 。

　(2) 以乙炔和丙烯为原料合成 （环己烷）—CH_2Cl 。

　(3) 以环己醇为原料合成 $OHC-(CH_2)_4-CHO$（己二醛）。

　(4) 以必要的烯烃为原料合成 （双环结构）CH_2CN。

　(5) 以烯烃为原料合成 $\underset{Cl}{\overset{Cl}{（双环结构）}}$$CH_2Cl$。

7. 推测结构。
　(1) 某烃 C_3H_6（A）在低温时与氯作用生成 $C_3H_6Cl_2$（B），在高温时则生成 C_3H_5Cl（C）。C 与碘化乙基镁作用得 C_5H_{10}（D），后者与 NBS 作用生成 C_5H_9Br（E）。使 E 与氢氧化钾的乙醇溶液共热，主要生成 C_5H_8（F），后者又可与丁烯二酸酐发生双烯合成得 G。试推测 A～G 的结构式。

　(2) 有 A、B、C、D 四种化合物分子式均为 C_6H_{12}，A 与臭氧氧化水解后得到丙醛和丙酮，D 用臭氧氧化水解后只得到一种产物。B 和 C 与臭氧或催化氢化都不反应，C 分子中所有的氢原子均为等价，而 B 分子中含有一个 $CH_3-CH\diagdown$ 结构单元。请写出 A～D 可能的结构式。

　(3) 化合物 A 分子式为 C_4H_8，它能使溴水褪色，但不能使稀的高锰酸钾溶液褪色。1mol A 与 1mol HBr 作用生成 B，B 也可以从 A 的同分异构体 C 与 HBr 作用得到，化合物 C 的分子式也是 C_4H_8，能使溴水褪色，也能使稀的高锰酸钾溶液褪色，试推测化合物 A、B、C 的构造式。

第6章 芳　香　烃

芳香烃(aromatic hydrocarbon)简称芳烃,一般是指分子中含苯环结构的碳氢化合物。在有机化学发展的早期,从植物中提取到一些具有芳香气味的物质,并发现它们具有苯环的结构,因此将这类化合物称为芳香族化合物。后来发现,大多数含有苯环的化合物并没有香味,有些甚至具有难闻的怪味。现代芳香烃的概念是指具有芳香性(易取代,难加成,难氧化)的一类环状化合物,它们不一定具有香味,也不一定含有苯环结构。

6.1　芳香烃的分类与命名

6.1.1　芳香烃的分类

根据分子中是否含有苯环可将芳香烃分为两大类:苯型芳香烃和非苯型芳香烃。根据分子中所含苯环的数目,可将苯型芳香烃分为单环和多环芳香烃两大类。多环芳香烃又可根据环的连接方式分为多苯代脂肪烃(如二苯甲烷、三苯甲烷等)、稠环芳香烃(如萘、蒽、菲)、联苯等。

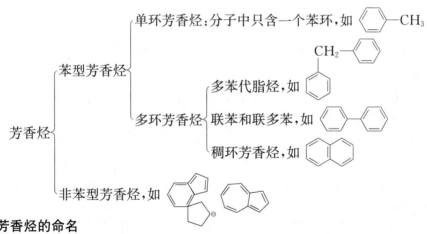

6.1.2　芳香烃的命名

苯是最简单的单环芳烃。

1. 一元取代苯

当苯环上连有简单的—R、—NO₂、—NO、—X 时,以苯作为母体。例如

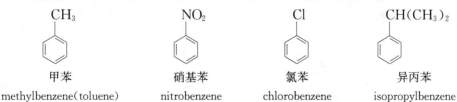

环上连有复杂烷基或含一个以上苯环的化合物以烃为母体来命名。例如

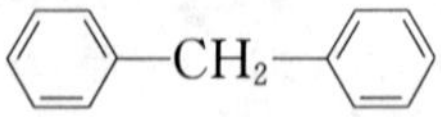

二苯甲烷　　　　　　　　　1,2-二苯乙烯　　　　　　　　3-苯基戊烷
diphenyl methane　　　　1,2-diphenyl ethylene　　　　3-phenyl pentane

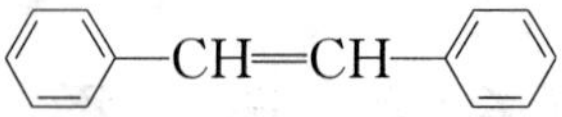

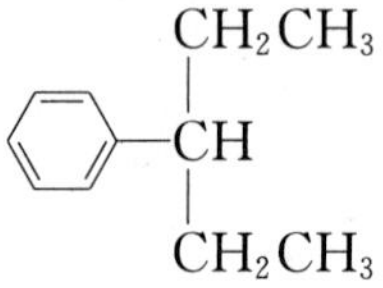

当取代基为烯或炔等不饱和基团时,一般作为取代烯炔来命名,偶尔也作为取代苯命名。例如

苯乙烯　　　　　　　　苯乙炔　　　　　　　烯丙基苯(3-苯基丙烯)
phenyl ethylene(styrene)　　phenyl acetylene　　allyl benzene(3-phenyl propylene)

当苯环上连有其他官能团时,如—OH、—NH$_2$、—COOH、—SO$_3$H 等,苯作取代基。例如

苯酚　　　　　　　　苯甲醛　　　　　　　苯磺酸
phenol　　　　　benzaldehyde　　　benzenesulfonic acid

2. 二元取代苯

两个取代基相同时,有三种同分异构体,取代基的位置用邻(o-)或1,2-;间(m-)或1,3-;对(p-)或1,4-表示。例如

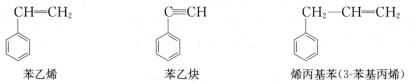

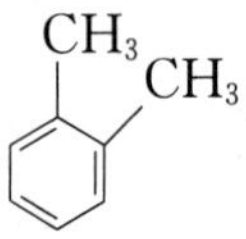

邻二甲苯(1,2-二甲苯)　　间二甲苯(1,3-二甲苯)　　对二甲苯(1,4-二甲苯)
o-dimethyl benzene(o-xylene)　　m-dimethyl benzene　　p-dimethyl benzene(p-xylene)

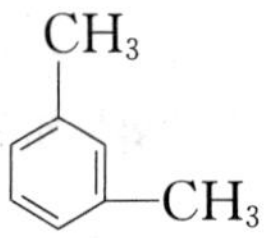

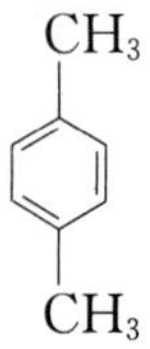

两个取代基不同时,优先官能团与苯环一起作母体,另一个作取代基。

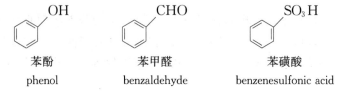

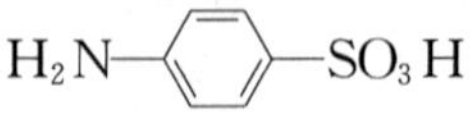

对氨基苯磺酸(4-氨基苯磺酸)　　　邻甲基苯酚(2-甲基苯酚)
p-aminobenzene sulfonic acid　　　　o-methyl phenol

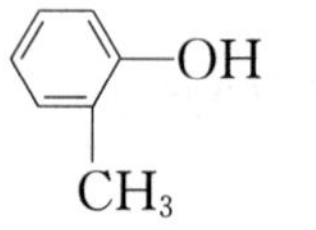

常见官能团的优先顺序如下:

—COOH> —SO$_3$H> —COOR> —COX> —CONH$_2$ > —CN> —CHO>— COR>
—OH> —NH$_2$> —OR> —R> —X> —NO$_2$> —NO

当苯环上连有两个或两个以上不同烷基时,编号仍遵循最低系列原则。如果几种编号都符合最低系列原则,那么按次序规则,给较优基团以较大的编号。另外,IUPAC 还规定,保留俗名的芳烃如甲苯、二甲苯、苯乙烯等作为母体来命名。例如

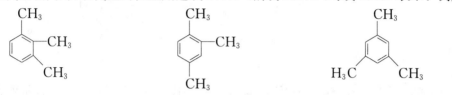

5-乙基-2-异丙基甲苯(2-甲基-4-乙基异丙基苯)　　　　对叔丁基甲苯

3. 三元取代苯

三个取代基相同时,取代基的位置用连或 1,2,3-、偏或 1,2,4-、均或 1,3,5-表示。例如

连三甲苯(1,2,3-三甲苯)　　　偏三甲苯(1,2,4-三甲苯)　　　均三甲苯(1,3,5-三甲苯)

三个取代基不同时,优先官能团与芳环共同决定母体的名称,并将优先官能团编为"1"号,其余取代基团按最小编号原则编号,次序规则中小基团优先写出。例如

3-羟基-5-氯苯甲酸　　　　3-硝基-4-溴苯甲醛

芳香烃分子中去掉一个或几个氢原子后剩下的基团称为芳基,常用 Ar—表示。常见的芳基有

苯基(phenye)　　　苯甲基(苄基 benzyl)　　　4-甲苯基(对甲苯基)

问题 6-1 写出下列化合物的名称。

(1)　　　(2)　　　

(3)　　　(4)　　　(5)

6.2　苯的结构

6.2.1　凯库勒结构式

自从法拉第(Faraday)于 1825 年从照明气中发现苯以后,在随后的 20 多年里,苯的结构一直吸引当时世界许多优秀化学家的注意。法拉第已确定苯的经验式是 CH,即每个 C 连一个 H,后来其分子式被 Nitscherlich 确定。既然 C、H 比例如此之高,分子应该是高度不饱的,且也是很活泼的。但是事实却相反,它的性质表现得非常稳定,既不能使 KMnO₄ 褪色,也不容易与溴加成。当与溴在明亮的太阳光下反应时,1mol 苯只加成 3mol 溴,得到六溴苯,很明显每个 C 具有结合一个或多个原子的潜力。当用溴在铁粉存在下处理苯时,只得到单一的取代产物——溴苯,这个事实引起了德国化学家凯库勒(Kekulé)的注意。他想,每个碳上的 H 应该是等同的,1865 年,凯库勒提出苯的环状构造式,他认为苯是一个六元环状平面结构,六个 C 单双键交替相连,每个 C 连接一个 H,此结构式被当时的化学家广泛接受,且一直沿用至今。

但凯库勒结构式有一点解释不了,即邻位二取代苯应该有两个化合物,而事实上只有一个。为此,凯库勒把苯环的结构式看成是能动的东西,在两个结构式之间快速更迭变化,这个观点有点类似于现代的共振论观点。

6.2.2　苯的分子轨道

自从凯库勒提出苯的结构式后,在随后的六七十年里,对苯环结构式的认识一直没有多大进展。20 世纪 30 年代以来,由于物理测试方法的进步及化学理论的发展,对苯环的结构有了进一步的认识。

近代红外光谱和 X 射线衍射为苯分子的键长及几何构型提供了可靠的证据。现代物理方法测得苯的结构为:苯分子的六个碳原子和六个氢原子都在同一个平面上,六个碳原子构成正六边形,C—C 键长为 0.140nm,比一般 C—C 单键(0.154nm)短,比 C═C 双键(0.135nm)长。C—H 键长为 0.108nm,键角∠CCH 及∠CCC 均为 120°(图 6-1、图 6-2)。

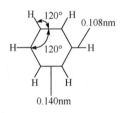

图 6-1　苯环的结构　　　　　　　　图 6-2　苯环的结构模型

杂化轨道理论认为苯环中碳原子为 sp² 杂化状态,三个 sp² 杂化轨道分别与另外两个碳原子的 sp² 杂化轨道形成两个 C—C σ键及与一个氢原子的 s 轨道形成 C—H σ键,没有杂化的 p 轨道相互平行且垂直于 σ键所在平面,它们侧面互相重叠形成闭合大 π键共轭体系。大 π键的电子云像两个救生圈分布在分子平面的上下(图 6-3、图 6-4)。

共振论认为苯的结构是两个或多个经典结构的共振杂化体。

从苯的氢化热的数据,也可说明苯的稳定性。环己烯与 1mol H₂ 加成时,放出的热量是 119.5kJ/mol。

$$\Delta H = -119.5 \text{kJ/mol}$$

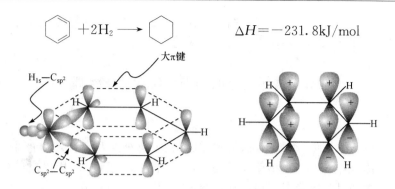

$$\bigcirc + 2H_2 \longrightarrow \bigcirc \qquad \Delta H = -231.8kJ/mol$$

图 6-3 苯环上碳原子的 sp^2 杂化轨道和 p 轨道

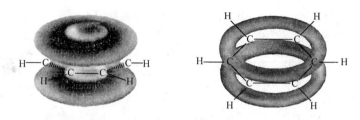

图 6-4 分布于苯分子平面上下的 π 电子云

由于存在共轭能,其放出的热能稍低,其稳定化能为 7.2kJ/mol。苯环有三个双键,当与 3mol H_2 加成时,应该放出的热量是

$$\Delta H = 3 \times (-119.5) + (3 \times 7.2) = -336.9kJ/mol$$

但实际上只有 $-208.5kJ/mol$,计算值与实际值相差 128.4kJ/mol,这说明苯比假定的环己三烯稳定 128.4kJ/mol,这种能量称为共振能或离域能。这也说明当三个"双键"在分子中形成后,分子的结构发生了一个根本性的改变,成为一个稳定的体系。

分子轨道理论认为,苯分子中六个碳原子彼此形成 σ 键以后,六个碳原子上的六个 p 轨道组成六个 π 分子轨道 ψ_1、ψ_2、ψ_3、ψ_4、ψ_5 和 ψ_6。其中 ψ_1、ψ_2 和 ψ_3 是成键轨道;ψ_4、ψ_5 和 ψ_6 是反键轨道;ψ_2 和 ψ_3,ψ_4 和 ψ_5 为简并轨道。其能量为 $\psi_1 < \psi_2 = \psi_3 < \psi_4 = \psi_5 < \psi_6$,6 个 p 电子全部占据能量低的成键轨道,三个成键 π 轨道达到全充满状态,反键轨道 ψ_4、ψ_5 和 ψ_6 则是空着的(图 6-5),因此苯环具有较高的离域能。

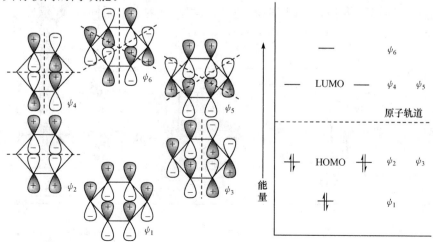

图 6-5 苯的分子轨道能级图

量子力学的出现,使人们对于化学键有了更深入的了解。凯库勒提出分子轨道线性加和的方法,在处理苯环的分子结构时,也取得很大成功。

6.3　单环芳烃的物理性质和波谱性质

6.3.1　物理性质

单环芳烃有特殊的气味,蒸气有毒,会对呼吸道、中枢神经和造血器官产生损害。苯及其同系物多数为液体,不溶于水,易溶于有机溶剂。二甘醇、环丁砜、N-甲基吡咯烷-2-酮、N,N-二甲基甲酰胺等溶剂对芳烃能很好地选择性溶解。因此,工业上用它们从烃的混合物中萃取(抽提)芳烃。

单环芳烃的相对密度小于1,但比同碳数的脂肪烃和脂环烃大,一般在0.8~0.9。苯的同系物中每增加一个—CH_2—单位,沸点平均升高约25℃。例如,苯、甲苯、乙苯、正丙苯和正丁苯的沸点分别为80.1℃、110.6℃、130℃、159.2℃和183℃。含同碳数的各种异构体的沸点很接近,如邻、间和对二甲苯的沸点分别为144.4℃、139.1℃和138.2℃。

在同分异构体中,结构对称的异构体具有较高的熔点。邻、间、对二甲苯的熔点分别为−25.5℃、−47.9℃和13.3℃,可用低温结晶的方法将对二甲苯分离出来。

6.3.2　波谱性质

在紫外吸收中,芳香烃具有环状共轭体系,有三个紫外吸收带。苯的三个吸收带的λ_{max}和相应摩尔吸收系数ε值分别为

E1带:$\lambda_{max}=185nm$,$\varepsilon=47000$,在真空紫外区。

E2带:$\lambda_{max}=204nm$,$\varepsilon=6900$,在近紫外区边缘。

B带:$\lambda_{max}=255nm$,$\varepsilon=230$,近紫外区弱吸收。

因为电子跃迁是伴随着振动能级跃迁,所以弱的B吸收带被分裂成一系列的小峰,显示出精细结构,这是芳香烃的特征吸收带。苯同系物中的烷基是助色基,可以产生红移现象,使E2带进入近紫外区。稠环芳烃的紫外光谱随着苯环数的增加,红移现象很明显。

苯环的特征红外吸收其C—H键伸缩振动在3030cm^{-1}附近,表现为中等强度吸收。苯环上C═C骨架振动在1575~1625cm^{-1}与1475~1525cm^{-1}处,为中等强度。在700~900cm^{-1}出现芳环上C—H键面外弯曲振动吸收峰,但环上相邻氢的数目不同,吸收位置有所差别,可用它区别同分异构体。图6-6为1-苯基丙烷的红外光谱图。

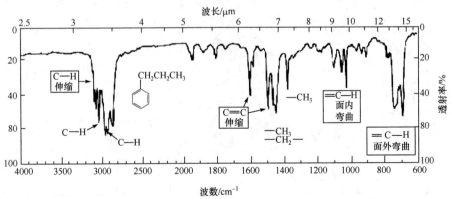

图6-6　1-苯基丙烷红外光谱图

6.4　单环芳烃的化学性质

苯环的共轭结构使苯环具有较高的稳定性。尽管它的不饱和度高,但它不具有烯烃、炔烃的典型性质,如不能使 $KMnO_4$ 褪色,也不容易与溴加成。芳香族化合物的一个典型性质是亲电取代,由于苯环上电子云密度高,易被亲电试剂进攻,引起 C—H 键的氢被取代,称为亲电取代反应(electrophilic substitution reaction)。

另外,虽然苯环难于被氧化,但苯的侧链可被氧化。苯环的稳定性也是相对的,在某些情况下也可被加成、氧化。

6.4.1　亲电取代反应

1. 亲电取代反应机理

首先是试剂与催化剂作用生成活性较强的亲电试剂 E^+。苯与亲电试剂 E^+ 作用时,生成 π 络合物,接着亲电试剂从苯环的 π 体系中得到两个电子,生成 σ 络合物。此时,这个碳原子由 sp^2 杂化变成 sp^3 杂化状态,苯环中六个碳原子形成的闭合共轭体系被破坏,变成四个 π 电子离域在五个碳原子上。

σ 络合物的能量比苯高,不稳定,很容易从 sp^3 杂化碳原子上失去一个质子,使该碳原子恢复成 sp^2 杂化状态,再形成六个 π 电子离域的闭合共轭体系——苯环,生成取代苯。反应过程中的能量变化如图 6-7 所示。

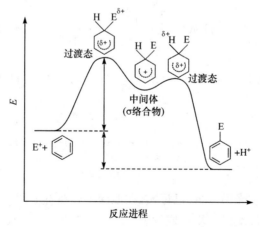

图 6-7　亲电取代反应进程

2. 亲电取代反应的类型

该反应包括卤代反应、硝化反应、磺化反应、酰基化反应、烷基化反应,后两者并称为 Friedel-Crafts 反应。

1) 卤代反应

卤素的活泼性是 $F_2 > Cl_2 > Br_2 > I_2$。由于 F_2 的活泼性太强,而 I_2 太不活泼,以至于根本观察不到反应结果,因此苯环的卤代一般是指氯代和溴代。反应时,要分别加入 $FeCl_3$ 或 $FeBr_3$ 作催化剂。由于铁与氯或溴生成 FeX_3,因此可用铁代替 FeX_3 与 X_2 一起反应。反应式如下:

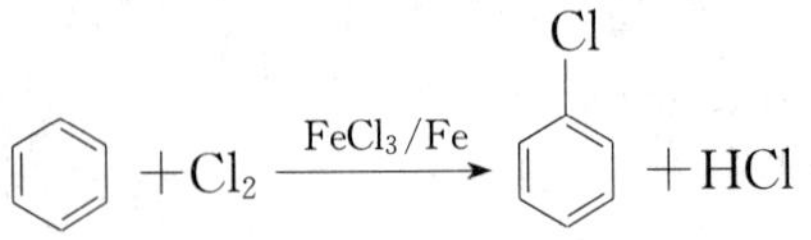

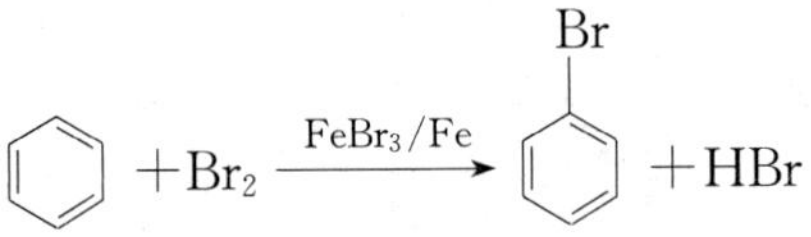

以苯和溴的反应为例,其反应过程如下:

$$2Fe + 3Br_2 \longrightarrow 2FeBr_3$$

$$Br_2 + FeBr_3 \longrightarrow FeBr_4^- + Br^+$$

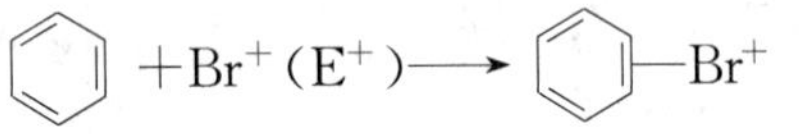

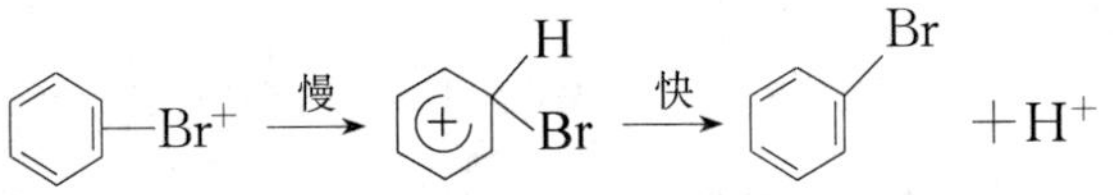

$$H^+ + FeBr_4^- \longrightarrow FeBr_3 + HBr$$

2) 硝化反应

苯与浓 HNO_3 和浓 H_2SO_4 的混合物(又称混酸)作用生成硝基苯的反应称为硝化反应。硝化反应时,一般用硝酸作硝化剂,浓硫酸的作用是增强试剂的亲电能力。

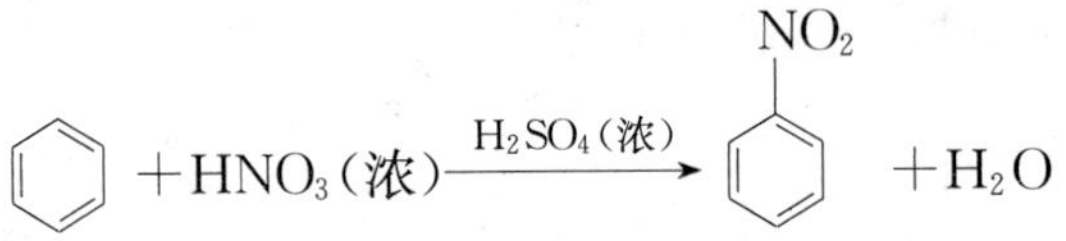

反应过程如下:

$$HOSO_2OH + HO{-\!}NO_2 \rightleftharpoons H_2O^+{-\!}NO_2 + HSO_4^-$$

$$H_2O^+{-\!}NO_2 \rightleftharpoons NO_2^+ + H_2O$$

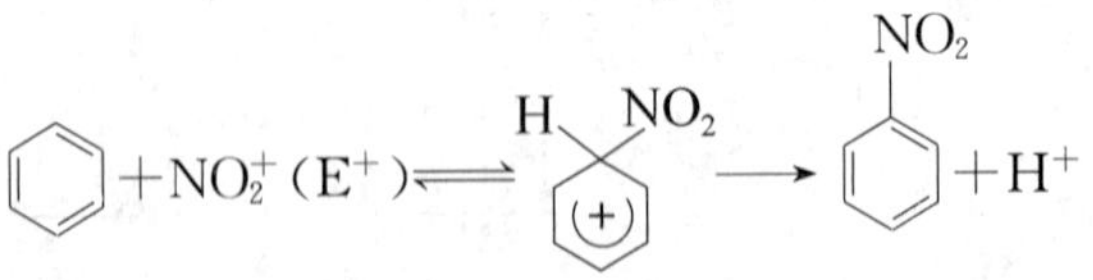

实验(如凝固点降低和光谱分析)已证实,在混酸中存在着平衡,苯的硝化反应是由硝酰正离子的进攻引起的,大量混酸对环境造成污染,在生产技术上对负载型硝化剂(如硝酸铜担载到蒙脱土上,称为黏土铜试剂)的开发研究已取得一定成果。

3) 磺化反应

苯与 SO_3 或发烟硫酸生成苯磺酸的反应称为磺化反应。在这个反应中,亲电试剂是中性的化合物 SO_3,它是一种发烟液体,能与水剧烈反应生成硫酸,磺化反应所用的 SO_3 的来源一般是发烟硫酸,它含有 $10\% \sim 30\%$ 的游离 SO_3,反应式如下:

$$\text{苯} + SO_3 \longrightarrow \text{苯}SO_3H$$

$$\text{苯} + H_2SO_4 \longrightarrow \text{苯}SO_3H + H_2O$$

磺化反应是可逆反应,在有机合成中很重要,可利用这个反应把芳环上一个位置保护(占位)起来,再进行其他反应,待反应后再把稀 H_2SO_4 加到产物中加热水解脱去磺基。

如果使用过量的氯磺酸($ClSO_3H$)作磺化剂时,会在苯环上引入一个氯磺酰基($—SO_2Cl$),得到的产物为苯磺酰氯,把这个反应称为氯磺化反应。

$$\text{苯} + 2Cl—SO_3H \longrightarrow \text{苯}SO_2Cl + H_2SO_4 + HCl$$

苯磺酰氯非常活泼,通过它可以制备苯磺酰胺、苯磺酸酯等苯磺酰基衍生物,在制备染料、农药和医药上有很大用途。

4) 酰基化反应和烷基化反应

(1) 酰基化反应。

苯与酰卤在路易斯酸(如 $AlCl_3$)存在下,生成一个芳酮,该反应称为 Friedel-Crafts 酰基化反应。例如

$$\text{苯} + Cl—\overset{O}{\underset{}{C}}—CH_3 \xrightarrow{AlCl_3} \text{苯}\overset{O}{\underset{}{C}}—CH_3 + HCl$$

引入苯环上的基团称为酰基,它可看成是相应羧基去掉一个 $—OH$ 而得到的基团。反应按以下机理进行:

$$CH_3\overset{O}{\underset{}{C}}—Cl + AlCl_3 \longrightarrow CH_3\overset{O}{\underset{}{C}}{}^+AlCl_4^-$$

$$\text{苯} + CH_3\overset{O}{\underset{}{C}}{}^+AlCl_4^- \longrightarrow \cdots \longrightarrow \text{苯}\overset{O\cdot AlCl_3}{\underset{}{C}}CH_3$$

$$\text{苯}\overset{O\cdot AlCl_3}{\underset{}{C}}CH_3 + 3H_2O \longrightarrow \text{苯}—COCH_3 + Al(OH)_3 + 3HCl$$

酰基化反应不发生酰基异构现象,也不能生成多元酰基取代产物。当酰基化产物含有羰基时,羰基能与路易斯酸配合,消耗催化剂,此时催化剂用量一般至少是酰基化试剂的 2 倍。但苯环上有强吸电子基(如硝基、羰基、磺酸基等)时,不发生酰基化反应。

(2) 烷基化反应。

卤代烃与苯环在路易斯酸(如 $AlCl_3$)存在下,生成烷基苯。

$$\text{苯} + CH_3CHClCH_2CH_3 \xrightarrow{AlCl_3} \text{苯}—\underset{CH_3}{\overset{}{CH}}CH_2CH_3 + HCl$$

该反应称为 Friedel-Crafts 烷基化反应。反应时除了使用卤代烃作原料外,也可用烯烃作烷基化试剂,一般用 AlCl₃ 催化,也可用 BF₃、HF 催化。例如

$$CH_3CH_2CH_2Cl + AlCl_3 \longrightarrow CH_3CH_2CH_2^+ AlCl_4^- \Longrightarrow (CH_3)_2C^+ HAlCl_4^-$$

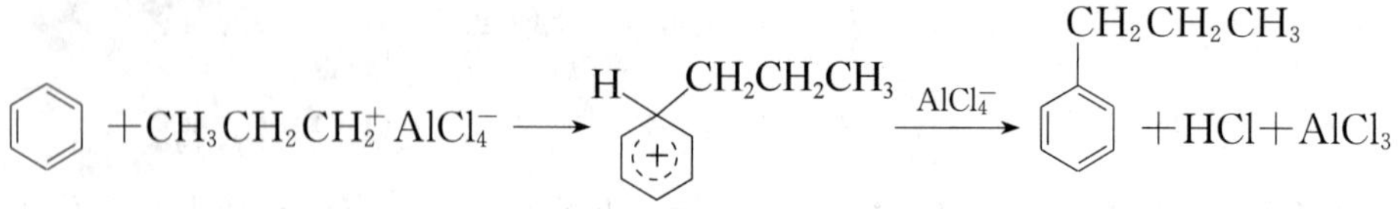

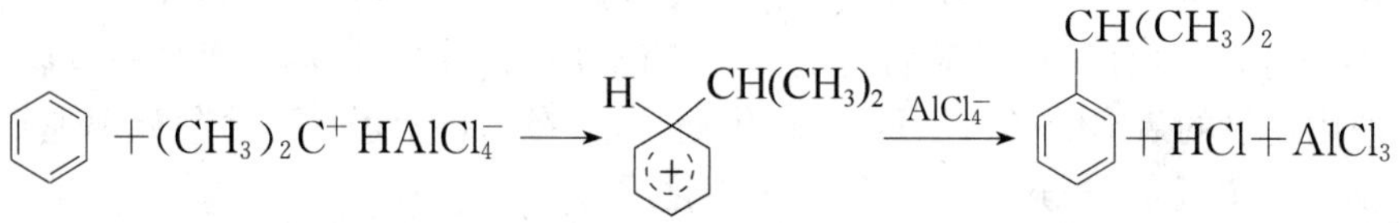

烷基化反应亲电试剂为碳正离子,有重排现象。发生重排的原因是形成更稳定的碳正离子,如由伯碳正离子→仲碳正离子,或伯碳正离子→叔碳正离子,稳定性增大。因此,当所用烷基化试剂含有三个或三个以上碳原子时,主要生成异构化产物。

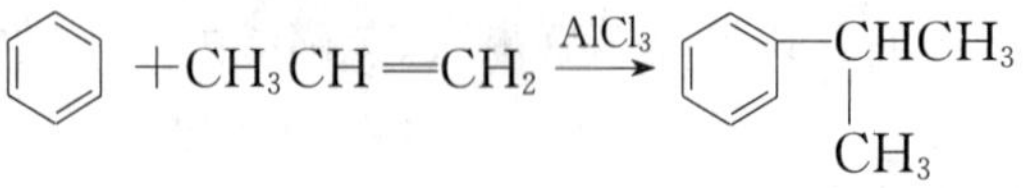

异丙苯曾用作航空汽油的添加剂,以提高油品的辛烷值。现在它的主要用途是再经氧化和分解,制备丙酮和苯酚,产量非常巨大。

生成的烷基苯更容易进行烷基化反应,故烷基化反应能生成多元取代产物。苯环上有强吸电子基(如硝基、磺酸基等)时,不易发生烷基化反应。

Friedel-Crafts 反应使用的催化剂多数为 AlCl₃,它有两个缺点:一是反应后有大量的水合三氯化铝需要处理;二是在进行烷基化反应时,反应选择性差,通常伴随着大量的二取代或多取代物生成,甚至产生焦油,产物难纯化。现已开发出一些新的试剂或催化剂,常称为"绿色"工艺,提高了产物的选择性,更重要的是改善了环境的质量。

此外用固体杂多酸代替 H₂SO₄ 等液体酸催化 Friedel-Crafts 反应,可以解决反应设备腐蚀问题,提高产物的选择性。例如

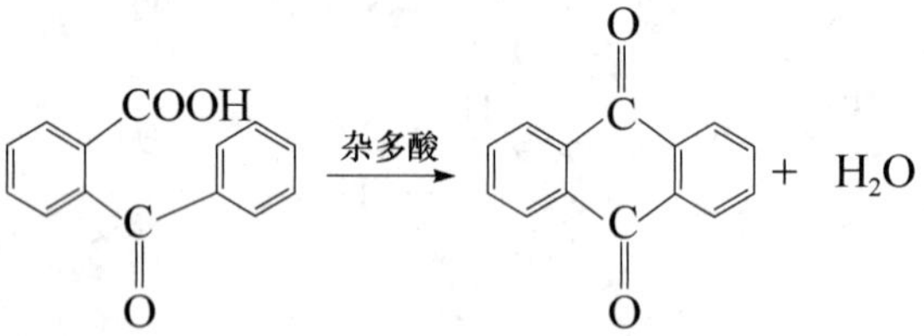

(3)氯甲基化反应。

在无水 ZnCl₂ 存在下,芳烃与甲醛及氯化氢作用时,苯环上的氢被氯甲基(—CH₂Cl)取代,称为氯甲基化反应。在实际工作中,可用三聚甲醛代替甲醛。

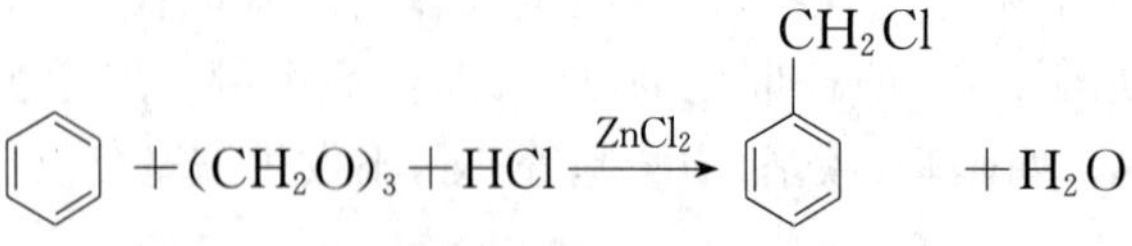

氯甲基化反应对于苯、烷基苯、烷氧基苯及稠环芳烃都是成功的,但当环上连有强吸电子基时,产率很低,甚至不反应。氯甲基化反应应用很广,因为—CH₂Cl 很容易变成—CH₃、—CH₂OH、—CHO 等。

问题 6-2 下列化合物哪些不能发生 Friedel-Crafts 烷基化反应?

(1) $C_6H_5NO_2$ (2) C_6H_5COOH (3) C_6H_5OH (4) $C_6H_5NH_2$ (5) $C_6H_5C_2H_5$ (6) C_6H_5CN

问题 6-3 选用合适的原料制备下列化合物:

(1) 3-硝基苯乙酮 (图) (2) 对甲基苯乙酮 (图)

6.4.2 苯衍生物的亲电取代

前面我们讨论了苯环的亲电取代反应,如果苯环上已经有取代基,再让它进行亲电取代反应,情况将会变得复杂一些。苯环上原有取代基,不仅影响着苯环的取代反应活性,同时决定着新引入的取代基进入苯环的位置,我们把原有取代基称为定位基。

在一元取代苯的亲电取代反应中,新进入的取代基可以取代定位基的邻、间、对位上的氢原子,生成三种异构体。如果定位基没有影响,生成的产物是三种异构体的混合物,其中邻位取代物 40%(2/5)、间位取代物 40%(2/5) 和对位取代物 20%(1/5)。实际上只有一种或两种主要产物。

首先,当苯环上连有取代基后,亲电取代反应的活性发生了变化。其次,苯环可被取代的位置也不完全一样,有邻、间、对三种位置。到底已有的取代基对再次发生亲电取代反应的活性是增强还是降低? 将新上来的基团导向什么位置? 人们根据大量的实验事实,总结出以下规律。

1. 两大类取代基

人们发现,有些定位基使新上来的基团主要进入邻、对位,有些则使新上来的基团主要导入间位,前者称为邻、对位定位基或第一类定位基;后者称为间位定位基或第二类定位基。

常见的邻、对位定位基有 —O^-、—$N(CH_3)_2$、—NHR、—NH_2、—OH、—OCH_3、—NH-$COCH_3$、—$OCOCH_3$、—R、—C_6H_5、—I、—Br、—Cl、—F 等。这类取代基与苯环直接相连的原子上,一般只有单键,且多数具有孤电子对或带有负电荷。除卤素外,邻、对位定位基都使苯环上的电子云密度增大,进行亲电取代反应的活性增强。按以上的顺序,排在前面的基团使苯环活性升高较多,定位效应也较大。

常见的间位定位基有 —$N^+(CH_3)_3$、—NO_2、—CF_3、—CCl_3、—CN、—SO_3H、—CHO、—$COCH_3$、—COOH、—$COOCH_3$、—$CONH_2$ 等。这类取代基与苯环直接相连的原子上,一般都有重键(即双键或叁键),且重键的另一端是电负性大的元素或带正电荷。间位定位基都使苯环进行亲电取代反应的活性下降。

2. 定位规律的解释

1)第一类定位基对苯环的影响及其定位效应

第一类取代定位基(除卤素外)是给电子基团,可活化苯环,且对邻、对位的活化作用大于间位,是邻、对位定位基,下面以甲基、氨基和卤素为例,说明它们对苯环的影响及其定位效应。

(1) 甲基。

在甲苯中,甲基表现出给电子的诱导效应(A)。甲基 C—H σ 键的轨道与苯环的 π 轨道形成 σ-π 超共轭体系(B)。给电子诱导效应和超共轭效应作用的共同结果,是苯环上电子密度增加,尤其邻、对位增加得更多。因此,甲苯进行亲电取代反应比苯容易,而且主要发生在邻、对位上。

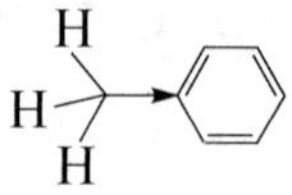

(A) 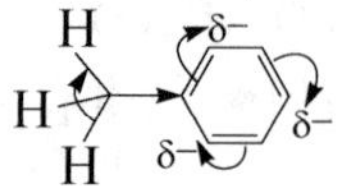　　　　　　　　　　(B)

(2) 氨基。

在苯胺中,N—C 键为极性键,N 有吸电子的诱导效应(C),使环上电子密度减少;氮原子有孤电子对,与苯环形成给电子的 p-π 共轭效应(D),使环上电子云密度增加。

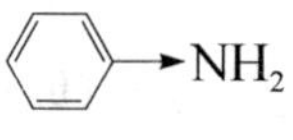

(C) 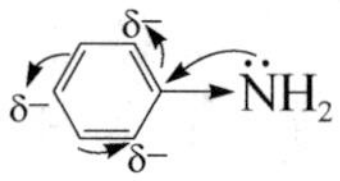　　　　　　　　　　(D)

共轭效应大于诱导效应,所以综合效应是环上电子密度增加,尤其是氨基的邻位和对位增加更多。因此,苯胺进行亲电取代反应比苯更容易,且主要发生在氨基的邻、对位上。

(3) 卤原子。

在氯苯中氯原子是强吸电子基,使苯环电子密度降低,与苯相比,较难进行亲电取代反应。但氯原子与苯环又有弱的给电子的 p-π 共轭效应,使氯原子邻、对位上电子密度减少得不多,因此表现出邻、对位定位基的性质。

2) 第二类定位基对苯环的影响及其定位效应

硝基是使苯环钝化的间位定位基,下面以硝基为例,说明第二类定位基的影响及其定位效应。在硝基苯中,硝基存在着吸电子的诱导效应(−I)和吸电子的 π-π 共轭效应(−C)。

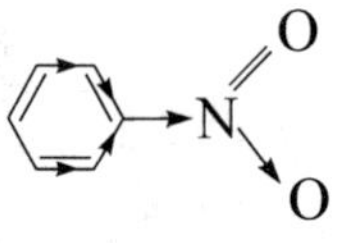

(−I) 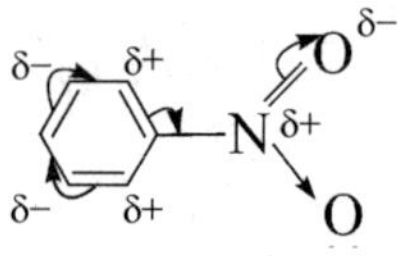　　　　　　　　　　(−C)

这两种电子效应都使苯环上电子密度降低,亲电取代反应比苯难进行;共轭效应的结果,是硝基的间位上电子密度降低得少些,表现出间位定位基的作用。

3. 二元取代苯的定位规律

当苯环上有两个取代基时,第三个取代基进入苯环的位置,有三种定位情况。

(1) 苯环上原有两个取代基对引入第三个取代基的定位作用一致,第三个取代基进入苯环的位置就由它们共同定位。

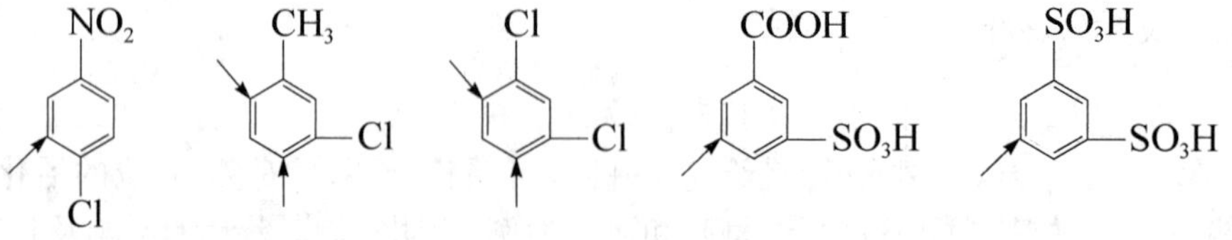

(2) 苯环上原有两个取代基,对进入第三个取代基的定位作用不一致,两个取代基属同一类定位基时,第三个取代基进入苯环的位置主要由定位作用强的取代基决定。如果两个取代基定位作用强度相当时,得到两个定位基定位作用的混合物。

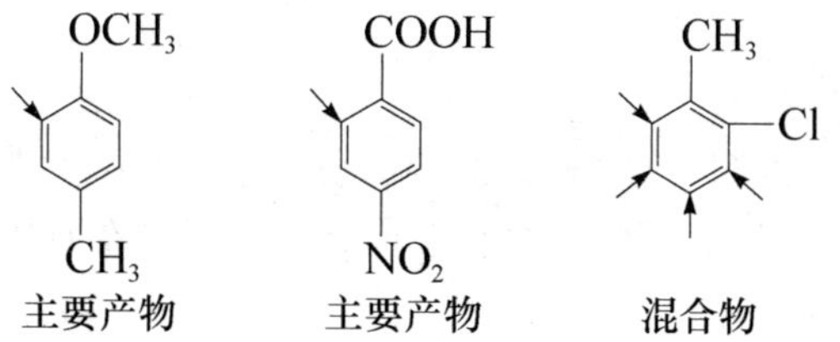

主要产物　　　　主要产物　　　　混合物

（3）苯环上原有两个取代基对引入第三个取代基的定位作用不一致，两个取代基属不同类定位基时，这时第三个取代基进入苯环的位置主要由第一类定位基定位。

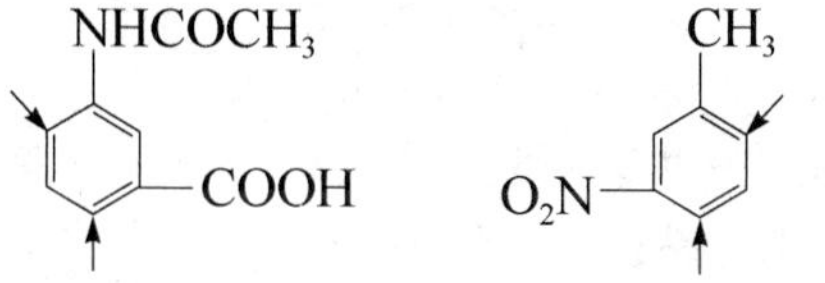

在考虑第三个取代基进入苯环的位置时，除考虑原有两个取代基的定位作用外，还应该考虑空间位阻，如 3-乙酰氨基苯甲酸的 2 位取代产物很少。

4. 定位规律在有机合成上的应用

应用定位规律可以选择可行的合成路线、得到较高的产率及避免复杂的分离过程。例如，由甲苯制备间硝基苯甲酸，应采用先氧化后硝化的步骤。

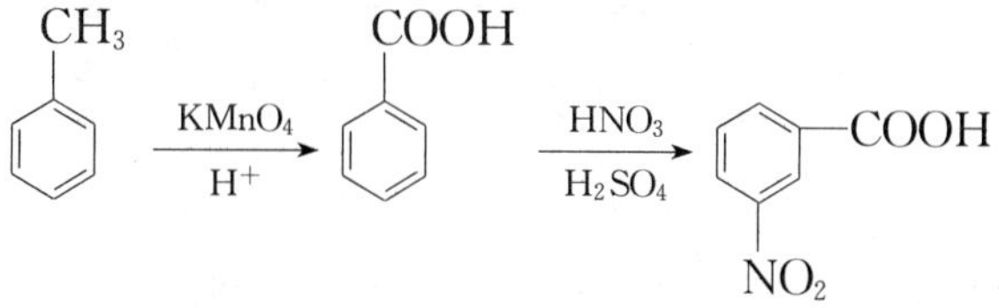

由对硝基甲苯合成 2,4-二硝基苯甲酸，其合成路线有如下两条：

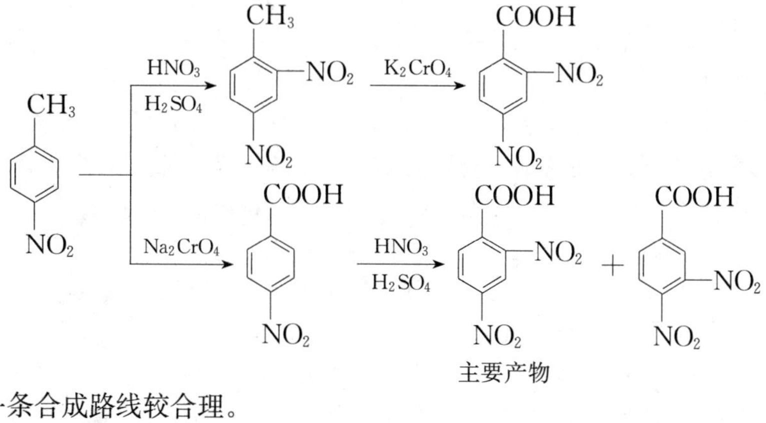

显然第一条合成路线较合理。

问题 6-4　完成下列转化。
（1）由苯合成邻-硝基苯甲酸 （2）由苯合成间-硝基苯甲酸

问题 6-5　用箭头指出下列化合物发生硝化时硝基进入苯环的主要位置。

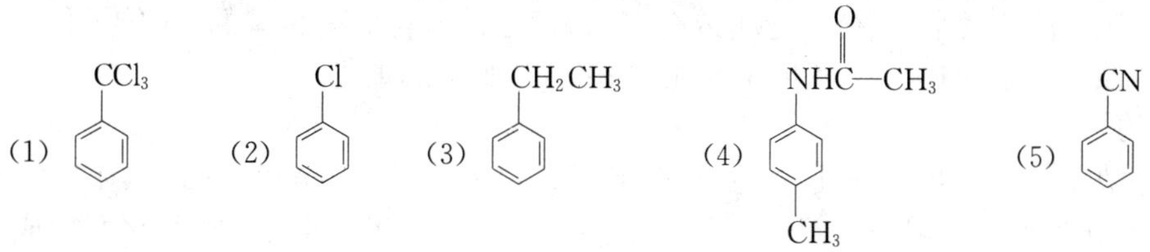

6.4.3　芳香烃的其他反应

苯环是闭合共轭体系,能量较低,不易进行加成和氧化反应。但苯环又是不饱和体系,在一定的条件下,苯环可以进行加成和氧化反应,而且这类反应在有机化学工业中都很重要。此外,苯环侧链还可以发生反应。

1. 加成反应

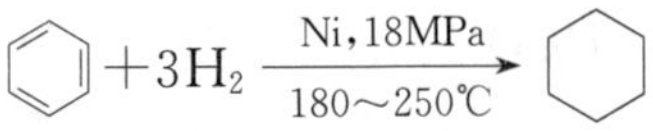

$$\text{⬡} + 3H_2 \xrightarrow[180\sim250℃]{Ni,18MPa} \text{⬡}$$

这是工业上制备环己烷的方法,也可以采用均相催化剂 2-乙基己酸镍/三乙基铝进行催化加氢反应,反应条件相对比较温和。

苯在液氨中用碱金属和乙醇还原,通常生成 1,4-环己二烯,这个反应称为伯奇(Birth)还原。

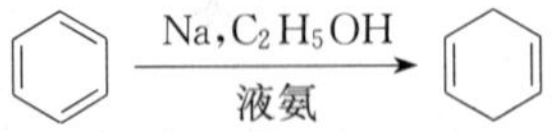

$$\text{⬡} \xrightarrow[\text{液氨}]{Na,C_2H_5OH} \text{⬡}$$

在一定的条件下苯也可以与氯加成,产物六氯化苯也称六氯代环己烷,俗称六六六,它曾作为农药大量使用,由于残毒严重而被淘汰,现已禁止使用。

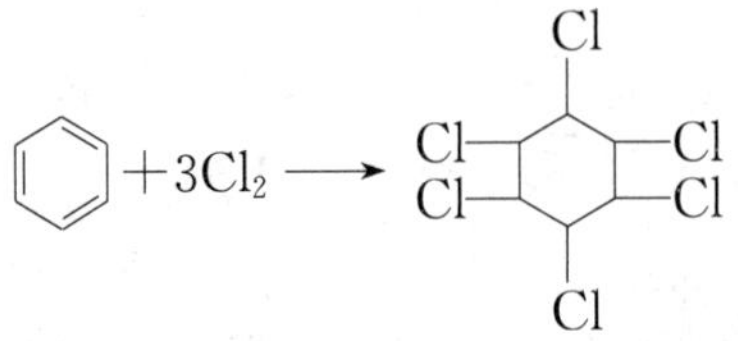

$$\text{⬡} + 3Cl_2 \longrightarrow \text{六氯化苯结构}$$

2. 氧化反应

1) 侧链的氧化

前面已经提到,苯环对于氧化剂非常稳定,即使是在酸性加热条件下,强氧化剂 $KMnO_4$、$K_2Cr_2O_7$ 也难以氧化苯环。但是苯环的侧链容易被氧化,氧化剂一般用酸性 $KMnO_4$、$K_2Cr_2O_7$。

$$\text{⬡-CH}_3 \xrightarrow[H^+]{KMnO_4} \text{⬡-COOH}$$

$$\text{⬡-CH}_2\text{CH}_2\text{CH}_3 \xrightarrow[H^+]{KMnO_4} \text{⬡-COOH}$$

$$\text{⬡(C(CH}_3)_3)\text{-CH}_3 \xrightarrow[H^+]{KMnO_4} \text{⬡(C(CH}_3)_3)\text{-COOH}$$

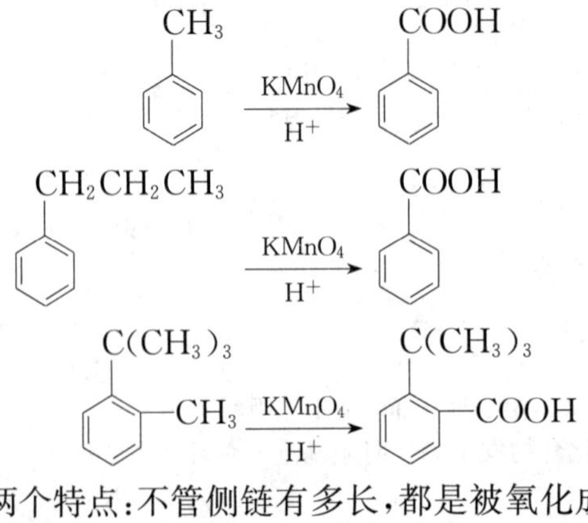

侧链的氧化反应有两个特点:不管侧链有多长,都是被氧化成一个碳的—COOH;和苯环直接相连的碳原子上必须有一个 H 原子才能被氧化,否则不能氧化。

2) 苯环的氧化

苯环在一般条件下很难被氧化,如在酸性 $KMnO_4$、$K_2Cr_2O_7$ 中是稳定的,但在特殊条件下,也能发生氧化而使苯环破裂。例如,在催化剂存在下,高温时苯可被空气氧化而生成顺丁烯二酸酐。

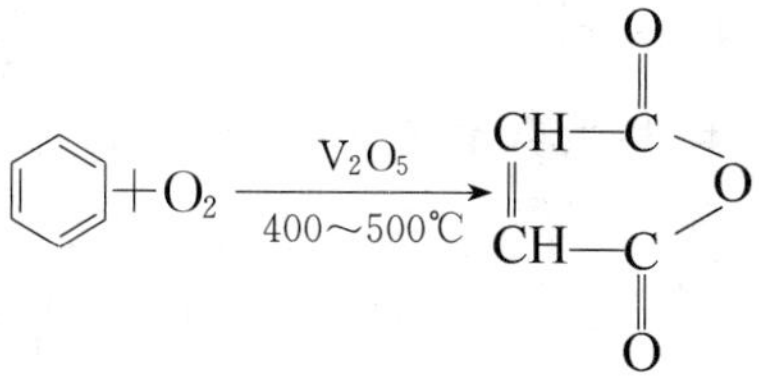

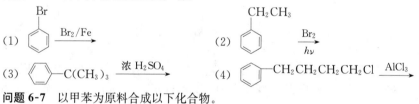

顺丁烯二酸酐简称顺酐,是重要的有机合成原料。

3. α-氢的反应

烷基苯的烷基与苯环相连的碳原子称为 α-碳原子,其上的氢称为 α-氢。在分子构造上芳烃侧链的 α-氢与烯烃的 α-氢相似,受苯环的影响比较活泼。在光照或加热的条件下,烷基苯的 α-氢被卤素取代,生成 α-卤代烷基苯。例如

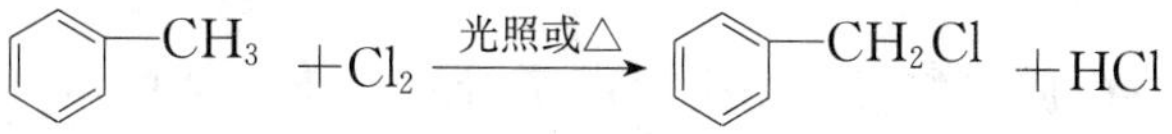

溴代反应也可以用 N-溴代丁二酰亚胺(NBS)作溴化试剂,反应缓和,易控制。

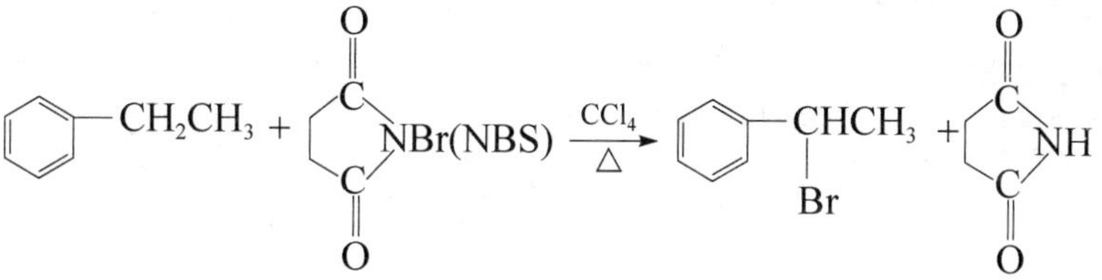

问题 6-6 写出下列反应的主要产物。

(1)
$$\text{(苯溴) } \xrightarrow{Br_2/Fe}$$

(2)
$$\text{(乙苯) } \xrightarrow[h\nu]{Br_2}$$

(3)
$$\text{(苯)}-C(CH_3)_3 \xrightarrow{\text{浓 } H_2SO_4}$$

(4)
$$\text{(苯)}-CH_2CH_2CH_2CH_2Cl \xrightarrow{AlCl_3}$$

问题 6-7 以甲苯为原料合成以下化合物。

(1) 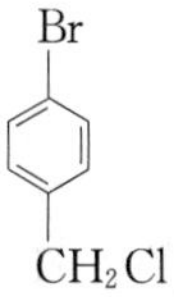 对溴苄氯

(2) 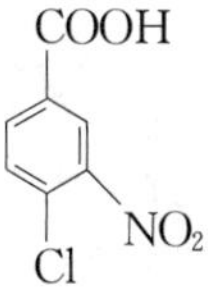 COOH, Cl, NO₂

6.5 芳香性与 Hückel 规则

苯是一个很稳定的分子。实际上,还有其他的分子也具有这种特殊稳定性,这个性质称为芳香性。在这里芳香性已不再指气味,而是指环的特殊稳定性。一种化合物具有芳香性必须符合下列条件:

(1) 该化合物必须具有一个共轭环,环内所有原子都能提供一个 p 轨道且互相平行而参与共轭。

(2) 环内共轭 π 电子总数符合 $4n+2$,$n=0,1,2,\cdots$,换句话说,该共轭环中具有 $2,6,10,\cdots$ 个 π 电子。

这个规则是德国化学家 Hückel 于 1931 年发现的,因此又称 Hückel 规则。我们可以用

此规则判断以下化合物是否具有芳香性。

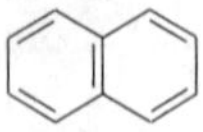

　　　　具有 10 个 π 电子，因此具有芳香性，实际上它是稠环芳香烃萘。

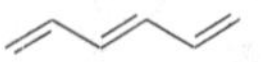

　　　　是 1,3,5-己三烯，它虽然具有 6 个 π 电子，但由于不是环状化合物，因此不具有芳香性。

　　　　中带有负电荷的碳提供一个带孤电子对的 p 轨道参与共轭，因此 π 电子总数也是 6，符合 Hückel 规则，具有芳香性。

　　　　具有 6 个 π 电子，但环内有个碳未参与共轭，不具有芳香性。

　　　　是呋喃，由于 O 原子提供一个带孤电子对的 p 轨道参与共轭，因此 π 电子总数也是 6，符合 Hückel 规则，具有芳香性。

问题 6-8　下列化合物不具有芳香性的是(　　　)。

(1) 　　(2)  ◯　　(3)  △　　(4)  ⬠

(5)  　　(6)  △⁺　　(7)  O　　(8) 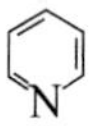 N

6.6　多环芳烃

　　多环芳烃是指两个或两个以上苯环连在一起的化合物。苯环连在一起可以有两种方式：非稠环型和稠环芳香烃。非稠环型(联苯或联多苯)即苯环与苯环之间各由一个碳原子相连，如联苯、联三苯。

联苯 　　　　　　　　　　联三苯

　　稠环芳香烃是两个或两个以上苯环分别共用相邻的两个碳原子而组成的多环体系。例如，萘(naphthalene)、蒽(anthracene)、菲(phenanthrene)、芘(pyrene)、并四苯、苯并[a]芘、苯并[a]蒽等。

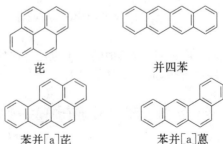

芘　　　　　　　　　　并四苯

苯并[a]芘　　　　　　　　　苯并[a]蒽

　　比较常见的稠环芳香烃有萘、蒽、菲，它们都是从煤焦油中得到的。

6.6.1 萘

萘由两个苯环共用两个邻位的碳原子组成。萘有两种位置,其中1,4,5,8位是等同的,这四个位置都称为α-位;2,3,6,7位也是等同的,这四个位置都称为β-位(图6-8)。

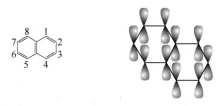

图 6-8 萘的结构与 p 轨道共轭

萘的一元取代物只有两种,命名时可用阿拉伯数字或希腊字母来表示取代基的位置。例如

Cl		COOH
α-氯萘	β-硝基萘 (—NO₂)	α-萘甲酸
(1-氯萘)	(2-硝基萘)	(1-萘甲酸)

二元或多元取代萘在命名时,优先官能团与萘环共同决定母体名称,其他作为取代基。环上碳原子编号从α-位开始,使优先官能团位次最小("1"位不能省),先编一个环,再编另一个环。位置必须用阿拉伯数字表示。例如

4-氯-1-萘磺酸　　　　　5-甲基-2-萘酚　　　　　3-甲基-8-硝基-2-萘甲酸

萘为白色晶体,熔点为80.55℃,沸点为218℃,易升华。萘的化学性质与苯相似,但也有各自的特点。

1. 取代反应

萘的亲电取代比苯容易,取代基优先进入α-位,如萘硝化时,主要得到α-硝基萘。

$$\text{萘} + \text{HNO}_3 \xrightarrow{\text{H}_2\text{SO}_4} \text{α-硝基萘 (95\%)} + \text{β-硝基萘 (5\%)}$$

萘的氯化可以用苯作溶剂,进一步说明萘的亲电取代活性比苯大。萘与 Br_2/CCl_4 溶液作用生成α-溴萘,反应不加任何催化剂就可完全进行。

萘与浓硫酸在60~80℃时磺化,主要生成α-萘磺酸;在160℃以上时磺化,主要生成β-萘磺酸。产生这种结果的原因是,α-萘磺酸的生成速度快,但由于它与另一个环上的α-氢有较大的空间障碍,因此稳定性比β-萘磺酸差,在较低温度下是速率控制产物,在较高温度下是平衡

控制产物。

一取代萘进行亲电取代时,第一取代基(G)也有定位效应,卤素以外的邻对位取代基使环活化,因此取代反应主要在同环发生。1-位有取代基时,亲电取代反应在 2-、4-位发生,以 4-位为主,因为 4-位既是对位,又是 α-位。

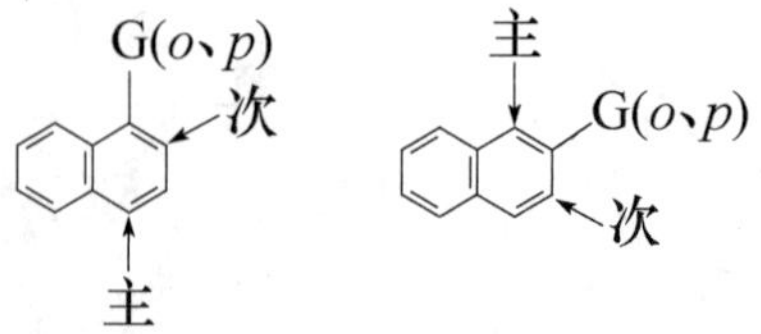

有时 6-位也能发生取代反应,因为 6-位可以看作是 G 的对位。

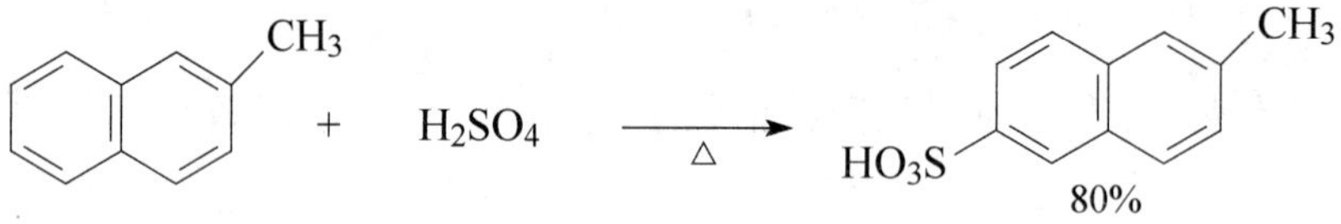

（热力学控制产物）

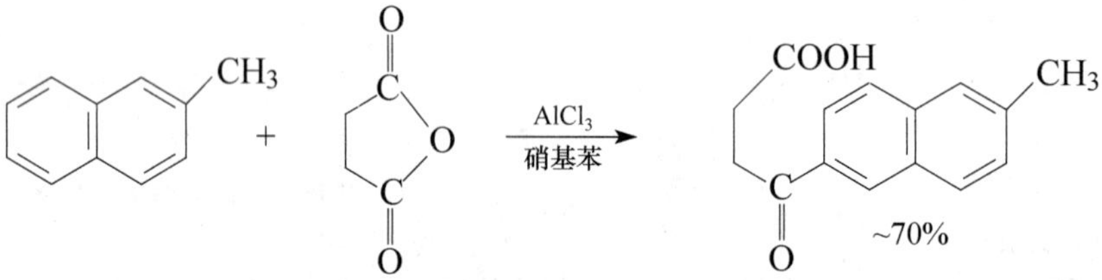

（热力学控制产物）

间位取代基使环钝化,因此取代反应主要发生在异环的 α-位。但磺化反应、Friedel-Crafts 反应常在 6-、7-位发生,生成热力学稳定产物。

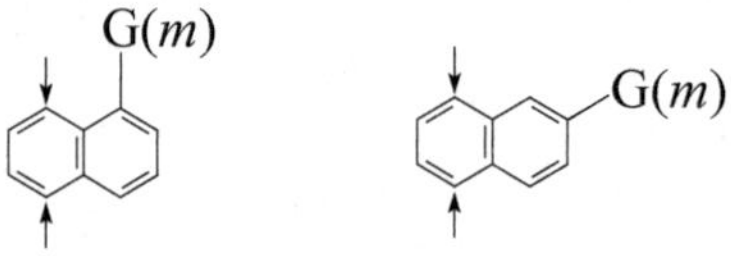

2. 加氢反应

萘的芳香性比苯差,即稳定性不如苯,它比苯容易发生加成反应。用钠和乙醇可以使萘还原成 1,4-二氢萘。

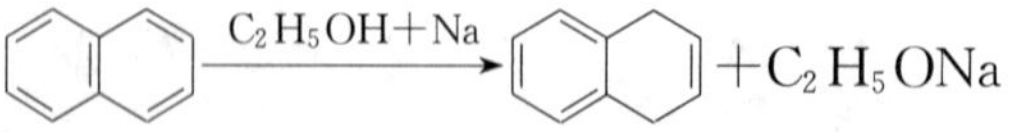

1,4-二氢萘不稳定,与乙醇钠的乙醇溶液一起加热,容易异构变成更稳定的 1,2-二氢萘。

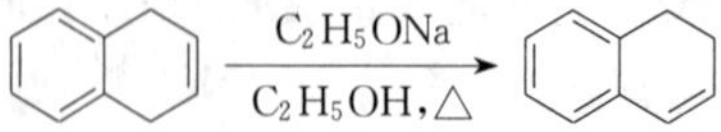

用钠和戊醇可以在更高的温度下进行还原,这时的产物是四氢萘。萘的催化加氢也生成四氢萘。

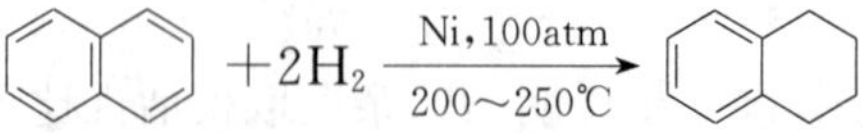

四氢萘是一个良好的溶剂,可以溶解硫、碘、树脂等。

3. 氧化反应

萘比苯容易被氧化。在催化剂 V_2O_5 存在下,用空气氧化,生成邻苯二甲酸酐。

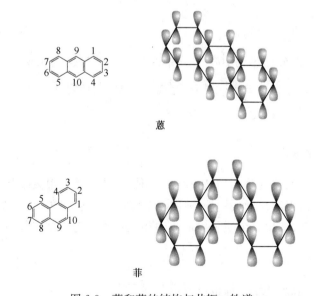

邻苯二甲酸酐是重要的有机化工原料,可以用来生产增塑剂、醇酸树脂、聚酯纤维、染料、医药、农药等多种化工产品,目前它的世界年产量达数百万吨。

问题 6-9 命名下列化合物。

(1) 2-位SO₃H, 5-位NO₂ 萘衍生物
(2) 1-位OH, 4-位Cl 萘衍生物
(3) COOH、OH 取代萘衍生物

问题 6-10 指出下列化合物进行硝化时的主要产物,并命名。

(1) 1-CH₃ 萘
(2) 2-CH₃ 萘
(3) 1-NO₂ 萘
(4) 2-NO₂ 萘

6.6.2　蒽与菲

蒽和菲都是由三个苯环稠合而成,两者的结构式及碳原子的编号如图 6-9 所示。

图 6-9　蒽和菲的结构与共轭 p 轨道

蒽有三种位置,其中 1,4,5,8 位称为 α-位;2,3,6,7 位称为 β-位;9,10 位为 γ-位。因此,蒽的一取代产物有三种同分异构体。蒽为白色晶体,熔点为 216.2~216.4℃,沸点为 340℃。在紫外光照射下发出强烈的荧光。蒽比萘更容易加成和氧化,其加成位置均在 9,10 位。反应产物分子中保持两个完整的苯环。

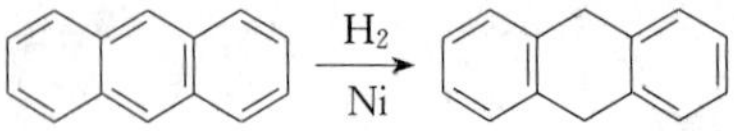

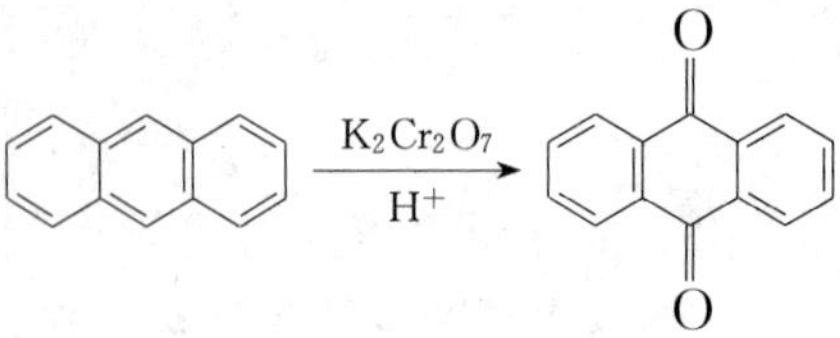

菲也是白色晶体,熔点为 101℃,沸点为 340℃。易溶于苯和乙醚中,溶液发出蓝色荧光。菲也可被加成和氧化,位置也在 9,10 位,其活性介于萘和蒽之间。例如,菲与氯气或溴加成,加成产物很容易失去 HX 生成 9-卤代菲。

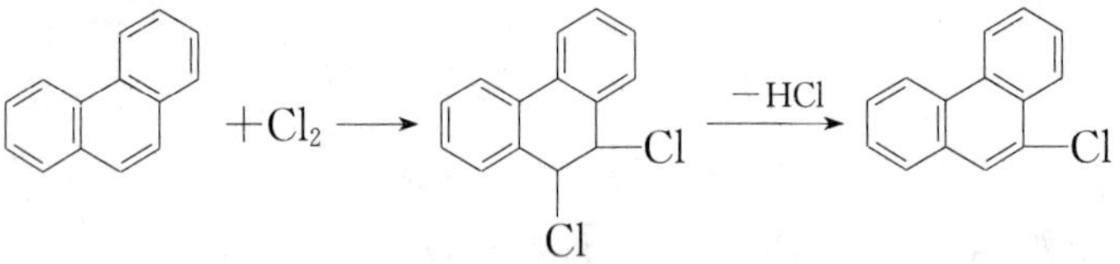

菲可被氧化生成菲醌,后者继续被氧化生成联苯酸。

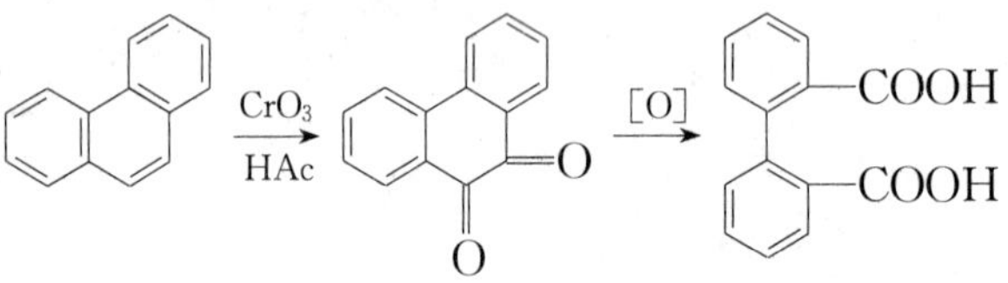

6.7　环戊二烯及其应用

6.7.1　环戊二烯的工业来源和制法

石油热裂解的 C_5 馏分加热至 100℃,其中的环戊二烯聚合为二聚体,蒸出易挥发的其他 C_5 馏分,再加热至约 200℃,使二聚体解聚为环戊二烯(cyclopentadiene)。

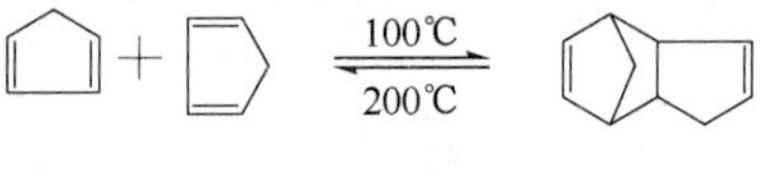

6.7.2　环戊二烯的化学性质

环戊二烯是一个很活泼的化合物,表现出一切烯烃的性质。很久以前,就发现环戊二烯具有酸性,和苯基锂反应,很容易形成锂盐。环戊二烯的 pK_a 为 16.0,其酸性在烃分子中已算是很强的了,这是因为它解离出一个质子后形成的环戊二烯负离子具有芳香性,稳定性较高。

1. 双烯合成

与开链共轭二烯相似,环戊二烯也可发生双烯合成。

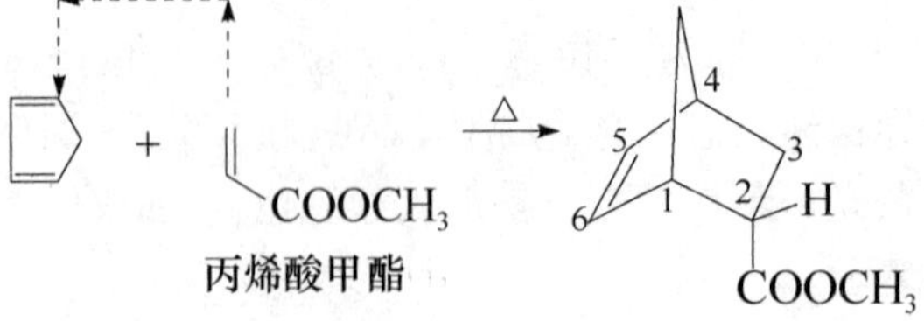

双烯体　　　亲双烯体　　　双环[2.2.1]-5-庚烯-2-羧酸甲酯

双烯体　　亲双烯体　　双环[2.2.1]-2,5-庚二烯

2. 催化加氢

在催化剂存在的情况下,环戊二烯和氢加成,表现出烯烃的性质,控制反应条件,可使反应停留在只加一分子氢的阶段。

$$\boxed{} + H_2 \xrightarrow[50℃]{Pd\text{-}Ti} \boxed{}$$

3. α-氢原子的活泼性

和其他烯烃一样,与双键相连的 α-碳上的氢原子具有一定的活性,表现出一定的酸性。与强碱或碱金属反应,生成环戊二烯碳负离子。

二茂铁
89%～98%

环戊二烯钾(或钠盐)与氯化亚铁反应可得到二茂铁。这个化合物是一种固体,且具有很漂亮的结晶外形,性质稳定,能溶于有机溶剂中。二茂铁在金属有机化学中是一个非常重要的化合物,它的出现引起了化学界的广泛关注。经过 X 射线衍射测定,它具有独特的夹心面包的结构,铁和两个环戊二烯负离子配合如图 6-10 所示。

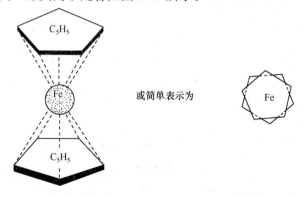

图 6-10　二茂铁的夹心面包结构

两个环的 π 电子和中心的铁原子以相等的键结合。铁离子与两个环共享 12 个 π 电子,铁形成一个稀有气体氪的结构,这样使每个环都形成非常强的 π 键。二茂铁具有芳香性,可在环上进行 Friedel-Crafts 酰基化、磺化等反应。

二茂铁可用作紫外线吸收剂、火箭燃料添加剂、挥发油抗震剂、烯烃定向聚合催化剂等。将其用于材料科学,可得到一系列新型材料。

6.8 富　勒　烯

富勒烯(fullerene)是一族只有碳元素组成的笼状化合物。分子形状像个足球,故称为足球烯(footballene)。一般是指 C_{60}、C_{70}、C_{50} 等一类化合物的总称。

从组成上看富勒烯是碳的同素异形体,属无机化合物,但富勒烯及其衍生物分子结构和化学性质又像芳香烃分子,因此也可以归属于有机化合物。

自 R. F. Curl、H. W. Kroto、R. E. Smalley 三位科学家于 1985 年发现 C_{60} 以来,C_{60} 和富勒烯族化合物的研究是当前化学研究中一个十分活跃的领域。目前富勒烯族化合物研究得比较多的是 C_{60}。C_{60} 是继苯分子后,化学领域中又一个重大发现,为此,这三位科学家共同获得了 1996 年诺贝尔化学奖。

C_{60} 是由 60 个碳原子组成的高度对称的足球状分子(图 6-11),60 个碳原子采用近似 sp^2 杂化轨道互相成键形成笼状分子,未杂化的 p 轨道形成一个非平面的共轭离域大 π 键。60 个碳原子在 12 个正五边形和 20 个正六边形组成的具有 32 个平面的多面体的顶点上,是一个高度对称的分子。∠CCC 平均值为 116°,正六边形键长为 0.1391nm,正五边形键长为 0.1445nm,似乎双键都分布在正六边形的边上,类似苯的结构,正五边形的边上无双键,因此 C_{60} 化学性质比较稳定,具有部分芳香性。C_{60} 的 HOMO 轨道与 LUMO 轨道能级差较大,其衍生物不十分稳定,有恢复 C_{60} 结构的趋势。

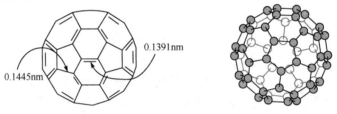

图 6-11　富勒烯的分子模型

C_{60} 可以进行氧化、还原、加成(包括卤化,与叠氮化合物、碳烯、氢等反应)、周环([2+2]和[2+4]等)和聚合或共聚合等反应(图 6-12)。C_{60} 不能直接进行取代反应,但它的衍生物可进行取代反应。

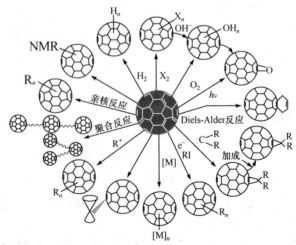

图 6-12　C_{60} 能进行的反应

在富勒烯的制备方法中略加改进,现在已经可以从纯碳制造出世界上最小的管——纳米碳管。这种管直径非常小,大约 1nm。管两端可以封闭起来。由于它独特的电学和力学性能,可在电子工业中应用。

在获得富勒烯后的六年中,科学家已经合成了 1000 多种新的化合物。这些化合物的化学、光学、电学、力学或生物学性能都已被测定。但是富勒烯的生产成本太高,因此限制了它们的应用。

富勒烯的出现,为化学、物理学、电子学、天文学、材料科学、生命科学和医学等学科开辟了崭新的研究领域,其意义非常重大。今天已经有了 100 多项有关富勒烯的专利,但仍需探索,以使这些激动人心的富勒烯在工业上得到大规模的应用。可以断言,随着对富勒烯及其衍生物结构和性质的研究不断深入,富勒烯将显现出更加迷人的光彩并造福人类。

阅读材料

多环芳烃和癌症

多环芳烃(polycyclic aromatic hydrocarbons,PAHs)是目前环境中普遍存在的污染物质,也是最早被发现和研究的化学致癌物。此类化合物对人类和其他生物的毒害主要是参与机体的代谢作用,具有致癌、致畸、致突变和生物难降解的特性。

目前已知的 PAHs 约有 200 种。由于燃烧或热解现象的普遍性,环境中 PAHs 的分布极其广泛。平时日常生活中燃烧煤、油、气、木柴,工业上煤炭生产和石油裂解,垃圾焚烧、森林失火等都会产生 PAHs,机动车辆排放的尾气中也含有 PAHs。PAHs 还存在于石化产品、橡胶、塑胶、润滑油、防锈油、不完全燃烧的有机化合物中,可以说,PAHs 存在于世界上每一个地方。没有人类活动的地方,由于自然源(火山、生物作用)的存在也会有 PAHs。

癌症是细胞由于某种机制失去生长调节功能,不停地无限增殖,直至个体死亡的生物现象。造成癌变、起着"诱发"作用的致癌因素很多,如物理性致癌(包括离子辐射、异物及慢性炎症、创伤)、病毒致癌、化学性致癌等,其中 PAHs 是化学性致癌主要的病原因素。PAHs 在环境中的存在虽然是微量的,但其不断地生成、迁移和转化,并通过呼吸道、皮肤、消化道等进入人体,极大地威胁着人类的健康。多数 PAHs 均具有致癌性,在目前已知的 500 多种致癌性化合物中,有 200 多种为 PAHs 及其衍生物。强致癌性的 PAHs 有苯并[a]芘(BaP)、并四苯、三苯并[a,e,h]芘等。

在致癌性 PAHs 中,苯并[a]芘是一种较强的致癌物,主要导致上皮组织产生肿瘤,如皮肤癌、肺癌、胃癌、消化道癌、上呼吸道癌和白血病,并可通过母体使胎儿致畸。

科学工作者对 PAHs 的分子结构与其致癌性之间的关系进行了大量的研究,并提出不少理论,其中影响较大的有以下几种:K-区理论、湾区理论、双区理论、主副致癌团理论等。但是,到目前为止,PAHs 的结构与致癌性之间的精确关系尚未弄清,还没有得到能概括所有实验结果的结构与致癌性的关系式。目前得到的关系式一般都只适合有限的几种化合物。已提出的各种理论也只反映了事物的某些方面,而要全面、正确地弄清 PAHs 的化学结构与致癌性之间的关系,还需要医学、遗传学、生物化学及化学、物理学、数学等各学科工作者的共同努力。

习　　题

1. 命名下列各化合物。

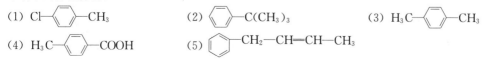

(1) Cl—〈 〉—CH₃

(2) 〈 〉—C(CH₃)₃

(3) H₃C—〈 〉—CH₃

(4) H₃C—〈 〉—COOH

(5) 〈 〉—CH₂—CH=CH—CH₃

(6) 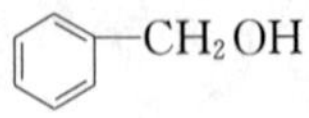 $\underset{}{\bigcirc}$—CH_2OH
(7) 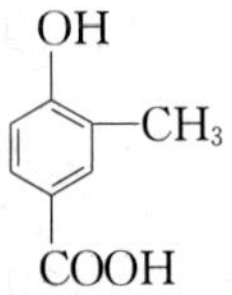 $\underset{COOH}{\overset{OH}{\underset{}{\bigcirc}}}$—$CH_3$
(8) 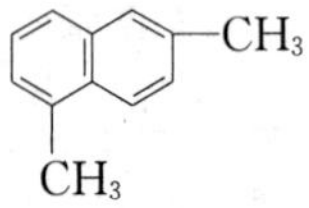 萘 —CH_3, CH_3

2. 比较下列化合物进行硝化反应的活性次序。

(1) 苯、对氯甲苯、甲苯、对二甲苯

(2) 氯苯、硝基氯苯、甲苯、2,4-二硝基氯苯

(3) 乙酰苯胺、苯乙酮、苯

(4) 对苯二甲酸、甲苯、对甲基苯甲酸、对二甲苯

3. 写出乙苯与下列试剂反应的产物。

(1) Cl_2、Fe　　　　　　　　(2) 酸性、热的高锰酸钾溶液

(3) $K_2Cr_2O_7$、H_2SO_4　　　　(4) H_2SO_4

(5) 氯化苄($AlCl_3$ 催化)　　　(6) Br_2(光照)

(7) 丙酸酐($AlCl_3$ 催化)　　　(8) 混酸(硝酸与硫酸混合)

4. 解释以下反应的可能历程。

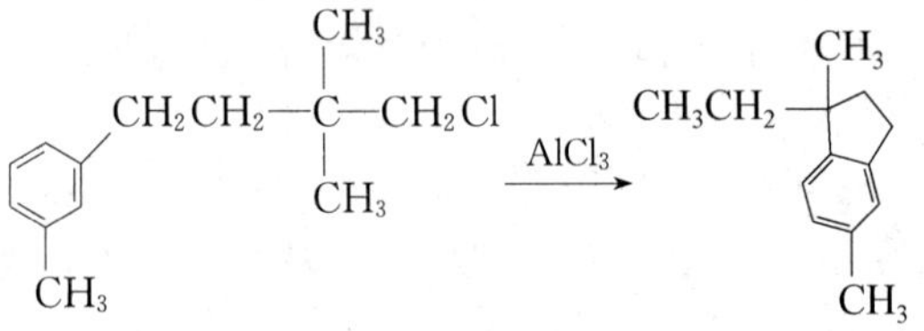

$$\underset{CH_3}{\bigcirc}—CH_2CH_2—\underset{CH_3}{\overset{CH_3}{\underset{}{C}}}—CH_2Cl \xrightarrow{AlCl_3} CH_3CH_2\underset{CH_3}{\overset{CH_3}{\bigcirc}}$$

5. 鉴别下列各组化合物。

(1) 1,3-环己二烯、苯、1-己炔　　(2) 苯乙炔、乙基环丙烷、环己烯　　(3) 环己基苯、1-苯基环己烯

6. 以苯、甲苯或四个碳以下的有机原料合成下列化合物。

(1) 4-硝基-2-氯甲苯　　　　　(2) 对氯苯甲酸　　　　　(3) 对叔丁基苯甲酸

(4) 间硝基苯乙酮　　　　　　(5) 二苯甲烷　　　　　　(6) 3-硝基-4-溴苯甲酸

7. 溴苯氯代后分离得到两个分子式为 C_6H_4ClBr 的异构体 A 和 B,将 A 溴代得到几种分子式为 $C_6H_3ClBr_2$ 的产物,而 B 经溴代得到两种分子式为 $C_6H_3ClBr_2$ 的产物 C 和 D。A 溴代后所得产物之一与 C 相同,但没有任何一个与 D 相同。推测 A～D 的结构式,写出各步反应。

第7章 对映异构

前面已经提及研究分子的结构一般要包括三方面的内容:构造、构型和构象。构造是指分子内原子的连接顺序,具有相同的分子式但各原子成键顺序不同的化合物称为构造异构体。构象与构型是指在一定构造的分子中各原子在空间的排布,对于不同空间排布的异构体,凡是能经单键旋转可以相互转化的属于构象异构,不能相互转化者属于构型异构。构象异构和构型异构属于立体异构(stereoisomerism)。在构型异构中,除了前面学习的顺反异构外,还有一种极为重要的异构现象——对映异构(enantiomerism)。研究对映异构对于阐明有机化合物的结构与生理活性的关系具有十分重要的意义。

7.1 物质的旋光性

7.1.1 平面偏振光和旋光性

1. 平面偏振光

光是一种电磁波,它的振动方向与前进方向垂直。普通光的光波可在垂直于它前进方向的任何可能的平面上振动(图 7-1)。

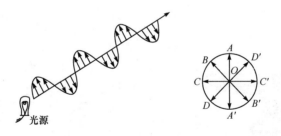

图 7-1 光的前进方向与振动平面

如果将一束光线通过一个 Nicol 棱镜(由电气石制成的棱镜称为 Nicol 棱镜),则大部分光不能通过,只有在棱镜晶轴平行的平面上振动的光才能通过。这种只在一个平面上振动的光称为平面偏振光,简称偏振光或偏光(图 7-2)。

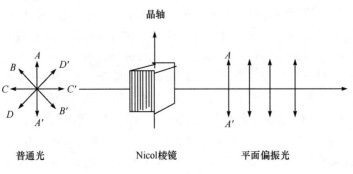

图 7-2 光的偏振

2. 物质的旋光性

如果将偏振光通过某些物质的溶液,有些不能使偏光旋转,仍然维持原来的振动平面,而有些则使偏光旋转一定的角度,如乳酸(lactic acid)、葡萄糖(glucose)等(图 7-3)。我们把这种能使偏光振动平面旋转的性质称为物质的旋光性(opticity),而能使平面偏振光振动平面旋转的物质称为旋光性物质或光学活性物质。

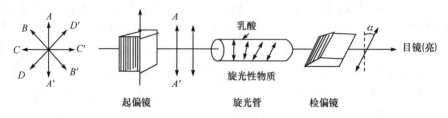

图 7-3　物质的旋光性

7.1.2　旋光仪和比旋光度

1. 旋光仪

检验物质的旋光性的装置称为旋光仪。图 7-4 是旋光仪的示意图。旋光仪由一个光源(一般用钠光灯)和两个 Nicol 棱镜组成,在两个棱镜之间有一个盛放样品的旋光管。光线通过两个棱镜:第一个棱镜称为起偏镜,它的功能是把光源投射过来的光变为平面偏振光,光线通过它后产生偏振光;第二个棱镜称为检偏镜,它和一个刻有 180°的圆盘相连,用来测定振动平面的旋转角度。

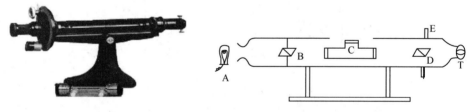

图 7-4　旋光仪
A. 光源;B. 起偏镜;C. 旋光管;D. 检偏镜;E. 回转刻度盘;T. 目镜

测定时,先调节两个棱镜的晶轴,使光源依次通过起偏镜、空的旋光管、检偏镜,此时可观察到最大的光亮度。然后将被测样品(液体或一定浓度的溶液)放入旋光管。若被测物质无旋光性,则平面偏振光通过旋光管后,偏振光的偏振面不被旋转,它可以直接通过检偏器,视场光亮度不会发生改变。若被测物质具有旋光性,光线通过旋光管后,光线被旋转一个角度,这时的偏振光就不能通过检偏镜,视场变暗。此时需旋转检偏镜一个同样的角度,使它的晶轴和偏振光的振动方向平行,视场恢复原来的亮度。观察检偏镜上携带的刻度盘所显示的角度,即得该旋光物质的旋光度,用 α 表示。能使偏振光振动平面向右旋转的物质称为右旋体,能使偏振光振动平面向左旋转的物质称为左旋体。由于旋光性的化合物对不同波长的平面偏振光旋转能力不同,因此必须采用单色光源。在实际测定中一般采用钠黄光($\lambda = 589.3\text{nm}$,以 D 表示)。

2. 比旋光度

旋光性物质的旋光度大小取决于该物质的分子结构,并与测定时溶液的浓度、盛液的长度、测定温度、所用光源波长等因素有关。就某一旋光物质来说,实验中所观察到的旋光度并不是恒定值,因为旋光度与物质的浓度、光线通过的线路长度成正比,另外波长与温度对旋光度也有一定影响。为了使旋光度成为旋光物质的特征常数,通常规定在某一特定温度下,采用 10cm 长的旋光管,待测物质浓度为 1g/mL,采用波长为 589.3nm 的钠光所测得的旋光度,称为比旋光度,用 $[\alpha]_D^t$ 表示。在实际工作中,常用不同长度的旋光管盛放待测物质和不同的样品浓度,测定旋光度。比旋光度与从旋光仪中读到的旋光度关系如式(7-1)所示。

$$[\alpha]_D^t = \frac{\alpha}{L \times c} \tag{7-1}$$

式中,α 为实验测到的旋光度;t 为测定温度(℃);D 为光源(钠 D 线,589.3nm);L 为旋光管长度(dm);c 为溶液浓度(g/mL),纯液体浓度为该物质的密度。

比例常数 $[\alpha]$ 称为比旋光度。它是单位长度和单位浓度下的旋光度。在指出比旋光度时通常还要注明因不同溶剂中测得的旋光度不同。例如,右旋的酒石酸在 5% 的乙醇中其比旋光度为 $[\alpha]_D^{20} = +3.79$(乙醇,5%)。与熔点、沸点、密度和折射率等一样,比旋光度也是旋光物质的一种物理常数,对于鉴定未知旋光化合物的旋光方向和旋光能力的大小以确定已知旋光性化合物的纯度非常有用。

7.2 手性与对称因素

7.2.1 手性与手性分子

手性(chirality)是指物质的一种不对称性,好比人的左手和右手的关系。观察你的左右手你会发现,左、右手互成镜像但不能重合,这种性质称为"手性"(图 7-5)。手性是自然界的普遍特征,也是一切生命的基础,生命现象依赖于手性的存在和手性的识别,因此,一切动植物及人体对手性物质都具有手性识别能力。

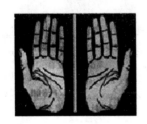 

图 7-5　左右手的关系——手性

任何物体都有它的镜像。一个有机分子在镜子内也会出现相应的镜像。实物与镜像相应部位与镜面具有相等的距离。实物与镜像的关系称为对映关系。

首先我们考察一个简单的分子 CHClBrF。该分子的立体形状是一个正四面体。在此分子中,碳原子连接四个不同的基团,分别为 H、Cl、Br 和 F,其分子三维模型可用四个不同的球处于正四面体顶点而连在一个中心球上,其模型如图 7-6 所示。

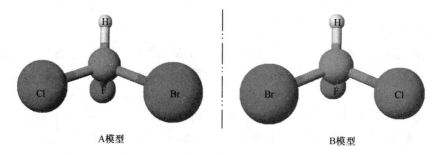

图 7-6　CHClBrF 两个对映体的球棍模型

通过细心观察,发现 A、B 并不完全等同,因为两者不能重叠,好像人的左手和右手一样,互为实物和镜像的关系。即如果放一个平面镜于 A 模型前,其反射镜像是 B 模型。同样,如果放一个平面镜于 B 模型前,其反射镜像是 A 模型。物质分子互为实物和镜像关系(像左手和右手一样)彼此不能完全重叠的特征,称为分子的手性。具有手性(不能与自身的镜像重叠)的分子称为手性分子。而连有四个各不相同基团的碳原子称为手性碳原子(或手性中心),用 C* 表示。

问题 7-1　下列化合物分子中有无手性碳原子(请用 * 表示手性碳原子)。

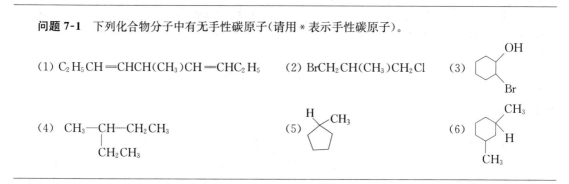

(1) $C_2H_5CH \!=\! CHCH(CH_3)CH \!=\! CHC_2H_5$　　(2) $BrCH_2CH(CH_3)CH_2Cl$　　(3)

(4)　CH_3—CH—CH_2CH_3
　　　　　　　|
　　　　　　CH_2CH_3
　　　　　　　　　　　　　　　　(5)　　　　　　　　　　　(6)

7.2.2　对称因素

手性是物质具有旋光性和对映异构体的必要条件。有手性就有旋光性,有旋光性就有手性。但是必须注意,含有手性碳原子的物质不一定具有旋光性。判断一个分子是否具有手性,较直接的方法就是用旋光仪检测一下,看有无旋光性。或者用分子模型验证一下,看它是否与其镜像模型重叠。但是,这两种方法都不简便,因为不能对任何分子都能找到模型或用仪器测试。

手性与分子结构的对称性有关,即分子是否具有手性,取决于它的对称性(symmetry)。可以证实,如果一个分子具有对称面(symmetry plane)或对称中心(symcenter),则此分子必无手性;反之,如果一个分子没有对称面或对称中心,则此分子必有手性。我们依次加以讨论。

1. 对称面

如果一个分子能够被一个平面分割成两个部分,而这两个部分刚好互为实物与镜像的关系或组成分子的所有原子均在同一平面上,那么这个平面为该分子的对称面。我们称该分子具有平面对称因素,分子是对称的,没有手性,属于非手性分子。例如,CH_4、CH_2Cl_2(图 7-7)、

CH_3Cl 等分子内部具有对称面,因此不具有手性;$ClCH=CHBr$ 是平面型分子(图 7-8),此平面就是它的对称面,也不具有手性。$H—C\equiv C—Br$ 是直线形分子,过一条直线可作无数个平面,每个平面就是其对称面,因此它也无手性。

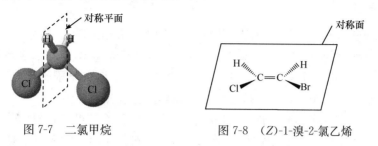

图 7-7 二氯甲烷　　　　　　　　图 7-8 (Z)-1-溴-2-氯乙烯

问题 7-2 下列化合物有几个对称面?

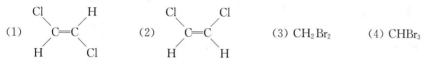

(3) CH_2Br_2　　(4) $CHBr_3$

2. 对称中心

通过分子的中心与分子中的任何一个原子或基团连一直线,然后将此直线向相反方向延长,在距中心等距离处均有相同的原子或基团,则此中心是该分子的对称中心。如反-1,3-二氯-反-2,4-二氟环丁烷,如图 7-9 所示。

有对称中心的分子与它的镜像能相互重叠,所以没有手性,该分子是非手性分子。因此判断一个分子是否有手性,是否是旋光性分子,可以从对称面和对称中心来考虑。如果分子中既没有对称面也没有对称中心,则该分子是手性分子,存在对映异构体,分子具有旋光性。

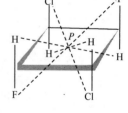

图 7-9 反-1,3-二氯-反-2,
4-二氟环丁烷

从上面的例子可以看出,连接两个或两个以上相同基团的碳原子、$C=C$、$C=O$、$C\equiv C$ 等都不会产生手性中心。但这并不等于分子中只要有上述基团存在,就必无手性。因为有机分子结构的复杂性,某些部位不能产生手性,不能排除其他部位有手性中心。前面讨论过,$CHClBrF$ 有旋光异构体,从对称性分析,分子中找不到对称面、对称中心和对称轴,因此具有手性。实际上,手性碳是产生手性的最普遍因素,绝大多数旋光异构体都与手性碳有关。含有一个手性碳原子的分子具有手性,属于旋光性物质。

问题 7-3 指出下列化合物的中心对称位置。

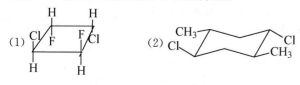

7.3 含一个手性碳原子化合物的对映异构

7.3.1 对映体

前面已经提到,含有一个手性碳原子的化合物(如 CHClBrF)具有两个旋光异构体 A 与 B,A 与 B 具有对映关系。把这种具有对映而不能重合(互为物体与镜像)关系的立体异构体,互称为对映异构体(简称对映体,enantiomer)。含有一个手性碳原子的化合物只有一对对映体,其中一个是左旋,一个是右旋。所以对映异构体又称旋光异构体。

一对对映体具有许多相同的性质,如沸点、熔点、密度、溶解度、折射率等。由于它们的唯一差别是对偏振光旋转方向不同,即具有旋光性,所以对映异构也称旋光异构。手性分子最重要的化学性质是它们与手性化合物反应的选择性,在生物体上表现为手性分子的对映体的生理作用明显不同。例如,L-多巴是治疗帕金森病的良药,但它对映体有严重的毒性作用,此外还将在后面讨论手性药物的生理选择性。

7.3.2 分子构型表示方法

乳酸也是含有一个手性碳原子的化合物,左旋乳酸和右旋乳酸是一对对映体,由于两个对映异构体的原子种类、数目及连接方式都一样,只是原子在空间的排列方式不同。因此,对映异构体的三维空间结构如何在二维纸平面上表示,不同构型的异构体如何用不同的名称加以区别,这个问题成为对映异构内容中比较重要的问题。一般表示分子构型常用的方法有透视式和费歇尔(Fischer)投影式。

1. 透视式

透视式是在纸面上的立体表达式。书写时首先确定观察方向,然后按分子呈现的形状直接画出。透视式中,将手性碳原子置于纸面,与手性碳原子相连的四个键,两个处于纸平面上,用实线表示;一个伸向纸平面里面,用虚线表示;一个伸向纸平面外或纸平面前方,用楔形或粗实线表示。乳酸 $CH_3CH(OH)COOH$ 的两个对映体透视式表示如图 7-10 所示。

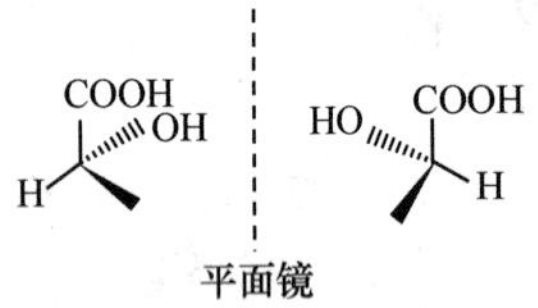

图 7-10 乳酸的透视表示法

这种表示法比较直观,但写起来比较麻烦,因此用得最多的还是 Fischer 投影式。

2. Fischer 投影式

1891 年,德国化学家费歇尔(Fischer)提出了显示连接手性碳原子的四个基团的空间排列方法,后来人们将此方法称为 Fischer 投影式。Fischer 投影式是一平面式,它是用一个"+"字,以其交叉点代表手性碳原子,四个端点与四个不同基团相连,碳链放在垂直位置(一般是氧化态较高的碳原子放在上端)。例如,乳酸的 Fischer 投影式表示如下:

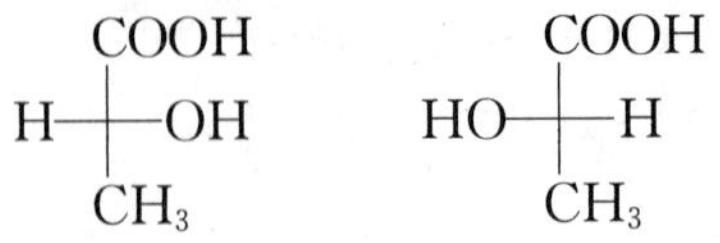

Fischer 投影式相当于用一个立体模型放在幕前,用光照射模型,在幕上得到的平面投影,如图 7-11 所示。

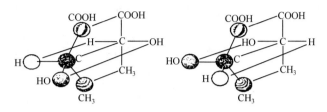

图 7-11 乳酸模型的投影

在投影时注意掌握以下原则:①横前竖后,把与 * C 结合的横向的两个键指向自己(纸平面的前方),竖向两个键向外(纸平面的后方);②一般将主碳链放在竖直线上,把命名时编号最小的碳原子放在上端。

将这样固定下来的分子模型中各个原子或基团投影到纸面上,"十"字交叉点相当于 * C,它位于纸面上。这种表示式实际上代表一个三维空间模型。因为乳酸的四个不同基团并不在同一平面。

在运用 Fischer 投影式时,需要注意:①Fischer 投影式不能离开纸面进行翻转;②若要知道两个投影式是否能重合,只能使它在纸面上转动 180°,而不能旋转 90°或 270°;③Fischer 投影式中 * C 上所连原子或基团可以两两交换偶数次,若交换奇数次,将会使构型变为它的对映体;④三个基团轮换操作,不改变其构型。

7.3.3 分子构型的命名方法

旋光异构体的结构很相近,但是不管如何相近,也要给它们以不同的名称以标示区别。标示旋光异构体通常采用两种方法:一种是 R、S 标记法;另一种是 D、L 标记法。

1. R、S 标记法

R、S 标记法广泛应用于各种类型手性化合物构型命名。它可以用来标示各手性碳的构型,当每个手性碳的构型被标示出来后,整个分子的构型也就表示出来了。R、S 标记法可以采用化合物的模型或透视式或 Fischer 投影式,虽然表达形式不同,但结论是一致的。以模型或透视式表示时,R、S 的标定方法如下:

(1) 将手性碳上四个不同基团按顺序规则从大到小排队(排序规则见 3.1.1 节)。

(2) 从远离最小基团的方向观察分子(最小基团多数是氢原子),观察手性碳上的其余三个基团,若这三个基团从大到小按顺时针方向排列,构型是 R(rectus,拉丁文右字的字首);按逆时针方向排列,构型是 S(sinister,拉丁文左字的字首),如图 7-12 所示。

如乳酸手性碳上四个不同基团按顺序规则从大到小排列是 $OH>COOH>CH_3>H$(图 7-13)。氢原子在纸平面内,远离观察者,观察者站在纸平面外,面对 OH、COOH、CH_3 三个基团,按从大到小排序,应为顺时针、R 构型。

对于 Fischer 投影式的构型判断,必须将它想象成空间结构,即水平键伸向纸平面前,垂直方向键伸向纸平面后。直接确定 Fischer 投影式构型的方法是:与手性碳原子所连接的四个不同原子或基团,当按优先顺序编号最小的原子或基团处于投影式的上方或下方,其他三个原子或基团的编号由大到小按顺时针排列,则该碳原子的构型是 R 型;反之,其他三个原子或

基团按逆时针排列,则是 S 型。例如

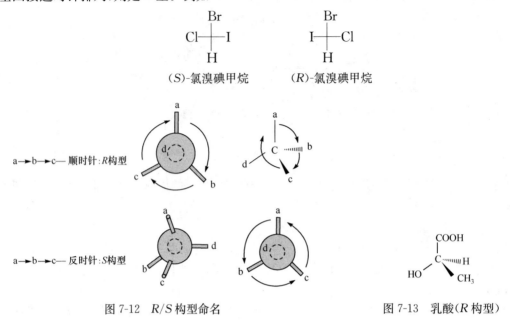

$$
\begin{array}{c}
\text{Br} \\
\text{Cl} \rule[0.4ex]{2em}{0.8pt} \text{I} \\
\text{H}
\end{array}
\qquad
\begin{array}{c}
\text{Br} \\
\text{I} \rule[0.4ex]{2em}{0.8pt} \text{Cl} \\
\text{H}
\end{array}
$$

　　　　　(S)-氯溴碘甲烷　　　　　　(R)-氯溴碘甲烷

$a \rightarrow b \rightarrow c$ — 顺时针:R 构型

$a \rightarrow b \rightarrow c$ — 反时针:S 构型

图 7-12　R/S 构型命名　　　　　　　图 7-13　乳酸(R 构型)

　　当按优先顺序编号最小的原子或基团处于投影式的左边或右边,其命名构型方式正好与上述命名规则相反,若其他三个原子按从大到小的顺序是顺时针方向,则该碳原子为 S 构型,反之,按逆时针排列,则为 R 构型。例如

　　　　　(R)-氯溴碘甲烷　　　　　　(S)-氯溴碘甲烷

　　由以上标记实例可以看出,在应用 Fischer 投影式时,应严格遵守投影式的有关规定,不能随意翻转或旋转 Fischer 投影式,否则会得到截然相反的结果。例如,(S)-氯溴碘甲烷顺时针旋转 $90°$,得到的构型则为(R)-氯溴碘甲烷。

　　2. D、L 标记法

　　一个化合物的绝对构型通常指键合在手性中心上的四个原子或基团在空间的真实排列方式。1951 年以前,人们还无法确定化合物的绝对构型。例如,实验表明甘油醛有两个立体异构体,它们的 Fischer 投影式为

$$
\begin{array}{c}
\text{CHO} \\
\text{H} \rule[0.4ex]{2em}{0.8pt} \text{OH} \\
\text{CH}_2\text{OH}
\end{array}
\qquad
\begin{array}{c}
\text{CHO} \\
\text{HO} \rule[0.4ex]{2em}{0.8pt} \text{H} \\
\text{CH}_2\text{OH}
\end{array}
$$

　　　　　D-(＋)-甘油醛　　　　　　L-(－)-甘油醛

其中一个使偏振光右旋,另一个使偏振光左旋。但究竟哪一个构型是左旋体,哪一个构型是右旋体,人们无法确定。为了研究方便,Fischer 人为地选定(＋)-甘油醛为标准物,规定其碳链处于竖直方向,醛基在碳链上端,中间碳上的羟基处于右侧的为右旋的甘油醛,定为 D 构型。其对映体,(－)-甘油醛规定为左旋,定为 L 构型。

以甘油醛为基础,通过化学方法合成其他化合物,如果与手性碳原子相连的键没有断裂,则仍保持甘油醛的原有构型,例如

$$
\begin{array}{ccc}
\underset{\text{CH}_2\text{OH}}{\overset{\text{CHO}}{\text{H}\!-\!\!-\!\text{OH}}}
& \xrightarrow{\text{HgO}}
& \underset{\text{CH}_2\text{OH}}{\overset{\text{COOH}}{\text{H}\!-\!\!-\!\text{OH}}}
& \xrightarrow{\text{PBr}_3}
& \underset{\text{CH}_2\text{Br}}{\overset{\text{COOH}}{\text{H}\!-\!\!-\!\text{OH}}}
\end{array}
$$

D-(＋)-甘油醛　　　　D-(－)-甘油酸　　D-(－)-3-溴-2-羟基丙酸

　　幸运的是,后来用 X 射线测定了(＋)-甘油醛的真实构型就是右旋化合物,与人为规定相符合,故以前所确定的化合物的相对构型也就是该化合物的真实构型。但由于有些化合物不易与甘油醛相关联,或因采用不同方法关联所得构型不同,因此 D、L 命名法有一定的局限性,另外还须注意到一个问题,即通过上述关联方法所确定的化合物是 D 构型还是 L 构型,只说明该化合物的构型,与其旋光方向无关。即 D 构型化合物不一定是右旋的,L 构型化合物不一定是左旋的。例如,D-(＋)-甘油醛是右旋化合物,R 构型;而其关联化合物 D-(－)-2-羟基-3-溴丙酸则是左旋化合物,S 构型。由此可看出 D、L 标记法的缺陷,即它不能标记手性碳原子的绝对构型,除在糖类、氨基酸等化合物中沿用外,近年来已为 R、S 标记法所取代。

问题 7-4　命名下列化合物,并标明构型及指出下列化合物中是否有对映体。

(1)　CH$_3$CH$_2$—C(CH$_3$)(H)—I
(2)　CH$_3$—C(CH$_3$)(CH$_2$CH$_3$)—Cl,Br
(3)　CH$_3$—C(CH$_3$)(COOH)—Br,Br

7.4　含两个手性碳原子化合物的对映异构

　　在自然界有许多手性化合物含有不止一个手性碳原子,如碳水化合物、蛋白质等,因此,了解含有多个手性碳原子化合物的旋光异构是很有必要的。

　　已知具有一个手性碳原子的手性化合物具有一对对映异构体,那么,对于具有多个手性碳原子的手性化合物,则其旋光异构体不止两个。事实表明,分子中含有 n 个不相同手性碳原子的化合物,具有 2^n 个旋光异构体。由于具有多个手性碳原子的化合物情况比较复杂,本章只介绍其中具代表性而又比较简单的含有两个手性碳原子化合物的旋光异构情况。

　　具有两个不相同手性碳原子的化合物,根据 2^n 法则,应该有四个旋光异构体。例如,2-氯-3-羟基丁酸 $CH_3CH(OH)CHClCOOH$,该化合物有两个不同构型的手性碳:C_2 和 C_3。由于每个手性碳都有两种可能构型:R 或 S,因此整个分子有 4 种可能构型:$(2R,3R)$,$(2S,3S)$,$(2S,3R)$,$(2R,3S)$。

$$
\begin{array}{cccc}
\underset{\text{CH}_3}{\overset{\text{COOH}}{\text{H}\!-\!\text{Cl}\atop \text{H}\!-\!\text{OH}}}
& \underset{\text{CH}_3}{\overset{\text{COOH}}{\text{Cl}\!-\!\text{H}\atop \text{HO}\!-\!\text{H}}}
& \underset{\text{CH}_3}{\overset{\text{COOH}}{\text{H}\!-\!\text{Cl}\atop \text{HO}\!-\!\text{H}}}
& \underset{\text{CH}_3}{\overset{\text{COOH}}{\text{Cl}\!-\!\text{H}\atop \text{H}\!-\!\text{OH}}} \\
(2R,3R) & (2S,3S) & (2R,3S) & (2S,3R)
\end{array}
$$

可以看出，(2*R*,3*R*)与(2*S*,3*S*)，(2*S*,3*R*)与(2*R*,3*S*)互为对映体，由此可以得出这样的规律：在一对含有多个手性碳的旋光异构体中，如果每个手性碳的构型相反，构成物像关系，则它们就是对映体。对映体的等量混合物构成外消旋体。(2*R*,3*R*)与(2*R*,3*S*)，(2*S*,3*R*)与(2*S*,3*S*)，每对化合物均不构成物像关系，它们的手性碳既不完全相同，又不完全相反，这种不互为物像关系的旋光异构体称为非对映体。非对映体与对映体不同，非对映体之间的比旋光度大小和方向都无规律性联系，其他物理常数(如熔点、沸点、折射率、标准自由能)都可能不同。

含有两个相同手性碳原子的化合物的旋光异构现象可以看成是一种特殊情况，与具有两个不相同手性碳原子化合物不完全相同。例如，$CH_3CH(OH)CH(OH)CH_3$，表面上看它也有两个手性碳，也有四种可能构型：(2*R*,3*R*)，(2*S*,3*S*)，(2*S*,3*R*)，(2*R*,3*S*)。

(2*R*,3*S*)

(2*S*,3*R*)

(2*R*,3*R*)

(2*S*,3*S*)

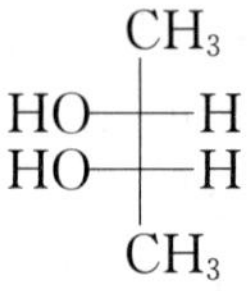

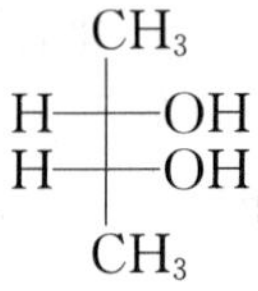

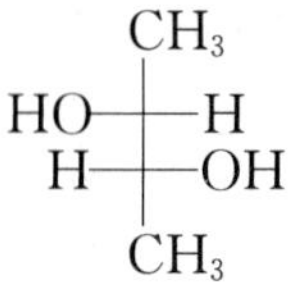

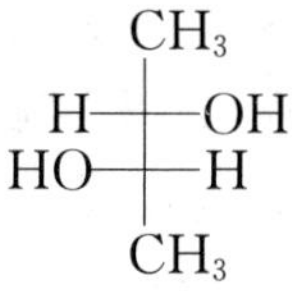

但实际上，(2*S*,3*R*)和(2*R*,3*S*)虽然互为镜像，但能重叠，是同一化合物。原因是两者都有一个对称面，因此无手性，这类化合物称为内消旋体。分子中构造相同的两部分构型相反，旋光性互相抵消。内消旋体与外消旋体不同，它们虽然都没有旋光性，但内消旋体有对称面，内消旋体的物质和镜像可以重合，它是一种化合物，它无旋光性是由于分子内部手性碳原子的旋光能力相互抵消。内消旋体的物理性质与其他旋光异构体不同，例如，酒石酸(Ⅰ)和(Ⅱ)熔点均为170℃，在水中的溶解度(g/100g 水)均为139，而$[\alpha]_D^{25}$为+12°或−12°；内消旋体熔点则为140℃，溶解度(g/100g 水)为125，$[\alpha]_D^{25}$为零。

(Ⅰ)
(2*S*,3*S*)-酒石酸

(Ⅱ)
(2*R*,3*R*)-酒石酸

(Ⅲ)
内消旋酒石酸

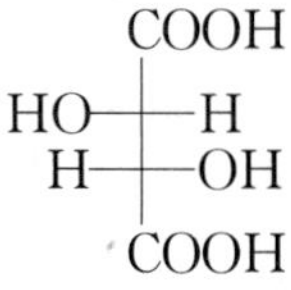

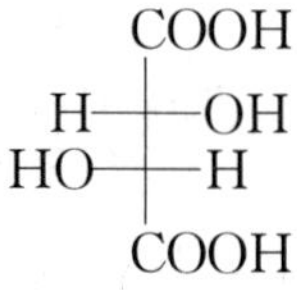

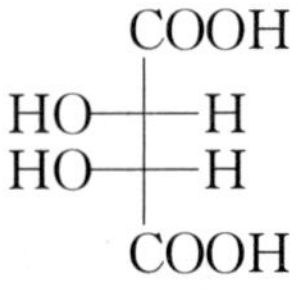

问题 7-5 指出下列 A 与 B、A 与 C 及 B 与 C 的关系(即对映体或非对映体关系)。

A.

B.

C.

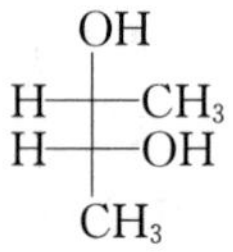

问题 7-6 写出(2*R*,3*S*)-3-溴-2-碘戊烷的 Fischer 投影式。

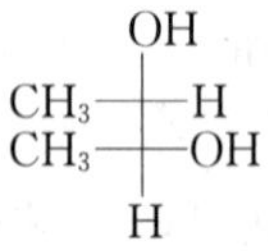

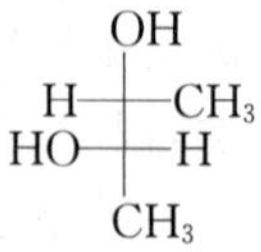

7.5 不含手性碳原子化合物的对映异构

从上面的内容可以看出，旋光性物质都含有手性碳原子。但是有些含有手性碳原子的化合物不具有手性，如内消旋化合物，这使手性碳不能成为具有手性的充分条件。而有些旋光性化合物并不含有手性碳原子，在下面的例子中会看到。可见，手性碳也不是手性的必要条件。

7.5.1 丙二烯型化合物

丙二烯型化合物中心碳(C_2)采用 sp 杂化,它形成了两个 π 键。所用的两个 p 轨道是互相垂直的,如果丙二烯两端碳原子上各连两个不同基团,由于所连四个基团两两各在相互垂直的平面上,分子就没有对称面和对称中心,因此分子具有手性,其结构如图 7-14 所示。

1875 年,范特霍夫(van't Hoff)根据原子的四面体结构作出这个推论,但直到 1935 年即 60 年后 W. H. Mills 才首次合成了第一个具有旋光性的丙二烯型化合物——1,3-二苯基-1,3-二-(α-萘基)丙二烯,其分子轨道模型如图 7-15 所示。

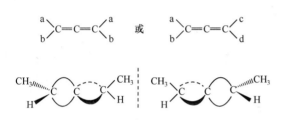

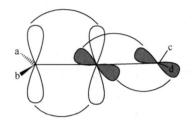

图 7-14 丙二烯型化合物的结构   图 7-15 丙二烯型化合物的结构分子轨道模型

7.5.2 联苯型化合物

当某些分子的单键自由旋转受阻时也可能产生光活性异构体。例如,在联苯分子中两个苯环以单键相连,两个苯环可沿单键旋转。但是如果在苯环的 2,2′ 和 6,6′ 位置上的氢被较大的基团取代,则苯环绕单键旋转受到阻碍,两个苯环成一定角度,如图 7-16 所示。

图 7-16 联苯型化合物立体模型

最早发现的这类化合物是四个邻位都有相当大的取代基的联苯型衍生物,如图 7-17 所示,6,6′-二硝基联苯-2,2′-二甲酸就已拆分成两个对映体。

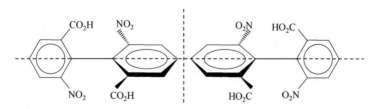

图 7-17 2,2′-硝基-6,6′-羧基联苯

在这类化合物中,由于邻位集中了较多较大的基团,两个苯环不能容纳在同一个平面,两个苯环围绕中心单键旋转受到阻碍,如果同一苯环上所连的两个基团不同,整个分子既无对称面,也无对称中心,因此分子也具有手性。

另外,联萘二酚是一个非常有用的手性化合物,常在不对称催化合成中用作手性源催化剂,得到非常广泛的应用,可以衍生出许多手性催化剂,如手性磷试剂、手性硼试剂,或在联萘二酚上引入具有立体位阻效应的基团,手性催化效果更加明显。

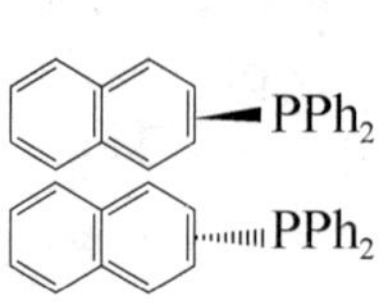

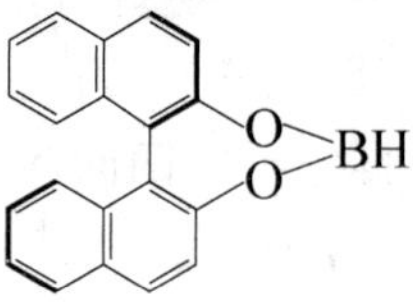

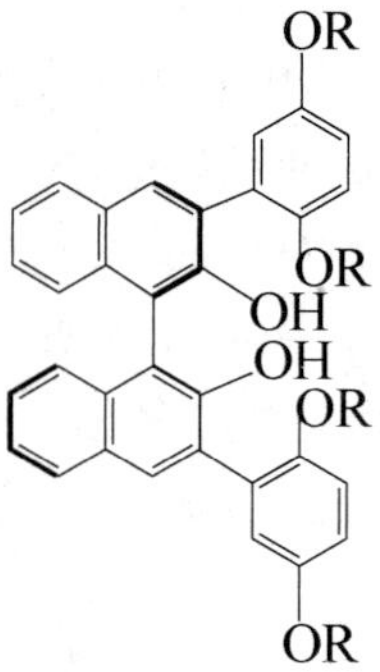

问题 **7-7**　指出下列化合物是否有光学活性。

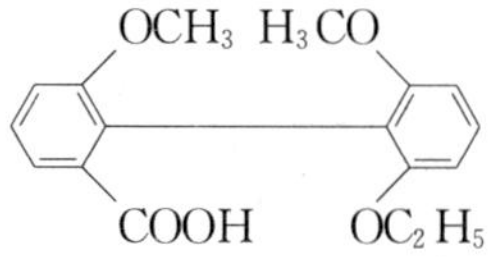

7.6　手性化合物的制备

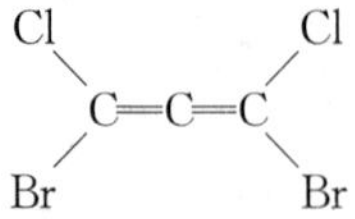

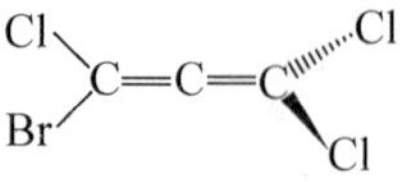

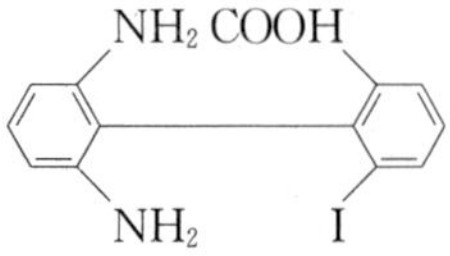

7.6.1　由天然产物提取

　　许多天然产物都是手性化合物,如糖类、有机酸[(＋)-酒石酸、(＋)-乳酸、(－)-苹果酸等]、氨基酸和生物碱等,这些手性物质在自然界含量丰富,光学纯度高,不但在有机合成中颇具吸引力,还可衍生出许多手性试剂和配体。例如,不对称合成中应用很广泛的手性氨基醇试剂一般是从天然氨基酸衍生而来。另外,许多天然手性化合物本身就是有用的药物,如治疗糖尿病的胰岛素、治疗痢疾的黄连素及近年来具有抗癌效果的紫杉醇等,都是首先从天然产物中分离得到的。

7.6.2　拆分外消旋体

　　拆分是用物理、化学或生物方法将外消旋体分离成单一异构体。这种方法在工业生产中的应用已有 100 多年历史,目前仍然是获得手性物质的有效方法之一。

　　1. 物理分离法

　　这种方法一般是利用对映体的结晶性能不同而加以分离的。例如,在 α-甲基-L-多巴的工业生产中就是用这种方法拆分其中间体,即把外消旋物的过饱和溶液通过含有各个对映体晶种的两个结晶槽,使不同对映体分别结晶而达到拆分的目的。

2. 化学分离法

该方法是通过对映体与旋光性化合物反应,生成非对映异构体,利用非对映体物理性质(沸点、溶解度等)的差别,通过分馏或分步结晶进行分离,然后拆除拆分剂,得到纯的旋光异构体。例如,要拆分外消旋酸,可让它与旋光性碱反应,生成非对映体盐。由于溶解度不同,可通过分步结晶法进行分离后,再用酸处理,可得到旋光性的酸。

3. 生物分离法

生物体中的酶及细菌等具有旋光性,当它们与外消旋体作用时,具有较强的选择性,例如,在外消旋酒石酸中培养青霉素,只消耗($+$)-酒石酸,可分离到纯的($-$)-酒石酸。

7.6.3 不对称合成

在讲述不对称合成概念之前,首先看一个普通的有机合成例子。

$$CH_3CH_2CH_2CH_3 + Cl_2 \xrightarrow{h\nu} CH_3CHClCH_2CH_3 + CH_3CH_2CH_2CH_2Cl + HCl$$

正丁烷是无手性的,因为它没有手性碳,但氯代产物 2-氯丁烷有一个手性碳,它应该有两个对映体 R 和 S。

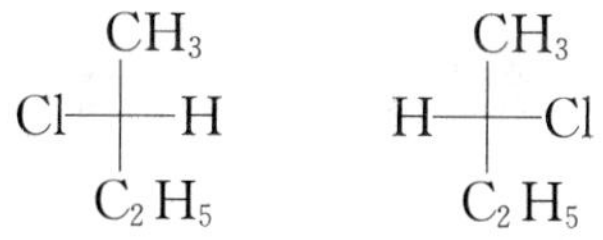

但是把正丁烷的氯代产物放入旋光仪的样品管中测量,并没有发现旋光性。由此可以断言:正丁烷的氯代产物含有一对 2-氯丁烷外消旋体。

为什么会产生外消旋体呢? 这里有必要回忆一下烷烃卤代反应的机理。在此反应中,有一个烷基自由基 $CH_3\overset{.}{C}HCH_2CH_3$ 产生,它继续与 Cl_2 反应,生成 2-氯丁烷。

$$CH_3\overset{.}{C}HCH_2CH_3 + Cl \cdot \longrightarrow CH_3CHClCH_2CH_3$$

自由基 C 是 sp^2 杂化,呈平面型,即它所连的三个基团都在同一平面,该自由基与 Cl_2 结合时,Cl_2 可以从平面的两侧接近,且概率相等,从不同面接近反应得到的产物分别是 R 和 S。

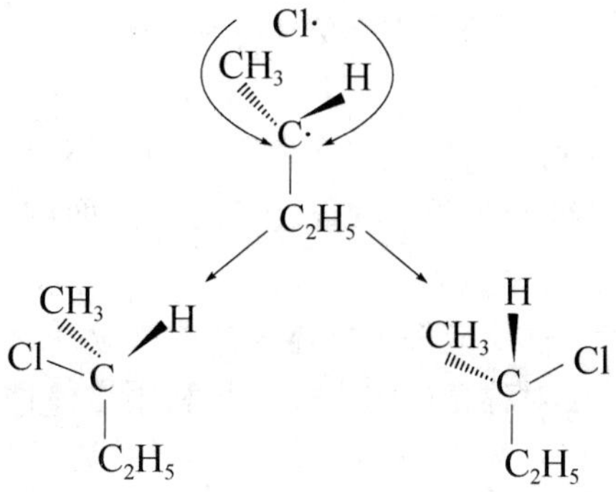

实际上,从众多的反应事实和原理可以得出如下结论:由非手性反应物生成手性化合物时总是得到外消旋体;无旋光性反应物总是生成无旋光性产物。

自从 1894 年 Fischer 通过单糖的羟腈反应实现了第一个不对称合成以来，1874 年由 Le Bel 提出的不对称合成概念已开始变为现实。但直到 1961 年，Brown 才用四茨基乙硼烷进行 (Z)-丁烯的硼氢化，完成了第一个有实用价值的不对称合成。从那时起到现在的 50 多年间，人们对不对称合成的研究虽然已经取得一些成绩，但总的来说还处于比较低的水平，理论方面的研究比较肤浅，应用于生产实际的例子不多，有些方面几乎还是空白。

"不对称合成"这一条术语在 1894 年首次由 Fischer 使用，并在 1904 年被 Marckwald 定义为"从对称结构的化合物产生光学活性物质的反应"。这个定义的基本含义至今仍被保留着。按照现今对这个命题的最完整理解，Morrison 和 Mosher 提出了一个广义的定义，将不对称合成定义为"一个反应，其中底物分子整体中的非手性单元由反应剂以不等量地生成立体异构的途径转化为手性单元，也就是说，不对称合成是这样一个过程，它将潜手性单元转化为手性单元，使得产生不等量的立体异构产物"。所说的反应剂可以是化学试剂、溶剂、催化剂或物理力(如圆偏振光)等。不对称合成的基本特征在于反应在手性因素影响下进行，产物中出现了新的手性中心，且该手性中心的两种立体构型在产物中的存在量不相等。

在不对称合成中，底物和试剂结合起来形成非对映过渡态，两个反应试剂中一个必须有一个手性中心以便在反应位点上诱导不对称性，通常不对称性是在官能团位点上的三角平面结构的不饱和碳转化为 sp^3 杂化的正四面体碳时创生的，这些官能团包括羰基、烯胺、烯醇、亚胺和烯键等。

迄今为止，能完成最好的不对称合成的，无疑是自然界中的酶，发展像酶催化体系那样有效的化学体系是对人类智慧的挑战。

1. 不对称合成的有关概念

1) 立体选择性和立体专一性

凡是在一个反应中，一个立体异构体的产生超过另外其他可能的立体异构体，就称为立体选择性反应。例如

凡是立体异构不同的反应物在一反应中产生不同的立体异构产物，就称为立体专一性反应。例如，反-2-丁烯和溴加成得到内消旋 2,3-二溴丁烷，而顺-2-丁烯和溴加成得到外消旋 2,3-二溴丁烷。

应当注意，所有的立体专一性反应都是立体选择性反应，但不是所有的立体性选择反应都是立体专一性反应。实际上，不对称合成的本质就是利用立体性选择反应合成过量的两个对映体的其中一种。

2) 光学纯度百分率和对映体过量百分率

不对称合成的立体选择效率可以通过测定反应混合物的比旋光度的方法进行定量表示。测得的产物混合物的比旋光度 $[\alpha]_{测}$ 与纯的目标产物的比旋光度 $[\alpha_t]_{纯}$ 之比，称为产物的光学纯度百分率(percent optical purity，或%O. P.)

$$\%O.\,P. = [\alpha]_测 / [\alpha_t]_纯 \times 100\%$$

假定测定的产物混合物的比旋光度 $[\alpha]_测$ 与立体异构体的组成呈线性关系,在不存在测量误差的前提下,光学纯度百分率就等于反应混合物中生成较多的对映体超过较少的对映体的百分率,即对映体过量百分率(percent enantiomeric excess,或%e. e.)

$$\%e.\,e. = \{[A_1] - [A_2]\} / \{[A_1] + [A_2]\} \times 100\%$$

式中,A_1 为生成较多的对映体;A_2 为生成较少的对映体。

2. 不对称合成的分类

从目前情况来看,不对称合成的分类方式很多,其中被大多数人接受的有以下三种:

(1)根据产物中两种立体异构体的立体化学关系,分为对映选择性合成和非对映选择性合成。前者指的是合成产物为一对对映体,后者指产物为非对映体。

(2)根据原料的不同,将不对称合成分为手性反应底物不对称合成、手性助剂不对称合成及手性催化剂不对称合成。后者经常被简称为不对称催化,它仅使用少量的手性催化剂便可获得大量的手性产物,是目前不对称合成中最经济、效率最高的合成方法。从理论上讲,通过这种方法可以合成人们所需要的任何手性物质,同时,通过改变配体或配位金属可以改良催化剂,提高其催化活性和立体选择性。

(3)根据反应本身的特点进行分类,如不对称氢化反应、不对称烃基化反应、不对称环氧化反应、不对称环丙烷化反应、不对称 Diels-Alder 反应等。已有许多反应实现了工业化生产,如以双萘酚衍生试剂 BINAP-Ru(Ⅱ)为手性催化剂,利用不对称氢化反应来生产萘普生(图 7-18),可以得到 97%e. e. 值的(S)-萘普生。

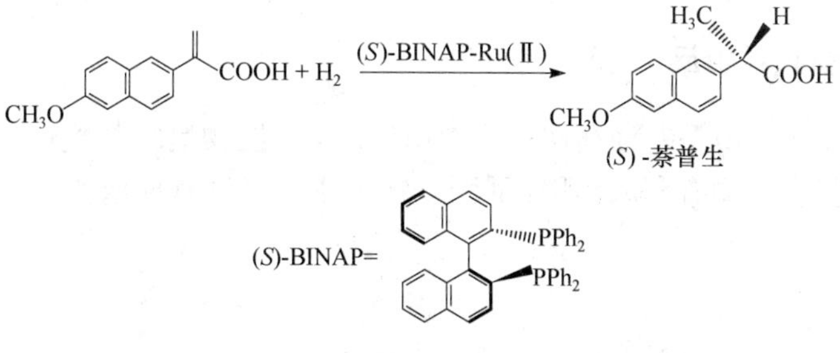

图 7-18 不对称氢化催化制备(S)-萘普生

7.7 立体异构与药物

立体异构与药物的药效密切相关。由于我们周围的世界是手性的,构成生命体系的生物大分子大多数以一种对映体形态存在,药物与它的受体部位以手性的方式相互作用,两个对映体以不同的方式参与,从而导致不同的效果。例如,生物体的酶和细胞表面受体是手性的,外消旋药物的两个对映体在体内以不同的途径被吸收、活化或降解,这两种对映体可能表现出相同的药理活性,或者一种是活性的,一种是无活性的,甚至有毒。下面以一些实例说明这些情况。

7.7.1　两种对映体的药理作用相同，但药效差别很大

多巴(dopa)，它的化学名称是 2-氨基-3-(3,4-二羟基苯基)丙酸，分子中有一个手性碳，因此存在一对对映异构体，它的左旋异构体(−)-多巴是一种治疗帕金森病的良药，服用后在体内经脱羧、β-羟基化，得到另一种活性混合物去甲肾上腺素，而右旋异构体则完全没有药效。

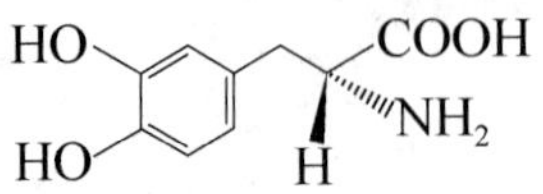

（＋）-多巴 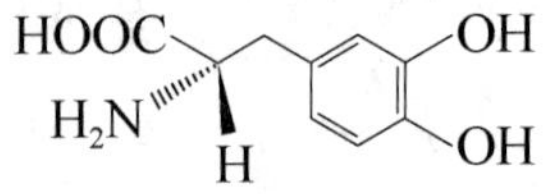　　　　　　　　　　　　（−）-多巴

α-芳基丙酸是重要的非甾体类消炎止痛药，虽然两种对映体都有药效，但 S 异构体比 R 异构体强得多，如(S)-萘普生 a 比(R)-萘普生强 35 倍，(S)-布洛芬 b 比(R)-布洛芬强 28 倍。

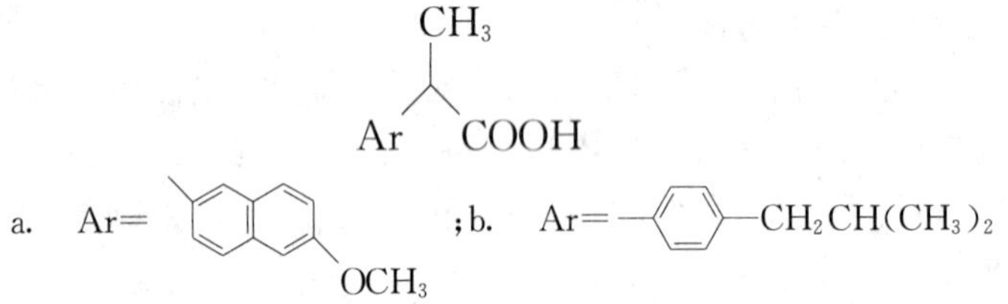

a.　Ar＝ 　;b.　Ar＝ —CH$_2$CH(CH$_3$)$_2$

大家比较熟悉的氯霉素，一种广谱性抗生素治疟疾药，其中只有 D-(−)异构体具有杀菌活性，而 L-(＋)异构体完全没有药效。

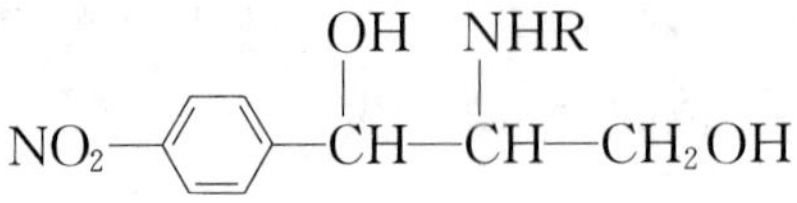

7.7.2　两种对映体药效相反

泽托林酮(zetolinone)是一种利尿剂，它代谢生成活性物奥唑林酮(czolinone)，其中只有(−)-泽托林酮的代谢产物有利尿作用，而(＋)异构体不但没有利尿作用，还会抑制(−)异构体的利尿作用。

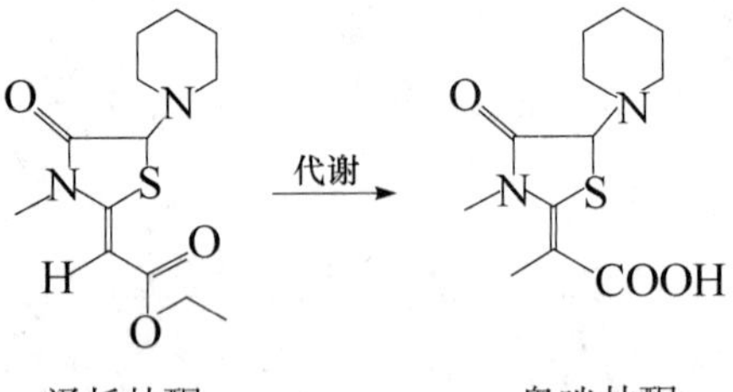

泽托林酮　　　　　　　　　　奥唑林酮

巴比妥酸盐通常用作催眠镇痛药。一般 S-(−)异构体具有抑制神经活动的作用，而 R-(−)异构体具有兴奋作用。例如，5-乙基-5-(1,3-二甲基丁基)巴比妥酸盐，其 S-(−)异构体是抑制剂，而 R-(−)异构体是惊厥剂。

7.7.3　有的旋光异构体有毒或引起严重副作用

20 世纪 60 年代在欧洲发生一个悲剧：外消旋的沙利度胺(thalodomine)曾是一个有力的镇痛剂和止吐剂药，尤其适合于孕妇妊娠早期使用。不幸的是，有些服用的孕妇产生了畸形的婴儿，因而很快发现它是一个致畸剂。进一步研究表明，其致畸的成分是 S 异构体。R 异构体

通过实验表明即使在高剂量也不致畸。

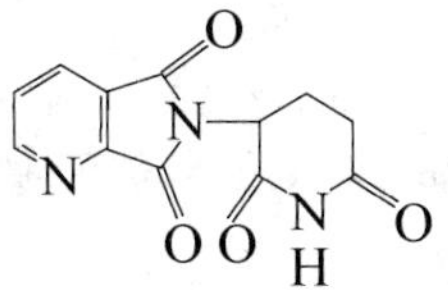

沙利度胺

苯并吗啡烷的两个异构体都有镇痛作用,但(＋)异构体有镇痛作用,而(－)异构体服用后会成瘾。

7.7.4 两种对映体具有完全不同的药理作用

最典型的是心得安(propranolol),其 S 异构体是一种治疗心脏病的药;而 R 异构体则是一种避孕药。

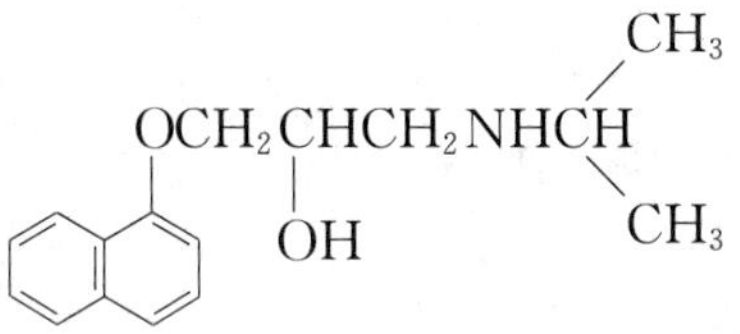

心得安

目前世界上所使用药物为 2000 多种,其中手性药物占 60% 以上。具有生理活性的有机化合物如药物、杀虫剂、香料、激素类等物质,其生理活性往往和分子的主体结构有着十分密切的关系,仅仅是立体构型的差别就可能导致两个化合物的某些性质完全不同。化学物质引起或改变细胞的反应,一般是通过作用于细胞的专一特定部位,在细胞上的这些特定接受部位通常称为受体靶位。造成这种差别的一个很重要原因是生物体内的许多受体物质一般为蛋白质,而蛋白质都是手性化合物,特别是负责生化转化的生物催化剂——酶是一种光学活性物质。一个具有手性中心的化合物的立体结构只有与特定的受体的立体结构有互补关系,其活性部位才能适合进入受体的靶位,产生应有的生理作用。

手性催化反应

2001 年 10 月 10 日瑞典皇家科学院在斯德哥尔摩宣布,该年度的诺贝尔化学奖奖金的一半授予美国科学家威廉·诺尔斯(W. S. Knowles)与日本科学家野依良治(R. Noyori),以表彰他们在"手性催化氢化反应"领域所做出的贡献;奖金另一半授予美国科学家巴里·夏普莱斯(K. B. Sharpless),以表彰他在"手性催化氧化反应"领域所取得的成就。三位化学家在手性分子方面的研究不仅为新药和新材料的开发作出了巨大的贡献,而且在医药品和其他生物学活性物质方面的进展都具有重要意义。

诺尔斯和他的同事在工作中经过多次实验后找到了手性催化合成 L-DOPA 氨基酸的方法,该物质对治疗帕金森病比较有效。此后,孟山都公司的 L-DOPA 的合成都用二膦化氢 DiPAMP 作为原料,这比使用铑的化合物做原料产率高了一倍,并且产物中 L-DOPA 的纯度为 97.5%。这是首次将手性催化应用于药物合成。

　　1980 年,野依良治和同事合成了 BINAP 的两个对映异构体,表明含铑的催化剂能实现氨基酸的某种对映异构体的合成,且产率接近 100%。其后野依良治又发现了应用更广泛的催化剂,他用其他过渡金属如钌 Ru(Ⅱ)成功地替换了金属铑 Rh(Ⅱ)。Ru(Ⅱ)-BINAP 能使很多官能团氢化,这些反应对合成对映异构体具有极高的生产价值。野依良治用 Ru-BINAP 作为催化剂生产了(R)-1,2-propandiol。它也可作为在工业上用于合成抗生素等类似药品的催化剂。

　　夏普莱斯则实现了手性催化氧化的工业化。1980 年,他成功地进行了丙烯醇的手性催化氧化的实验,这个反应利用过渡金属钛(Ti)作为催化剂,生成高纯度的手性环氧化物——环氧化(R)-丙烯醇,它用于生产一种治疗心脏病的药。

　　三位科学家不仅推动了手性催化合成的研究,为这一领域的进一步发展提供了重要的工具,还帮助人们深入探索分子世界中的未知领域,从而促进化学、材料科学、生物学和药学更快速地发展。

习　　题

1. 下列物体哪些有手性?

　　(1) 手　　　(2) 脚　　　(3) 圆桌　　　(4) 乒乓球　　　(5) 鼻子　　　(6) 耳朵

2. 解释或理解下列名词、符号的含义,可能的话举例说明。

　　(1) 旋光性物质　　(2) 左旋、右旋　　(3) 手性　　　　　(4) 手性碳原子

　　(5) 对映体　　　　(6) 非对映体　　　(7) 内消旋体　　　(8) 外消旋体

　　(9) R、S　　　　　(10) D、L　　　　(11) +、-　　　　(12) 比旋光度

3. 回答下列问题。

　　(1) 分子具有旋光性的充分必要条件是什么?

　　(2) 含手性碳的化合物是否一定具有旋光异构体? 含手性碳的化合物是否一定具有旋光性? 举例说明。

　　(3) 有旋光性是否一定具有手性?

　　(4) 有手性是否一定有手性碳?

4. 命名下列化合物,指出下列化合物中手性碳的构型,用 R、S 标记。

(1) C_2H_5—$\overset{\overset{\displaystyle H}{|}}{\underset{\underset{\displaystyle Br}{|}}{C}}$—$C(CH_3)_3$　　(2) CH_2=CH—$\overset{\overset{\displaystyle OH}{|}}{\underset{\underset{\displaystyle CH_3}{|}}{-}}$—$H$　　(3) $\begin{array}{c} CH_3 \\ H\!-\!\!-\!Cl \\ CH_3\!-\!\!-\!H \\ Cl \end{array}$　　(4) $CH{\equiv}C$—$\overset{\overset{\displaystyle CHO}{|}}{\underset{\underset{\displaystyle CH_3}{|}}{-}}$—$H$

5. 指出下列各对分子是对映体、非对映体还是同一化合物。

(1) $\begin{array}{c} CH_3 \\ H\!-\!\!-\!Cl \\ CH_3\!-\!\!-\!H \\ Br \end{array}$ $\begin{array}{c} CH_3 \\ Cl\!-\!\!-\!H \\ Br\!-\!\!-\!H \\ CH_3 \end{array}$　　(2) $\begin{array}{c} CH_3 \\ H\!-\!\!-\!OH \\ HO\!-\!\!-\!H \\ CH_3 \end{array}$ $\begin{array}{c} CH_3 \\ HO\!-\!\!-\!H \\ HO\!-\!\!-\!CH_3 \end{array}$

(3) $\begin{array}{c} CH_3 \\ H\!-\!\!-\!OH \\ Br \end{array}$ $\begin{array}{c} HO\!-\!\!-\!H \\ CH_3 \end{array}$　　(4) $\begin{array}{c} CH_3 \\ Cl\!-\!\!-\!H \\ OH \end{array}$ $\begin{array}{c} CH_3 \\ HO\!-\!\!-\!H \\ Cl \end{array}$

6. 下列化合物哪些具有旋光性,为什么?

(1) 　　　　(2)

(3) $CH_3CH_2CH_2CHClCH_3$　　　　(4) $ClCH_2CHClCH_2Cl$

(5) 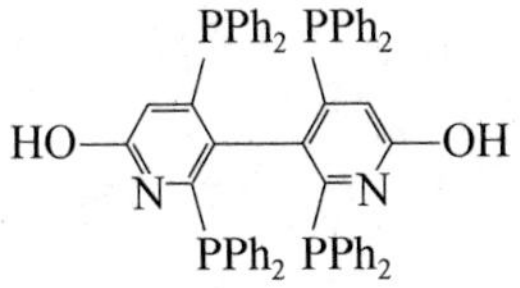 　　(6)

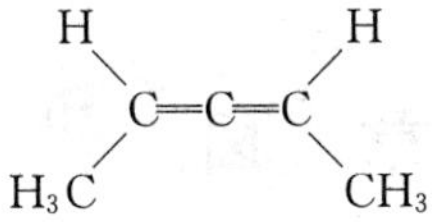

7. 化合物 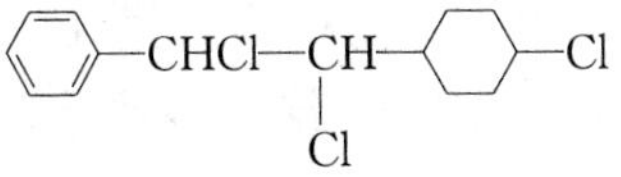 中有几个手性碳? 它有几个旋光异构体? 用 Fischer 投影式表示

这些旋光异构体,并指出哪些是互为对映体,哪些是互为非对映体。

8. 化合物 A 分子式为 C_6H_{10},有光学活性,与银氨络离子反应产生沉淀。A 经催化氢化后的分子式为 C_6H_{14},指出 A 的结构式。

9. 化合物 A 分子式为 $C_{20}H_{24}$,能使溴的四氯化碳溶液褪色。A 经臭氧氧化只得到一种醛(4-苯基丁醛),A 与溴加成反应得到的是内消旋 B,写出 A、B 的构型式及可能的反应式。

10. (+)-乳酸与甲醇反应生成(-)-乳酸甲酯,旋光方向发生了变化,构型有无变化? 为什么?

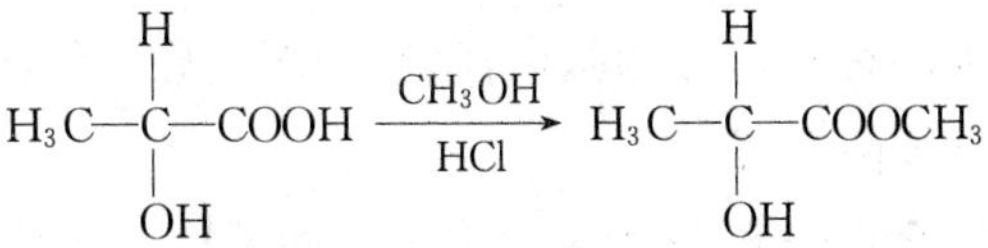

　　　　　(+)-乳酸　　　　　　　　　　(-)-乳酸甲酯

11. 写出下列化合物的 Fischer 投影式,并用 R、S 标记手性碳原子。

(1) 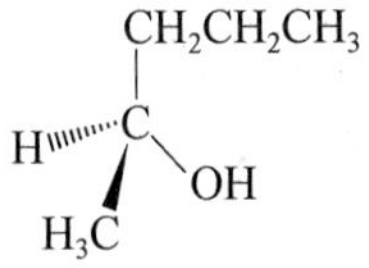 　　(2) 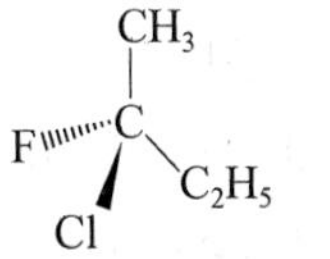 　　(3)

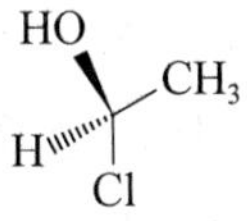

(4) 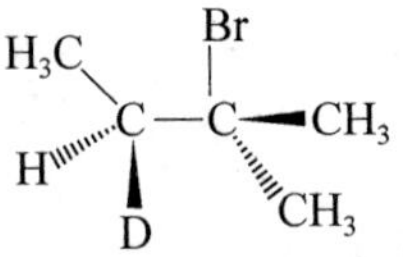 　　(5) 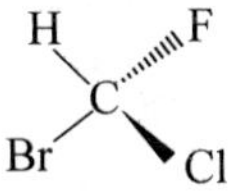 　　(6)

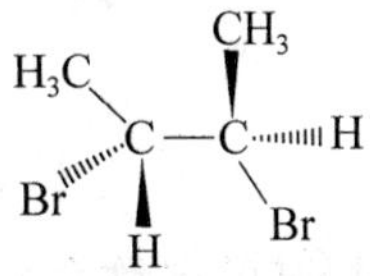

12. 将 5% 葡萄糖水溶液放在 10cm 长的盛液管中,在 20℃下测得旋光度为+3.2°,求葡萄糖在水溶液中的比旋光度。它的对映体的比旋光度又是多少? 把同样的溶液放在 20cm 长的盛液管中,测得的旋光度又是多少?

第8章 卤 代 烃

烃分子中的一个或几个氢原子被卤素原子取代而生成的化合物称为卤代烃(halohydrocarbon),可用 R—X 表示,X 代表卤原子。卤代烃在自然界存在很少,绝大多数是人工合成的化合物。

8.1 卤代烃的分类与命名

8.1.1 卤代烃的分类

卤代烃的分类方法有以下几种:

(1) 根据卤原子所连碳的种类可分为叔卤代烃、仲卤代烃和伯卤代烃,如 CH_3CH_2Cl 是伯卤代烃,而 $(CH_3)_3C—Br$ 是叔卤代烃。

(2) 根据分子中卤原子的个数分为一卤代烃(如 CH_3CH_2Cl)和多卤代烃(如 CCl_4、$CF_3CHClBr$)。

(3) 根据分子所含卤原子的不同,分为氟代烃、氯代烃、溴代烃、碘代烃。

(4) 根据所含烃基的种类,可分为:①饱和卤代烃:C_2H_5Cl、$(CH_3)_3C—Cl$;②不饱和卤代烃:乙烯型 $RCH=CH—X$、烯丙型 $RCH=CHCH_2—X$ 和孤立型 $RCH=CH(CH_2)_nX$;③卤代芳烃:苯型 $Ar—X$、苄型 $ArCH_2—X$ 和孤立型 $Ar(CH_2)_nX$。

8.1.2 卤代烃的命名

1. 普通命名法

按与卤素相连的烃基的名称命名,称为"某基卤",或"卤代某烃",如

$$CH_3CH_2CH_2CH_2Cl \qquad \text{⬡—Br} \qquad \text{⬡—}CH_2Cl$$

正丁基氯
或氯代正丁烷   溴苯   苯氯甲烷或苄基氯

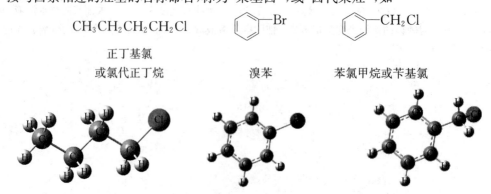

正丁基氯(左)、溴苯(中)、苄基氯(右)的空间结构模型

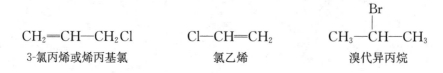

$CH_2=CH—CH_2Cl$ $Cl—CH=CH_2$ $CH_3—\overset{\displaystyle Br}{\underset{|}{CH}}—CH_3$
3-氯丙烯或烯丙基氯   氯乙烯   溴代异丙烷

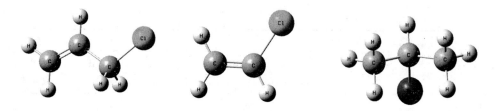

烯丙基氯(左)、氯乙烯(中)、溴代异丙烷(右)的空间结构模型

2. 系统命名法

对于较复杂的卤代烃,由于烃基较复杂,而采用系统命名法。一般把卤原子看成是取代基,以相应的烃为母体,其原则和方法与烃类的命名相同。例如

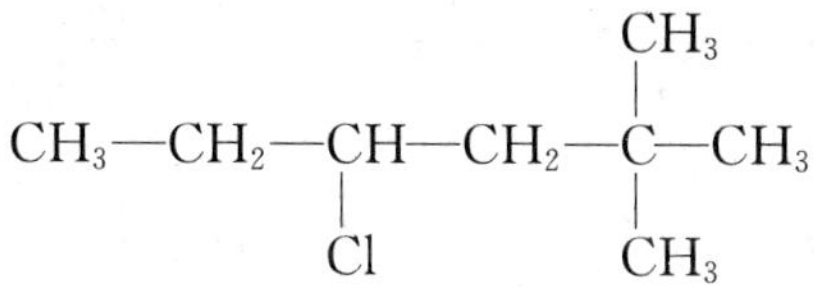

$$CH_3-CH_2-\overset{\displaystyle |}{\underset{\displaystyle Cl}{C}}H-CH_2-\overset{\displaystyle CH_3}{\underset{\displaystyle CH_3}{C}}-CH_3$$

2,2-二甲基-4-氯己烷

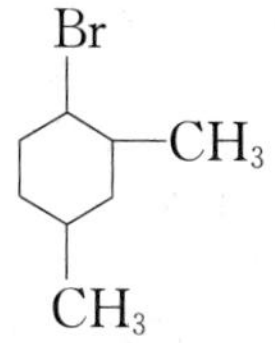

2,4-二甲基-1-溴环己烷

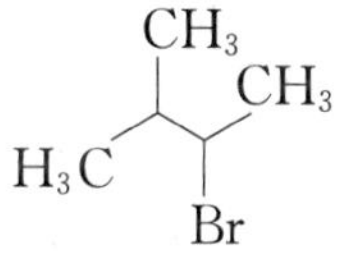

2-甲基-3-溴丁烷

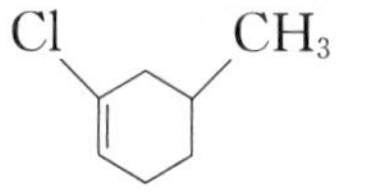

5-甲基-1-氯环己烯

有的多卤代烃的命名也用特殊的名字,如 CHX_3 称为卤仿、CHI_3 称为碘仿、$CHCl_3$ 称为氯仿、CCl_2F_2 称为氟利昂等。

8.2 卤代烃的物理性质与红外光谱性质

8.2.1 卤代烃的物理性质

四个碳以下的氟代烷,溴甲烷和两个碳以下的氯代烷,在常温常压下是气体,其余的一般为液体,高级的为固体。

卤代烃均不溶于水而溶于有机溶剂,除了一氟代、氯代烃比水轻外,其他卤代烃均比水重。随着分子中卤原子个数的增多,卤代烃的相对密度增大。

在同系列化合物中,卤代烃的沸点随碳链增长而升高;在同分异构体中,则直链分子的沸点较高,随着支链的增多,沸点降低,支链越多沸点越低。当烃基相同而卤原子不同时,则随着卤素原子序数的增加而升高(表 8-1)。

表 8-1　一些一卤代烃的沸点和密度(20℃)

烷基	氯代物		溴代物		碘代物	
	沸点/℃	密度/($10^3 kg/m^3$)	沸点/℃	密度/($10^3 kg/m^3$)	沸点/℃	密度/($10^3 kg/m^3$)
CH_3-	−24.2	0.9159	3.56	1.6755	42.4	2.279

烷基	氯代物		溴代物		碘代物	
	沸点 /℃	密度 /(10^3 kg/m³)	沸点 /℃	密度 /(10^3 kg/m³)	沸点 /℃	密度 /(10^3 kg/m³)
CH_3CH_2—	12.27	0.8978	38.40	1.440	72.3	1.933
$CH_3CH_2CH_2$—	46.60	0.890	71.0	1.335	102.45	1.747
$CH_3CH_2CH_2CH_2$—	78.44	0.884	101.6	1.276	130.53	1.617
$(CH_3)_2CH$—	35.74	0.8617	59.38	1.223	89.45	1.605
$(CH_3)_2CH_2CH$—	68.90	0.875	91.5	1.310	120.40	1.595
$(CH_3CH_2)(CH_3)CH$—	68.25	0.8732	91.2	1.258	120	1.5920
$(CH_3)_3C$—	52	0.842	73.25	1.222	100(分解)	1.5445

8.2.2　卤代烃的红外光谱

在卤代烃的红外光谱中，C—X 键的伸缩振动吸收峰分别为

C—F　1000～1350cm^{-1}（强）　　　C—Br　500～700cm^{-1}（中）

C—Cl　700～750cm^{-1}（中）　　　C—I　485～610cm^{-1}（中）

如果同一个碳原子上卤素原子增多，吸收将向高波数方向移动，如—CF_2—在 1120～1280cm^{-1}，—CF_3 在 1120～1350cm^{-1}，CCl_4 在 797cm^{-1}。由于溴与碘的相对原子质量较大，因此 C—Br 键和 C—I 键的伸缩振动吸收波数较低。

问题 8-1　以系统命名法命名下列化合物。

(1)

(2) CH_3—$\overset{|}{\underset{CH_3}{CH}}$—$\overset{|}{\underset{Br}{CH}}$—$CH_3$

(3)

(4) CH_2=CH—$\overset{|}{\underset{CH_3}{CH}}$—$CH_2$—$Br$

8.3　卤代烃的化学性质

8.3.1　卤代烃的反应活性

在卤代烃中，卤原子是卤代烃的官能团。当进行化学反应时，C—X 键的断裂是反应的关键。按照卤素原子的电负性，C—X 键的极性顺序为 C—Cl＞C—Br＞C—I，但通常在化学反应中卤代烷所表现出来的活性正好相反，原因是对化学反应活性起决定作用的是键的可极化度。在外界电场的作用下，极性化合物分子中的电荷分布发生变化，这种变化的能力称为可极化性。一般情况下，同族中原子的半径越小，原子核对电子的控制能力越强，可极化性也就越小。这样卤代烃的反应活性顺序为 RI＞RBr＞RCl 。

此外，在 R—X 中，R 的结构对反应活性有明显的影响。一般情况下，将卤代烃分为三类，

即乙烯型和苯型(图 8-1)、烯丙型和苄型、孤立型和饱和型,反应活性顺序是烯丙型和苄型>孤立型和饱和型>乙烯型和苯型,在乙烯型分子中,卤原子上的 p 电子和双键 π 电子共轭形成大 π 键,使卤原子 C—X 键不易发生断裂离去。孤立型和饱和卤代烃的反应活性顺序通常是叔卤代烃>仲卤代烃>伯卤代烃,这主要与烃基的给电子效应有关。

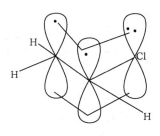

图 8-1　乙烯型卤代烃 π_3^4 大 π 键

8.3.2　卤代烃的亲核取代反应

卤代烃分子中由于卤素的电负性很强,C—X 键中的成键电子对偏向卤素,使碳上带部分的正电荷,易受亲核试剂的进攻,然后卤素离去。由于该反应是亲核试剂对带正电荷碳的进攻,故称为亲核取代反应(nucleophilic substitution reaction),用 S_N 来表示,反应的一般式为

$$Nu^- \;+\; R{—}X \longrightarrow R{—}Nu \;+\; X^-$$
　　亲核试剂　　　反应底物　　　　　　　　　　离去基团

如

$$H—\overset{H}{\underset{H}{\overset{|}{C}}}—Br \;+OH^- \longrightarrow HO—\overset{H}{\underset{H}{\overset{|}{C}}}—H \;+Br^-$$

在这里把溴甲烷称为反应底物,OH⁻ 为亲核试剂。发生反应时,反应底物上的溴原子带着一对电子离去,Br⁻ 称为离去基团,而把与溴原子直接相连的碳原子称为中心碳原子。

卤代烃中的卤素原子 X 能被一个路易斯碱即亲核试剂取代,C—X 键异裂,X 以负离子形式被取代下来。由于 X⁻ 是一个很弱的碱,因此卤素原子能被许多稍比 X⁻ 碱性强的试剂取代,如

$$R{—}X \longrightarrow \begin{cases} \xrightarrow{\ HO^-\ } ROH+X^- \\ \xrightarrow{\ R'O^-\ } ROR'+X^- \\ \xrightarrow{\ I^-\ } RI+X^- \\ \xrightarrow{\ CN^-\ } RCN+X^- \\ \xrightarrow{\ RS^-\ } RSR+X^- \\ \xrightarrow{\ NH_3\ } RNH_3^+ +X^- \\ \xrightarrow{\ P(CH_3)_3\ } RP(CH_3)_3^+ +X^- \\ \xrightarrow{\ AgNO_3\ } RNO_3+AgX\downarrow \end{cases}$$

利用不同结构卤代烃与硝酸银醇溶液的反应生成卤化银沉淀的速率不同,可用于鉴别不同的卤代烃。

$$RX+AgNO_3 \xrightarrow{\ C_2H_5OH\ } RONO_2+AgX\downarrow$$

烯丙型和苄型卤代烃,三级卤代烃和一般碘代烃在室温下就能迅速生成卤化银沉淀,一级、二级氯代烃和溴代烃要在加热条件下才能反应,乙烯型和苯型卤代烃即使加热也不发生

反应。

卤代烷与具有未共用电子对的中性分子(如 NH_3、H_2O 和 ROH 等)反应得相应的胺、醇和醚。卤代烃与水或醇反应时,水和醇既是亲核试剂又是溶剂,这种亲核取代反应常称为溶剂解。由于醇和水的亲核性很弱,与卤代烷反应最初的产物是质子化的醇和醚,然后进一步将质子转移给大量存在的水或醇。由于溶剂解反应速率较慢,合成上一般很少用。若用其相应的氢氧化物(如 NaOH)或烷氧化物(如 RONa)代替水或醇作试剂,可以加速反应。例如,溴乙烷在乙醇钠中反应成醚比在乙醇中反应快 10000 倍。

$$R—X+^-OH \rightleftharpoons ROH+X^-$$
醇

$$R—X+^-OR' \rightleftharpoons ROR'+X^-$$
醚

卤代烷和氨的反应称为氨解反应,用于制备有机胺类化合物。卤代烷与氨或胺反应时,先生成相应的铵盐,然后可用氢氧化钠等强碱处理,将反应产物胺游离出来。

$$R—X+NH_3 \rightleftharpoons R—\overset{+}{N}H_3 \cdot X^-$$
铵盐

$$R—\overset{+}{N}H_2—H \ + \ \overset{..}{O}H^- \rightleftharpoons RNH_2+H_2O$$
胺

8.3.3　卤代烃的消除反应

由分子中脱去一个小分子(如 HX、H_2O 等)形成不饱和结构的反应称为消除反应(elimination reaction),以 E 表示。

$$R—\overset{\beta}{C}H_2—\overset{\alpha}{C}H—\overset{\beta}{C}H_3 \xrightarrow{\text{KOH/乙醇}} R—CH=CH—CH_3+HX$$
$$\underset{X}{|}$$

卤代烷除了 α-碳上脱去 X 外,还从 β-碳上脱去 H,故又称 β- 消除反应。由于叔卤代烷有 3 个 β-C,其上的 H 均有可能消除,故发生消除反应的活性为

叔卤代烷＞仲卤代烷＞伯卤代烷

对于仲卤代烷和叔卤代烷,消除反应可沿两个或三个方向进行,但是主要产物是双键上烃基最多的烯烃,即主要是从含 H 较少的 β-C 上脱氢,此称为 Saytzeff 规则,如

$$CH_3—\underset{\underset{Br}{|}}{CH}—CH—CH_3 \xrightarrow[C_2H_5ONa]{C_2H_5OH} CH_3—\underset{\overset{|}{CH_3}}{C}=CH—CH_3 \ + \ CH_3—\underset{\overset{|}{CH_3}}{CH}—CH=CH_2$$

95%　　　　　　　　　5%

$$CH_3—\underset{\overset{|}{Br}}{CH}—CH_2—CH_3 \xrightarrow[\text{乙醇}]{KOH} CH_3—CH=CH—CH_3 \ + \ CH_2=CHCH_2—CH_3$$

81%　　　　　　　　　19%

问题 8-2　用化学方法鉴别下列各组化合物。

(1) 1-碘丁烷、1-溴丁烷、1-溴-1-丁烯　　(2) 〔苯环〕—Cl 、〔苯环〕—CH₂CH₂Cl 、〔苯环〕—CH₂Cl

问题 8-3　完成下列反应式。

(1) 〔苯环〕—CH₂—CH—CH₃，下方 Cl 　$\xrightarrow[\text{乙醇}]{\text{NaOH}}$

(2) CH₃C=CHCH₂Cl，下方 Cl　$\xrightarrow[\text{H}_2\text{O}]{\text{NaOH}}$

8.3.4　与金属的反应

卤代烃能与多种金属（如 Mg、Li、Na、K、Al 等）反应生成 C—M 键的金属有机化合物。

1. Grignard 试剂

Grignard 试剂是一类重要的金属有机化合物，也是有机合成的重要试剂之一。Grignard 试剂的制备一般以卤代烃与镁在无水乙醚或四氢呋喃中反应，反应式如下：

$$RX + Mg \xrightarrow{\text{无水乙醚}} RMgX$$

Grignard 试剂结构中的 C—M 键极性很强，烃基 R 表现为强极性和强亲核性，常可起碳负离子的作用。例如，它可与含活泼氢的试剂如水、氨、胺、醇、$RC\equiv CH$ 等反应，生成相应的烃类。

$$RMgX \xrightarrow{\text{无水乙醚}} \begin{cases} \xrightarrow{H_2O} RH + Mg(OH)X \\ \xrightarrow{R'OH} RH + R'OMgX \\ \xrightarrow{NH_3} RH + MgNH_2X \\ \xrightarrow{R-C\equiv CH} RH + R-C\equiv C-MgX \end{cases}$$

因此在制备 Grignard 试剂时必须防止这些物质的存在，并采取隔绝湿气的措施。

Grignard 试剂也可与其他有机物中带部分正电荷的碳原子连接形成新的 C—C 键（加长碳链），如与羰基进行加成反应。

$$RMgX \xrightarrow{\text{无水乙醚}} \begin{cases} \xrightarrow{R'CHO} R-\underset{\underset{H}{|}}{\overset{\overset{R'}{|}}{C}}H-OMgX \xrightarrow{H_2O} R-\underset{\underset{H}{|}}{\overset{\overset{R'}{|}}{C}}H-OH \\ \xrightarrow{HCHO} R-\underset{\underset{H}{|}}{C}H-OMgX \xrightarrow{H_2O} R-\underset{\underset{H}{|}}{C}H-OH \\ \xrightarrow{CO_2} R-\underset{\overset{\|}{O}}{C}-OMgX \xrightarrow{H_2O} R-\underset{\overset{\|}{O}}{C}-OH \end{cases}$$

由于 Grignard 试剂在有机合成中有广泛的应用，故有"有机合成中的万能试剂"的美称。Grignard 因此获得 1912 年的诺贝尔化学奖。

2. 有机锂试剂

有机锂化合物与 Grignard 试剂的性质相似，且反应活性更强。凡是 Grignard 试剂能发生的反应,它都可以发生。且前者有些不能发生的反应,它也能顺利进行。因此它为有机合成增添了新的途径。由于它的化学性质极为活泼,无论在其制备还是用于反应的过程中,都必须隔绝水气、氧气和二氧化碳。

有机锂化合物可用卤代烃与金属锂在氩气或氮气保护下制备。

$$RX + Li \longrightarrow RLi + LiX$$

在有机锂化合物中,由于锂电负性小,C—Li 键是强极性的,烃基部位显示强的亲核性,可与卤代烃、活泼氢、金属卤化物等反应。

(1) 有机锂与卤代烃反应:

$$n\text{-}C_4H_9C\equiv CLi + RX \longrightarrow n\text{-}C_4H_9C\equiv CR + LiX$$

(2) 有机锂化合物与带活泼氢化合物的氢交换:

$$n\text{-}C_4H_9C\equiv CH + n\text{-}C_4H_9Li \longrightarrow n\text{-}C_4H_9C\equiv CLi + n\text{-}C_4H_{10}$$

(3) 有机锂与碘化亚铜反应,生成二烷基铜锂:

$$2RLi + CuI \longrightarrow R_2CuLi + LiI$$

二烷基铜锂是一种重要的试剂,式中的 R 可以为仲或伯烃基和乙烯型的烃基,可用来合成各种结构的烷烃、烯烃和芳烃。如

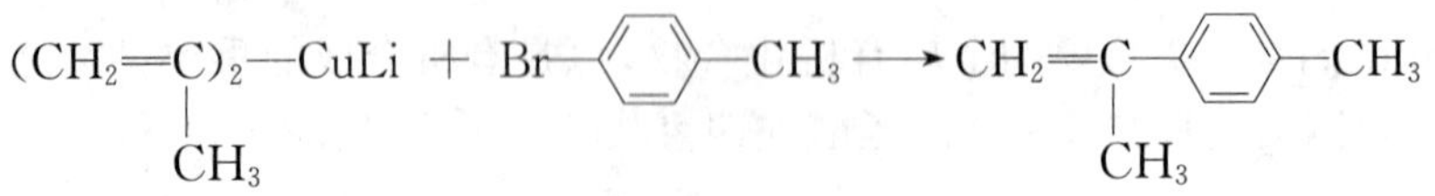

$$(CH_2=C)_2-CuLi + Br-\langle\text{苯环}\rangle-CH_3 \longrightarrow CH_2=C-\langle\text{苯环}\rangle-CH_3$$
$$\quad\quad CH_3 \quad\quad\quad\quad\quad\quad\quad\quad\quad CH_3$$

3. 与金属钠反应

$$RX + 2Na \longrightarrow RNa + NaX$$
$$RNa + RX \longrightarrow R-R + NaX$$
$$2RX + 2Na \longrightarrow R-R + 2NaX$$

该反应称为 Wurtz 反应,曾经被用来合成高级烷烃,但因产率较低,现在很少使用。

问题 8-4　下列氯代烃能否自身形成 Grignard 试剂? 解释原因。

(1) $HC\equiv CCH_2Cl$　　(2) 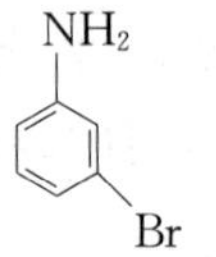 间溴苯胺（NH_2, Br）　　(3) $HOCH_2CH_2CH_2Br$

问题 8-5　完成下列反应式。

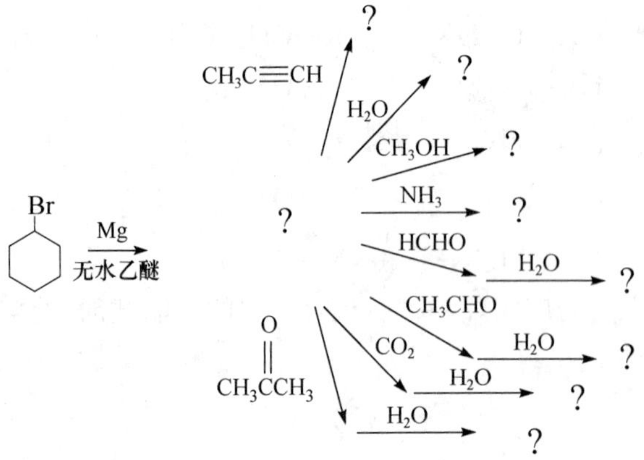

8.3.5 亲核取代反应机理

在化学反应中,通过测定反应物的消失和产物的生成,可以确定反应速率。对溴代烃大量的研究表明,亲核取代反应有两种不同的反应机理,有些卤代烃进行水解时,其水解反应速率只与卤代烃本身的浓度有关,而另一些卤代烃其水解的速率不仅与卤代烃的浓度有关,还与试剂的浓度有关。这两类反应分别称为 S_N1、S_N2(S,N 分别是取代 substitution、亲核 nucleophilic 的缩写,1、2 分别代表一、二级反应)反应。

1. 双分子亲核取代反应(S_N2 反应)

研究发现,当溴甲烷与氢氧化钠的水溶液作用时,其反应速率不仅与溴甲烷的浓度成正比,也与 OH^- 的浓度成正比。

$$v = k_2[CH_3Br][OH^-] \qquad S_N2$$

因为 CH_3Br 的水解速率与 CH_3Br 和 OH^- 的浓度有关,在反应动力学上属于二级反应,所以称为双分子亲核取代反应(S_N2 反应)。反应一步完成(新键的形成和旧键的断裂同步进行),无中间体生成,其中经过一个不稳定的"过渡态"。

过渡态

其反应过程中的轨道重叠变化如图 8-2 所示,反应进程见图 8-3。

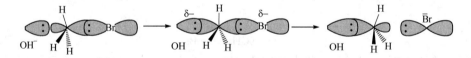

图 8-2 S_N2 反应成键过程中轨道转变示意图

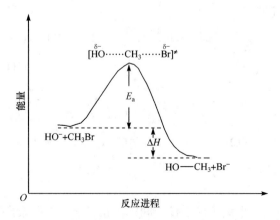

图 8-3 溴甲烷水解反应的能量曲线

其反应的特点主要表现在两个方面:一是异面进攻反应(Nu⁻从离去基团 L 的背面进攻反应中心),例如

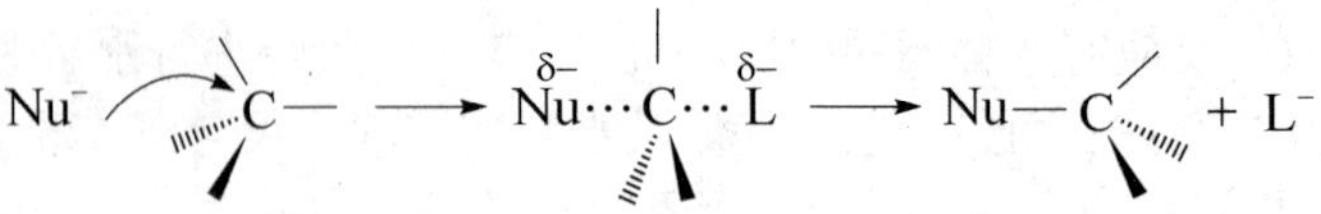

$$Nu^- \curvearrowright C— \longrightarrow \overset{\delta-}{Nu}\cdots \overset{|}{C}\cdots \overset{\delta-}{L} \longrightarrow Nu—\overset{|}{C}\diagdown + L^-$$

二是构型翻转(Walden 翻转),获得的产物的构型与底物的构型相反。例如

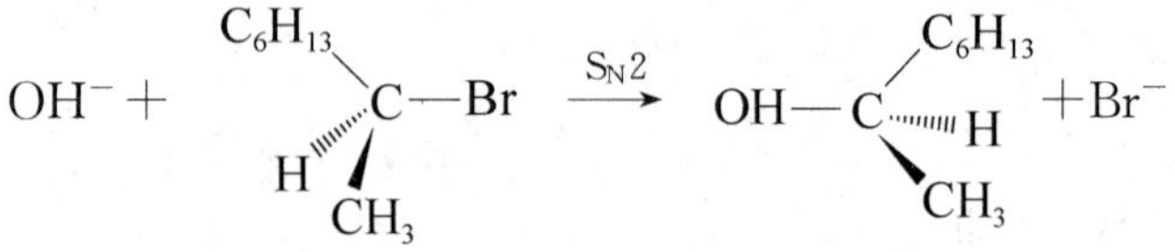

$$OH^- + \quad \overset{C_6H_{13}}{\underset{CH_3}{\overset{|}{\underset{|}{C}}}}—Br \quad \xrightarrow{S_N2} \quad OH—\overset{C_6H_{13}}{\underset{CH_3}{\overset{|}{\underset{|}{C}}}}\cdots H \quad + Br^-$$

(一)-2-溴辛烷　　　　　　　　(十)-2-辛醇

$$[\alpha] = -34.2° \qquad\qquad [\alpha] = +9.9°$$

2. 单分子亲核取代反应(S_N1 反应)

实验证明,3°RX、$CH_2 =CHCH_2X$、苄卤的水解是按 S_N1 历程进行的。

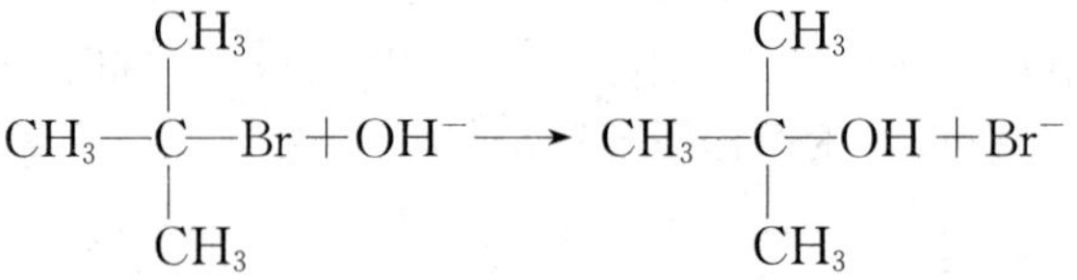

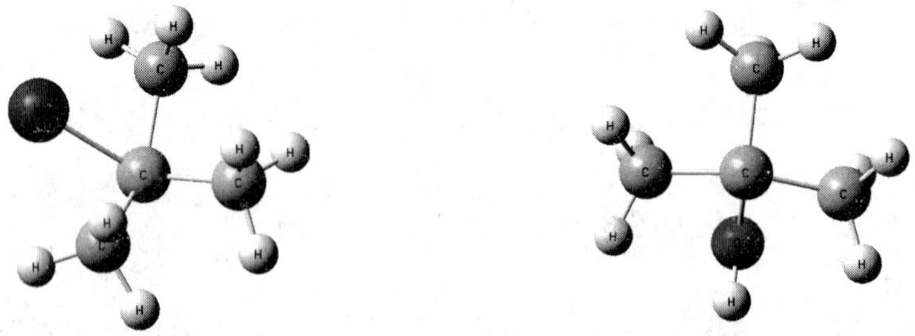

$$CH_3—\overset{CH_3}{\underset{CH_3}{\overset{|}{\underset{|}{C}}}}—Br + OH^- \longrightarrow CH_3—\overset{CH_3}{\underset{CH_3}{\overset{|}{\underset{|}{C}}}}—OH + Br^-$$

$$v = k_1[(CH_3)_3C—Br]$$

因其水解反应速率仅与反应物卤代烷的浓度有关,而与亲核试剂的浓度无关,所以称为单分子亲核取代反应(S_N1 反应),S_N1 反应是分两步完成的。

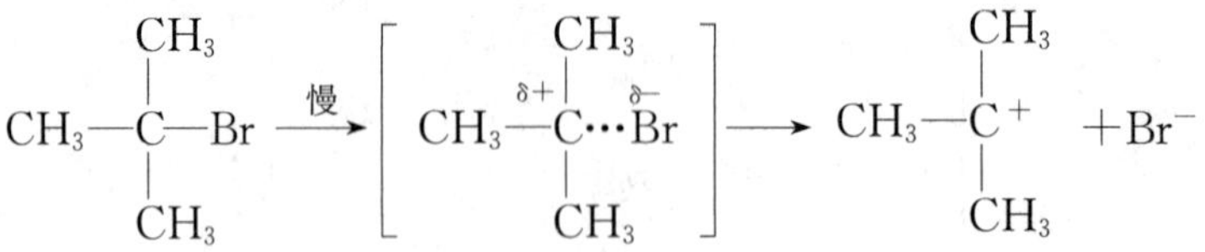

$$CH_3—\overset{CH_3}{\underset{CH_3}{\overset{|}{\underset{|}{C}}}}—Br \xrightarrow{慢} \left[CH_3—\overset{CH_3}{\underset{CH_3}{\overset{|}{\underset{|}{\overset{\delta+}{C}}}}}\cdots \overset{\delta-}{Br} \right] \longrightarrow CH_3—\overset{CH_3}{\underset{CH_3}{\overset{|}{\underset{|}{C^+}}}} \quad + Br^-$$

过渡态(1)

$$CH_3—\overset{CH_3}{\underset{CH_3}{\overset{|}{\underset{|}{C^+}}}} + OH^- \xrightarrow{快} \left[CH_3—\overset{CH_3}{\underset{CH_3}{\overset{|}{\underset{|}{\overset{\delta+}{C}}}}}\cdots \overset{\delta-}{OH} \right] \longrightarrow CH_3—\overset{CH_3}{\underset{CH_3}{\overset{|}{\underset{|}{C}}}}—OH$$

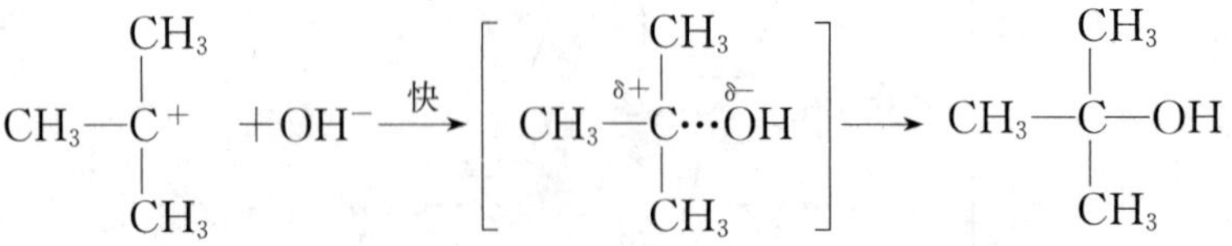

过渡态(2)

反应的第一步是卤代烃电离生成活性中间体碳正离子,碳正离子再与碱进行第二步反应生成产物。故 S_N1 反应中有活性中间体——碳正离子生成。其反应进程如图 8-4 所示。

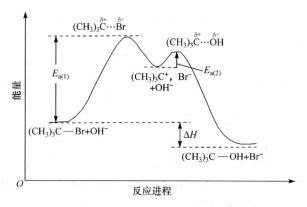

图 8-4 叔丁烷水解反应的能量曲线

反应过程经过了两种过渡态,中间体碳正离子是 sp^2 杂化的平面构型。亲核试剂 OH^- 与碳正离子成键时,从平面两边进攻的概率相等,因此获得外消旋化的产物(构型翻转＋构型保持)。

3. 影响亲核取代反应的因素

卤代烷的亲核取代反应究竟是 S_N1 历程还是 S_N2 历程,要由烃基的结构、亲核试剂的性质、离去基团的性质和溶剂的极性等因素的影响而决定。

1) 烃基结构的影响

烃基的结构对 S_N1 的影响主要考虑电子效应,对 S_N2 的影响主要考虑空间效应。

S_N1 反应取决于碳正离子的形成及稳定性。一般来说,碳正离子的稳定性为

$$3°R^+ > 2°R^+ > 1°R^+ > {}^+CH_3$$

因此,卤代烃 S_N1 反应的活性顺序为

$$3°RX > 2°RX > 1°RX > CH_3X$$

S_N2 反应取决于过渡态形成的难易程度,当亲核试剂从离去基团的背面进攻中心碳原子时,如果烷基的结构对亲核试剂的接近起阻碍作用,则反应速率变慢。故卤代烷 S_N2 反应的活性次序是卤甲烷＞伯卤代烷＞仲卤代烷＞叔卤代烷。如

$$R—Br + C_2H_5O^- \xrightarrow[55℃]{无水乙醇} ROC_2H_5 + Br^- (S_N2 \ 反应)$$

反应物	CH_3CH_2Br	$CH_3CH_2CH_2Br$	CH_3CHCH_2Br $\quad\ \ CH_3$	$CH_3\!-\!\overset{\displaystyle CH_3}{\underset{\displaystyle CH_3}{C}}\!-\!CH_2Br$
相对速度	100	28	3	0.00042

综上所述,普通卤代烃的亲核取代反应,对于 S_N1 反应来说是 $3°RX>2°RX>1°RX>CH_3X$;对于 S_N2 反应是 $CH_3X>1°RX>2°RX>3°RX$;叔卤代烷主要进行 S_N1 反应,伯卤代烷主要进行 S_N2 反应,仲卤代烷两种历程均可,由反应条件而定。而烯丙基型和苄基型卤代烃,则既易进行 S_N1 反应,也易进行 S_N2 反应。

2) 离去基团性质的影响

S_N1 和 S_N2 反应的慢步骤都包括 C—X 键的断裂,离去基团 X^- 的离去能力强,对反应都有利,但对 S_N1 更有利(易形成碳正离子)。不同卤素卤代烷的活性次序为 $RI>RBr>RCl>RF$。

一般来说,离去基团的碱性越弱,越易离去。碱性很强的基团(如 R_3C^-、R_2N^-、RO^-、HO^- 等)不能作为离去基团,如 R—OH、ROR 等就不能直接进行亲核取代反应,只有在酸性条件下形成 RO^+H_2 和 RO^+HR 后才能离去。

$$CH_3CH_2CH_2CH_2OH + NaBr \not\longrightarrow CH_3CH_2CH_2CH_2Br + OH^-$$

$$CH_3CH_2CH_2CH_2OH + HBr \longrightarrow CH_3CH_2CH_2CH_2\overset{+}{O}H + Br^-$$

$$S_N2 \downarrow Br^-$$

$$CH_3CH_2CH_2CH_2Br + H_2O$$

3) 亲核试剂性能的影响

在亲核取代反应中,亲核试剂的作用是提供一对电子与 RX 的中心碳原子成键。若试剂给电子的能力强,则成键快,亲核性就强。对 S_N1 反应来说,决定反应速率的步骤是形成碳正离子,亲核试剂的强弱和浓度的大小对 S_N1 反应无明显的影响。但对于 S_N2 反应,则影响较大。亲核试剂浓度越大,亲核能力越强,越有利于 S_N2 反应的进行。质子性溶剂中,亲核能力次序为 $CN^->I^->NH_3>RO^->OH^->Br^->PhO^->Cl^->H_2O>F^-$。$I^-$ 既是很好的离去基,又是很好的亲核试剂,常作为 S_N2 反应的催化剂。

4) 溶剂极性的影响

溶剂极性增大,能加速 C—X 键的断裂,有利于按 S_N1 机理进行,对 S_N2 不利(使亲核试剂溶剂化)。在极性较大的溶剂中,叔卤代烷按 S_N1 反应历程进行。在极性较小的溶剂中,卤甲烷和伯卤代烷按 S_N2 反应历程进行。仲卤代烷按两种历程进行,以 S_N2 为主;强极性溶剂用弱亲核试剂按 S_N1 机理反应,弱极性溶剂用强亲核试剂则按 S_N2 机理进行。如

$$C_6H_5CH_2Cl \quad \underset{S_N1}{\overset{H_2O}{\longrightarrow}} C_6H_5CH_2OH + Cl^-$$
$$\quad\quad\quad\quad \underset{S_N2}{\overset{丙酮}{\longrightarrow}} C_6H_5CH_2OH + Cl^-$$

8.3.6 消除反应机理

卤代烃的消除反应和亲核取代反应一样也有两种反应机理:单分子消除反应(E1)和双分子消除反应(E2)。

1. 单分子消除反应(E1)机理

单分子消除机理与单分子亲核取代反应机理相似,反应分两步进行。第一步碳卤键发生异裂,生成碳正离子,由于需要较高的活化能,反应速率较慢。与此同时,α-碳原子由 sp^3 杂化转变为 sp^2 杂化。反应的第二步是试剂作为碱夺取 β-碳原子上的氢,β-碳原子此时也转变为 sp^2 杂化,α-、β-相邻碳的两个 p 轨道重叠形成 π 键(E1 反应)。若试剂作为亲核试剂进攻 α-碳原子,则生成取代产物(S_N1 反应)。

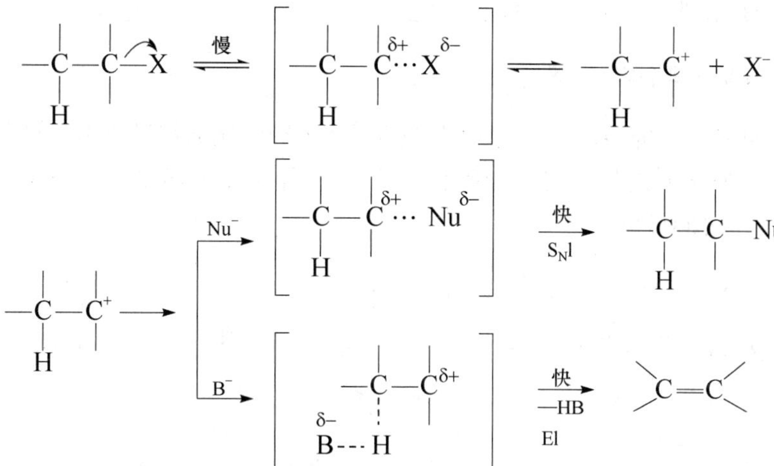

例如,2-甲基-2-溴丁烷在乙醇中反应得 2-甲基-2-乙氧基丁烷和 2-甲基-2-丁烯及 2-甲基-1-丁烯。取代和消除产物的比例为 64∶36。

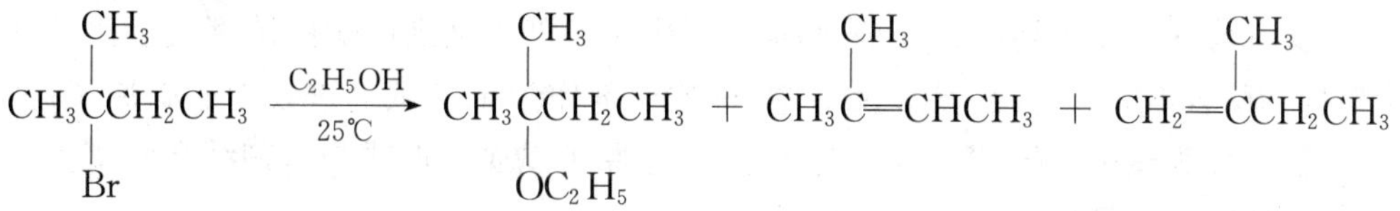

在单分子消除反应中,第二步反应速率很快。消除反应速率由反应中最慢的一步决定,故反应速率只与卤代烷的浓度有关,而与进攻试剂浓度无关,所以称为单分子消除反应。

E1 和 S_N1 机理的第一步均生成碳正离子,所不同的是第二步。因此这两类反应往往同时发生。至于哪个占优势,主要看碳正离子在第二步反应中消除质子和与试剂结合的相对难易程度而定。

此外,E1 或 S_N1 反应中生成的碳正离子还可以通过重排而转变为更稳定的碳正离子,然后消除氢(E1)或与亲核试剂结合(S_N1)。例如,新戊基溴在水-醇溶液中进行反应,首先解离生成不稳定的伯碳正离子,然后发生重排,邻近的甲基会迁移到带正电荷的碳原子上,碳的骨架发生改变,生成更稳定的叔碳正离子,随后发生消除反应和取代反应。

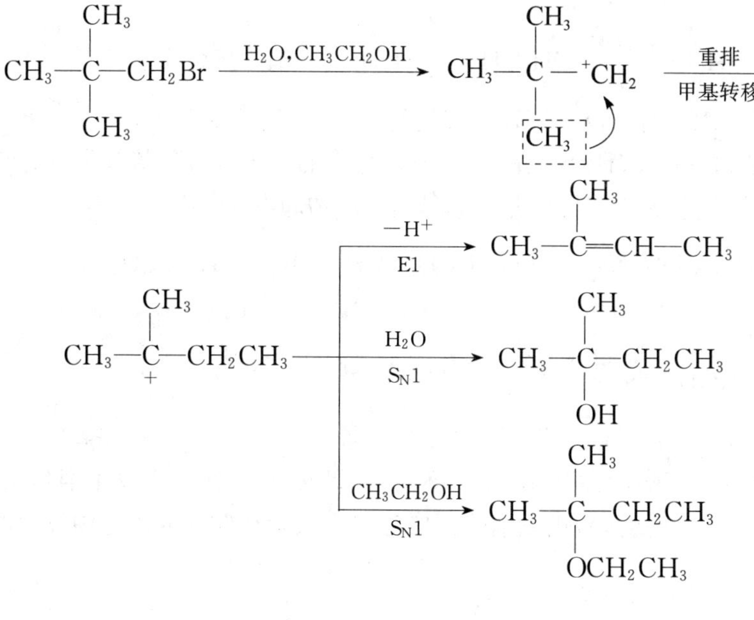

所以常把重排反应作为 E1 和 S_N1 机理的标志。

2. 双分子消除反应(E2)机理

E2 和 S_N2 都是一步完成的反应,但不同的是 E2 机理中碱试剂进攻卤代烃分子中的 β-氢原子,使氢原子以质子形式与试剂结合而脱去,同时卤原子则在溶剂作用下带着一对电子离去,β-和 α- 碳原子之间形成 C═C。

在这里 C—H 键和 C—X 键的断裂,π 键的生成是协同进行的,反应一步完成。卤代烃和碱试剂都参与过渡态的生成,所以称为双分子消除。

E2 反应与 S_N2 反应类似,反应速率也与卤代烃和进攻试剂(碱)的浓度成正比,反应中不发生重排。两者不同的是,在 S_N2 反应中,进攻试剂作为亲核试剂进攻中心碳原子;而在 E2 反应中,试剂作为碱进攻的是 β-碳上的氢原子,氢原子以质子形式与试剂结合而离去。可见,S_N2 反应和 E2 反应是彼此相互竞争的两个反应。

3. 消除反应和取代反应的竞争

取代反应和消除反应是同时存在又相互竞争的反应(S_N1 与 E1 竞争,S_N2 与 E2 竞争),但在适当条件下其中一种反应占优势。

1) 烃基结构

伯卤代烃倾向于发生取代反应,只有在强碱和弱极性溶剂条件下才以消除反应为主。反应常按双分子机理(S_N2 或 E2)进行。

$$CH_3CH_2CH_2CH_2Br \xrightarrow[H_2O]{NaOH} CH_3CH_2CH_2CH_2OH \quad (取代反应为主)$$

$$CH_3CH_2CH_2CH_2Br \xrightarrow[乙醇]{NaOH} CH_3CH_2CH═CH_2 \quad (消除反应为主)$$

若 α-位上连有苄基或烯丙基时,有利于 E2 反应进行。例如,溴乙烷 55℃时,在乙醇溶液中与乙醇钠作用,取代产物占 99%,而烯烃只占 1%;当 α-位上的一个氢被苄基取代后的 β-苯基溴乙烷,在同样条件下的反应,取代产物只占 5.4%,消除产物却占 94.6%。

$$CH_3CH_2Br+CH_3CH_2ONa \xrightarrow[55℃]{乙醇} CH_3CH_2OCH_2CH_3 + CH_2═CH_2$$
$$\qquad\qquad\qquad\qquad\qquad\qquad\qquad 99\% \qquad\qquad 1\%$$

叔卤代烃因 α-碳上连的烃基多,空间位阻大,不利于 S_N2 反应,故倾向于发生消除反应,即使在弱碱条件下(如 Na_2CO_3 水溶液),也以消除反应为主。只有在纯水或乙醇中发生溶剂解,才以取代反应为主。

$$CH_3-\underset{\underset{CH_3}{|}}{\overset{\overset{CH_3}{|}}{C}}-Cl \xrightarrow[H_2O]{Na_2CO_3} CH_2=\underset{\underset{CH_3}{}}{\overset{\overset{CH_3}{}}{C}} \quad \text{（消除反应为主）}$$

$$CH_3-\underset{\underset{CH_3}{|}}{\overset{\overset{CH_3}{|}}{C}}-Cl \xrightarrow[\triangle]{H_2O} CH_3-\underset{\underset{CH_3}{|}}{\overset{\overset{CH_3}{|}}{C}}-OH \quad \text{（取代反应为主）}$$

仲卤代烃的情况介于叔卤代烃和伯卤代烃之间,在通常条件下,以取代反应为主,但消除程度比一级卤代烃大得多。究竟以哪种反应为主,主要取决于卤代烃结构和反应条件。在强碱(NaOH/乙醇)作用下主要发生消除反应。与伯卤代烃一样,α-碳上连有支链的仲卤代烃发生消除反应倾向增大。

在其他条件相同时,不同卤代烃的反应方向为

$$\xrightarrow{\qquad S_N2 \text{ 反应增强} \qquad}$$
$$3°R{-}X \qquad 2°R{-}X \qquad 1°R{-}X$$
$$\xleftarrow{\qquad \text{消除反应增强} \qquad}$$

2) 试剂的碱性与亲核性

试剂的影响主要表现在双分子反应中。亲核性是指试剂与中心碳相结合,而碱性是指试剂与 β-碳上的氢(H^+)相结合,因此,若进攻试剂的碱性强,亲核性弱,则有利于消除反应的进行。反之,有利于亲核取代反应。

3) 溶剂的极性

溶剂的极性对取代和消除的影响是不同的,这主要表现在双分子机理中。极性较高的溶剂有利于取代反应(S_N2),极性较低的溶剂有利于消除反应(E2),这是因为在取代反应过渡态中负电荷分散程度比消除反应过渡态的小。因此,当溶剂的极性增加时,对 S_N2 过渡态的稳定作用比 E2 大。

$$\left[\,HO\cdots\overset{|}{\underset{/\backslash}{C}}\cdots X\,\right]^{\neq} \qquad \left[\,HO\cdots H\cdots\overset{|}{C}=\overset{|}{C}\cdots X\,\right]^{\neq}$$
$$S_N2 \qquad\qquad\qquad\qquad E2$$

故用卤代烃制备醇(取代)一般在 NaOH 水溶液中(极性较大)进行,而制备烯烃(消除)则在 NaOH 醇溶液中(极性较小)进行。

4) 反应温度

在消除反应过程中涉及 C—H 键的拉长(在取代反应中不涉及此键),活化能比取代反应高,升高温度对消除有利。虽然升高温度也能使取代反应加快,但其影响程度没有消除反应那样大。所以升高反应温度将增加消除产物的比例。

问题 8-6 按 S_N1 活性顺序大小排列下列化合物。

(1) CH_2Cl——苯环

(2) CH——CH_3，Cl 与苯环

(3) CH_2CH_2Cl——苯环

(4) CH_2CHCH_3，Cl 与苯环

问题 8-7 按 S_N2 活性排列下列化合物。

(1) $CH_3CH_2CH_2CHCH_3$ 带 Cl 和 CH_3

(2) $CH_3CH_2CH_2CHCH_3$ 带 Cl

(3) $CH_3CH_2CH_2CH_2Cl$

(4) $CH_3CH_2CHCH_2Cl$ 带 CH_3

问题 8-8 完成下列反应。

(1) CH_2CH_2Cl——苯环 $\xrightarrow[\text{H}_2\text{O}]{\text{NaHCO}_3}$

(2) CH_2CH_2Cl——苯环 $\xrightarrow[\text{乙醇}]{\text{NaOH}}$

8.4 卤代烯烃和卤代芳烃

8.4.1 乙烯型和苯型卤代烃

X 直接与双键碳原子相连。由于 p-π 共轭作用（图 8-5），C—X 键具有部分双键的性质，键较牢固。

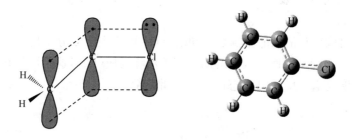

图 8-5 乙烯型和苯型卤代烃的 p-π 共轭

p-π 共轭使 C—X 键的电子云密度增加，极性减弱。这类卤代烃的化学活性差，卤原子不易被取代，与 AgNO₃/醇溶液不发生反应。氯苯只有在高温高压下才能与 NaOH 发生水解反应，生成苯酚。

$$\left.\begin{array}{l} \text{C}_6\text{H}_5\text{—Cl} \\ \text{CH}_3\text{CH}=\text{CH—Cl} \end{array}\right\} + \text{AgNO}_3 \xrightarrow[\text{加热}]{\text{醇}} \text{不反应}$$

8.4.2 烯丙型和苄型卤代烃

化学性质很活泼，容易发生亲核取代反应。因为在反应过程中容易形成较稳定的碳正离子中间体 $CH_2=CH—CH_2^+$ 与 $C_6H_5—CH_2^+$，其结构如图 8-6、图 8-7 所示。

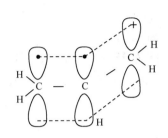

图 8-6　烯丙基碳正离子的结构

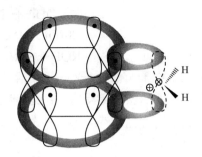

图 8-7　苄基碳正离子的结构

$$\left.\begin{array}{l}\text{C}_6\text{H}_5\!-\!\text{CH}_2\text{Cl}\\ \text{CH}_2\!=\!\text{CHCH}_2\!-\!\text{Cl}\end{array}\right\}+\text{AgNO}_3\xrightarrow[\text{室温}]{\text{醇}}\left.\begin{array}{l}\text{C}_6\text{H}_5\!-\!\text{CH}_2\text{ONO}_2\\ \text{CH}_2\!=\!\text{CHCH}_2\text{ONO}_2\end{array}\right\}+\text{AgCl}\!\downarrow$$

8.4.3　孤立型卤代烃

$CH_2\!=\!CH(CH_2)_n\!-\!X$、$C_6H_5(CH_2)_n\!-\!X(n\!>\!1)$，孤立型的卤代烃本身不能形成 p-π 共轭，形成的碳正离子也不能形成 p-π 共轭，其活性介于乙烯型和烯丙型之间，通常与饱和氯代烃类似。

不饱和卤代烃的活性顺序为烯丙型和苄型＞孤立型＞乙烯型和苯型

8.5　卤代烃的制备

卤代烃的常见合成方法有以下几种：

8.5.1　烃的直接卤代

芳烃苯环的直接卤代是采用 Lewis 酸（如 $FeCl_3$）作催化剂而实现的，其机理是亲电取代。烷烃及芳烃侧链的卤代是在光照或加热条件下进行的，是自由基取代反应。但以上两种取代方法都具有产物组成复杂的特征，如

$$CH_3CH_2CH_3+Cl_2\xrightarrow{\text{光照}}\underset{\underset{Cl}{|}}{CH_3CHCH_3}+CH_3CH_2CH_2Cl+CH_3CH_2CHCl_2$$

直接卤代一般在实验室很少使用，主要用于工业生产，且要求烃分子中只含有一种可被取代的氢原子，如 CH_4、CH_3CH_3、$(CH_3)_4C$、C_6H_6 等。

8.5.2　由醇制备

实验室制备卤代烃的一个最常用方法是以相应醇为原料，让它与 HX、$SOCl_2$、PCl_3、PCl_5 等试剂反应，反应式如下：

$$ROH + HX \longrightarrow RX + H_2O$$
$$3ROH + PX_3 \longrightarrow 3RX + H_3PO_3$$
$$ROH + SOCl_2 \longrightarrow RCl + SO_2 + HCl$$

在这些试剂中 HX 活性最小，PCl_5 活性最大，而 HX 的活性顺序是 $HI > HBr > HCl > HF$，浓 HI、HBr 可直接与醇反应，而浓盐酸与醇反应必须加无水氯化锌作催化剂。

8.5.3　烯烃与 HX 加成

烯烃与 HX 的加成反应在一般情况下遵循马氏规则，而 HBr 在过氧化物存在下，产物与马氏规则相反，详细情况前面已经介绍过。

8.5.4　卤素交换法

卤素交换法操作简单，产率高，一般用于制备碘代烷和氟代烷，如

$$RCl + NaI \xrightarrow{\text{无水丙酮}} RI + NaCl \downarrow$$

该反应之所以能发生，其原因是碘化钠不同于溴化钠和氯化钠，它能溶于丙酮，产物 NaCl 不溶于丙酮而沉淀，平衡有利于向正反应方向移动。R—Cl 的反应活性顺序是伯 > 仲 > 叔。

氟代烃的制备一般也采用卤素交换法，如

$$2CH_3Br + Hg_2F_2 \longrightarrow 2CH_3F + Hg_2Br_2$$

问题 8-9　用两种方法由苯来制备苄醇。

问题 8-10　完成下列反应。

(1) ［结构式：邻位取代苯，一取代基为 CHCH$_3$ 上带 Br，另一取代基为 Br］ $\xrightarrow{\text{NaCN}}$ (　　) $\xrightarrow[H_2O]{H^+}$ (　　)　　　(2) $HOCH_2CH_2CH_2CH_2Cl \xrightarrow[\text{丙酮}]{KI}$ (　　)

8.6　卤代烃的用途与危害

多卤甲烷系列物如二氯甲烷、三氯甲烷、四氯化碳等都是重要溶剂，它们都有不着火的特性。实际上，四氯化碳曾用作灭火剂，但后来发现它对人体肝脏毒性太大，已不再使用。三氯甲烷在 19 世纪曾被用作麻醉剂，但它也有较大毒性，因为在光照下它可被氧化成光气。

卤代乙烯多是重要的高分子聚合物单体，如氯乙烯就是合成 PVC 塑料的单体。聚氯乙烯是目前我国产量最大的一种塑料，用它可制得皮革代用品、管道、包装薄膜及其他日用品。聚四氟乙烯俗称"特氟隆"（telfon），它是一种蜡状塑料，能抗所有化学物质的腐蚀，且耐高温，因为具有这些优良性能，因而获得了"塑料之王"的美称。

氟代烷烃也有许多实际用途。一溴二氟甲烷曾被用作阻燃剂，二氟二溴甲烷是一种高效灭火剂，三氟溴乙烷是一种广泛用来代替乙醚的麻醉剂，且具有无毒、不燃的优点。据报道，有些氟化物由于能溶解实质数量的氧气，曾作为人造血液被用作外科手术中。氟利昂系列，包括 CCl_2F_2（Freon 12）、$HCCl_2F$（Freon 21）、$HCClF_2$（Freon 22）等，被用作冰箱冷冻剂和气雾剂

（如喷发胶、香料气雾剂、杀虫气雾剂）的推进剂。但这些化合物能破坏大气臭氧层，因而它的使用日益受到环境学家的关注。

不少杀虫剂分子中含有卤素原子。例如，DDT 化学名称是 2,2-二对氯苯基-1,1,1-三氯乙烷，可防治小麦、水稻、棉花、果树等多种农作物中的虫害。由于它毒性残留较严重，现已禁止用于农业生产中，但世界卫生组织（WHO）仍把它列为主要的防疟疾药剂；六六六，又称林丹，化学名称是 γ-六氯环己烷，对很多害虫具有较强的触杀、胃毒和熏蒸作用，杀虫力强，在杀虫浓度范围内无药害，使用范围广泛，但由于它毒性残留严重，现也被禁止使用；三氯杀虫酯，又称蚊蝇净，化学名称是 2,2,2-三氯-1-(3,4-二氯苯基)乙酸乙酯，是蚊香中的主要杀虫成分。此外，硫丹、毒杀芬、氯丹等都是有机氯化物。

V. Grignard 与 Grignard 试剂

提起 V. Grignard 教授，人们自然就会联想到以他的名字命名的 Grignard 试剂。无论哪一本有机化学课本和化学史著作都有着关于 V. Grignard 的名字和 Grignard 试剂的论述。

1871 年 5 月 6 日，V. Grignard 出生在法国瑟儿堡一个有名望的家庭。他的父亲经营一家船舶制造厂，有着万贯资财。在 V. Grignard 青少年时代，由于家境的优裕，加上父母的溺爱和娇生惯养，他在瑟儿堡整天游荡，盛气凌人。他没有理想，没有志气，根本不把学业放在心上，倒是整天梦想当上一位王公大人。由于他长相英俊，生活奢侈，瑟儿堡好些年轻美貌的姑娘，都愿意和他谈情说爱。没想到 V. Grignard 21 岁时，一件事情改变了他的生活。在一次午宴上，V. Grignard 邀请一位刚从巴黎来瑟儿堡的波多丽女伯爵跳舞，这位美丽的姑娘竟然不客气地对他说："……请站远一点。我最讨厌被你这样的花花公子挡住了视线！"这话如同针扎一般刺痛了他的心。他猛然醒悟，开始悔恨过去，产生了羞愧和苦涩之感。他离开了家庭，留下的信中写道："请不要探询我的下落，容我刻苦努力地学习，我相信自己将来会创造出一些成就来的。"

V. Grignard 来到里昂，想进大学读书，但他学业荒废得太多，根本不够入学的资格。正在他为难之时，拜路易·波韦尔教授收留了他。经过两年刻苦学习，V. Grignard 终于补上了过去所耽误的全部课程，进入里昂大学插班就读。在大学学习期间，他苦学的态度赢得了有机化学权威菲利普·巴比埃的器重。在巴比埃的指导下，他把老师所有著名的化学实验重新做了一遍。在师徒二人大量的实验中 Grignard 试剂诞生了。这是一种烷基卤化镁，由卤代烷和金属镁在无水乙醚中作用而制得。

$$RX + Mg \xrightarrow{\text{无水乙醚}} RMgX$$

准确地说，这种试剂首先是由巴比埃制得并注意到它的活泼性，他指导 V. Grignard 继续研究它的各种反应。1901 年，V. Grignard 以此作为他的博士论文课题，证实了这种试剂有极为广泛的用途。它能发生加成-水解反应，使甲醛、其他醛类、酮类或羧酸酯等分别还原为一级、二级、三级醇。它能与大部分含有极性双键、叁键的有机物发生加成反应。它还能与含有活泼氢的有机物发生取代反应以制取烷烃。利用 Grignard 试剂可以合成许多有机化学基本原料，如醇、醛、酮、酸和烃类，尤其是各种醇类。这些反应最初被称为巴比埃-格林尼亚反应，但巴比埃坚持认为这一试剂得以发展和广泛的应用，主要归功于 V. Grignard 大量艰苦的工作。后来便把 RMgX 称为 Grignard 试剂。由此看到，一个新的发现固然重要，然而将这一发现推广，找到它广泛的应用领域，同样意义重大。V. Grignard 出色地完成了关于 Grignard 试剂的研究而获得里昂大学的博士学位。这个消息传到瑟儿堡，引起他家乡人民很大的震动。昔日纨绔子弟，经过八年的艰苦努力，居然成了杰出的科学家，瑟儿堡为此举行了庆祝大会。

V. Grignard 仅从 1901 年至 1905 年,就发表了 200 篇左右有关有机金属镁的论文。鉴于他的重大贡献,瑞典皇家科学院于 1912 年授予他诺贝尔化学奖。对此殊荣,他认为自己应该与老师巴比埃同享。这年,他突然收到了波多丽女伯爵的贺信,信中只有寥寥一句:"我永远敬爱你!"

习　题

1. 卤素原子直接连接在 sp² 杂化碳的化合物,如 $CH_2=CHCl$、C_6H_5Br,其卤素原子很难被取代,它们与硝酸银的乙醇溶液反应不产生沉淀,为什么? 如果卤素原子连在与 sp² 杂化碳只相隔一个饱和碳的碳原子上,则此化合物中的卤素原子比一般卤原子活泼,容易被取代,如与硝酸银的乙醇溶液反应立即产生沉淀,为什么?

2. 比较  进行水解反应的活性次序。

3. 比较 2-环己基-2-溴丙烷、1-溴丙烷、1-溴丙烯、2-溴丙烷与硝酸银的乙醇溶液反应的活性次序。

4. 用系统命名法命名下列各化合物。

(1) $(CH_3)_3C\!-\!CH_2Cl$　　　　　　　　　　　　(2) $ClCH=CHCH_2CH_2Br$

(3) ⬡—Cl　　　　　　　　　　　　　　　　　(4) Cl—⬡—CH₃

(5) $HOCH_2CH_2CH_2Cl$　　　　　　　　　　　(6) $F_2C=CF_2$

5. 写出 3-甲基-2-氯戊烷与下列试剂反应的主要产物。

(1) NaCN　　　　(2) NH₃　　　　(3) Mg、无水乙醚　　　　(4) 硝酸银的乙醇溶液

(5) CH₃C≡CNa　　(6) NaI、丙酮　　(7) KOH(水)　　　　(8) KOH、乙醇

6. 完成下列反应式。

(1) Cl—⬡—CH₂Cl $+$NaCN $\xrightarrow{C_2H_5OH}$ (　　) $\xrightarrow{H_3O^+}$ (　　)

(2) ⬡(CH=CHBr / CH₂Cl) $+$AgNO₃ $\xrightarrow{C_2H_5OH}$ (　　)

(3) CH₃C≡CH $+$CH₃MgBr $\longrightarrow$ (　　)

(4) CH₃CH—CH₃ (OH) $\xrightarrow{SOCl_2}$ (　　) $\xrightarrow[C_2H_5OH]{AgNO_3}$ (　　)

(5) ⬠=CH₂ $\xrightarrow{HBr}$ (　　) $\xrightarrow{KOH,C_2H_5OH}$ (　　)

7. 用化学方法鉴别下列各组化合物。

(1) 烯丙基氯、正丙基氯、苄基氯

(2) 苄基氯、对氯甲苯

(3) 叔丁醇、叔丁基氯、1-辛烯

8. 从异丙醇合成下列化合物。

(1) 2-溴丙烷　　　　(2) 2-溴丙烯　　　　(3) 3-氯丙烯　　　　(4) 1-溴丙烯

9. 完成下列转变。

(1) CH₃CH—CH₃ (Br) $\longrightarrow$ CH₃CH₂CH₂Br

(2) CH₃CH—CH₃ ⟶ ClCH₂—CH—CH₂Cl
$$CH_3CH\underset{Br}{|}CH_3 \longrightarrow ClCH_2-\underset{Cl}{\underset{|}{CH}}-CH_2Cl$$

(3) $CH_3CH=CH_2 \longrightarrow HOCH_2-\underset{OH}{\underset{|}{CH}}-CH_2OH$

(4) 丁二烯 ⟶ 己二腈

(5)

10. 某烃 A,分子式为 C_5H_{10},它与溴水不发生反应,在紫外光照射下与溴作用只得到一种一取代产物 B(C_5H_9Br)。将化合物 B 与 KOH 的醇溶液作用得到 C(C_5H_8),化合物 C 经臭氧氧化并在 Zn 存在下水解得到戊二醛。写出 A～C 的结构式及有关反应式。

11. 一个卤代烃分子式为 $C_6H_{13}Br$,它在氢氧化钠-乙醇溶液中加热脱 HBr,得到不具有顺反异构的烯烃,写出此化合物的可能结构式。

第9章 醇、酚、醚

醇(alcohol)、酚(phenol)、醚(ether)都是烃的含氧衍生物。它们可以看作是水分子的氢原子被烃基取代的衍生物。

$$H—OH \qquad R—O—H \qquad Ar—O—H \qquad R—O—R'$$

水　　　　　醇　　　　　酚　　　　　醚

9.1 醇

9.1.1 醇的分类与命名

1. 醇的分类

醇可看作是烃分子中的氢原子被羟基(—OH)取代后的生成物。饱和一元醇的通式是 R—OH,羟基(—OH)是醇的官能团。

根据醇分子中烃基结构的不同,可以分为饱和醇、不饱和醇、脂环醇和芳香醇等。例如

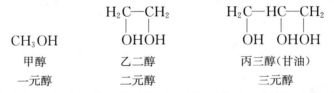

CH_3CH_2OH　　　　　$CH_2\!=\!CHCH_2OH$　　　　　⬡—OH　　　　　⬡—CH_2OH

乙醇　　　　　　　烯丙醇　　　　　　　环己醇　　　　　苯甲醇(苄醇)

(饱和醇)　　　　(不饱和醇)　　　　(脂环醇)　　　　(芳香醇)

羟基与不饱和的碳原子相连,如 RCH=CHOH,称为烯醇,在一般情况下,这种醇很不稳定,很容易异构化为醛、酮。

根据醇分子中羟基数目的多少,又可分为一元醇、二元醇、多元醇。例如

$$CH_3OH \qquad \begin{matrix} H_2C—CH_2 \\ |\quad\ \ | \\ OH\ OH \end{matrix} \qquad \begin{matrix} H_2C—HC—CH_2 \\ |\quad\ |\quad\ \ | \\ OH\ \ OH\ OH \end{matrix}$$

甲醇　　　　　　　乙二醇　　　　　　　丙三醇(甘油)

一元醇　　　　　　二元醇　　　　　　　三元醇

根据醇分子中的羟基所连的碳原子的类型不同,可分为一级醇(或称伯醇)、二级醇(或称仲醇)、三级醇(或称叔醇)。

$$RCH_2—OH \qquad\qquad R_2CH—OH \qquad\qquad R_3C—OH$$

一级醇(伯醇)　　　　二级醇(仲醇)　　　　三级醇(叔醇)

2. 醇的命名

1) 普通命名法

结构简单的醇命名时只需在相应的烃基名称后面加上"醇"字。例如

$$CH_3CH_2OH \qquad\qquad CH_3CH_2CH_2OH \qquad\qquad (CH_3)_2CHOH$$

乙醇　　　　　　　　　　正丙醇　　　　　　　　　异丙醇

$$CH_3CH_2CH_2CH_2OH \qquad\qquad CH_3CH_2CH(CH_3)OH \qquad\qquad (CH_3)_3COH$$

正丁醇　　　　　　　二级丁醇(仲丁醇)　　　　三级丁醇(叔丁醇)

也可以把醇看成是甲醇的衍生物来命名。例如

三苯基甲醇　　　　　　　　　三乙基甲醇

2）系统命名法

结构比较复杂的醇,采用系统命名法,即选择含羟基的最长碳链为主链,把支链看作取代基,从离羟基最近的一端开始编号。如果是不饱和醇,主链应包括不饱和键。选择既含—OH 又含重键的最长碳链作主链,编号使—OH 的位次最低,按主链中所含碳原子的数目称为"某醇",支链的位次、名称及羟基的位次写在"某醇"的前面。不饱和醇还应标出不饱和键的位次。例如

2-丁醇　　　　　　　　　4-甲基-1-戊醇

E-4-己烯-2-醇　　　　　　　　　2-苯基乙醇

多元醇的命名方法,要选取含有尽可能多的带羟基的碳链作为主链,羟基的数目写在醇的前面,用二、三、四等数字标明,用 2,3,4 等阿拉伯数字标明羟基的位次。例如

1,2-丙二醇　　　　　　　　　顺-1,2-环戊二醇

9.1.2　醇的结构和物理性质

1. 醇的结构

除与双键碳原子直接相连的不饱和醇中的羟基氧原子为 sp^2 杂化外,其他醇羟基氧原子的杂化状态均为 sp^3 不等性杂化。例如,甲醇分子中 C—O 键是由碳原子的一个 sp^3 杂化轨道与氧原子的一个 sp^3 杂化轨道重叠而成的,O—H 键是由氧原子的一个 sp^3 杂化轨道与氢原子的 1s 轨道重叠而成的,此外,氧原子还有两对未共用电子对分别占据其他两个 sp^3 杂化轨道(图 9-1)。

图 9-1　甲醇的分子结构

在醇分子中,由于氧原子的电负性比较强,因此,氧原子上的电子云密度极高,使 C—O 键和 O—H 键都是极性键而容易断键;又因为受羟基吸电子诱导效应的影响,α-和 β-氢原子表现出一定的活性。

2. 醇的物理性质

常温下,4 个碳原子以下的饱和一元醇是无色有酒香味的液体,5～11 个碳原子的饱和一元醇是具有不愉快气味的油状液体,12 个碳原子以上则是无臭无味的蜡状固体。某些醇的物理常数见表 9-1。

表 9-1　醇的物理常数

名称	沸点/℃	熔点/℃	相对密度 d_4^{20} /(g/cm³)	折射率(20℃)	溶解度 /(g/100g 水)
甲醇	65	−93.9	0.7914	1.3288	∞
乙醇	78.5	−117.3	0.7893	1.3611	∞
正丙醇	97.4	−126.5	0.8035	1.3850	∞
异丙醇	82.4	−89.5	0.7855	1.3776	∞
正丁醇	117.3	−89.5	0.8098	1.3993	7.9
异丁醇	108	−108	0.8018	1.3968	9.5
仲丁醇	99.5	−115	0.8063	1.3978	12.5
叔丁醇	82.3	25.5	0.7887	1.3878	∞
正戊醇	137.3	−79	0.8144	1.4101	2.7
正己醇	158	−46.7	0.8136	1.4162	0.59
烯丙醇	97	−129	0.8540	1.4135	∞
乙二醇	198	−11.5	1.1088	1.4318	∞
丙三醇	290(分解)	20	1.2613	1.4746	∞
苯甲醇	205.3	−15.3	1.0419	1.5396	4

从表 9-1 可以看出,饱和直链一元醇的相对密度小于 1,多元醇和芳香醇的相对密度大于 1。饱和直链一元醇的沸点随碳原子数的增加而有规律地升高。在同系列中,少于 10 个碳原子的相邻两个醇的沸点差为 18～20℃,高于 10 个碳原子者,沸点差较小。在醇的异构体中,支链越多,沸点越低。低级醇的沸点比和它相对分子质量相近的烷烃要高得多,甲醇(相对分子质量 32)的沸点为 64.9℃,而乙烷(相对分子质量 60)的沸点为 −88.6℃。

醇是极性分子,分子中的羟基之间可以通过氢键而缔合,所以醇的沸点不但高于相对分子质量相近的烃,而且高于分子量相近的卤代烃和醛类等。

醇的水溶性也与烷烃和卤代烃不同。低级醇如甲醇、乙醇、丙醇能与水以任意比例互溶,但从丁醇开始,随烃基的增大,水溶性逐渐减弱,10 个碳以上的一元醇则难溶于水。羟基是亲水基团,分子中引入羟基能增加化合物的水溶性,羟基越多,水溶性越大。例如,己醇在水中的溶解度很小,而环己六醇则易溶于水。但烃基的大小对缔合有一定的影响,羟基数目相同的醇,烃基越大,醇羟基形成氢键的能力就越弱,醇的溶解度渐渐由取得支配地位的烃基所决定,因而在水中的溶解度也就降低以至于不溶。高级醇与烷烃极其相似,不溶于水,而可溶于汽油中。人们从实践中得出一条经验规则——"相似物溶于相似物"。烷烃不溶于水,这是因为水分子间能形成很强的氢键而水与烷烃分子之间只有微弱的色散力,所以,烷烃和水各成一相,互不相溶。当两者结构相似,分子间吸引力一般也相似,这就是这条经验规则的根据。但溶解是一个比较复杂的过程,上面的解释只有定性的意义。

　　醇与水的另一相似之处:能形成像水合物那样的醇合物。低级醇能和一些无机盐类($MgCl_2$、$CaCl_2$、$CuSO_4$等)形成结晶状的分子化合物,称为结晶醇,如 $MgCl_2 \cdot 6C_2H_5OH$、$CaCl_2 \cdot 4C_2H_5OH$、$CaCl_2 \cdot 4CH_3OH$、$MgCl_2 \cdot 6CH_3OH$ 等,结晶醇不溶于有机溶剂而溶于水,利用此性质可除去少量低级醇。例如,工业用的乙醚中,常夹杂少量乙醇,利用乙醇与 $CaCl_2$ 生成结晶醇的性质,加入 $CaCl_2$ 便可除去乙醚中的少量乙醇。同时也不能利用氯化钙干燥醇类化合物。

问题 9-1　比较正戊烷、正丁醇、仲丁醇的沸点大小,并解释其原因。

9.1.3　醇的制备

　　醇的制备有工业生产和实验室合成两大类。

　　工业上以石油裂解气中的烯烃为原料合成醇。低级醇是某些碳水化合物和蛋白质发酵的产物。

　　我国在世界上率先实现了煤制乙二醇(CO 气相催化合成草酸酯和草酸酯催化加氢合成乙二醇)成套技术的工业化应用。乙二醇生产采用环氧乙烷水合成路线,其水的用量超过理论值的 20 倍,而且约有 9% 二甘醇、1% 三甘醇和更高相对分子质量的聚乙二醇生成,从而降低了单乙二醇的选择性。因而降低用水量的催化工艺已经成为乙二醇新工艺的开发焦点。另外基于乙烯路线经环氧乙烷的乙二醇生产,由于石油资源短缺和天然气资源相对丰富,因而开发以合成气为基础的各种新乙二醇生产工艺十分引人关注。

　　甲醇可以以数十亿磅规模从 CO 和 H_2 的加压混合物(合成气)中制备而来。

$$CO + H_2 \xrightarrow[250℃,50\sim100atm]{Cu,ZnO,Cr_2O_3} CH_3OH$$

将催化剂改为铑和钌可生成 1,2-乙二醇。

$$2CO + 3H_2 \xrightarrow[\triangle,加压]{Rh\ 或\ Ru} \begin{array}{ccc} CH_2 & — & CH_2 \\ | & & | \\ OH & & OH \end{array}$$

　　其他可以从合成气选择性合成特定醇的反应是目前许多研究工作的重点,因为在水的存在下,合成气可以很容易从煤中气化得到。

$$煤 \xrightarrow[\triangle]{空气,水} xCO + yH_2O$$

乙醇可以由糖的发酵或磷酸催化的乙烯水合反应大量制得。

$$H_2C{=\!=}CH_2 + H_2O \xrightarrow[300℃]{H_3PO_4} CH_3CH_2OH$$

　　实验室制醇的途径主要可归纳为两类:一类是以烯烃为原料,碳碳双键加成反应生成醇;另一类是以羰基化合物为原料,对碳氧双键进行加成得到产物醇。

1. 由烯烃制备

1) 烯烃的水合

烯烃的水合是工业上生产低级醇的方法,烯烃水合分为直接水合法和间接水合法,用这种方法所能得到的伯醇只有乙醇。

$$CH_2=CH_2 + H_2O \xrightarrow[280\sim300℃,8MPa]{H_3PO_4/硅藻土} CH_3CH_2OH$$

$$H_3C-CH=CH_2 \xrightarrow{H_2SO_4} H_3C-\underset{\underset{OSO_3H}{|}}{CH}-CH_3 \xrightarrow{H_2O} H_3C-\underset{\underset{OH}{|}}{CH}-CH_3$$

2) 硼氢化-氧化反应

硼氢化反应包括 BH_3 或 BH_2R、BHR_2 对烯烃双键的加成,生成的烷基硼不需分离,直接在碱存在下通过 H_2O_2 氧化,其中硼原子部分被—OH取代。因此经过硼氢化、氧化的两步反应过程,其结果相当于 H—OH 对碳碳双键的加成。

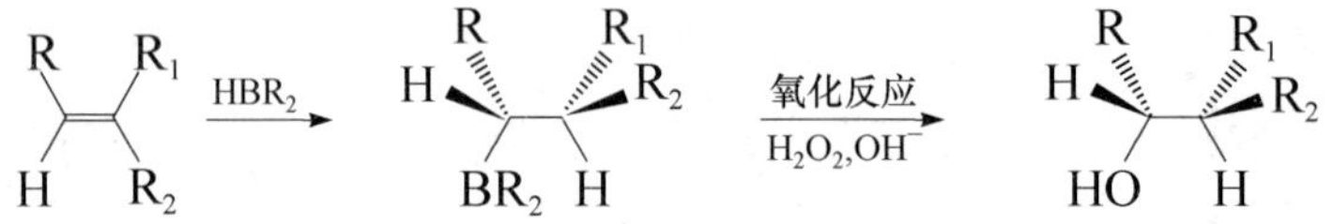

$$H_3CCH=CH_2 \xrightarrow{(BH_3)_2} \xrightarrow{H_2O_2,OH^-} CH_3CH_2CH_2OH$$

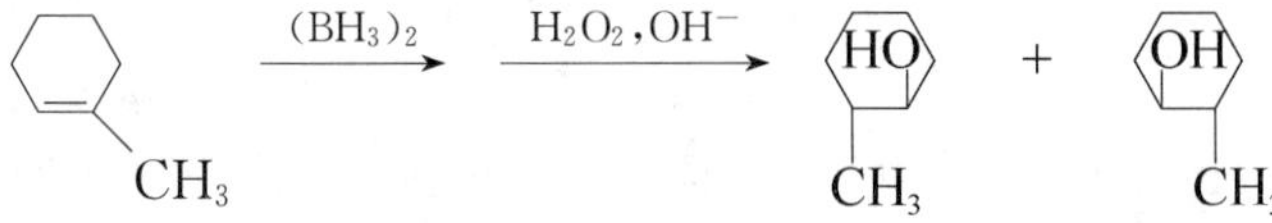

硼氢化反应的特点是步骤简单,副反应少,生成醇的产率极高。通过硼氢化反应所得的醇恰巧和烯烃直接酸催化加成得到的醇相反,相当于水和碳碳双键的反马氏规则加成产物。这是用烯烃为原料的任何其他方法难以获得的。

2. 由醛、酮制备

1) 羰基化合物的还原

醛、酮在不同条件下均可被还原成相应的醇。

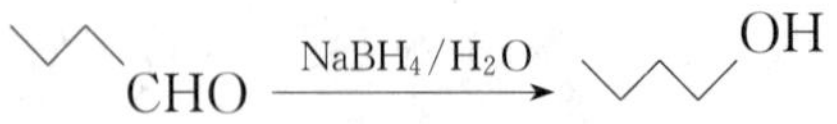

丁醇85%

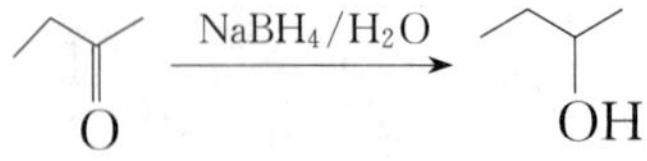

2-丁醇87%

2) 由 Grignard 试剂制备

Grignard 试剂非常活泼,与醛、酮进行亲核加成反应可以得到醇。由甲醛得到伯醇,其他醛得到仲醇,由酮得到叔醇。此反应是实验室合成醇的重要方法,常用于合成构造较复杂且难用其他方法合成的醇。Grignard 试剂还可以和环氧乙烷反应生成增加了两个碳原子的伯醇。

$$\text{（环氧乙烷）} + RMgX \longrightarrow RCH_2CH_2OMgX \xrightarrow{H_2O} RCH_2CH_2OH$$

3. 卤代烷的水解

卤代烷的水解作为一种合成醇的方法有很大的局限性,因为醇通常比相应的卤代物更易获得,且常有生成烯烃这个副反应的竞争。事实上,卤代物通常是由醇制得的。但是从甲苯合成苄醇,是应用这个方法的一个很好的例子。

$$\text{（甲苯 CH}_3\text{）} \xrightarrow[\text{光照}]{Cl_2} \text{（CH}_2Cl\text{）} \xrightarrow[H_2O]{NaOH} \text{（CH}_2OH\text{）}$$

9.1.4　醇的化学性质

醇的化学性质主要由羟基决定。从化学键来看,C—O 键和 O—H 键都是极性键,这是醇易于发生反应的两个部位。在反应中,究竟是 C—O 键断裂,还是 O—H 键断裂,则取决于烃基的结构及反应条件。

1. 醇与活泼金属的反应

醇与水相似,也能与活泼金属(如钠、钾、镁等)反应生成醇的金属化合物并放出氢气。例如

$$H_2O + Na \longrightarrow NaOH + \frac{1}{2}H_2 \uparrow \qquad \text{剧烈}$$

$$CH_3CH_2OH + Na \longrightarrow CH_3CH_2ONa + \frac{1}{2}H_2 \uparrow \qquad \text{缓和}$$

由于醇羟基氧受到烃基给电子效应的影响,氧原子上的电子云密度增大,O—H 键相对结合得更牢固,极性减弱,因此反应不如水剧烈。随着醇分子中的烃基增大,给电子效应增大,反应速率减慢。各类醇与金属钠反应活性次序是甲醇>伯醇>仲醇>叔醇。

在反应中,醇是一种比水弱的酸,所以烷氧基负离子(RO^-)的碱性较氢氧根负离子(OH^-)强。醇钠遇水迅速水解成醇和氢氧化钠。

$$RONa + H_2O \rightleftharpoons ROH + NaOH$$
$$\text{较强碱　　较强酸　　较弱酸　较弱碱}$$

醇钠的化学性质相当活泼,通常在有机合成中作为碱及缩合剂。钾与醇的作用与钠相似。金属镁在加热的条件下和无水醇作用生成醇镁和氢气。

2. 醇与卤化氢的反应

醇中的羟基易被卤原子取代,生成卤代烃和水,这是制备卤代烷的一种重要方法。

$$ROH + HX \longrightarrow RX + H_2O$$

醇和 HX 反应的速率与 HX 的类型及醇的结构有关。HX 的反应活性次序为 HI>HBr>HCl。ROH 的反应活性次序为烯丙基醇、苄醇>叔醇>仲醇>伯醇。

由于 HCl 的活性最小,它与伯醇、仲醇反应时,需加入无水氯化锌才能得到相应的卤代烃。在实验室里常利用 Lucas 试剂(无水氯化锌和浓盐酸配成的溶液)来鉴别低级(6 个碳以下)醇。低级醇可以溶于 Lucas 试剂中,而反应后生成的卤代烃则不溶于 Lucas 试剂,先以细小的液滴分散于 Lucas 试剂中,使溶液变浑浊,然后细小的液滴相互逐渐积聚在一起,出现溶液分层。将 Lucas 试剂加入醇中,可以从生成卤代烃(出现浑浊)的快慢区别伯、仲、叔醇。叔醇与 Lucas 试剂在室温下立即反应,迅速出现浑浊、分层现象;仲醇与 Lucas 试剂在室温下缓慢反应,几分钟之后才出现浑浊、分层现象。伯醇与 Lucas 试剂要在加热条件下才缓慢出现浑浊、分层现象。

$$\left.\begin{array}{l} R_3COH + HCl \\ R_2CHOH + HCl \\ RCH_2OH + HCl \end{array}\right\} \xrightarrow[\text{室温}]{\text{无水 } ZnCl_2/\text{浓 } HCl} \begin{array}{ll} R_3CCl + H_2O & \text{(立即浑浊)} \\ R_2CHCl + H_2O & \text{(数分钟后浑浊)} \\ \text{不反应} & \text{(不浑浊)} \end{array}$$

醇与卤化氢的反应是亲核取代反应。在强酸作用下,H^+ 容易与醇羟基中的氧结合成锌盐(质子化醇),使 C—O 键的极性增强,从而使 C—O 键容易断裂,离解成碳正离子和水,然后碳正离子与亲核试剂 X^- 结合成卤代烃。一般认为烯丙基型醇、叔醇、仲醇与 HX 的反应按 S_N1 历程进行。

$$R_3COH + H^+ \underset{\text{快}}{\rightleftharpoons} R_3C\overset{+}{O}H_2 \underset{\text{慢}}{\rightleftharpoons} R_3\overset{+}{C} + H_2O$$

$$R_3\overset{+}{C} + X^- \xrightarrow{\text{快}} R_3CX$$

伯醇则按 S_N2 历程进行,即

$$R—OH + H^+ \underset{\text{快}}{\rightleftharpoons} R—\overset{+}{O}H_2$$

$$X^- + R—\overset{+}{O}H_2 \rightleftharpoons \left[\overset{\delta+}{X}\cdots R\cdots\overset{\delta+}{O}H_2\right] \rightleftharpoons RX + H_2O$$

3. 醇与三卤化磷的反应

醇与三溴化磷或三碘化磷反应,醇的羟基也可被溴或碘取代,生成相应的卤代烃。用这个方法制备卤代烃,很少发生分子重排。

$$CH_3CH_2CH_2CH_2OH + PBr_3 \longrightarrow CH_3CH_2CH_2CH_2Br$$

$$C_2H_5OH \xrightarrow[P]{I_2} CH_3CH_2I$$

4. 脱水反应

醇与催化剂如硫酸、磷酸、三氧化二铝等共热可发生脱水反应。脱水的方式因反应条件不同,有如下两种。

1) 分子间脱水

醇在较低温度下发生分子间脱水,生成醚。

$$2CH_3CH_2OH \xrightarrow[140℃]{\text{浓 } H_2SO_4} CH_3CH_2OCH_2CH_3 + H_2O$$

2) 分子内脱水

在较高温度下,醇主要是分子内脱水,生成烯烃。

$$CH_3CH_2OH \xrightarrow[170℃]{浓\ H_2SO_4} H_2C{=}CH_2$$

伯、仲、叔醇脱水的难易程度为叔醇＞仲醇＞伯醇。

叔醇容易发生分子内脱水生成烯,而难以得到醚。

醇的脱水反应是制备烯烃的常用方法之一。醇进行分子内脱水时符合 Saytzeff 规则,而且醇的消除反应通常是 E1 反应。

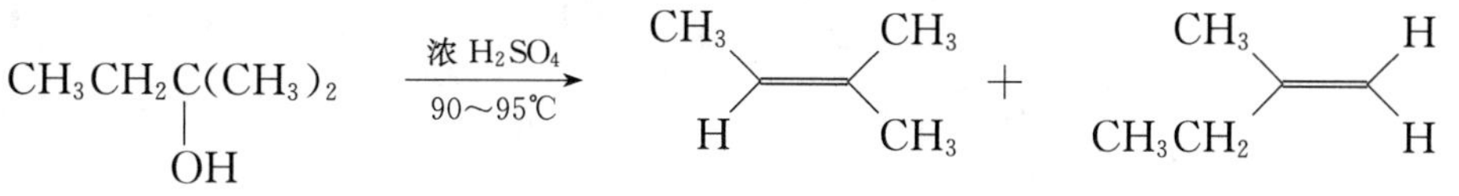

$$CH_3CH_2C(CH_3)_2 \atop OH \quad \xrightarrow[90\sim95℃]{浓\ H_2SO_4}$$

84%
2-甲基-2-丁烯

+

16%
2-甲基-1-丁烯

5. 酯化反应

醇与酸(包括无机酸和有机酸)作用生成酯的反应称为酯化反应(esterification)。酯化反应是可逆的。醇与有机酸作用生成有机酸酯,例如

$$CH_3-\overset{O}{\overset{\|}{C}}-OH+HOC_2H_5 \xrightarrow{H^+} CH_3-\overset{O}{\overset{\|}{C}}-OC_2H_5+H_2O$$

醇与硫酸、硝酸作用生成无机酸酯,例如

$$CH_3OH+HOSO_2OH \rightleftharpoons CH_3OSO_2OH+H_2O$$

硫酸氢甲脂

$$2CH_3OSO_2OH \xrightarrow[\triangle]{减压蒸馏} CH_3OSO_2OCH_3+H_2O$$

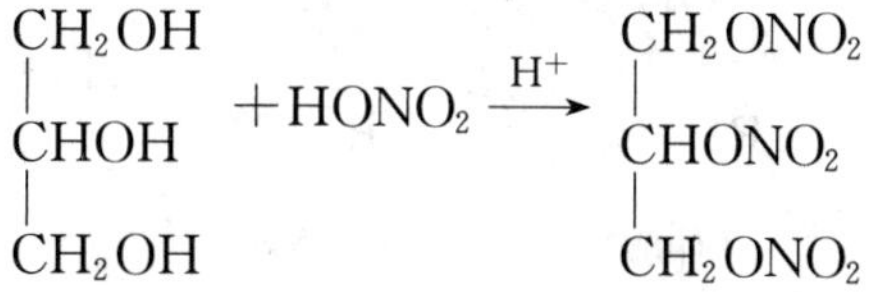

硫酸二甲酯

$$\begin{matrix} CH_2OH \\ | \\ CHOH \\ | \\ CH_2OH \end{matrix} +HONO_2 \xrightarrow{H^+} \begin{matrix} CH_2ONO_2 \\ | \\ CHONO_2 \\ | \\ CH_2ONO_2 \end{matrix}$$

甘油(丙三醇)　　　　　三硝酸甘油酯

硫酸二甲酯是常用的甲基化试剂,有剧毒,使用时应注意安全。三硝酸甘油酯是一种烈性炸药,它也有扩张冠状动脉的作用,在医药上用来治疗心绞痛。

磷酸的酸性相对于硫酸硝酸要弱,与醇不能直接成酯,一般磷酸酯采用醇与磷酰氯作用制备。

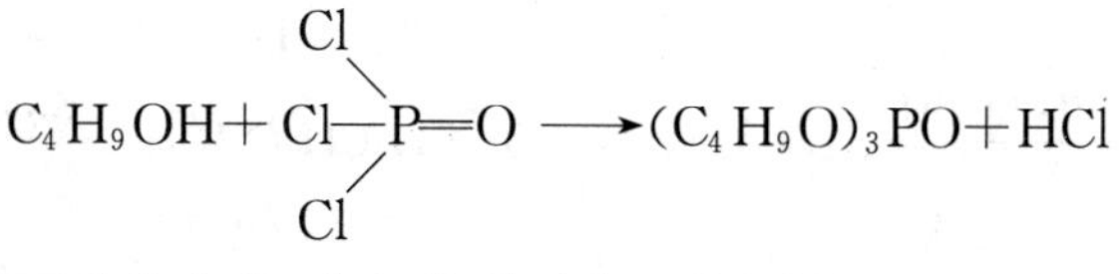

$$C_4H_9OH+Cl-\overset{Cl}{\underset{Cl}{\overset{|}{\underset{|}{P}}}}{=}O \longrightarrow (C_4H_9O)_3PO+HCl$$

磷酸酯是一类很重要的化合物,常用作萃取剂、增塑剂和杀虫剂。

6. 氧化反应

伯醇或仲醇分子中,与羟基直接相连的碳原子上的氢原子,由于受到羟基的影响,比较活泼,容易被氧化。叔醇没有 α-H 原子,在同样的条件下,一般不被氧化。

1）加氧氧化

常用的氧化剂有三氧化二铬、重铬酸钾或高锰酸钾等。伯醇先被氧化成醛，醛很容易继续氧化生成羧酸（如果随时蒸馏出来，可使反应停留在醛的阶段）。仲醇则被氧化成酮。例如

$$RCH_2OH \xrightarrow{K_2Cr_2O_7/H^+} RCHO \xrightarrow{K_2Cr_2O_7/H^+} RCOOH$$
伯醇

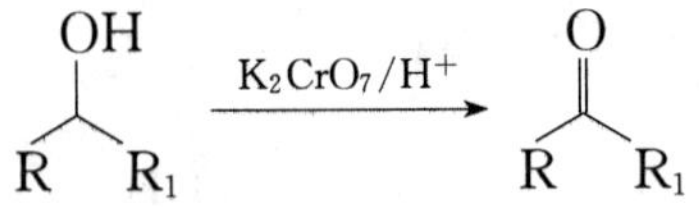

仲醇

用铬酸作氧化剂时，Cr^{6+} 为棕红色，酸性重铬酸钾溶液为橙红色，反应后生成的 Cr^{3+} 为绿色，所以可以利用叔醇不被重铬酸钾溶液氧化的性质，将叔醇与伯醇或仲醇定性鉴别开。另外，伯醇、仲醇在数秒内即起反应，$C=C$、$C\equiv C$ 与铬酸反应较慢，不能很快观察到颜色变化，故可用作醇与烯、炔的鉴别。

CrO_3/吡啶溶液称为 Sarett 试剂，可直接将伯醇氧化成醛、仲醇氧化成酮，分子中存在的 $C=C$ 一般不受影响。

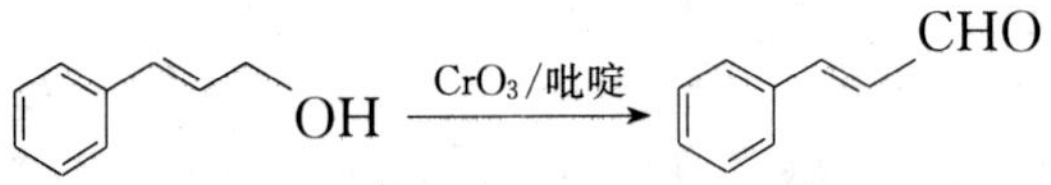

2）脱氢氧化

伯醇和仲醇蒸气在高温下，通过催化剂可脱氢生成醛或酮。

$$RCH_2OH \underset{325℃}{\overset{Cu}{\rightleftharpoons}} RCHO + H_2 \uparrow$$
伯醇　　　　　　　　醛

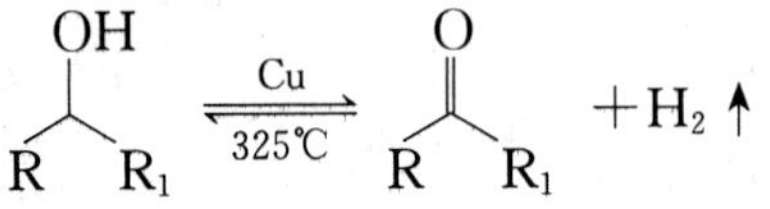

仲醇　　　　　　　　酮

$$CH_3CH_2OH + O_2 \xrightarrow[550℃]{Cu \text{ 或 } Ag} CH_3CHO + H_2O$$

问题 9-2 完成下列反应。

(1) $(CH_3)_2CCH_2CH_2CH_3 \xrightarrow[\triangle]{H_2SO_4}$
　　　　|
　　　OH

(2) $(CH_3)CH-CH(CH_3)_2 \xrightarrow{PCl_5}$
　　　　　　　|
　　　　　　OH

(3) 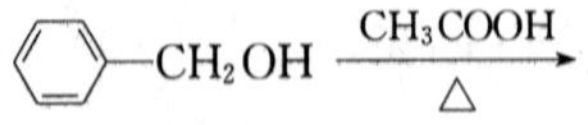 ⬡—$CH_2OH \xrightarrow[\triangle]{CH_3COOH}$

(4) $CH_3CH_2CHCH_3 \xrightarrow{KMnO_4/H^+}$
　　　　　|
　　　　OH

---

7. 邻二醇的反应

1）与 $Cu(OH)_2$ 的反应

邻二醇的酸性比一元醇强，和氢氧化铜反应可以形成配合物。

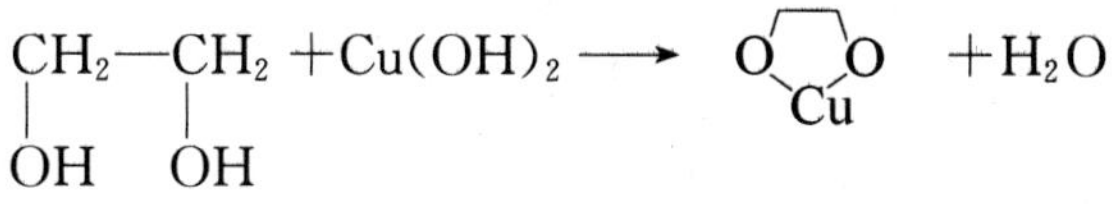

$$\underset{\underset{OH}{|}}{CH_2}-\underset{\underset{OH}{|}}{CH_2} + Cu(OH)_2 \longrightarrow O \underset{Cu}{\overset{\frown}{\smile}} O + H_2O$$

绛蓝色溶液

$$\left[\begin{array}{c} -OH \\ -OH \\ -OH \end{array}\right. + Cu(OH)_2 \longrightarrow \left[\begin{array}{c} O \\ O \\ OH \end{array} > Cu + H_2O\right.$$

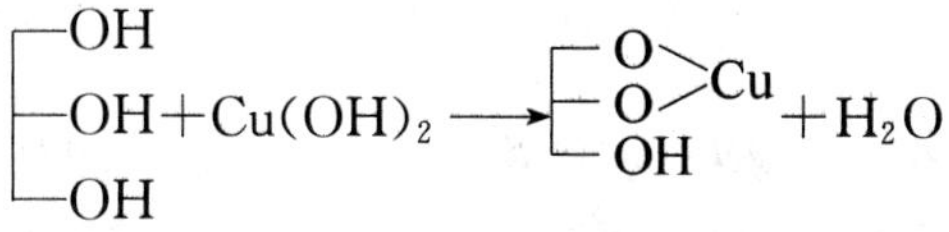

深蓝色溶液

2）与高碘酸的反应

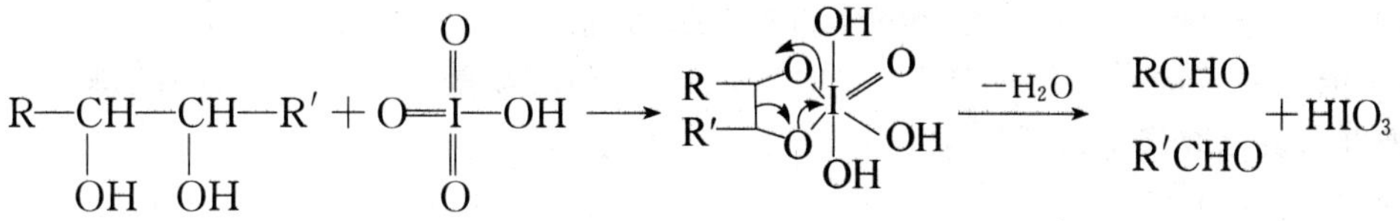

$$R-\underset{\underset{OH}{|}}{CH}-\underset{\underset{OH}{|}}{CH}-R' + O=I-OH \longrightarrow \overset{R}{\underset{R'}{\bigcirc}} \cdots \longrightarrow \overset{RCHO}{\underset{R'CHO}{}} + HIO_3$$

$$HIO_3 + AgNO_3 \longrightarrow AgIO_3 \downarrow （白色）$$

1,3-二醇或两个羟基相距更远的多元醇不发生以上反应，因此可以用来鉴别邻二醇。

8. 碳正离子重排

在醇的取代和消除反应中，由于生成碳正离子中间体，因而容易发生重排，生成更稳定的碳正离子，从而得到不同的反应产物。

1）取代反应中的重排

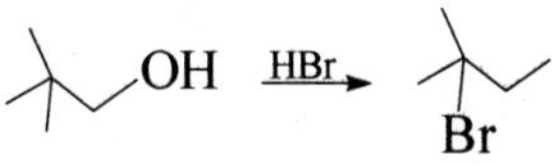

反应机理为

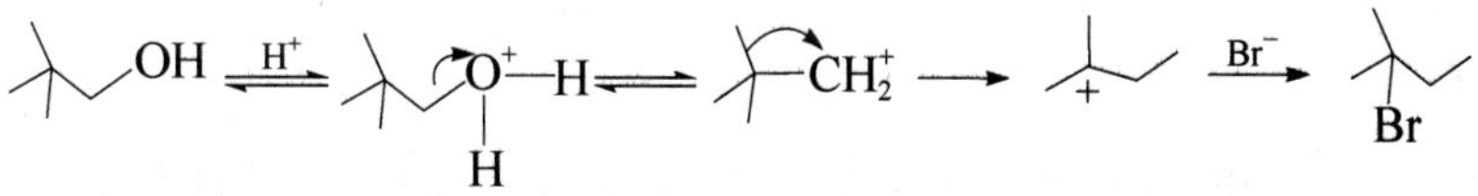

2）消除反应中的重排

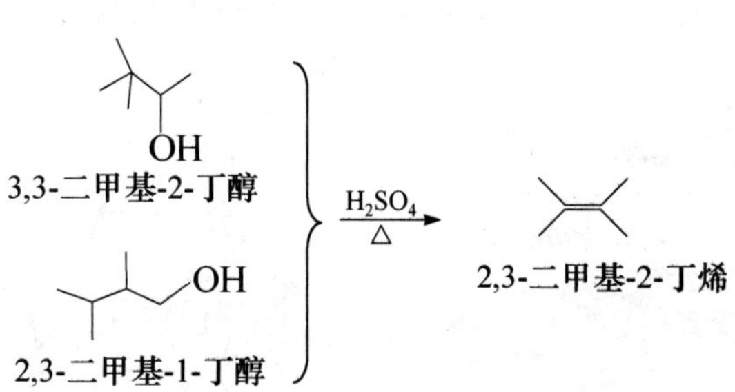

在反应过程中，这两种有机化合物生成的碳正离子发生重排，从而形成同样的碳正离子中间体，消除氢离子后得到同样的产物。巧妙地利用重排反应可以合成指定碳架的特殊位置上的官能团，同时应注意在合成中重排所引起的产物的多样性。

9.2 酚

9.2.1 酚的分类与命名

1. 酚的分类

羟基直接与芳环相连的化合物称为酚,酚的通式为 Ar—OH。酚类化合物按羟基所连的芳环不同可分为苯酚、萘酚、蒽酚等;按照羟基数目的多少,可分为一元酚、二元酚及多元酚等。

2. 酚的命名

酚的命名是以羟基所连的芳环母体而称为某酚,再加上其他取代基的名称和位次。芳环上若有其他比羟基优先作母体的基团如醛基(—CHO)、羧基(—COOH)、磺酸基(—SO$_3$H)时,则把羟基看作取代基。例如

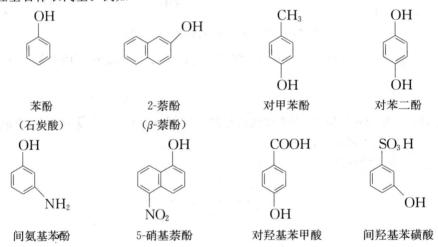

| 苯酚 | 2-萘酚 | 对甲苯酚 | 对苯二酚 |
| (石炭酸) | (β-萘酚) | | |

间氨基苯酚　　5-硝基萘酚　　对羟基苯甲酸　　间羟基苯磺酸

9.2.2 酚的结构与性质

1. 酚的结构

酚与醇在结构上的区别就在于羟基直接与芳环相连,氧原子上的具有孤电子对的 p 轨道可以与苯环的大 π 键组成 p-π 共轭体系(图 9-2),这样酚羟基与醇羟基在性质上有所不同,醇和酚属于两类化合物。

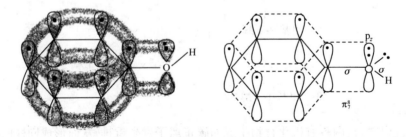

图 9-2　苯酚中 p-π 共轭示意图

在酚中由于 p-π 共轭大 π 键的形成,C—O 键具有部分双键的性质,较难断裂;而 O—H

键极性增加,使酚羟基具有酸性,并比醇易于氧化;同时 O 上 p 电子向苯环转移,使苯环电子密度增加,比苯更易发生亲电取代。

2. 酚的物理性质

除少数烷基酚是液体外,多数酚是固体。纯品酚为无色结晶,由于酚易被氧化,通常均带有红色至褐色。酚分子间可以通过氢键缔合,因此酚的沸点、熔点较相应的芳烃高。邻位上有氯、羟基、硝基的酚,由于可以形成分子内氢键,降低了分子间的缔合程度,所以它们的沸点比间位和对位异构体低。酚能溶于乙醇、乙醚、苯等有机溶剂。酚在水中有一定的溶解度。常见酚的物理常数见表 9-2。

表 9-2　酚的物理常数

名称	熔点/℃	沸点/℃	溶解度(25℃)/(g/100g 水)	折射率(20℃)	pK_a(25℃)
苯酚	43	181.8	9.3	1.5509	9.95
邻甲苯酚	31	191	2.5	1.5361	10.2
间甲苯酚	11.5	202.2	2.6	1.5438	10.01
对甲苯酚	34.8	201.6	2.3	1.5312	10.17
邻苯二酚	105	245	45	1.6040	9.4
间苯二酚	111	281	123		9.4
对苯二酚	173	285	8		10.0
1,2,3-苯三酚	133	309	62	1.5610	7.0
1,3,5-苯三酚	218	升华	1		7.0
邻氯苯酚	9	174.9	2.8	1.5524	
间氯苯酚	33	214	2.6	1.5565	
对氯苯酚	43.2	219.8	2.7	1.5579	
邻硝基苯酚	45.3	216	0.2	1.5723	
间硝基苯酚	97	197	2.2		
对硝基苯酚	114.9	279(分解)	1.3		
α-萘酚	96	288	<0.1		9.3
β-萘酚	123	295	0.1		9.5

最简单的酚是苯酚,这是一种有特殊气味的无色固体,最早是从煤焦油中发现的,俗称石炭酸(因其有酸性)。在空气中放置时,许多酚类化合物都是因带有部分氧化产物而呈现粉红色或深棕色,酚分子间及酚与水分子间也能形成氢键,故与相对分子质量相近的芳烃相比,其沸点高,在水中溶解度大。酚在冷水中的溶解度较小,但与热水可以互溶,也易溶于醇、醚等有机溶剂。

许多酚类化合物具有杀菌能力,可用作消毒杀菌剂,各种甲基酚异构体的混合物统称为甲酚,甲酚与肥皂溶液的混合物俗称来苏儿,是医院内常用的杀菌剂。这个特性可能与苯酚的酸性及表面活性有关。苯酚和甲酚的混合物与五氯苯酚都能用作木材防腐剂,后者的钠盐还可以灭杀血吸虫疫区的钉螺。苯酚还是衡量各种杀菌剂活性的标准,一种杀菌剂的杀菌效力与苯酚的杀菌效力之比称为苯酚系数,该数值越大表示杀菌能力越强。某些酚类衍生物可用于食物防腐。

　　比较几个硝基酚异构体的溶解度和沸点值可以发现,邻硝基苯酚的沸点和溶解度都较其他两个异构体低。在间位或对位硝基苯酚中,它们都可以相互形成分子间氢键,使沸点升高,而与水形成的分子间氢键则导致其溶解度增加。在邻硝基苯酚中,硝基和羟基之间正好可以形成分子内氢键,因此沸点和溶解度都相对较低。由于邻硝基苯酚有一定的挥发性,故可以随水蒸气挥发,利用水蒸气蒸馏的方法能够将其从混合硝基酚中分离出来。

　　3. 酚的化学性质

　　酚和醇都含有羟基,但由于酚羟基氧原子上的未共用电子对与苯环产生 p-π 共轭,C—O键的极性降低,因此酚羟基不像醇羟基那样可在酸性条件下发生亲核取代反应和消除反应。另外,由于 p-π 共轭的结果,氧原子上的电子云密度降低,导致 O—H 键的极性显著提高而增强了离解能力,因此酚的酸性比醇强。同时由于苯环上的电子云密度升高,苯环上的亲电取代反应比苯更容易进行。

　　1) 酸性

　　酚羟基上的氢不仅能被活泼金属取代,还能与强碱溶液作用生成盐。可见,酚的酸性不但比醇强,而且比水强,但比碳酸弱。

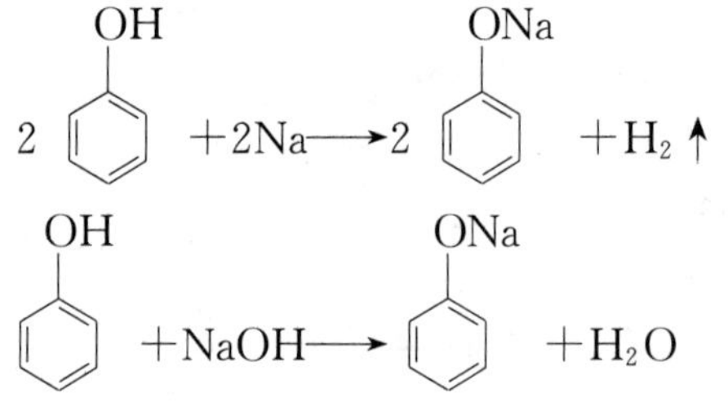

　　在苯酚钠的水溶液中通入二氧化碳,则可使苯酚重新游离出来。常根据这一特性将酚与羧酸进行区别及用于酚的提纯。

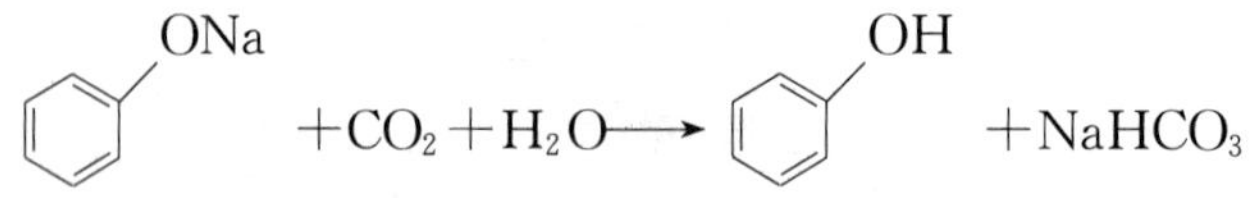

　　如果芳环上连有取代基,则取代基将会对酚的酸性产生一定的影响。当芳环上连有吸电子基团时,其酸性增强,吸电子基团的吸电子能力越强,数目越多,酸性越强;当芳环上连有给电子基团时,其酸性减弱,给电子基团的给电子能力越强,数目越多,酸性越弱。

　　2) 与三氯化铁的呈色反应

　　大多数酚与三氯化铁反应都能生成有色物质,这是由于溶液中生成了酚铁配合物。

$$6C_6H_5OH + FeCl_3 \longrightarrow [Fe(C_6H_5O)_6]^{3-} + 3H^+ + 3HCl$$

　　不同的酚可产生不同的颜色(表 9-3),如苯酚显紫色,1,2,3-苯三酚显淡棕红色等。此反应常用来区别酚类化合物。应当注意的是,与三氯化铁产生显色反应的并不限于酚类,凡是含有烯醇型结构 $\left[\begin{array}{c} OH \\ =\diagup \end{array} \right]$ 的化合物都能发生此反应。

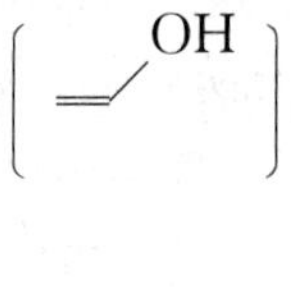

表 9-3　不同酚与三氯化铁反应产生的颜色

化合物	产生的颜色	化合物	产生的颜色
苯酚	紫	间苯二酚	紫
邻甲苯酚	蓝	对苯二酚	暗绿色结晶
间甲苯酚	蓝	1,2,3-苯三酚	淡棕红
对甲苯酚	蓝	1,3,5-苯三酚	紫色沉淀
邻苯二酚	绿	α-萘酚	紫色沉淀

问题 9-3　下列化合物哪些能形成分子内氢键?

(1) 邻硝基苯酚　(2) 邻氯苯酚　(3) 间溴苯酚　(4) 邻羟基苯甲醛

(5) 邻氨基苯酚　(6) 对羟基苯乙酮

问题 9-4　用化学方法鉴别下面两组化合物。

(1) $CH_2\!=\!CHCH_2OH,CH_3CH_2CH_2OH,CH_3CH_2CH_2Cl$

(2) 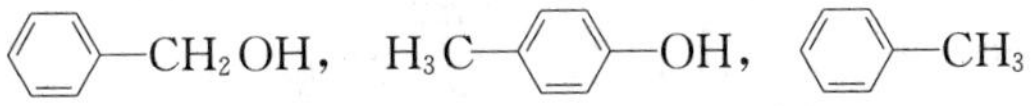 ⬡—CH₂OH，　H₃C—⬡—OH，　⬡—CH₃

3) 芳环上的亲电取代反应

羟基是一个很强的使芳环活化的邻、对位定位基,因此酚比苯更容易进行卤代、硝化、磺化等取代反应,生成邻、对位取代物,还可生成多元取代物。

(1) 卤代。

苯酚在常温下与溴水作用,立即产生 2,4,6-三溴苯酚白色沉淀。这个反应现象明显,作用完全,可用于苯酚的定性和定量测定。

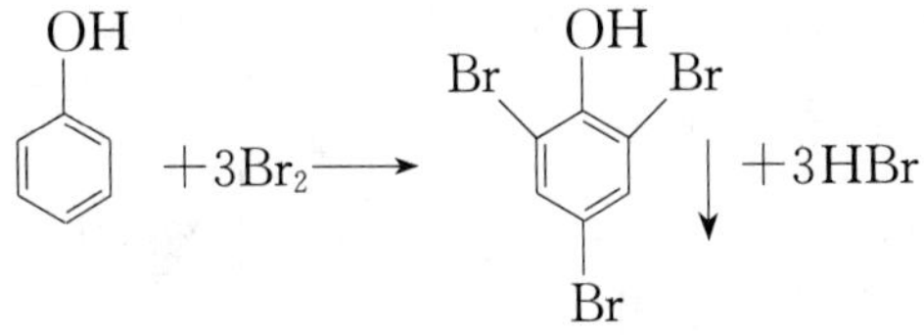

2,4,6-三溴苯酚(白色)

氯气与苯酚也能发生相似的反应。用三氯化铁或三氯化铝作催化剂,可得到五氯苯酚。

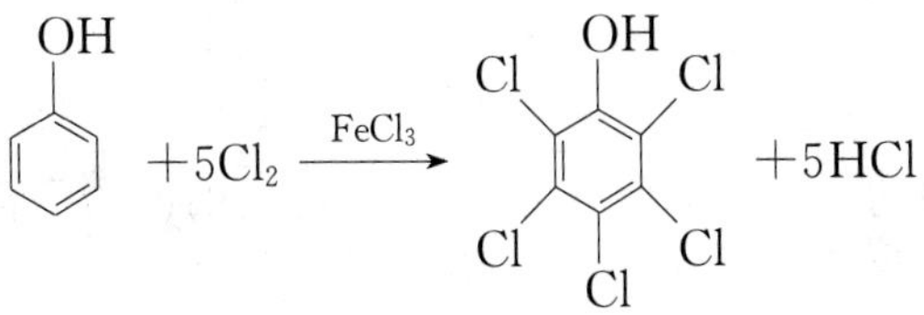

五氯苯酚是无色粉末或晶体,熔点 190~191℃,几乎不溶于水,而溶于稀碱液、乙醇、乙醚、丙酮、苯等,微溶于烃类。五氯苯酚酸性很强,具有杀菌、杀虫、除草等作用。常用于稻田除稗草、木材防腐剂,并能防治藻类和黏菌生长。其钠盐可防除杂草,消灭血吸虫的中间寄主——钉螺等。

(2) 硝化。

在低温下,稀硝酸与苯酚作用,可得到邻、对位硝基苯酚的混合物。

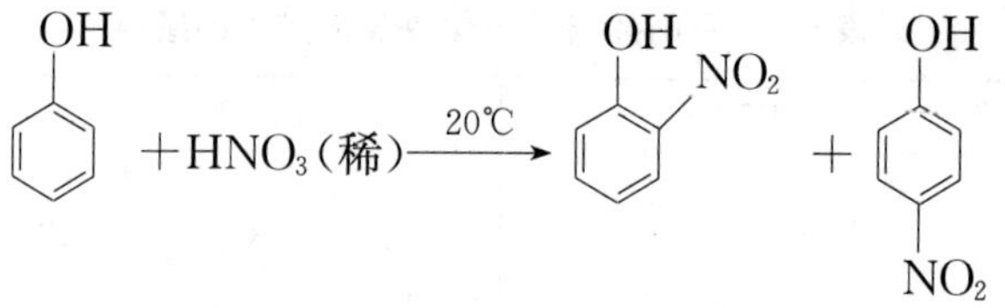

苯酚与浓硝酸作用,可生成 2,4,6-三硝基苯酚。2,4,6-三硝基苯酚为黄色结晶,熔点 122℃,它的水溶液酸性很强(pK$_a$＝0.38),有苦味,俗称苦味酸,是一种烈性炸药。此外,它可用来作为黄色染料。

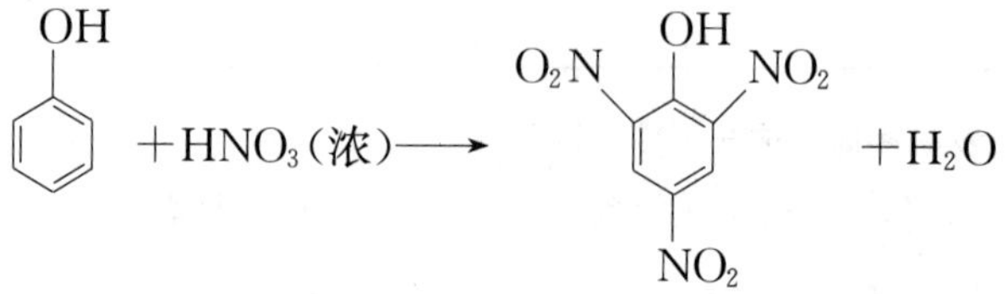

此反应同时有 2,4-二硝基苯酚生成。由于苯酚易被氧化,产率很低,一般不用此反应来制备苦味酸,而是采用先磺化再硝化的办法,这样产率可达 90%。

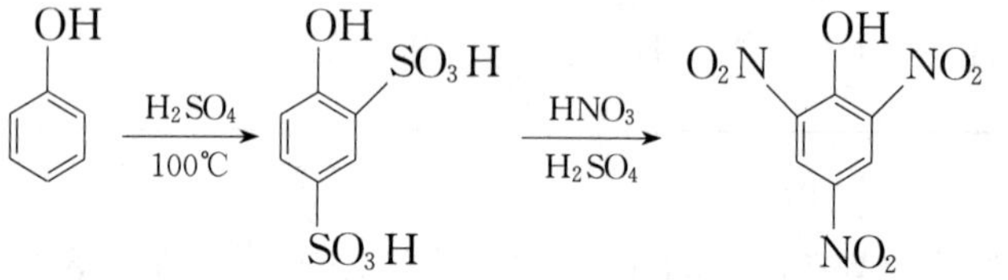

(3) 磺化。

在常温下,苯酚与浓硫酸发生磺化反应,生成邻羟基苯磺酸;在 100℃进行磺化,则主要产物是对羟基苯磺酸。这是由于磺酸基位阻大,温度升高时,邻位的位阻效应显著,所以取代反应主要在对位上进行。进一步磺化可得到苯酚的二磺酸。

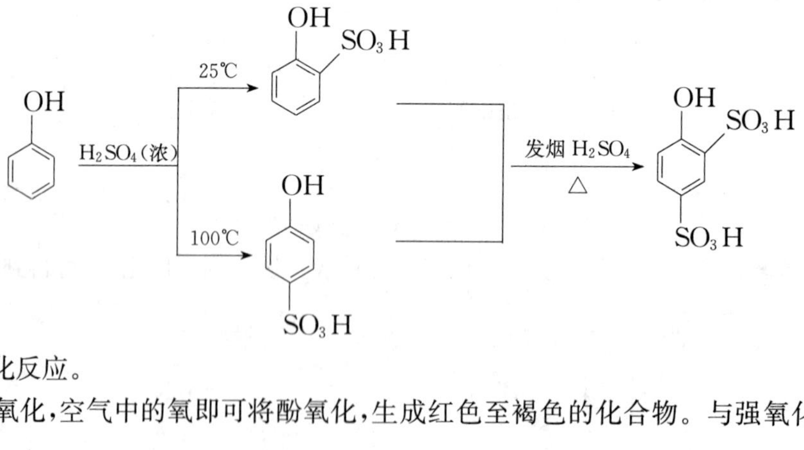

(4) 氧化反应。

酚易被氧化,空气中的氧即可将酚氧化,生成红色至褐色的化合物。与强氧化剂作用,则生成对苯醌。

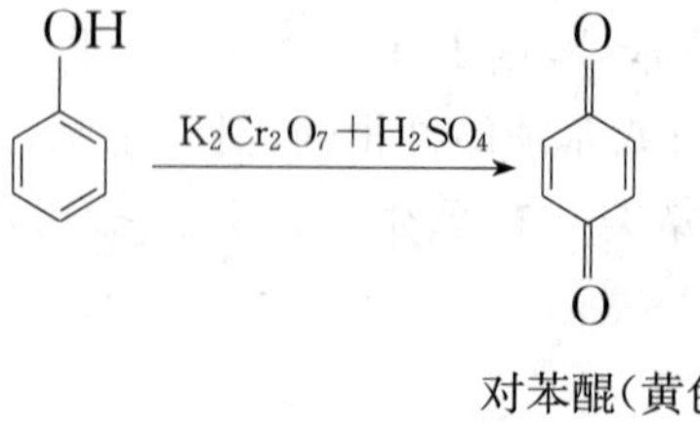

对苯醌(黄色)

多元酚更易被氧化,特别是在碱性溶液中,羟基处于邻位、对位的多元酚最易被氧化。例如,对苯二酚可被弱氧化剂(如溴化银、氧化银等)氧化生成对苯醌。

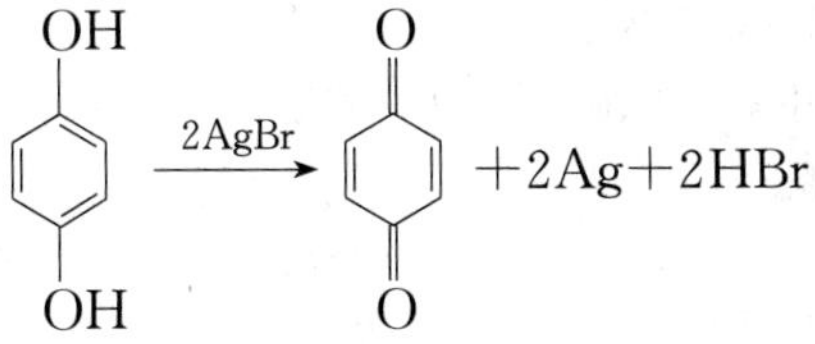

$$\text{对苯二酚} \xrightarrow{2AgBr} \text{对苯醌} + 2Ag + 2HBr$$

对苯醌(黄色)

利用此性质,对苯二酚可用作照相中的显影剂,将感光后的溴化银还原为金属银。

茶叶、新鲜蔬菜、去皮的水果等放置后变褐的现象,也是由于其中所含的多元酚被空气氧化的结果。

由于酚类容易被氧化,在食品、石油、塑料、橡胶等工业品中常加入少量酚作为抗氧化剂。

9.2.3　酚的制备

1. 异丙苯的氧化

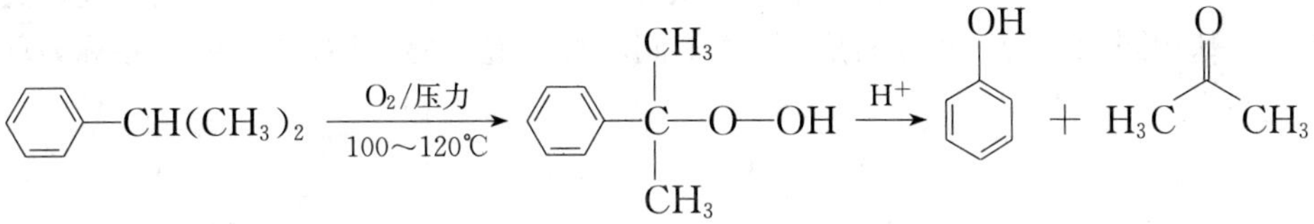

$$\text{苯}-CH(CH_3)_2 \xrightarrow[100\sim120℃]{O_2/压力} \text{苯}-C(CH_3)_2-O-OH \xrightarrow{H^+} \text{苯酚} + H_3C-CO-CH_3$$

这是目前工业上生产苯酚的主要方法,同时联产丙酮。

2. 磺酸盐的碱熔

芳烃磺酸与氢氧化钠熔融再经酸化可得到酚。例如

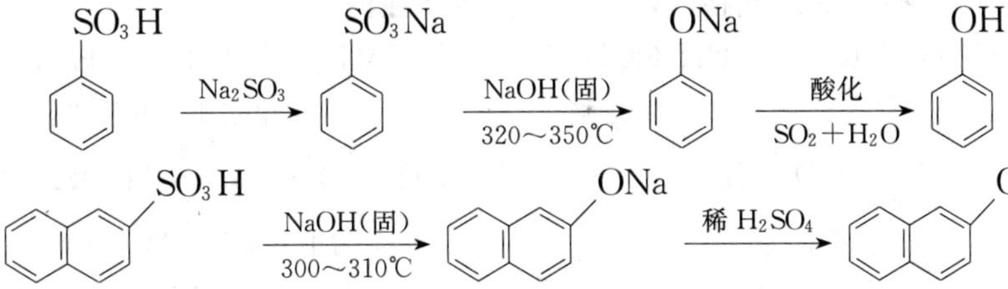

$$\xrightarrow{Na_2SO_3} \xrightarrow[320\sim350℃]{NaOH(固)} \xrightarrow[SO_2+H_2O]{酸化}$$

$$\xrightarrow[300\sim310℃]{NaOH(固)} \xrightarrow{稀 H_2SO_4}$$

此法设备简单,产率和产品纯度高,但操作工序烦多,生产不易连续化,同时要耗用太多的硫酸和烧碱,对设备要求高,对环境有污染,已逐渐被淘汰。

3. 卤代芳烃的高温水解

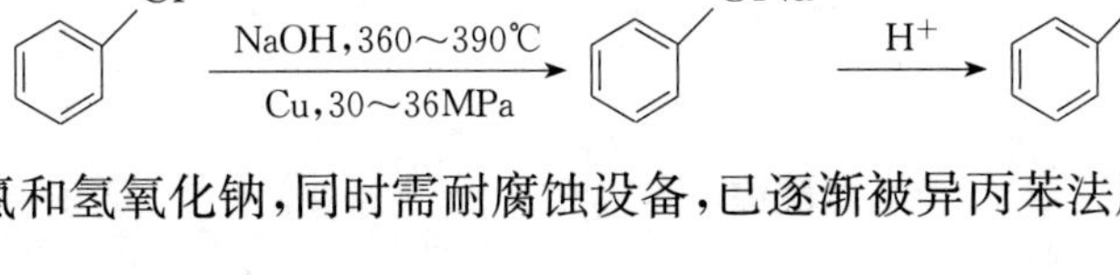

$$\text{Cl} \xrightarrow[Cu,30\sim36MPa]{NaOH,360\sim390℃} \text{ONa} \xrightarrow{H^+} \text{OH}$$

此法因消耗氯和氢氧化钠,同时需耐腐蚀设备,已逐渐被异丙苯法所代替。

4. 芳香族重氮盐的水解

重氮盐和水反应产生成酚,这是制备酚的最好方法。

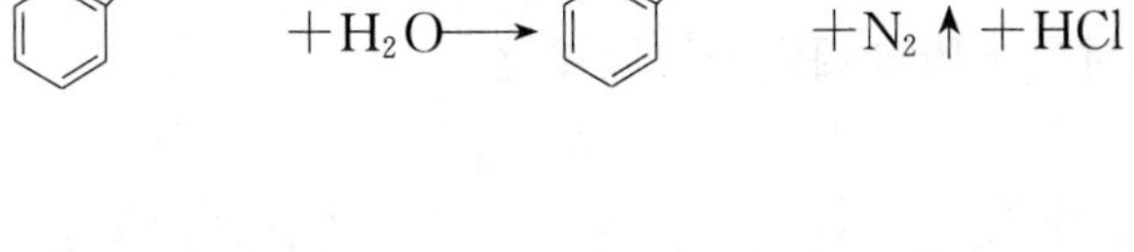

$$\text{N}_2\text{Cl} + H_2O \longrightarrow \text{OH} + N_2 \uparrow + HCl$$

问题 9-5　　(1) 下列化合物酸性最强的是

A. 对硝基苯酚　　　　B. 对甲氧基苯酚　　　　C. 苯酚　　　　D. 乙醇

(2) 下列化合物酸性最强的是

A. 碳酸　　　　　　　B. 苯酚　　　　　　　　C. 环己醇　　　D. 对硝基苯酚

(3) 下列化合物在水中溶解度最大的是

A. 丙醇　　　　　　　B. 正丁醇　　　　　　　C. α-氯丙烷　　D. 1-氯丁烷

9.3　醚

9.3.1　醚的分类与命名

1. 醚的分类

醚可看作是醇或酚羟基的氢原子被烃基取代而成的化合物。烃基可以是烷基、烯基、芳基等。两个烃基相同的称为简单醚；两个烃基不同的称为混合醚；具有环状结构的称为环醚。

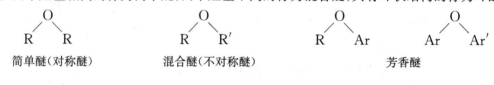

简单醚(对称醚)　　　　混合醚(不对称醚)　　　　　　芳香醚

2. 醚的命名

结构比较简单的醚，命名时在醚字前加上烃基的名称即可，表示相同的烃基的"二"字常可省略；混合醚命名时，较小的烃基在前，有芳基时，芳基在前。

$$CH_3CH_2OCH_2CH_3 \qquad CH_3OCH_2CH_3 \qquad (CH_3)_2CHCH{=}CHCH_2OCH_3$$

乙醚　　　　　　　　甲乙醚　　　　　　　4-甲基-1-甲氧基-2-戊烯

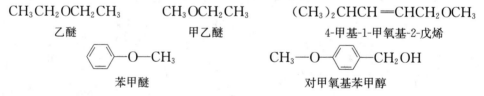

苯甲醚　　　　　　　　　　对甲氧基苯甲醇

9.3.2　醚的结构与性质

1. 醚的结构

醚的通式是 R—O—R 或 R—O—R′，—O— 键称为醚键，醚键是醚的官能团。醚不是线形分子，醚的结构与水相似，两个 C—O 键的偶极矩不能相互抵消，因而醚具有一定的偶极矩，使分子有弱极性。

醚键　　　　$C \underset{110°}{\overset{O}{\diagdown\diagup}} C$　　$\underset{1.18D}{\uparrow\stackrel{-}{\stackrel{}{+}}}$

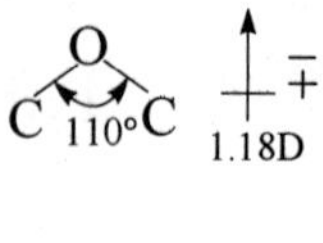

2. 醚的物理性质

常温下除甲醚、甲乙醚为气体外，大多数醚为无色、有香味、易挥发、易燃烧的液体，与空气混合到一定比例会爆炸。醚分子中没有羟基，分子间不能形成氢键而缔合，所以其沸点比相应的醇、酚低得多，与相对分子质量相当的烷烃接近。

由于醚具有弱极性,而且与水分子间能形成氢键,因此它在水中的溶解度与相应的醇相近。甲醚、环氧乙烷、四氢呋喃、1,4-二氧六环等可以与水混溶。醚又是良好的有机溶剂。一些醚的物理常数见表 9-4。

表 9-4　一些醚的物理常数

名称	熔点/℃	沸点/℃	密度(20℃)/(g/cm³)
甲醚	−138.5	−23	0.661
乙醚	−116.2	34.5	0.714
正丁醚	−95.3	142	0.769
苯甲醚	−37.5	155	0.994
二苯醚	26.8	258	1.074
环氧乙烷	−111	13.5	0.882
四氢呋喃	−65	67	0.889
1,4-二氧六环	11.8	101	1.0337

问题 9-6　用 IUPAC 命名下列化合物。

(1) $CH_3CH=CHCH_2CH_2OH$

(2) $CH_3CHCH_2CHCH_2CH_3$ （OH, OH）

(3) $HC≡CCH_2CH_2CH_2OH$

(4) 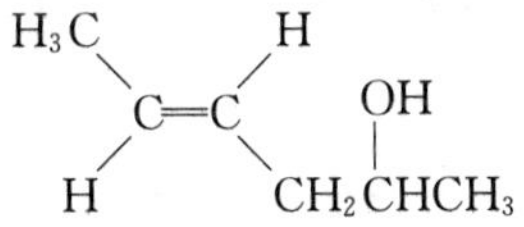 结构式

(5) 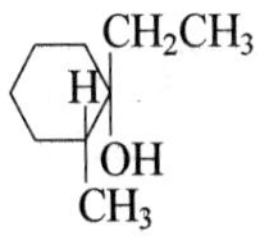 结构式

(6) 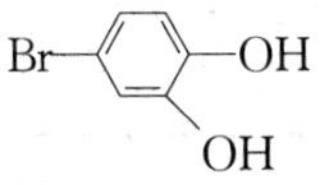 Br—OH—OH 结构式

(7) $CH_3CH_2—CH—CHCH_3$ （OH, OCH_3）

(8) $CH_3CH_2—O—CH(CH_3)_2$

(9) 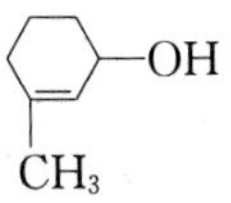 结构式 —OH CH_3

(10) $CH_3OCH_2CHCH_2CH(CH_3)_2$ OH

3. 醚的化学性质

醚是一类很稳定的化合物(某些环醚例外),常温下与活泼金属、碱、氧化剂和还原剂等都不反应。但由于醚键的存在,也可进行以下的反应。

1) 锌盐的生成

醚分子中氧原子上有未共用电子对,它是一个路易斯碱,在常温下能接受强酸(H_2SO_4、HCl 等)中的质子生成锌盐。醚的锌盐不稳定,温度稍高或用水稀释便立即析出原来的醚。利用这一性质,可以分离醚与卤代烃或烷烃的混合物。

$$ROR+HX \longrightarrow \left[\begin{array}{c} H \\ R—O—R \\ + \end{array} \right] X^- \xrightarrow{H_2O} R—O—R +H_3O^+ +X^-$$

2）醚键的断裂

醚键虽然很稳定,但在浓 HX 存在下加热,醚键易断裂生成卤代烷和醇(或酚)。浓氢碘酸的作用最强,在常温下就可使醚键断裂。

$$R—O—R' \xrightarrow{HI} ROH + R'I$$

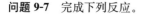

混合醚与氢碘酸作用时,一般是较小的烃基生成碘代烷,较大的烃基生成醇,生成的醇进一步与氢碘酸作用生成碘代烷。如果其中一个是芳基时,则反应生成碘代烷和酚。二苯醚的醚键较稳定,在氢碘酸作用下不易断裂。

醚键断裂的反应是一种亲核取代反应。首先是醚遇强酸形成锌离子,然后按 S_N1 或 S_N2 反应生成卤代烃和醇(或酚)。反应历程与醇分子中的羟基被取代的历程一样。

3）过氧化物的生成

醚对氧化剂较稳定,但乙醚等低级醚和空气长时间接触,会慢慢氧化生成过氧化物。过氧化物不稳定,不易挥发,受热时容易分解而发生爆炸。因此醚类化合物一般应存放在深色的玻璃瓶内,或加入抗氧化剂(如对苯二酚等),防止过氧化物的生成。在蒸馏乙醚时注意不要蒸干,蒸馏前必须检验是否有过氧化物。检验的方法可用碘化钾淀粉试纸或试液,或用硫酸亚铁与铁氰化钾 $[K_3Fe(CN)_4]$ 混合液,如有过氧化物,前者呈深蓝色,后者呈深红色。除去过氧化物的方法是加入适当的还原剂(如 $FeSO_4$ 或 Na_2SO_3)水溶液洗涤,使过氧化物分解破坏。

问题 9-7　完成下列反应。

(1) ⬡—OCH_2CH_3 $\xrightarrow{HI}$ (　　) 　　(2) H_2C—CH_2 （环氧） $\xrightarrow{CH_3CH_2CH_2CH_2MgBr}$ (　　)$\xrightarrow[H^+]{H_2O}$ (　　)

问题 9-8　完成下列转变。

$$\underset{\underset{CH_3}{|}}{CH_3CHCHCH_3} \longrightarrow \underset{\underset{CH_3}{|}}{CH_3CCH_2CH_3}$$
（OH）　　　　　　（OH）

9.3.3　醚的制备

1. 醇的脱水

在酸性催化剂作用下,两分子醇之间可以脱水生成醚。

$$2ROH \xrightarrow[140℃]{H_2SO_4} R—O—R + H_2O$$

这是合成简单醚的常用方法。伯醇产率较佳,仲醇产率很低。

2. Willimson 合成法

Willimson 合成是制备混合醚的一种重要方法,是用卤代烷与醇钠或酚钠进行亲核取代反应制得。

$$RX + NaOR' \longrightarrow R-O-R' + NaX$$
$$RX + NaOAr \longrightarrow R-O-Ar + NaX$$

9.4 醇、酚和醚的红外光谱

在醇的红外光谱中,醇的羟基有两个吸收峰。游离羟基的伸缩振动吸收峰出现在 3610~3650cm^{-1}处,峰形较锐。缔合羟基的吸收峰移向 3200~3600cm^{-1} 的低频率,峰形较宽。酚的红外光谱和醇一样,羟基的红外吸收与氢键有关。例如,酚在 CCl$_4$ 溶液中未形成氢键的羟基伸缩振动吸收带在 3600~3640cm^{-1}处;形成氢键时,吸收移向较低频率。

醇羟基的 C—O 键伸缩振动引起的强而宽的谱带出现在 1000~1200cm^{-1}处,其中伯醇约在 1060~1030cm^{-1}区域;仲醇在 1100cm^{-1}附近;叔醇在 1140cm^{-1}附近。酚羟基的 C—O 键伸缩振动吸收峰出现在稍高的 1230cm^{-1}附近。图 9-3 为乙醇的红外光谱图,图 9-4 为对甲苯酚的红外光谱图。

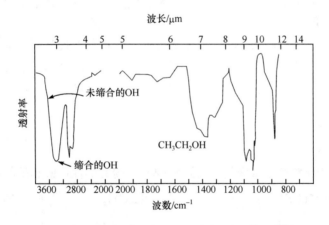

图 9-3　乙醇(10%乙醇的 CCl$_4$溶液)的红外光谱图

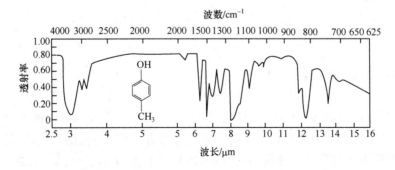

图 9-4　对甲苯酚的红外光谱

醚的红外光谱当然不含有醇的特征 O—H 伸缩振动吸收谱带,但在 1060~1300cm^{-1}范围内有较强且宽的 C—O 伸缩振动吸收峰,这是醚红外光谱的显著特征。其中烷基醚在 1060~1150cm^{-1}区域;芳基醚在 1200~1275cm^{-1}区域;乙烯基醚在 1020~1075cm^{-1}区域。

9.5 硫醇、硫酚与硫醚

9.5.1 硫醇与硫酚

1. 结构与物理性质

$$R—CH_2SH \qquad \bigcirc—SH$$

$$\text{硫醇} \qquad\qquad \text{硫酚}$$

硫醇(mercaptan)与硫酚(thiophenol)中的硫原子采取 sp^3 杂化,硫上的两对孤电子对分别占据一个 sp^3 杂化轨道,剩下的两个 sp^3 杂化轨道分别与碳、氢形成 σ 键。甲硫醇中的碳硫键键长为 182pm,硫氢键键长为 133.5pm,键角 ∠CSH 为 96°。

硫的电负性比氧小,又由于外层电子距核较远,受核的束缚力小,所以硫醇的巯基之间相互作用弱,难以形成氢键,故其沸点比相应的醇低;同样,硫酚的沸点也比相应的酚低。例如,甲硫醇沸点 6℃,甲醇 65℃;硫酚的沸点 168℃,苯酚的沸点 181.4℃。巯基与水也难以形成氢键,所以硫醇在水中的溶解度比相应的醇小,乙醇能与水以任何比例混溶,而乙硫醇在 100g 水中的溶解度仅为 1.5g。

低级硫醇有毒,且有极难闻的臭味,如乙硫醇在空气中的浓度达到 10^{-11} g/L 时,即可闻到臭味。臭鼬用作防御武器的分泌液中含有多种硫醇,散发出恶臭味,以防外敌接近。硫酚与硫醇近似,气味也很难闻。随着相对分子质量的增大,臭味逐渐减弱。

2. 化学性质

1) 酸性和成盐反应

硫氢键的离解能比相应的氧氢键小,因此硫醇、硫酚的酸性比醇和酚的酸性强,例如

$$CH_3CH_2SH \qquad pK_a=10.6 \qquad CH_3CH_2OH \qquad pK_a=15.9$$

$$\bigcirc—SH \qquad pK_a=7.8 \qquad \bigcirc—OH \qquad pK_a=9.96$$

硫醇的酸性比硫酚弱,只能与强碱反应。

$$RSH+NaOH \longrightarrow RSNa+H_2O$$

$$\bigcirc—SH \ +NaHCO_3 \longrightarrow \bigcirc—SNa \ +CO_2\uparrow+H_2O$$

硫醇易与重金属盐反应,生成不溶于水的硫醇盐。

$$2RSH+HgO \longrightarrow (RS)_2Hg\downarrow+H_2O$$

许多重金属盐能引起人畜中毒,其原因是这些重金属离子与生物体内酶的巯基结合,使酶失去活性。临床上利用硫醇能与重金属离子形成配合物或不溶性盐的性质,将其用作解毒剂。例如,2,3-二巯基-1-丙醇就是一种硫醇解毒剂(俗称巴尔 BAL),它可以与重金属离子形成稳定的配合物,从尿中排出,从而消除了重金属离子对酶的破坏作用。例如

$$\begin{array}{c} CH_2—OH \\ | \\ CH—SH \\ | \\ CH_2—SH \end{array} +Hg^{2+} \longrightarrow \begin{array}{c} CH_2—OH \\ | \\ CH \ —S \\ | \qquad \quad \diagdown Hg \\ CH_2—S \diagup \end{array} \ \downarrow \ +2H^+$$

2）氧化反应

由于硫原子对其最外层电子吸引力小，因此很容易给出电子，甚至在弱氧化剂的作用下就能给出电子而被氧化。一些弱氧化剂，如碘、过氧化氢，甚至空气中的氧，都能将硫醇氧化成二硫化物。

$$2RSH + I_2 \xrightarrow[25℃]{C_2H_5OH/H_2O} RSSR + 2HI$$

如果采用标准碘溶液，上述反应可用来测定硫醇的含量。生成的二硫化物用还原剂（如锌粉和酸）可将其还原成硫醇。硫醇与二硫化物之间的氧化还原反应是生物体内十分重要的转化过程。例如，蛋白质中的胱氨酸与半胱氨酸之间就存在着这种转化。

$$\begin{array}{c}
CH_2—SH \\
| \\
CH—NH_2 \\
| \\
COOH
\end{array}
\underset{[H]}{\overset{[O]}{\rightleftharpoons}}
\begin{array}{ccc}
CH_2—S—S—CH_2 \\
| \qquad\qquad | \\
CHNH_2 \qquad CHNH_2 \\
| \qquad\qquad | \\
COOH \qquad COOH
\end{array}$$

　　　　半胱氨酸　　　　　　　　　胱氨酸

强氧化剂如高锰酸钾、硝酸等可将硫醇、硫酚氧化成磺酸，中间经过了次磺酸、亚磺酸等。例如

$$C_2H_5SH \xrightarrow{KMnO_4} C_2H_5SO_3H$$
　　　　　　　　　　乙磺酸

$$\text{⟨苯基⟩—SH} \xrightarrow{\text{浓 HNO}_3} \text{⟨苯基⟩—SO}_3H$$
　　　　　　　　　　苯磺酸

9.5.2　硫醚

低级硫醚是无色液体，有臭味，但不如硫醇那样强烈。硫醚的沸点比相应的醚高。硫醚不溶于水，可溶于醇和醚中。

由于硫的原子半径比较大，原子核对外层价电子的束缚力比醚中的氧原子小，因此硫醚的给电子能力比醚强，即硫醚的亲核性比醚强。例如，硫醚可与 $HgCl_2$、$PtCl_4$ 等金属盐形成不溶性的配合物，而乙醚则需与强的路易斯酸如 BF_3、$RMgX$ 才能形成配合物。硫醚与叔胺相似，可与卤代烷形成相当稳定的盐，称为锍盐（$R_3S^+X^-$）。例如，甲硫醚与碘甲烷反应，生成碘化三甲锍，可分离出来。而与其相应的盐（$R_3O^+X^-$）则分离不出来。

$$CH_3—S—CH_3 + CH_3I \longrightarrow (CH_3)_3S^+I^-$$
　　　　　　　　　　　　　　碘化三甲锍

硫醚也可以被氧化为高价含硫化合物。例如，在等物质的量的过氧化氢作用下，硫醚被氧化成亚砜，如用过量的过氧化氢作用则进一步氧化成砜。

$$CH_3—S—CH_3 \xrightarrow{H_2O_2/HAc} CH_3—\overset{\displaystyle O}{\underset{}{S}}—CH_3 \xrightarrow{H_2O_2/HAc} CH_3—\overset{\displaystyle O}{\underset{\displaystyle O}{S}}—CH_3$$

　　二甲硫醚　　　　　　　　二甲亚砜　　　　　　　　　二甲砜

二甲亚砜（DMSO）是透明的无色液体，沸点为 189℃，熔点为 18.5℃，130℃ 以上可发生分解。二甲亚砜是一种优良的强极性非质子溶剂，在多种溶剂中不溶或难溶的化合物在二甲亚砜中能迅速溶解。二甲亚砜能以氧负的一端与金属络合，因此也能溶解无机盐。

9.6　醇、酚和醚的代表化合物与应用

9.6.1　醇的代表化合物与用途

1. 甲醇

甲醇最早从木材干馏得到,所以俗称木精或木醇。现可用水煤气(主要成分是 CO 和 H_2)为原料,在高温、高压和催化剂的作用下直接合成。

甲醇是无色易燃液体,沸点为 65℃,能溶于水,有剧毒。误饮后能使双目失明,量多时可以致死。已有报道,摄入 30mL 的甲醇可致死。工业乙醇中有时加入甲醇使其不能饮用(变性酒精)。甲醇被认为有毒是因为它能被代谢氧化成甲醛,甲醛能影响视觉的生理化学过程。甲醛被继续氧化为甲酸后能引起酸中毒,即异常降低血液的 pH;这种条件下会阻断氧气在血液中的传输而引起昏迷。甲醇是一种优良溶剂,也是有机合成工业的基本原料之一,还可用作汽车或喷气式飞机的燃料。

2. 乙醇

乙醇是酒的主要成分,俗称酒精。常温下乙醇为无色有醇香的易燃液体,沸点为 78.5℃,相对密度为 0.789。乙醇可与水任意混溶。乙醇是人类利用最早的有机物之一。

食用乙醇是通过糖类和淀粉(大米、土豆、玉米、大麦、花、水果等)的发酵制备的。工业乙醇是通过乙烯水合制备的。工业乙醇是含 95.6% 乙醇与 4.4% 水的恒沸混合物,沸点为 78.15℃,用直接蒸馏方法无法除去所含水分,通常用生石灰处理吸收水分后再蒸馏可得 99.5% 的乙醇,俗称无水酒精。欲使含水量进一步降低,则可在无水乙醇中加入金属镁,处理后在完全干燥的环境中蒸馏,可得到 99.95% 的高纯度酒精。要制备绝对无水乙醇,则采用生成醇钠后蒸馏的方法。

乙醇的用途很广,它是有机合成的重要原料,又是重要的有机溶剂,医药上用作消毒剂(70% 的乙醇)、防腐剂。随着化石燃料的逐渐减少,人们正在发展乙醇作为今后的燃料能源。

乙醇可调成各种酒精饮料,从药理学上分类为抑制剂,因为它可诱导对中枢神经系统非选择性的可逆抑制。进入体内的乙醇约有 95% 被体内代谢(通常在肝脏),最终生成二氧化碳和水。它虽然有高的热量,但几乎没有营养价值。

大部分药物随着浓度的增加,在肝脏中的代谢速率也增加,但乙醇不是这样,它的降解随时间呈线性关系。成人每小时能代谢 10mL 纯乙醇,大约相当于一杯鸡尾酒、一口烈酒或一听啤酒的乙醇含量。根据我国《车辆驾驶人员血液、呼气酒精含量阈值与检验》规定,100mL 血液中酒精含量达到 20~80mg 的驾驶员即为酒后驾车,80mg 以上认定为醉酒驾车。

虽然长期适量地饮用酒精饮料(约每天两罐啤酒)不会对机体产生伤害,但是大量过度的酗酒会引起生理和心理症状,即所谓的酒精中毒,包括幻觉、过度兴奋、肝脏疾病、痴呆、胃炎和成瘾。人体血液中的乙醇含量达到 0.4% 可致死。

在急性甲醇或乙二醇中毒中,需要用接近毒害剂量的乙醇来治疗。这种做法能够抑制甲醇或乙二醇的代谢,并使它们在二次代谢产物浓度增大前得以排出体外。

3. 三十烷醇

三十烷醇学名为 1-三十醇[$CH_3(CH_2)_{28}CH_2OH$],是一些植物蜡(如米糠蜡)和动物蜡

(如峰蜡)的主要成分。将这些蜡水解,可以分离得到三十烷醇。纯三十烷醇是白色鳞片状晶体,熔点为 87℃,不溶于水,难溶于冷乙醇和丙酮,易溶于氯仿和四氯化碳等有机溶剂。

三十烷醇是一种植物生长调节剂,能提高作物的代谢水平和光合强度,加强干物质积累和能量储存,促进和改善作物的产量构成,在提高产量和改善品质上有良好的作用。它具有使用剂量低、对人畜无毒、适用性广等优点。

4. 乙二醇

乙二醇是最简单也是最重要的二元醇,俗称甘醇,工业上用环氧乙烷水解制得。它是无色带有甜味的黏稠状液体,沸点为 198℃,熔点为 −16℃。能与水、乙醇或丙酮混溶,但不溶于极性较小的乙醚。

乙二醇是高沸点溶剂,是合成涤纶及其他高聚物的原料,其水溶液的冰点较低,故是良好的防冻剂。其毒性与简单的醇相当。

5. 丙三醇

丙三醇俗称甘油,为无色、无臭、有甜味的黏稠液体。沸点为 290℃,熔点为 18℃,相对密度为 1.26。与水任意混溶,有很强的吸湿性,不溶于乙醚、氯仿等有机溶剂。甘油广泛应用于化妆品、皮革、烟草、食品及纺织等工业的润湿剂或添加剂。用硝酸处理得到三硝酸酯称为硝化甘油,是一种强力炸药。硝化甘油的爆炸威力是由于它在碰撞下能发生强烈放热分解反应,在几分之一秒内产生大量的气体(氮气、二氧化碳、水气和氧气),使温度升高至 3000℃ 以上,压力大于 2000 大气压。丙三醇还用作合成树脂等的原料。

甘油可从动植物油脂水解得到,是肥皂工业的副产品。工业上合成甘油是利用石油裂解气中的丙烯,通过高温氯化水解后制得的。

6. 环己六醇

环己六醇最初从动物肌肉中分离得到,故俗称肌醇。它是白色结晶,熔点为 225℃,相对密度为 1.75,有甜味,易溶于水而不溶于有机溶剂。

肌醇不仅存在于动物肌肉、心脏、肝、脑等器官中,而且广泛存在于植物体中。它能促进肝和其他组织中的脂肪代谢,也能降低血压,可用于治疗肝病及胆固醇过高引起的疾病。

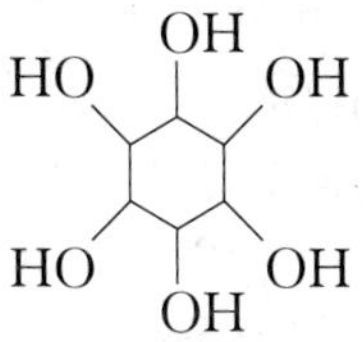

肌醇 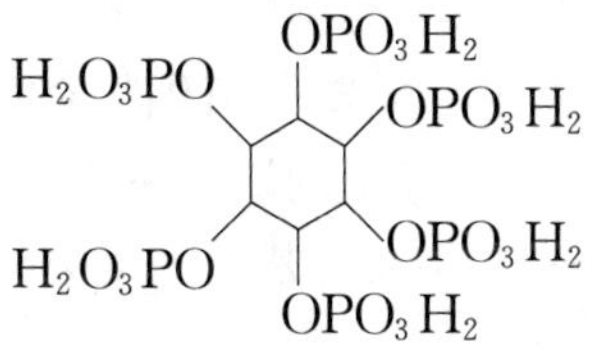　　　　　　　　植酸

肌醇的六磷酸酯称为植酸。植酸常以钙盐的形式存在于植物体内,在种子、谷物种皮、胚等部位含量较多,种子发芽时,它在酸的催化作用下分解,供给幼芽生长所需的磷酸。

目前,肌醇的工业生产多以淀粉尾水、玉米浸渍水和米糠等农副产品为原料制得。

7. 木糖醇

木糖醇的分子式为 $CH_2OH—CHOH—CHOH—CHOH—CH_2OH$,相对分子质量为152.15;化学名称为木-戊烷-1,2,3,4,5-五醇,又称木戊醇,呈无味、白色结晶粉末状,甜度与蔗糖相近;热量为 2.4kcal/g,低于蔗糖;溶解度为 170g,与蔗糖相近;溶解热为 145J/g,高于蔗糖的溶解热(17.9J/g)。食用时有一种凉爽愉快的口感特性,因此,木糖醇经常作为甜味剂添加在各种食品中(如口香糖、糖果、饮料等)。

9.6.2　酚的代表化合物与用途

1. 苯酚

苯酚俗称石炭酸,是煤焦油分馏产物之一。纯净的苯酚是有刺激性气味的无色针状结晶,有毒,熔点为 43℃,在空气中放置易因氧化而变成红色。常温下苯酚微溶于水,易溶于乙醇和乙醚等有机溶剂。

苯酚是有机合成的重要原料,用于制造塑料、染料、药物、农药、炸药等。苯酚能凝固蛋白质,因而具有杀菌能力,对皮肤有腐蚀性,常用作消毒剂和防腐剂。

2. 甲苯酚

甲苯酚也是煤焦油的分馏产物,俗称煤酚。它有邻、间、对 3 种异构体,因三者的沸点接近,难以分离,市售商品为三者的混合物。甲苯酚难溶于水,但能溶于肥皂溶液中。有与苯酚相似的气味,杀菌能力比苯酚强,医药上使用的消毒剂"煤酚皂"(俗称来苏儿),就是含有 47%~53%的 3 种甲苯酚的肥皂水溶液。一般家庭消毒和畜舍消毒,可释释至 3%~5%。

3. 苯二酚

苯二酚有邻、间、对 3 种异构体。

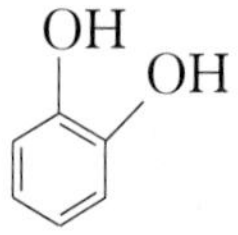

邻苯二酚	间苯二酚	对苯二酚
(儿茶酚、焦儿茶酚)	(树脂酚)	(氢酚)

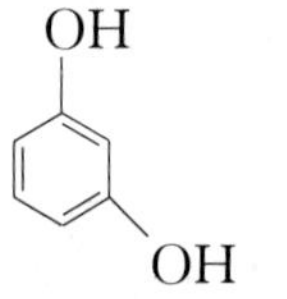

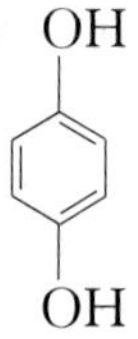

它们都是无色结晶固体,有弱酸性,可溶于水、乙醇、乙醚中。邻苯二酚常以游离态或与其他物质结合存在于植物中。重要的衍生物有存在于丁香花蕾、肉桂皮、肉豆蔻中的丁香酚,愈创木树脂内的愈创木酚,生漆中的漆汁酚等。对苯二酚的葡萄糖苷存在于植物中,间苯二酚不存在于自然界中。邻苯二酚和对苯二酚主要用作还原剂,如显影剂、阻聚剂等。

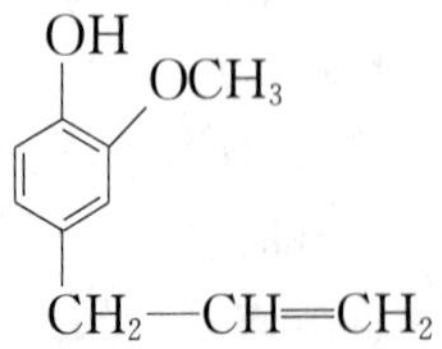

丁香酚	愈创木酚	漆汁酚

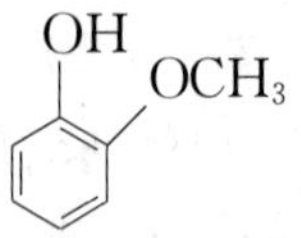

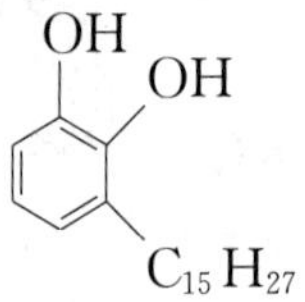

在人体的代谢过程中,从蛋白质得到有邻苯二酚结构的物质,氧化后得到黑色素,黑色素是赋予皮肤、眼睛、头发以黑色的物质。间苯二酚又称雷锁辛(resorcinol),医学上常配制成洗涤剂或软膏,用以治疗皮肤病。

4. 苯三酚

常见的苯三酚有以下两种。

（1）焦性没食子酸：是白色晶体，还原性强，常被氧化呈棕色，有毒。熔点为 133℃，易溶于水，溶于乙醇、乙醚，常用于制造染料和合成药物的原料，也常用作显影剂。由于它易吸收空气中的氧气，故常用于混合气体中氧气的定量分析。

（2）根皮酚：为白色至淡黄色晶体，在光中颜色变深，有甜味，微溶于水，溶于乙醇、乙醚、吡啶和碱溶液，用于制造染料、药物、树脂，并可用作晒图纸的显色剂。

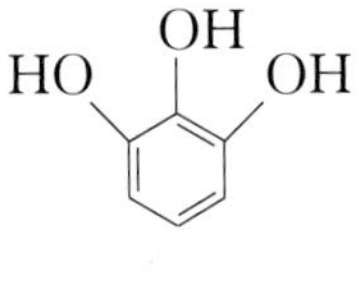

1,2,3-苯三酚　　　　　　　　1,3,5-苯三酚
（焦性没食子酸）　　　　　　　（根皮酚）

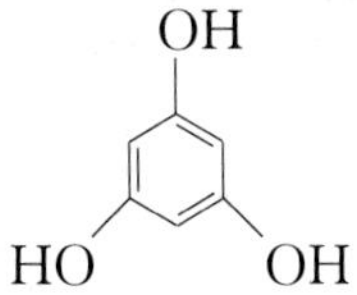

9.6.3　醚的代表化合物与用途

1. 乙醚

乙醚是易挥发的无色透明液体，沸点为 34.5℃，易燃，微溶于水，比水轻。乙醚蒸气与空气的混合物易爆炸，爆炸极限 1.85%～36.5%（体积分数），因此使用时要特别注意安全，尤其要远离火源。

乙醚是良好的有机溶剂，医学上用作麻醉剂，由于其具有副作用（如对呼吸道的刺激和剧烈呕吐）而未能继续使用。大牲畜进行外科手术时，也可用乙醚麻醉，但由于乙醚易燃，已被不易燃烧的麻醉剂如 $F_3C—Cl(Br)$、$CHCl_2—CF_2—O—CH_3$ 等所代替。乙醚和其他醚类化合物与空气混合会发生爆炸。

2. 环氧乙烷（杂氧环丙烷或氧化乙烯）

环氧乙烷是最简单和最重要的环醚，为无色液体，沸点为 13.5℃，可溶于水、乙醇、乙醚。环氧乙烷易燃，爆炸极限为 3.6%～78%（体积分数）。因此，常将它储存于钢瓶中。

环氧乙烷可由乙烯与氧在银的催化下制备。

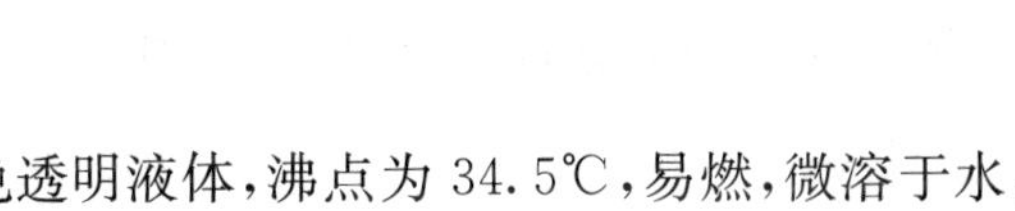

$$CH_2{=}CH_2 + \frac{1}{2}O_2 \xrightarrow[250℃,加压]{Ag} \underset{O}{CH_2{-}CH_2}$$

环氧乙烷是三元环结构，张力较大，不稳定，化学性质活泼，能与多种含有活泼氢的化合物反应，生成相应的双官能团化合物。例如

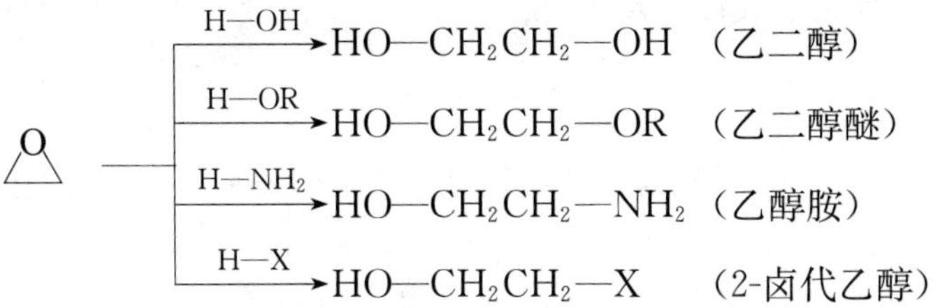

自然界中，环氧乙烷衍生物能控制昆虫的变态，是芳香族碳氢化合物在酶催化的氧化过程

中生成的,并常导致高致癌性产物。

乙二醇和乙二醇醚类可用作溶剂和抗冻剂。乙二醇甲醚、乙二醇乙醚、乙二醇丁醚等常用作硝化纤维、树脂和漆类的溶剂,又用作去漆剂,工业上称为溶纤剂。除环氧乙烷外,常见的环醚还有

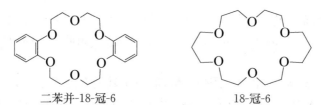

1,2-环氧丙烷　　　　　1,4-环氧丁烷(四氢呋喃)　　　　1,4-二氧六环(二噁烷)

四氢呋喃为油状液体,沸点为 67℃,是一种广泛应用的非质子溶剂,也是合成尼龙的原料。

3. 冠醚

冠醚是具有 $\left(OCH_2CH_2\right)_n$ 重复单位的一类具有环状结构的大环多醚类化合物,由于它的形状似西方的皇冠,故称为冠醚(crown ethers)。1962 年,美国化学家 C. J. Pedersen 合成了第一个冠醚。由于冠醚有其特殊的性质与用途,几十年来,冠醚化学有了很大的发展。

冠醚的系统命名较复杂,一般用简单方法命名,用 X-冠-Y 表示。X 表示环上的原子总数,Y 表示氧原子总数,环上的烃基名称和数目作为词头。例如

二苯并-18-冠-6　　　　　　　　　18-冠-6

冠醚最突出的特点是它有醚键,分子中有一定的空穴,金属离子可以钻到空穴中与醚键配合。不同结构的冠醚由于空穴的大小不同,可以容纳的金属离子也不同,从而对金属离子具有较高的配合选择性。例如,12-冠-4 可与锂离子配合;18-冠-6 可与钾离子配合,因此可利用冠醚分离金属离子的混合物。

冠醚的另一特点是可与许多有机溶剂混溶。由于它既能溶解有机物,又能与金属离子络合,故可用作"相转移催化剂"。

$$RBr+KCN \xrightarrow[\text{冠醚}]{\text{有机溶剂}} RCN+KBr$$

由于固体 KCN 难溶于有机物,因此该反应不易发生。若加入 18-冠-6,反应则迅速进行,这是由于该醚与 K^+ 配合,使 KCN 以络合物形式溶于有机物,故能促进反应的进行。

冠醚形成络合物的选择性和相转移的特性,使它在有机合成和理论研究上有一定的意义,如用于元素有机化合物的制备、反应历程的研究、外消旋氨基酸的拆分及不对称合成等。冠醚的应用已引人注目,但由于其毒性大,合成难度大,价格高,限制了它的应用范围。

4. 除草醚

除草醚的学名为 2,4-二氯苯基-4′-硝基苯基醚,或称 2,4-二氯-4′-硝基二苯醚。

除草醚是浅黄色针状晶体，熔点为 70～71℃，难溶于水，易溶于乙醇等有机溶剂。它在空气中稳定，对金属无腐蚀性，对人、畜安全。它对刚萌芽的稗草、鸭舌草、牛毛草等有触杀毒性，是一种常用的稻田除草剂，并适用各种土质和气温。

阅读材料

木质素制乙醇

生物乙醇是以富含淀粉、糖分的生物质为原料通过发酵和蒸馏提纯制得的乙醇，属于可再生资源。生物质包括玉米、高粱、小麦、大麦、甘蔗、甜菜、土豆等含糖类和淀粉的作物。此外，城市垃圾、甘蔗渣、小树干、木片碎屑等纤维质原料也可用来生产乙醇。目前生物乙醇主要来自谷物粮食发酵，该工艺生产技术已经相当成熟，但生产成本较高，且受到粮食安全等社会因素的制约。生物乙醇最廉价的制取途径是废弃的农作物秸秆发酵。生物乙醇可以单独或与汽油混合配制成乙醇汽油作为汽车燃料。汽油掺乙醇有两个作用：一是乙醇辛烷值高达 115，可以取代污染环境的含铅添加剂来改善汽油的防爆性能；二是乙醇含氧量高，可以改善燃烧，减少发动机内的碳沉淀和一氧化碳等不完全燃烧污染物的排放。

目前世界上使用乙醇汽油的国家主要有美国、巴西等。在美国使用的是 E85 乙醇汽油，即 85% 的乙醇和 15% 的汽油混合作为燃料，而美国是用甘蔗和玉米来生产乙醇的，这种 E85 汽油的价格和性能与常规汽油相似。

据加拿大英属哥伦比亚大学一项最新研究成果显示，如果给予木质生物燃料产业适当支持，那么到 2020 年，木质生物燃料或将变得具有商业竞争力，有望成为玉米生物燃料的替代物。与玉米相比，木质生物燃料被认为更具有可持续性，木质燃料产生的温室气体较少，且生产过程中所消耗的水也较少。纤维素（木头的主要成分）是地球上储量最丰富的聚合物，而且与玉米和甘蔗中的淀粉和糖分不同，纤维素无法被人体消化。木质乙醇燃料的生产不会消耗粮食，也能减轻争夺耕地的压力。但是由于成本太高，尚未在加拿大和美国地区大规模商业化生产。木质乙醇的商业化生产需要政府的支持，才能真正在经济上具有可行性。

习　题

1. 写出下列化合物的名称或结构式。

(1) $CH_3-CH_2-\underset{CH_3}{CH}-\underset{OH}{CH}-CH_2-OCH_3$

(2)

(3)

(4)

(5)

(6) 四氢呋喃　　　(7) (E)-2-甲基-2-丁烯-1-醇　　　(8) 2,4-二氯-4'-硝基二苯醚

2. 不考虑对映异构体，试写出 C_4H_{10} 的所有醇的异构体，并用系统命名法命名。指出伯、仲、叔醇。哪些醇最容易脱水？哪些醇容易与 Na 作用？哪些醇最容易与 Lucas 试剂作用？

3. 不用查表，将下列化合物按照沸点从高到低的次序排列。

(1) 3-己醇　(2) 正己烷　(3) 2-甲基 2-戊醇　(4) 正庚醇

4. 按酸性从强至弱次序排列下列化合物。

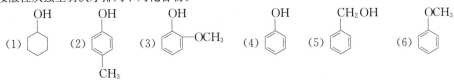

(1)　　　　(2)　　　　(3)　　　　(4)　　　　(5)　　　　(6)

5. 用简便的化学方法区别下列化合物。

    (1) 苯甲醚、环己烷、苯酚、环己醇

    (2) 3-丁烯-2-醇、3-丁烯-1-醇、2-甲基-2-丙醇、2-丁醇、正丁醇

6. 如何分离苯、苯甲醚和苯酚的混合物?

7. 用必要的无机试剂实现下列转化。

    (1) 甲苯——→ 4-氯苄醚　　　(2) 正丙醇——→甘油　　　(3) 正丙醇——→正丁酸

    (4) 正丁醇——→ 2,3-二溴丁烷　　　(5) 正丁醇——→ CH_3CHO

8. 有一化合物 A 的分子式为 $C_5H_{11}Br$,与 NaOH 水溶液共热后生成 $C_5H_{12}O(B)$,B 能与 Na 作用放出氢气,能被 $KMnO_4$ 氧化,能与浓硫酸共热生成 $C_5H_{10}(C)$,C 经 $KMnO_4$ 氧化得丙酮和乙酸。试推测 A、B、C 的结构并写出各步反应式。

9. 某芳香族化合物 A 的分子式为 C_7H_8O,A 与金属钠不发生反应,与浓的氢碘酸反应生成两个化合物 B 和 C。B 能溶于氢氧化钠溶液中,并与三氯化铁显色。C 与硝酸银的醇溶液作用,生成黄色的碘化银。试写出 A、B、C 的结构式,并写出各步反应式。

10. 完成下列反应式。

    (1) ＋HI ——→ (　　　　)

    (2) $\xrightarrow[\text{乙醇}]{\text{NaOH}}$ (　　　　) $\xrightarrow[\text{H}^+]{\text{H}_2\text{O}}$ (　　　　)

    (3) $H_2C\!-\!CH_2$ (O) $\xrightarrow{\text{H}_2\text{O}}$ (　　) $\xrightarrow[\triangle]{\text{Cu}}$ (　　) $\xrightarrow[\text{H}^+]{\text{K}_2\text{Cr}_2\text{O}_7}$ (　　　　)

    (4) $CH_3\!-\!\underset{OH}{CH}\!-\!CH\!=\!CH\!-\!CH_2\!-\!\underset{OH}{CH_2}$ $\xrightarrow[\text{H}^+]{\text{KMnO}_4}$ (　　　　)

    (5) $CH_3\!-\!\underset{CH_3}{C}\!=\!CHCH_2\underset{OH}{} $ $\xrightarrow{\text{PCl}_3}$ (　　) A

     $\xrightarrow{\text{NaOH}}$ (　　) B

    A＋B ——→ (　　　　)

    (6) $\xrightarrow[\text{光}]{\text{Cl}_2}$ (　　) $\xrightarrow{\text{NaOH}}{\text{H}_2\text{O}}$ (　　) $\xrightarrow{\text{CH}_3\text{COOH}}{\text{H}_2\text{SO}_4}$ (　　　　)

第 10 章　醛、酮和核磁共振谱

醛和酮的分子中都含有羰基(C＝O),因此又统称为羰基化合物。若两个烃基与羰基相连称为酮(ketone),至少一个氢与羰基相连称为醛(aldehyde)。若羰基与脂肪烃基相连称为脂肪醛(酮),若羰基直接与芳环相连称为芳香醛(酮)。

$$\begin{array}{cc} \overset{\displaystyle O}{\underset{醛}{H-C-R(H)}} & \overset{\displaystyle O}{\underset{酮}{R-C-R'}} \end{array}$$

10.1　醛和酮的命名

醛和酮的命名主要采用系统命名法。选择含有羰基碳原子的最长碳链为主链,从醛基一端或最靠近羰基的一端开始编号,确定羰基和取代基的位置。由于醛羰基处在链端,编号总是1,可以省略不写。而酮羰基的位次必须标出。例如

CH₃CH＝CHCHO
2-丁烯醛

CH₃CHCH₂CCH₃
4-甲基-2-戊酮

羰基与 C＝C、—OH、—SH 在一起时,羰基优先编号,且作为母体。

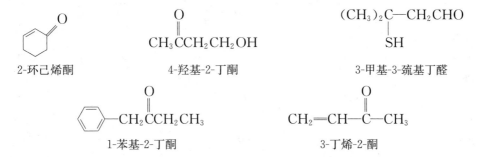

2-环己烯酮　　　4-羟基-2-丁酮　　　3-甲基-3-巯基丁醛

1-苯基-2-丁酮　　　3-丁烯-2-酮

如果羰基连接一个苯环或环烷基,可以把它们当成主链上的取代基。

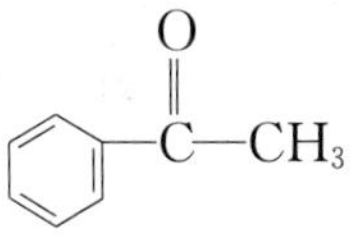

苯乙酮 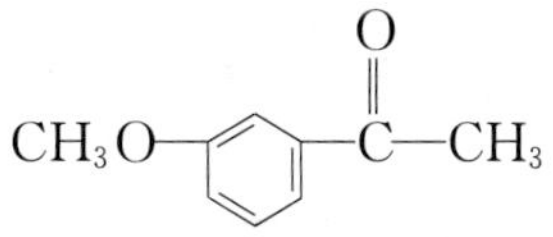　　　3-甲氧基苯乙酮

酮还有一种衍生物命名法,将酮看成是"甲酮"的衍生物来命名。例如

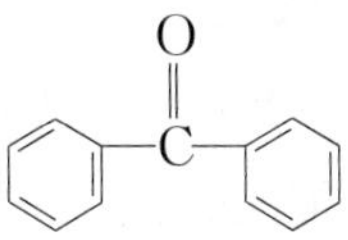

二苯(甲)酮　　　乙基异丙基(甲)酮

10.2　醛和酮的结构、物理性质和波谱性质

10.2.1　羰基的结构

　　醛和酮的分子中都含有羰基,羰基中的碳原子处于 sp^2 杂化状态,三个 sp^2 杂化轨道分别与氧原子和另外两个原子形成 σ 键,这三个 σ 键处于同一平面上,键角接近 120°。羰基碳原子上未杂化的 p 轨道与氧原子的 p 轨道侧面重叠形成 π 键,因此碳氧双键是由一个 σ 键和一个 π 键组成的。由于氧的电负性大,吸电子能力强,所以羰基上的电子云强烈地偏向氧原子一方,使碳原子带部分正电荷,因此羰基是一个强极性基团,其偶极矩为 2.3~2.8D。羰基

图 10-1　羰基的结构

的结构决定着醛酮的物理、化学性质(图 10-1)。

10.2.2　醛和酮的物理性质

　　常温下大多数醛、酮是液体,只有甲醛是气体,乙醛的沸点(20.8℃)也接近室温,但两者平时以水溶液的形式出售。由于羰基极性大,因此分子间作用力大,其沸点高于相对分子质量相近的烯烃、烷烃。由于分子间不能形成氢键,因此其沸点比相应的醇低。

　　由于羰基能与水形成氢键,因此醛、酮具有一定的水溶性,低级醛、酮如甲醛、乙醛、丙醛、丙酮能与水混溶,其他醛酮的水溶性随着相对分子质量的增加而减小。芳香族醛、酮微溶或不溶于水。一些常见的一元醛、酮的物理常数见表 10-1。

表 10-1　一元醛、酮的物理常数

化合物	熔点/℃	沸点/℃	密度(20℃)/($10^3 kg/m^3$)	折射率
甲醛	−92	−21	0.815	—
乙醛	−121	20.8	0.7834	1.3316
丙醛	−81	48.8	0.8085	1.3636
丁醛	−99	75.7	0.8170	1.3843
戊醛	−91.5	103	0.8095	1.3944
苯甲醛	−26	178.1	1.0415	1.5463
苯乙醛	33~34	195	1.0272	1.5255
丙酮	−95.35	56.2	0.7899	1.3588
丁酮	−86.35	79.6	0.8054	1.3788
2-戊酮	−77.8	102.4	0.8089	1.3895
3-戊酮	−39.8	121.7	0.8138	1.3924
环己酮	−16.4	155.65	0.9478	1.4507
苯乙酮	20.5	202.0	1.0281	1.5372

10.2.3　醛和酮的红外光谱

　　醛酮羰基的伸缩振动吸收是红外光谱中最强和最有特征的吸收,羰基伸缩振动吸收因周围化学环境差异而不同。脂肪族酮一般在 1710~1715cm^{-1},如果羰基与苯环或 C=C、C≡C 共轭,

其伸缩振动吸收位置会向低频方向位移。例如,$C_6H_5COCH_3$ 在 $1685cm^{-1}$、$CH_2=CHCOCH_3$ 在 $1670cm^{-1}$ 有强吸收。醛羰基在 $1720\sim1725cm^{-1}$ 处有强吸收,醛基中的 C—H 伸缩振动在 $2710cm^{-1}$,这是鉴别醛的特征吸收峰。

问题 10-1　以系统命名法命名下列化合物。

(1) $CH_3OCH_2CH_2CH_2CHO$

(2) $CH_2=CH-\overset{\displaystyle O}{\overset{\|}{C}}-CH_3$

(3) ⬡$-\overset{\displaystyle O}{\overset{\|}{C}}CH_3$

(4) ⬡ (带 CHO 和 SO_3H 取代基的苯环)

问题 10-2　正丁醇、正丁醛、乙醚的相对分子质量相近而沸点相差很大(分别为118℃、76℃、38℃),原因是什么?

10.3　醛和酮的化学性质

由于羰基是极性不饱和键,醛酮容易受亲核试剂的进攻而发生加成反应。羰基的吸电子诱导效应使羰基 α-H 变得活泼,因此羰基的亲核加成和涉及羰基 α-H 的反应是醛酮的两类主要化学反应。

10.3.1　亲核加成反应

烯烃与亲电试剂加成,是因为双键上有 π 电子云,起到负电荷中心的作用,而羰基的加成反应则与之不同。由于氧的电负性大,C=O 双键上的电子云偏向氧原子一边,使羰基碳带部分正电荷,在反应中,羰基碳容易受到亲核试剂的进攻。

$$\overset{}{\underset{}{>}}C\!\overset{\curvearrowleft}{=}\!O + Nu^- \underset{慢}{\rightleftharpoons} -\overset{\displaystyle O^-}{\underset{\displaystyle |}{\overset{\displaystyle |}{C}}}-Nu$$

这一步反应通常是决定反应速率的步骤。这种由亲核试剂进攻而引起的加成反应,称为亲核加成反应。

1. 与氢氰酸的加成

醛、酮与 HCN 反应,生成 α-羟腈,进一步水解成 α-羟基酸。由于 HCN 挥发性大,有剧毒,所以实验室一般是将醛、酮与 NaCN 的水溶液混合,再慢慢滴加无机酸进行反应。

$$\overset{\displaystyle R}{\underset{\displaystyle H}{>}}C\!=\!O + HCN \rightleftharpoons R-\overset{\displaystyle OH}{\underset{\displaystyle H}{\overset{\displaystyle |}{\underset{\displaystyle |}{C}}}}-CN \xrightarrow{H_3O^+} R-\overset{\displaystyle OH}{\underset{\displaystyle H}{\overset{\displaystyle |}{\underset{\displaystyle |}{C}}}}-COOH$$

$$\qquad\qquad\qquad\qquad\qquad \alpha\text{-羟基腈} \qquad\qquad\qquad \alpha\text{-羟基酸}$$

醛、酮与 HCN 的反应是可逆的。由于 HCN 是弱酸,加碱有利于 HCN 的解离而提高 CN^- 的浓度,使平衡向右移动,该可逆反应的平衡常数大小取决于醛、酮反应活性的高低。不同结构的醛、酮发生亲核加成反应的活性有明显差别,这种活性受电子效应和空间效应的影响。

当羰基碳原子上连有供电子基时,羰基碳原子的正电性减弱,亲核加成活性降低;而当连有吸电子基时则使正电性增强,亲核加成活性增强。另外,连接的基团体积越大,对亲核试剂的空间阻碍作用越大,加成活性也越低。在芳香族醛、酮中,羰基和芳环形成 π-π 共轭效应,芳环上的电子云向羰基转移,使羰基碳原子的正电性减弱,因此有以下的活性次序:

$$\underset{H}{\overset{R}{C}}{=}O \;>\; \underset{R'}{\overset{R}{C}}{=}O \;>\; \underset{R'}{\overset{Ar}{C}}{=}O$$

一般而言,脂肪族醛、酮反应活性主要由空间效应决定(电子效应接近),连在羰基上的基团越大,活性越低。如

$$HCHO > CH_3CHO > CH_3CH_2CH_2CHO > \underset{}{CH_3}\overset{CH_3}{\underset{}{CHCHO}} \;>$$

$$CH_3COCH_3 > CH_3COCH_2CH_3 > CH_3CH_2COCH_2CH_3$$

对于芳香族醛、酮而言,主要考虑环上取代基的电子效应。

$$O_2N{-}\langle\bigcirc\rangle{-}CHO \;>\; \langle\bigcirc\rangle{-}CHO \;>\; CH_3{-}\langle\bigcirc\rangle{-}CHO$$

由于 CN⁻ 的亲核活性不强,因此只有醛、脂肪族甲基酮及含 8 个碳以下的环酮才能与 HCN 发生加成反应。

2. 与饱和亚硫酸氢钠溶液的加成

醛酮与饱和亚硫酸氢钠溶液加成的反应范围与 HCN 相同,也是所有的醛、脂肪族甲基酮及含 8 个碳以下的环酮才可以反应,其他的酮都很难反应。该反应的产物为 α-羟基磺酸钠,因不溶于饱和 NaHSO₃ 溶液而以白色沉淀析出。加入酸或碱都会破坏 NaHSO₃,平衡向左移动使白色沉淀溶解,分解成原来的醛、酮。因此可以利用该反应来鉴别和分离、提纯醛、酮。

$$\underset{CH_3}{\overset{CH_3}{C}}{=}O + NaHSO_3 \rightleftharpoons \underset{CH_3}{\overset{CH_3}{C}}\overset{OH}{\underset{SO_3Na}{}} \xrightarrow{NaCN} \underset{CH_3}{\overset{CH_3}{C}}\overset{OH}{\underset{CN}{}}$$

α-羟基磺酸钠(白色沉淀)

醛、酮与 NaHSO₃ 加成反应生成 α-羟基磺酸钠,再用等量的 NaCN 处理制得 α-氰醇,从而可以避免直接使用毒性高的 HCN,这一创新获得了美国总统颁发的"绿色化学挑战奖"。

3. 与水的加成

醛、酮与水加成生成胞二醇。由于水的亲核能力很弱,因此大部分醛、酮与水加成反应的平衡常数很小,只有活性极高的醛、酮(甲醛或有强吸电子基团的醛、酮,如三氯乙醛、茚三酮等)才能形成稳定的水合物。

$$RCHO + H_2O \rightleftharpoons RCH\overset{OH}{\underset{OH}{}}$$

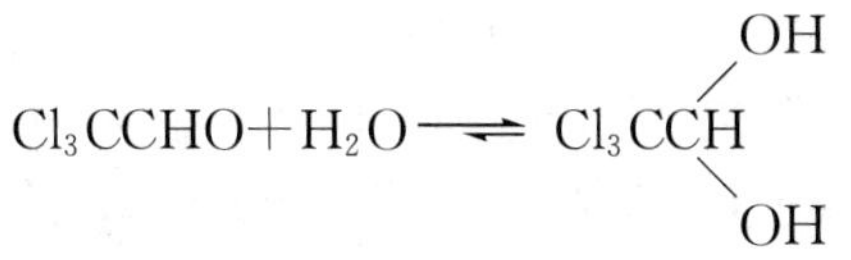

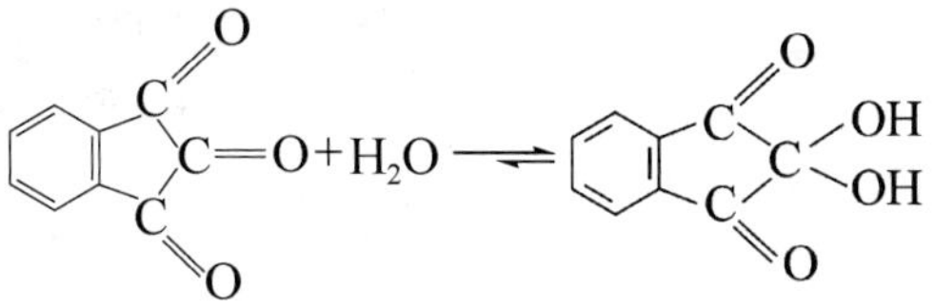

$$Cl_3CCHO + H_2O \rightleftharpoons Cl_3CCH\begin{array}{c} OH \\ OH \end{array}$$

水合三氯乙醛是一种无色透明晶体,熔点为 57℃,可用作催眠镇静剂和兽用麻醉剂。水合茚三酮能作氨基酸的显色剂,常用来定性和定量检测氨基酸。

4. 与醇的加成

1) 半缩醛和缩醛的形成

醛与醇在干燥 HCl 气体或无水强酸催化下发生加成反应,生成半缩醛,半缩醛很不稳定,极易与过量的醇再脱水形成缩醛。

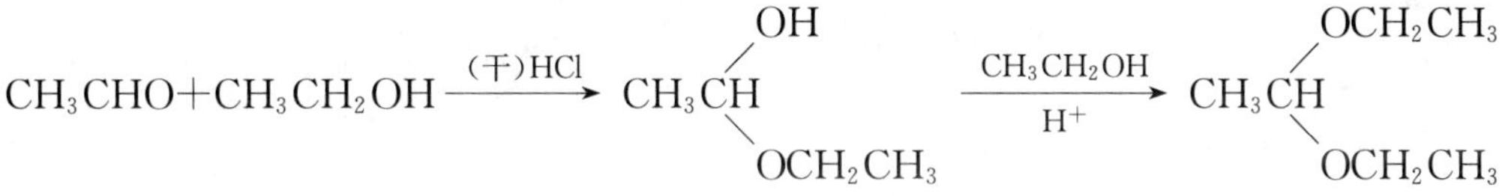

$$CH_3CHO + CH_3CH_2OH \xrightarrow{(干)HCl} CH_3CH\begin{array}{c} OH \\ OCH_2CH_3 \end{array} \xrightarrow[H^+]{CH_3CH_2OH} CH_3CH\begin{array}{c} OCH_2CH_3 \\ OCH_2CH_3 \end{array}$$

　　　　　　　　　　　　　　　　　　　　　　半缩醛　　　　　　　　　　　缩醛

其反应机理为

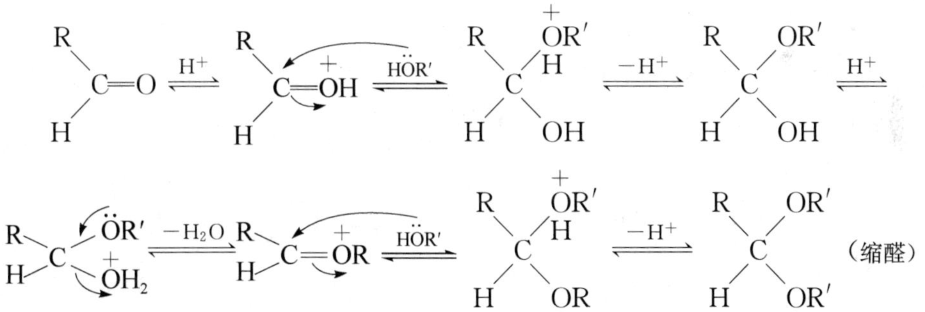

由醛转变为半缩醛的过程是酸催化下醇对醛羰基的亲核加成反应,由半缩醛到缩醛的过程为亲核取代反应,水分子为离去基团,类似于 S_N1 反应。

醛或酮也可以与乙二醇反应,形成一个五元环状缩醛或缩酮。

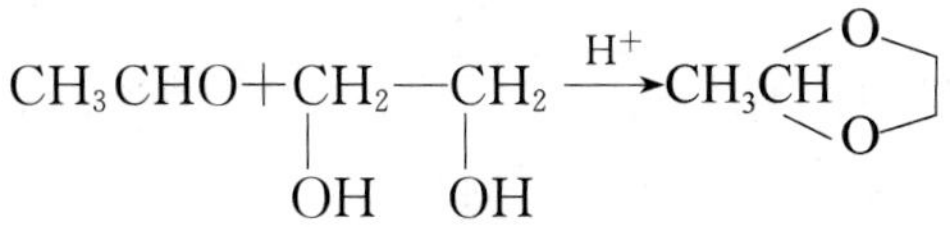

$$CH_3CHO + \begin{array}{c} CH_2{-}CH_2 \\ | \quad\quad | \\ OH \quad OH \end{array} \xrightarrow{H^+} CH_3CH\langle\begin{array}{c} O \\ O \end{array}\rangle$$

当分子内既有羰基又有羟基,且空间位置适当时,通常自动生成环状半缩醛,并稳定存在。

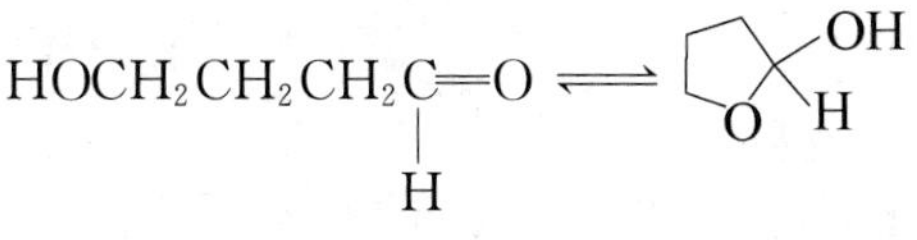

$$HOCH_2CH_2CH_2C{=}O \rightleftharpoons \langle\begin{array}{c} OH \\ H \end{array}$$

2) 羰基的保护

缩醛或缩酮具有胞二醚的结构,对碱、氧化剂和还原剂都非常稳定,但在酸性水溶液中室温下就可以水解生成原来的醛或酮,这一性质可以用于醛、酮羰基的保护。基团的保护是有机合成中常用的策略,在多官能团参与的反应中,有时为了使活泼的羰基不参与反应,常将羰基转变成缩醛或缩酮结构加以保护,反应结束后,用稀酸处理即可转变为原来的羰基。例如

$$CH_2=CH-CHO \xrightarrow{\text{转化}} \underset{\underset{OH}{|}}{CH_2}-\underset{\underset{OH}{|}}{CH}CHO$$

$$H^+ \Big| CH_3CH_2OH \downarrow$$

$$CH_2=CH-\underset{\underset{OC_2H_5}{\overset{OC_2H_5}{|}}}{CH} \xrightarrow[\text{冷}]{KMnO_4} \underset{\underset{OH}{|}}{CH_2}-\underset{\underset{OH}{|}}{CH}\underset{\underset{OC_2H_5}{\overset{OC_2H_5}{|}}}{CH} \xrightarrow{H^+ \big| H_2O} $$

酮的亲核反应活性比醛差,酮与醇在无水酸催化下的反应是很慢的,生成缩酮比较困难。但是与乙二醇或1,3-丙二醇反应可以形成一个稳定的五元或六元环状缩酮,同时将反应中生成的水不断除去,可以顺利地反应。

$$\bigcirc\!\!=\!O + HO\underline{\quad}OH \xrightarrow[\triangle]{\text{对甲苯磺酸}} \bigcirc\!\!<\!\!\overset{O}{\underset{O}{\rfloor}} + H_2O$$

5. 与氨衍生物的加成

氨的衍生物主要有羟氨(NH$_2$OH)、肼(NH$_2$NH$_2$)、苯肼(NH$_2$NHC$_6$H$_5$)、氨基脲(H$_2$NNHCONH$_2$)等,与醛、酮反应生成的产物分别为肟、腙、苯腙、缩氨脲。

$$\underset{(R')H}{\overset{R}{\diagdown}}C=O + H_2NR(Ar) \longrightarrow \underset{(R')H}{\overset{R}{\diagdown}}C=NR(Ar) \qquad \text{席夫碱(Schiff base)}$$

$$\underset{(R')H}{\overset{R}{\diagdown}}C=O + H_2NOH \longrightarrow \underset{(R')H}{\overset{R}{\diagdown}}C=NOH \qquad \text{肟(oxime)}$$

$$\underset{(R')H}{\overset{R}{\diagdown}}C=O + H_2NNH_2 \longrightarrow \underset{(R')H}{\overset{R}{\diagdown}}C=NNH_2 \qquad \text{腙(hydrazone)}$$

$$\underset{(R')H}{\overset{R}{\diagdown}}C=O + H_2NNHC_6H_5 \longrightarrow \underset{(R')H}{\overset{R}{\diagdown}}C=NNHC_6H_5 \qquad \text{苯腙(phenylhydrazone)}$$

$$\underset{(R')H}{\overset{R}{\diagdown}}C=O + H_2NNH\overset{O}{\overset{\|}{C}}NH_2 \longrightarrow \underset{(R')H}{\overset{R}{\diagdown}}C=NNH\overset{O}{\overset{\|}{C}}NH_2 \qquad \text{缩氨脲(semicarbazone)}$$

上述反应一般在酸催化下进行,羰基氧与质子结合后提高了羰基的活性,但是在强酸性条件下,H$_2$NY易与质子结合形成盐而失去亲核活性,因而反应的酸性不能太强。氨衍生物中氮原子上有孤电子对,可以作为亲核试剂与醛、酮发生加成反应,加成产物很容易发生脱水消

除反应形成 C≡N,因此这类反应被称为加成-消除反应,其反应机理如下:

$$\ce{>C=\overset{..}{\underset{..}{O}} <=>[H+] >C=\overset{+}{O}H + H_2\ddot{N}-Y <=> [-\overset{O^-}{\underset{|}{C}}-\overset{+}{N}H_2-Y] <=>}$$

$$\ce{-\overset{[OHH]}{\underset{|}{C}}-\overset{|}{N}-Y ->[-H_2O] >C=N-Y}$$

绝大多数醛、酮都可以与氨衍生物发生上述反应,生成的产物肟、腙、苯腙、缩胺脲等一般都是棕黄色固体,很容易结晶,并有一定的熔点,所以常用这类反应来鉴定醛、酮。相对分子质量较大的 2,4-二硝基苯肼和醛、酮生成的产物熔点很高,很容易析出,鉴别反应灵敏度高。所以常将 2,4-二硝基苯肼称为羰基试剂,用于鉴别醛、酮的羰基。

6. 与 Grignard 试剂反应

Grignard 试剂是一种强碱,也是一种强亲核试剂,它能与醛、酮加成,产物水解后即得到醇。

$$\ce{>C=O + RMgX -> R-\overset{|}{\underset{|}{C}}-OMgX ->[H_2O] R-\overset{|}{\underset{|}{C}}-OH + Mg(OH)X}$$

甲醛与 Grignard 试剂加成、水解后可以得到伯醇,其他醛反应可得仲醇,酮反应则可得叔醇。

$$\ce{\overset{H}{\underset{H}{C}}=O + RMgX -> R-\overset{H}{\underset{H}{C}}-OMgX ->[H_2O] RCH_2OH + Mg(OH)X}$$
伯醇

$$\ce{\overset{R_1}{\underset{H}{C}}=O + RMgX -> R-\overset{R_1}{\underset{H}{C}}-OMgX ->[H_2O] R-\overset{R_1}{CHOH} + Mg(OH)X}$$
仲醇

$$\ce{\overset{R_1}{\underset{R_2}{C}}=O + RMgX -> R-\overset{R_2}{\underset{R_1}{C}}-OMgX ->[H_2O] R-\overset{R_2}{\underset{R_1}{C}}-OH + Mg(OH)X}$$
叔醇

采用适当的 Grignard 试剂与醛、酮反应,可以制备不同结构的伯、仲、叔醇,该反应是合成醇的重要方法,也是增长碳链的重要手段之一。例如

$$\ce{C_6H_5-CHO + CH_3MgBr ->[无水乙醚] C_6H_5-\underset{CHCH_3}{\overset{OMgBr}{}} ->[H+/H_2O] C_6H_5-\underset{CHCH_3}{\overset{OH}{}}}$$

问题 10-3　完成下列反应式。

(1) $\ce{\underset{OCH_2CH_3}{}}$ $\xrightarrow[\ce{H_2O}]{\ce{H+}}$ 　(2) $\xrightarrow[\ce{H_2O}]{\ce{H+}}$

问题 10-4 如何完成下列转化？

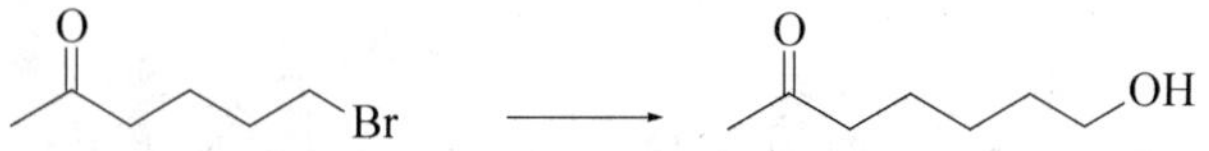

问题 10-5 以苯乙酮和丙酮为原料合成 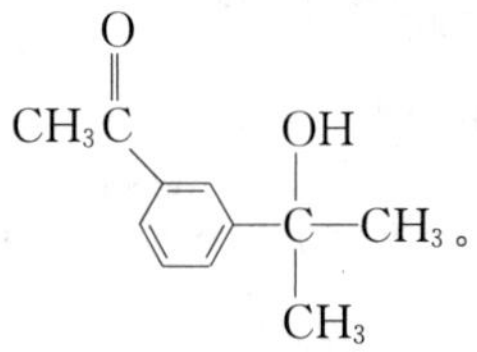。

7. 与磷叶立德的加成——Wittig 反应

醛、酮与 Wittig 试剂作用，脱去三苯基氧磷生成烯烃的反应，称为 Wittig 反应。

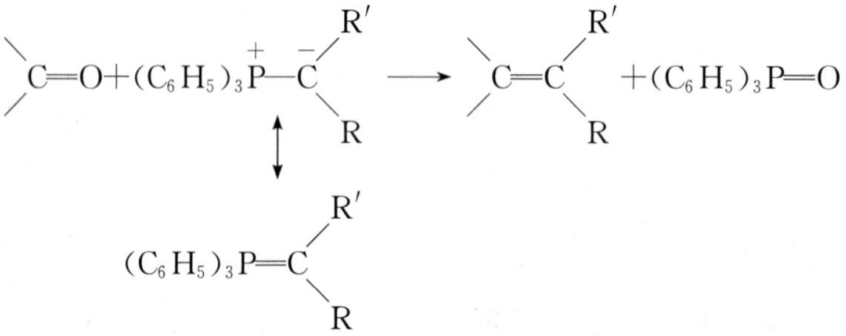

Wittig 试剂（也称磷叶立德）通常由三烷基或三苯基膦与烷基卤化物反应得到季鳞盐，再与碱作用而生成。

$$(C_6H_5)_3P: \ + RCH_2—X \xrightarrow{S_N2} [(C_6H_5)_3P^+—CH_2R]X^-$$

$$[(C_6H_5)_3P^+—\underset{|}{\overset{}{C}}HR]X^- \ (\text{H}) \xrightarrow[-HX]{n\text{-}C_4H_9Li} (C_6H_5)_3P=CHR + LiX + C_4H_{10}$$

(Ylide 叶立德)

Wittig 反应的条件温和，产率高，无重排问题，特别适合于制备用其他方法难以制备的烯烃（如环外双键），在合成上得到广泛的应用。例如

$$CH_3CH_2\overset{\overset{O}{\|}}{C}CH_2CH_3 + CH_2=P(C_6H_5)_3 \longrightarrow CH_3CH_2\overset{\overset{CH_2}{\|}}{C}CH_2CH_3 + (C_6H_5)_3P=O$$

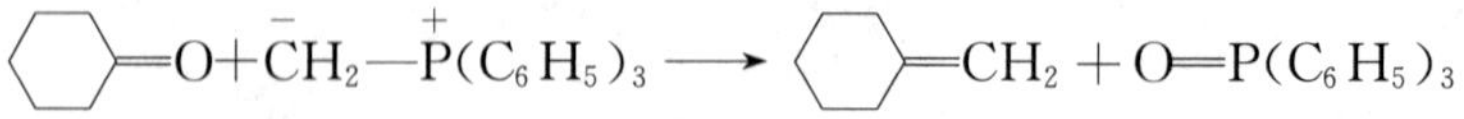

10.3.2 涉及羰基 α-H 的反应

1. 酮式和烯醇式平衡

醛、酮分子中的 α-H 受羰基吸电子效应的影响，具有一定的酸性。由于氧的电负性强，羰基 π 键与 α-H 的 σ 键之间的超共轭作用较强，因而醛、酮的 α-H 酸性比烯烃的 α-H 强。由醛、酮的 pK_a 值可见，其 α-H 的酸性比炔氢还要强。

	CH_3CH_3	$CH_3CH=CH_2$	$HC\equiv CH$	$CH_3\overset{\overset{O}{\|}}{C}CH_3$
pK_a	50	~38	25	20

　　醛、酮的 α-H 解离生成相应的碳负离子可以与羰基共轭,将负电荷分散到羰基,因而稳定性增强,而一般的碳负离子不具有这种稳定因素。

$$\underset{\text{酮式}}{\overset{\displaystyle O}{\underset{}{CH_3CCH_3}}} \underset{H^+}{\overset{-H^+}{\rightleftharpoons}} \overset{\displaystyle O}{\underset{}{\bar{C}H_2CCH_3}} \longleftrightarrow \underset{\text{共轭碱}}{\overset{\displaystyle O^-}{\underset{}{CH_2=CCH_3}}} \underset{}{\overset{H^+}{\rightleftharpoons}} \underset{\text{烯醇式}}{\overset{\displaystyle OH}{\underset{}{CH_2=CCH_3}}}$$

　　醛、酮在溶液中总是通过烯醇负离子以酮式和烯醇式平衡共存,并互相转化,酮式和烯醇式互为异构体。这种同分异构体之间以一定比例平衡共存并相互转化的现象称为互变异构。对于简单的一元醛、酮来说,酮式比烯醇式能量低 $46\sim59\text{kJ/mol}$,所以平衡主要偏向酮式一边,在平衡混合物中,烯醇含量较少。例如,丙酮中的烯醇式含量仅有 0.01%。

$$\overset{\displaystyle O}{\underset{}{CH_3CCH_3}} \Longleftrightarrow \overset{\displaystyle OH}{\underset{}{CH_2=CCH_3}} \quad 0.01\%$$

　　由于烯醇负离子中氧承受负电荷的能力强,其稳定性比碳负离子强。因而在很多情况下,尽管烯醇式含量很少,但醛、酮都是以烯醇式参与反应,随着反应的进行,平衡向烯醇式方向移动,直到醛、酮完全反应。

2. 醛和酮的 α-卤代反应

　　醛、酮分子中的 α-H 可以在酸或碱催化下被卤素取代。

　　在酸催化下,醛、酮 α-H 可以被氯、溴、碘取代,生成一卤代物,例如

$$Br\text{—}\langle\!\!\!\bigcirc\!\!\!\rangle\text{—}\overset{\displaystyle O}{\underset{}{C}}\text{—}CH_3 + Br_2 \xrightarrow[20^\circ C]{CH_3COOH} Br\text{—}\langle\!\!\!\bigcirc\!\!\!\rangle\text{—}\overset{\displaystyle O}{\underset{}{C}}\text{—}CH_2Br + HBr$$

　　在碱催化下,醛、酮发生卤代反应的速率较快,而且很难控制在一卤代物阶段,往往形成多卤代物。例如

$$CH_3CH_2CHO + Cl_2 \xrightarrow{NaOH} CH_3CCl_2CHO + HCl$$

　　具有三个 α-H 的醛或酮在卤素/NaOH 的混合溶液中,三个 α-H 都会被卤代,生成三卤代物,由于羰基氧和三个卤原子的强吸电子作用,C—C 键(—CO—CX$_3$)很容易断裂,生成卤仿和相应的羧酸,这一反应称为卤仿反应。它可用来制备卤仿及从甲基酮合成少一个碳原子的羧酸。例如

$$(CH_3)_3CCCH_3 + Cl_2 \xrightarrow{NaOH} (CH_3)_3CCOONa + NaCl + CHCl_3$$

$$\langle\!\!\!\bigcirc\!\!\!\bigcirc\!\!\!\rangle\text{—}\overset{}{\underset{\displaystyle O}{C}}\text{—}CH_3 \xrightarrow[NaOH]{Br_2} \xrightarrow{H^+} \langle\!\!\!\bigcirc\!\!\!\bigcirc\!\!\!\rangle\text{—}\overset{}{\underset{\displaystyle O}{C}}\text{—}OH + CHBr_3$$

　　上述反应中生成的氯仿和溴仿都是无色液体,当用碘反应时,生成的碘仿(CHI_3)却是黄色沉淀。因此可以用碘的 NaOH 溶液来鉴别甲基醛、酮,这一反应又称碘仿反应。由于碘的 NaOH 溶液(含有 NaOI)具有一定的氧化性,可以将含有 $CH_3CH(OH)R$ 结构的醇氧化成相应的甲基醛、酮,因此这种仲醇也能发生碘仿反应。例如

$$\overset{\displaystyle OH}{\underset{}{CH_3CHCH_2CH_3}} \xrightarrow[NaOH]{I_2} CH_3COCH_2CH_3 \xrightarrow[NaOH]{I_2} CH_3CH_2COONa + CHI_3\downarrow$$

由此,分子中含有 $\underset{\displaystyle\text{O}}{\text{CH}-\overset{\|}{\text{C}}-}$ 或 $\underset{\displaystyle\text{OH}}{\text{CH}_3-\overset{|}{\text{CH}}-}$ 结构的有机物都可以发生碘仿反应。

3. 醛和酮的烷基化

酮进行烷基化时,必须先用强碱将反应物全部变成烯醇盐(enolate)。如碱性不够强,就会发生羟醛缩合反应。一般采用碱性很强的位阻碱,如 LDA[二异丙基胺锂,$(i\text{-}C_3H_7)_2N^-Li^+$],在低温下可使酮几乎全部形成烯醇锂盐。

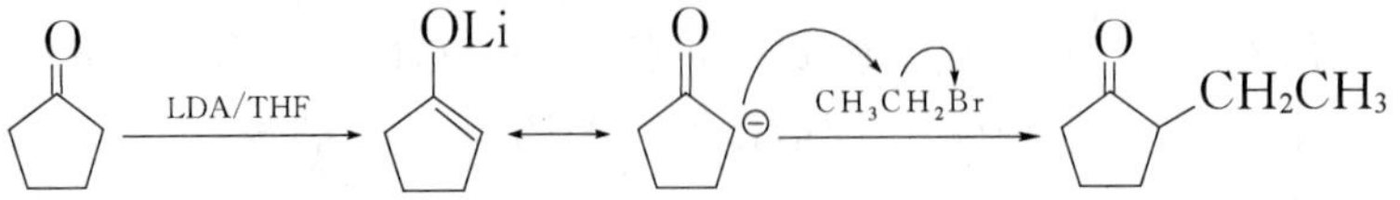

当不对称的酮进行烷基化时,用 LDA 处理受动力学控制,主要进攻位阻小的一侧形成烯醇负离子。

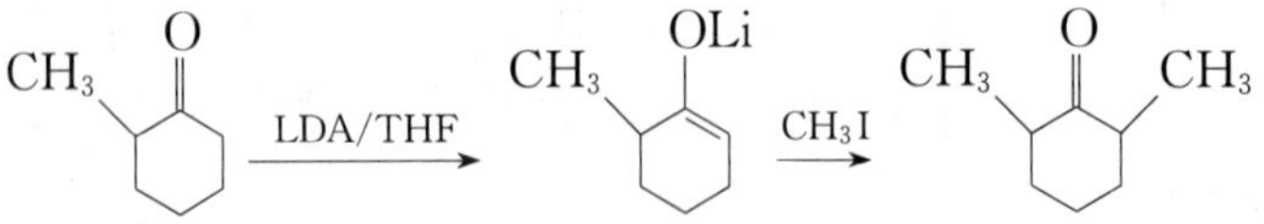

酮也可以采用形成烯胺(enamine)的方式实现 α-烷基化。醛在碱性条件下极易发生羟醛缩合反应,为避免自身缩合,一般先与伯胺反应形成亚胺,再用强碱处理,烷基化后水解得 α-烷基化醛。

$$RCH_2CHO \xrightarrow{R'NH_2} RCH_2CH=NR' \xrightarrow{C_2H_5MgX} R\overset{-}{C}H-CH=NR' \xrightarrow{R''X}$$

$$\underset{\displaystyle R''}{RCH\overset{|}{C}H=NR'} \xrightarrow[H_2O]{H^+} \underset{\displaystyle R''}{RCH\overset{|}{C}HO}$$

问题 10-6 醛酮的 α-卤代反应,在酸性条件下和碱性条件下的反应方向、速率和取代产物方面有哪些不同?

问题 10-7 下列化合物中哪些能发生碘仿反应?

(1) 乙醛　(2) 乙醇　(3) 丙醛　(4) 2-戊醇　(5) 3-戊醇　(6) 苯乙酮　(7) 3,3-二甲基-2-丁酮

---

4. 烯醇负离子对羰基的进攻——羟醛缩合反应

1) 羟醛缩合反应

在稀碱作用下,两分子醛(酮)相互作用,形成 β-羟基醛,后者经加热失水生成 α,β-不饱和醛(酮)的反应,称为羟醛缩合反应。例如

$$2CH_3CHO \xrightarrow{\text{稀 }OH^-} \underset{\displaystyle OH}{CH_3-CH-CH_2CHO} \xrightarrow[\triangle]{-H_2O} CH_3CH=CHCHO$$

羟醛缩合反应是分步进行的,其反应机理如下:

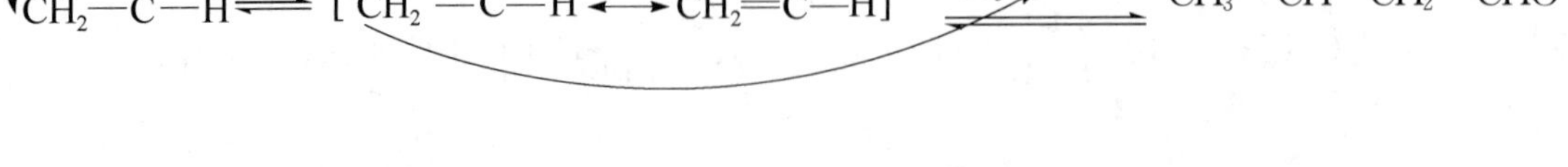

$$\stackrel{H_2O}{\rightleftharpoons} CH_3\overset{\overset{\displaystyle OH}{|}}{CH}-\overset{\overset{\displaystyle |}{}}{CH}-CHO \xrightarrow[\triangle]{-H_2O} CH_3CH=CH-CHO$$

酮的羟醛缩合反应产率很低,平衡一般偏向反应物一边。例如,丙酮的缩合反应收率仅有 5%,但是通过索氏提取器装置可以使平衡不断向产物方向移动,收率可提高到 70%。

$$2CH_3\overset{\overset{\displaystyle O}{||}}{C}CH_3 \xrightarrow[20℃]{Ba(OH)_2} CH_3-\overset{\overset{\displaystyle CH_3}{|}}{\underset{\underset{\displaystyle OH}{|}}{C}}-CH_2\overset{\overset{\displaystyle O}{||}}{C}CH_3$$

2) 交叉羟醛缩合

两种含 α-H 的不同的醛一起缩合,则得到四种不同的 β-羟基醛的混合物,这种反应在合成上没有意义。但如果采用一种醛与另一种不含 α-H 的醛作用,则得到收率较好的单一种产物。例如

$$\text{〇}-CHO + CH_3CHO \xrightarrow{NaOH} \text{〇}-\overset{\overset{\displaystyle OH}{|}}{CH}CH_2CHO \xrightarrow{-H_2O} \text{〇}-CH=CHCHO$$

常见的无 α-H 的羰基化合物有芳香醛、甲醛、$(CH_3)_3CCHO$、二苯甲酮等,这些化合物都可以与含 α-H 的醛酮进行交叉羟醛缩合反应,形成较单一的产物。例如

$$\overset{\overset{\displaystyle O}{||}}{HCH} + CH_3\overset{\overset{\displaystyle CH_3}{|}}{CH}CHO \xrightarrow[40℃]{稀 Na_2CO_3} CH_3-\overset{\overset{\displaystyle CH_3}{|}}{\underset{\underset{\displaystyle CH_2OH}{|}}{C}}-CHO$$

$$\text{〇}_O-CHO + \text{〇}=O \xrightarrow[\triangle]{OH^-, H_2O} \text{〇}_O-CH=\text{〇}=O$$

3) 分子内羟醛缩合

二羰基化合物可以发生分子内羟醛缩合反应生成环状化合物,产率较高。通常,醛羰基的反应活性优于酮羰基,当有多种成环的选择时,一般优先形成较稳定的五、六元环。

$$\xrightarrow{稀 OH^-} \xrightarrow[\triangle]{-H_2O}$$

问题 10-8 完成下列反应。

(1) $\overset{OHC}{\diagup}\diagdown\diagup\diagdown\overset{|}{\diagup}CHO \xrightarrow{OH^-} (\quad)$

(2) 〔十氢萘结构〕 $\xrightarrow{O_3} \xrightarrow{Zn/H_2O} (\quad) \xrightarrow{OH^-} (\quad)$

(3) $CH_3\overset{\overset{\displaystyle O}{||}}{C}CH_2CH_3 \xrightarrow{LDA} (\quad) \xrightarrow{\text{〇}_O-CHO} (\quad)$

10.3.3 氧化还原反应

1. 与弱氧化剂作用

醛、酮对氧化剂的活性差别较大。醛由于羰基上连有一个氢原子,很容易被一些弱氧化剂,如土伦(Tollens)试剂(硝酸银的氨溶液)、斐林(Fehling)试剂(硫酸铜、氢氧化钠、酒石酸钾钠溶液)等氧化。同时,发生氧化反应时还产生明显的现象,因而可用于鉴别醛和酮。

$$RCHO + 2Ag(NH_3)_2OH \xrightarrow{\triangle} RCOONH_4 + 2Ag\downarrow + H_2O + 3NH_3$$
(银镜)

$$RCHO + 2Cu(OH)_2 + NaOH \xrightarrow{\triangle} RCOONa + Cu_2O\downarrow + 3H_2O$$
(橘红色)

Tollens 试剂、Fehling 试剂都只能氧化醛,不能使酮和碳碳双键氧化,因而在合成上可以使 α,β-不饱和醛氧化成 α,β-不饱和酸。例如

$$RCH=CHCHO \xrightarrow{Ag(NH_3)_2OH} \xrightarrow{H^+} RCH=CHCOOH$$

芳香醛的还原能力比脂肪醛差,加热条件下能与 Tollens 试剂发生银镜反应,但不与 Fehling 试剂作用,因此可用 Fehling 试剂鉴别芳香醛和脂肪醛。

2. 与强氧化剂作用

在强氧化剂(如酸性 $KMnO_4$、$K_2Cr_2O_7$ 等)作用下,醛很容易被氧化,生成相应的羧酸。例如

$$CH_3(CH_2)_5CHO \xrightarrow[70℃]{KMnO_4,H_2SO_4/H_2O} CH_3(CH_2)_5COOH \quad 76\%$$

酮一般不易被氧化,但在强氧化剂作用下,长时间加热反应则可以使羰基两边的碳碳键断裂,生成小分子羧酸混合物。这种反应在合成上没有应用价值,但一些结构对称的酮或环酮氧化后可以得到单一的产物,如工业上利用环己酮氧化制备己二酸,己二酸是生产尼龙的主要原料。

$$\bigcirc\!\!=\!\!O \xrightarrow[V_2O_5]{50\% \ HNO_3} HOOC(CH_2)_4COOH \quad 80\%\sim85\%$$

3. 过氧酸氧化反应——Baeyer-Villiger 氧化

酮在一般氧化剂作用下很稳定,但在过氧酸氧化下很容易氧化成酯,例如

$$\overset{O}{\underset{\|}{CH_3CCH_2CH_3}} \xrightarrow[CH_2Cl_2]{CF_3COOH} \overset{O}{\underset{\|}{CH_3COCH_2CH_3}} \quad 72\%$$

常用的有机过氧酸有 CH_3CO_3H、CF_3CO_3H、$PhCO_3H$、MCPBA(间氯过氧苯甲酸)、BF_3/H_2O_2 等。这种酮类在过氧酸作用下,与羰基直接相连的碳链断裂,插入一个氧形成酯的反应,称为 Baeyer-Villiger(拜耶尔-维立格)氧化反应。在 Baeyer-Villiger 反应中,氧原子一般插入大基团的一侧,其顺序为三级碳>二级碳~苯基>一级碳>甲基。

4. 歧化反应

不含 α-H 的醛在浓的氢氧化钠溶液中发生歧化反应,即一分子醛被氧化成羧酸,另一分

子被还原成醇，该反应称为坎尼扎罗(Cannizzaro)反应，如

$$C_6H_5CHO \xrightarrow[\triangle]{浓\ NaOH} C_6H_5CH_2OH + C_6H_5COONa$$

$$HCHO \xrightarrow[\triangle]{浓\ NaOH} CH_2OH + HCOONa$$

两种不含 α-H 的醛与浓碱共热，可发生交叉的 Cannizzaro 反应。如果甲醛和芳香醛在一起，甲醛容易被氧化，得到的产物是甲酸钠和芳香醇。

$$C_6H_5CHO + HCHO \xrightarrow[\triangle]{浓\ NaOH} C_6H_5CH_2OH + HCOONa$$

问题 10-9　用简单的化学方法鉴别下列化合物。

(1) 苯甲醛　(2) 苯甲醇　(3) 苯乙醚　(4) 苯乙酮

问题 10-10　下列化合物，哪些能发生歧化反应？哪些能发生羟醛缩合反应？

(1) $(CH_3)_3CCHO$　(2) 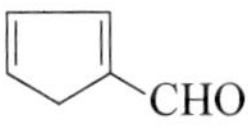 —CHO　(3) CH_3CH_2CHO　(4)  —CH_2CHO

---

5. 醛和酮还原成醇

羰基可以看成是羟基氧化的产物。反过来，羰基也可被还原生成羟基。将醛酮还原成醇，可以采取多种方法，如催化加氢、金属氢化物($NaBH_4$、$LiAlH_4$)还原等。

1) 催化加氢

醛、酮在过渡金属 Ni、Pt、Pd 等催化下加氢还原成伯醇或仲醇。

$$-\overset{|}{C}=O + H_2 \xrightarrow{Ni} -\overset{|}{C}H-OH$$

反应一般在高温高压下进行，产率较高。但是在不控制催化氢化条件时，$C=C$、$C\equiv C$、$-NO_2$、$C\equiv N$ 等官能团可以同时被还原。

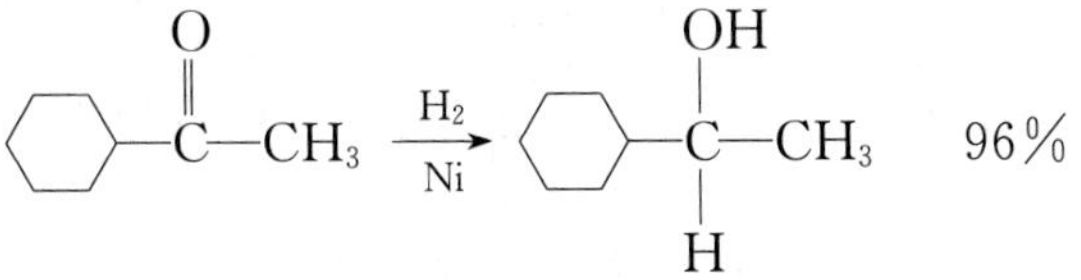

$$RCH=CH(CH_2)_n\underset{O}{\overset{|}{C}}R' \xrightarrow{\underset{Ni}{H_2}} RCH_2CH_2(CH_2)_n\underset{OH}{CHR'}$$

2) 用 $NaBH_4$ 和 $LiAlH_4$ 选择性还原

醛酮的羰基在 $NaBH_4$、$LiAlH_4$ 等化学还原剂作用下，可以还原成醇，分子中的碳碳双键和叁键不受影响。

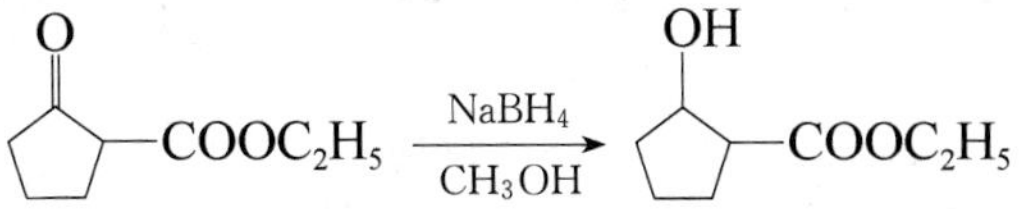

$$CH_3CH=CHCHO \xrightarrow[\text{② } H^+, H_2O]{\text{① } LiAlH_4, 乙醚} CH_3CH=CHCH_2OH$$
$$(90\%)$$

由于 LiAlH$_4$ 极易水解,反应需要在绝对无水条件下进行,而且 LiAlH$_4$ 的还原能力很强,如果分子中存在—COOR、—COOH、—CONH$_2$、—Cl、—CN、—NO$_2$ 等官能团,都可以被还原,所以 LiAlH$_4$ 的选择性很差。

NaBH$_4$ 的还原过程与 LiAlH$_4$ 类似,但其还原能力要弱得多,一般情况下 NaBH$_4$ 只能还原醛酮羰基,不受其他基团的干扰,选择性很好。此外 NaBH$_4$ 不与水、质子性溶剂作用,所以使用起来很方便。

6. 羰基还原成亚甲基

1) Clemmenson 还原

醛酮在锌汞齐和浓盐酸作用下,羰基还原成亚甲基的反应称为克莱门森(Clemmenson)还原法。这一反应适用于对酸稳定的化合物。

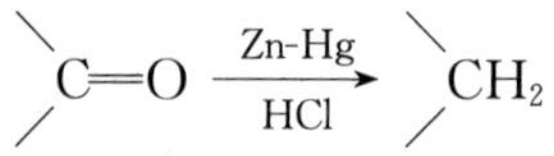

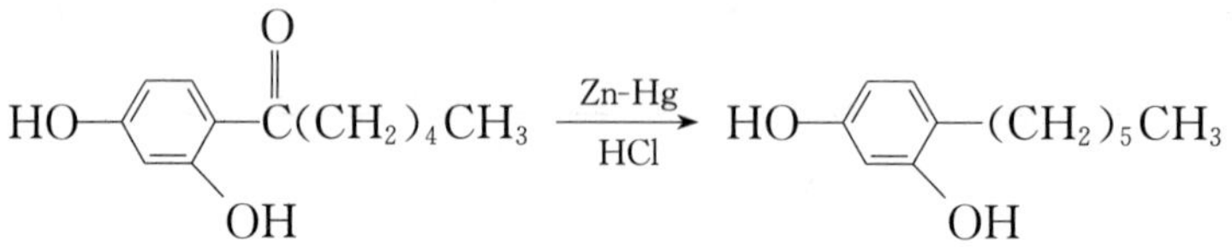

2) Wolff-Kishner-黄鸣龙还原法

醛、酮与肼在高沸点溶剂,如一缩乙二醇(HOCH$_2$CH$_2$OCH$_2$CH$_2$OH)中与碱一起加热,羰基先与肼成腙,腙在碱性加热条件下失去氮,结果羰基变成了亚甲基。这个反应称为 Wolff-Kishner-黄鸣龙反应,这也是唯一以中国科学家名字命名的反应,是我国化学界的骄傲。

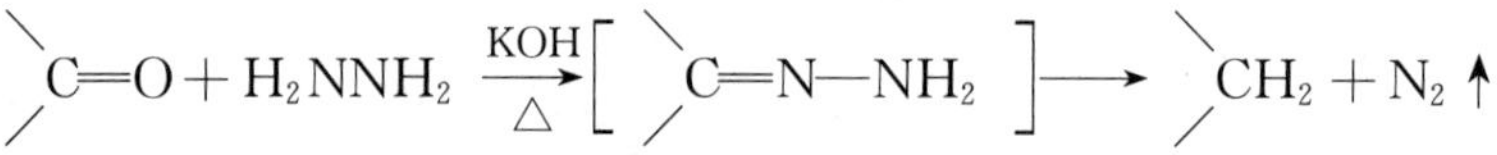

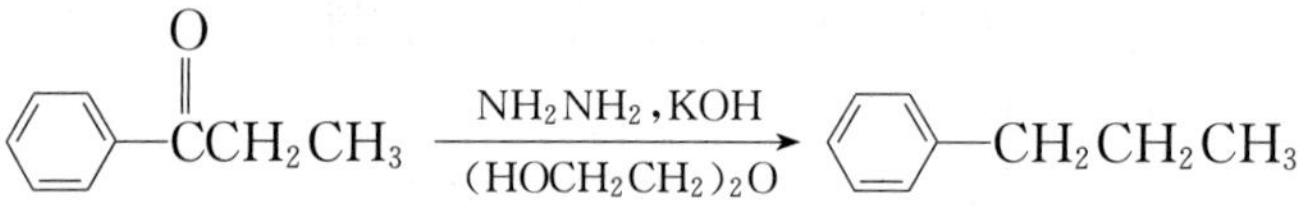

这一反应在碱性环境中进行,特别适用于还原对酸不稳定的醛、酮。例如

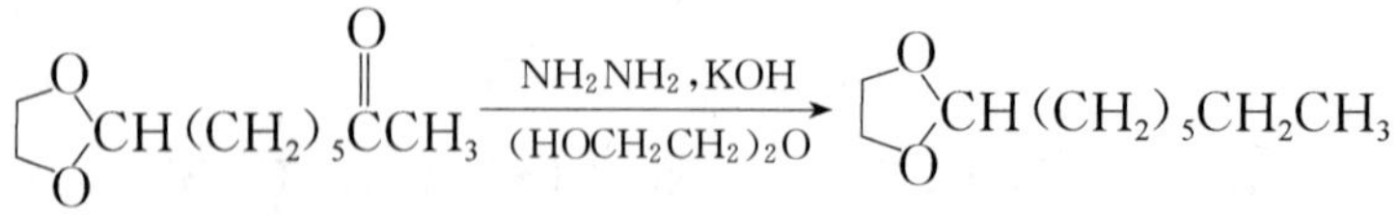

3) 硫代缩醛、酮还原法

醛、酮在酸性条件下可与硫醇作用生成硫代缩醛、酮,硫代缩醛、酮在 Raney 镍存在下氢化脱硫,还原成亚甲基。该反应可适用于中性条件下的还原,反应中碳碳双键不受影响。

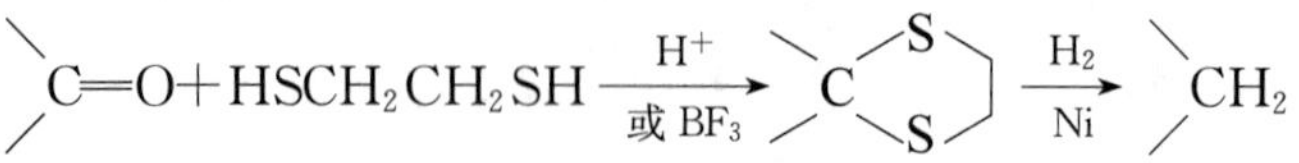

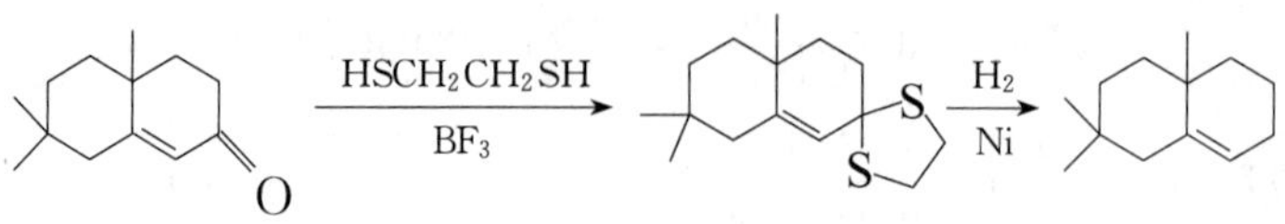

81%

问题 10-11　完成下列反应。

(1) 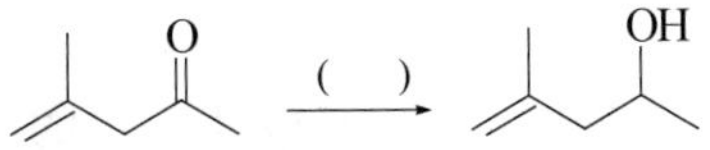

(2) 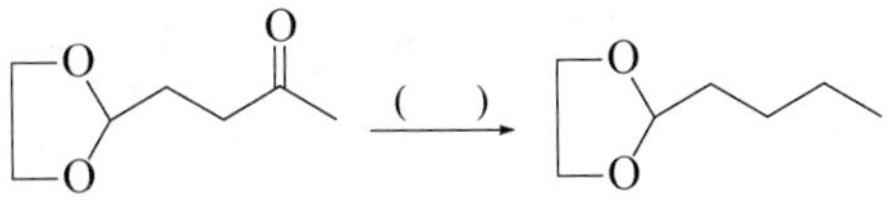

(3) $CH_3OC(=O)CH_2CH_2CH_2C(=O)CH_3 \xrightarrow{(\quad)} CH_3OC(=O)CH_2CH_2CH_2CH_2CH_3$

问题 10-12　完成下列转化。

(1) 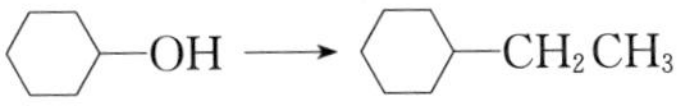

(2) 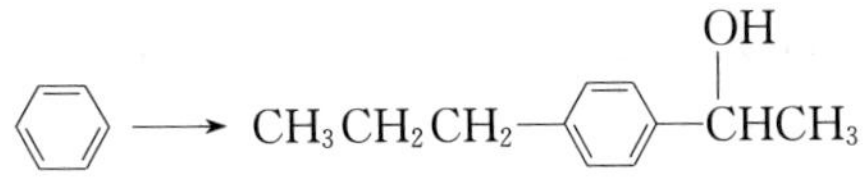

10.4　α,β-不饱和醛、酮*

α,β-不饱和醛、酮结构上的特点是碳碳双键与羰基共轭，在化学性质上表现出既可以发生亲核加成，也可以发生亲电加成，而且具有 1,2-和 1,4-两种加成方式。

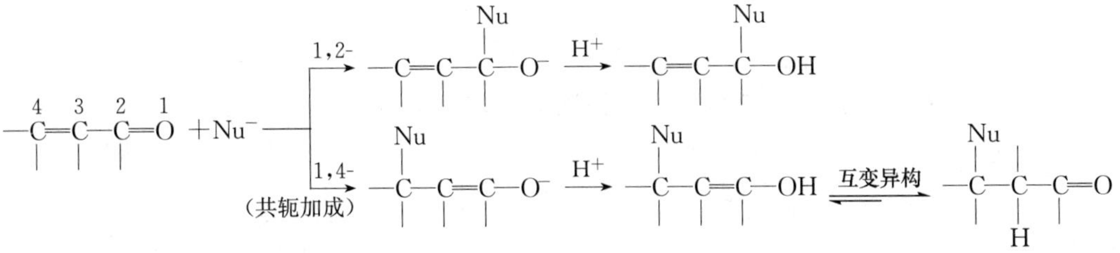

共轭分子中只有一个 π 键参与加成的反应称为 1,2-加成，如 Br_2 对 α,β-不饱和醛、酮中碳碳双键的亲电加成及羟胺对 α,β-不饱和醛、酮中碳氧双键的亲核加成。若整个共轭体系参与反应，在 1,4-位进行的加成反应称为 1,4-加成。

$$CH_3CH{=}CHC(=O)CH_3 \xrightarrow{Br_2,CCl_4} CH_3CHBrCHBrC(=O)CH_3 \quad 60\%$$

$$C_6H_5CH{=}CHC(=O)CH_3 \xrightarrow[-H_2O]{NH_2OH,H^+} C_6H_5{-}CH{=}CHC(=N{-}OH)CH_3$$

1,2-加成和 1,4-加成的倾向与醛、酮的结构及亲核试剂的性质关系密切，下面讨论不同亲核试剂与 α,β-不饱和醛、酮的加成反应来介绍各自的倾向和特点。

10.4.1　α,β-不饱和醛、酮的共轭加成

α,β-不饱和醛酮的共轭结构对其化学性质产生重大影响。对于醛酮来说，α,β-不饱和醛

倾向于 1,2-加成，α,β-不饱和酮则倾向于 1,4-加成。因为醛的空间位阻小，羰基活性高，所以亲核试剂优先进攻羰基碳，发生 1,2-加成，而酮羰基的空间位阻较大，亲核试剂容易进攻双键碳，发生 1,4-加成反应。

1,2-和 1,4-加成的倾向还与亲核试剂的性质有关。一般情况下，亲核性较弱的试剂，如水、醇、胺、HCN 等更容易发生 1,4-共轭加成反应。氨衍生物（如羟胺、肼、氨基脲等）与 α,β-不饱和醛酮发生 1,2-加成时能生成沉淀物，使可逆平衡移动，因而主要发生 1,2-加成。

$$(CH_3)_2C=CHCCH_3 \ \underset{\longrightarrow}{\overset{CH_3NH_2,H_2O}{\rightleftharpoons}} \ (CH_3)_2C-CHCCH_3 \quad 75\%$$

$$CH_2=CHCCH_3 \ \xrightarrow{H_2O,Ca(OH)_2} \ HOCH_2CHCCH_3 \quad 69\%$$

α,β-不饱和醛、酮与 HCN 反应，主要生成 1,4-加成产物。

$$C_6H_5CCH=CH_2 \ \xrightarrow{KCN,H^+} \ C_6H_5CCHCH_2CN \quad 67\%$$

10.4.2　有机金属试剂的 1,2-和 1,4-加成

有机金属试剂如有机锂、Grignard 试剂、二烃基铜锂等，可以与 α,β-不饱和醛酮发生 1,2-或 1,4-加成。有机锂试剂一般直接作为亲核试剂进攻羰基，发生 1,2-加成，例如

$$(CH_3)_2C=CHCCH_3 \ \xrightarrow[\text{乙醚}]{CH_3Li} \ \xrightarrow{H_2O} \ (CH_3)_2C=CHCCH_3 \quad 81\%$$

Grignard 试剂与 α,β-不饱和醛、酮的加成反应，通常出现 1,2-与 1,4-加成的混合物，所以在合成上用得较少。哪一种加成产物为主，主要取决于它们的具体结构。羰基上取代基较大时，则以 1,4-为主，如果在双键碳上所连基团体积较大，则主要发生 1,2-加成。例如

$$C_6H_5CH=CHCHO \ \xrightarrow[\text{乙醚}]{C_6H_5MgBr} \ \xrightarrow{H_3O^+} \ C_6H_5CH=CHCHOH \quad 100\%$$
$$\underset{C_6H_5}{|}$$

$$C_6H_5CH=CHCC_6H_5 \ \xrightarrow[\text{乙醚}]{C_6H_5MgBr} \ \xrightarrow{H_3O^+} \ C_6H_5CHCH_2CC_6H_5 \quad 96\%$$

二烃基铜锂与 α,β-不饱和醛、酮的加成以 1,4-加成为主。例如

$$\xrightarrow[\text{乙醚}]{(CH_3)_2CuLi} \ \xrightarrow{H_2O} \quad 98\%$$

$$(CH_3)_2C=CHCCH_3 \xrightarrow[\text{乙醚}]{(CH_2=CH)_2CuLi} \xrightarrow{H_2O} CH_2=CH-\overset{\underset{\displaystyle CH_3}{|}}{\underset{\underset{\displaystyle CH_3}{|}}{C}}-CH_2CCH_3 \quad 72\%$$

10.4.3　烯醇负离子的共轭加成——Michael 加成和 Robinson 环化

与其他亲核试剂一样,烯醇负离子也可以与 α,β-不饱和醛、酮在碱性催化剂作用下,发生亲核 1,4-共轭加成反应,此类反应称为 Michael 加成反应。例如

$$+CH_2=CHCC_6H_5 \xrightarrow[C_2H_5OH]{C_2H_5OK} \quad 64\%$$

Michael 加成是增长碳链的重要反应,在合成 1,5-二官能团化合物上有重要应用。例如,5-己酮酸为 1,5-二羰基化合物,合成设计时可以将化合物拆分成如下两种方式,都可以通过 Michael 加成反应来合成。

$$CH_3\overset{\underset{\displaystyle O}{\|}}{C}-CH_2 \overset{a}{+} CH_2 \overset{b}{+} CH_2-COOH \begin{cases} \xrightarrow{a} CH_3COCH_2CO_2C_2H_5 + CH_2=CHCO_2C_2H_5 \\ \xrightarrow{b} CH_2=CHCOCH_3 + CH_2(CO_2C_2H_5)_2 \end{cases}$$

Michael 加成反应生成的 1,5-二羰基化合物,在碱作用下可继续进行羟醛缩合反应而发生环化,这个反应称为 Robinson 环化,例如

$$+CH_2=CH-CCH_3 \xrightarrow{NaOC_2H_5} \xrightarrow[-H_2O]{OH^-}$$

10.5　醛和酮的制备

醛和酮广泛存在于自然界。例如,柠檬醛、樟脑、麝香酮等,可以通过浸渍或水蒸气蒸馏等方法提取。由于受原料来源限制,大多已经改用人工合成品(如樟脑、麝香酮等)。醛和酮的制备方法很多,下面简单介绍一些主要的合成方法。

10.5.1　由烯烃制备

烯烃经臭氧氧化、还原水解,生成醛或酮。例如

$$\xrightarrow[CH_2Cl_2]{O_3} \xrightarrow[H_2O]{Zn} \quad +HCHO$$

$$62\%$$

工业上由乙烯经空气氧化制备乙醛。

$$CH_2=CH_2 + O_2 \xrightarrow{CuCl_2\text{-}PdCl_2} CH_3CHO$$

10.5.2　炔烃的水合

乙炔水合是工业上制备乙醛的方法。

$$HC\equiv CH + H_2O \xrightarrow[H_2SO_4]{HgSO_4} CH_3CHO$$

其他炔烃水合所得到的都是相应结构的酮。例如

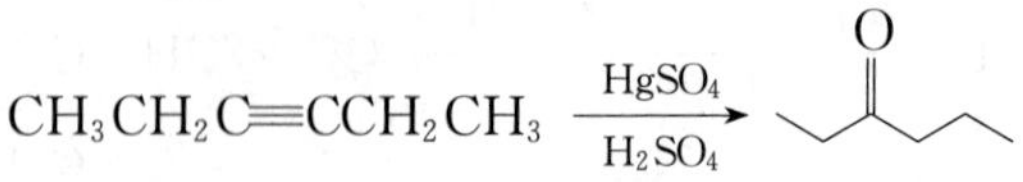

$$CH_3CH_2C\equiv CCH_2CH_3 \xrightarrow[H_2SO_4]{HgSO_4}$$

10.5.3　芳烃的侧链氧化

芳香烃氧化是制备芳香醛的重要方法,由于醛本身容易进一步被氧化成羧酸,所以必须控制氧化条件,选择合适的氧化剂。例如

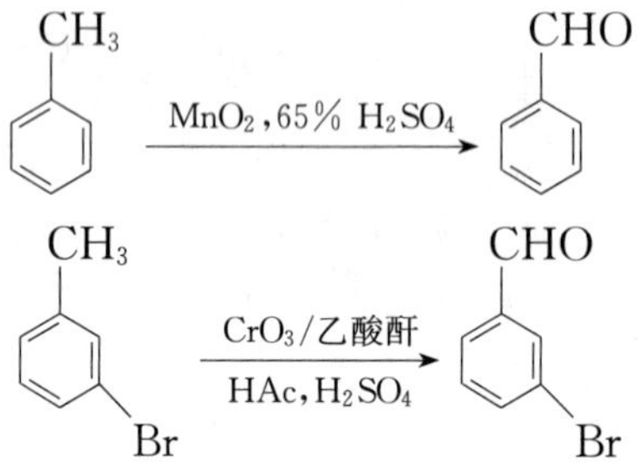

$$\xrightarrow{MnO_2,65\% \ H_2SO_4}$$

$$\xrightarrow[HAc,H_2SO_4]{CrO_3/乙酸酐}$$

10.5.4　Friedel-Crafts 酰基化

Friedel-Crafts 酰基化反应提供了合成芳香酮的方法,该反应涉及芳香环和羰基 C—C 键的形成。该反应的优点是不发生重排,产物单一,产率高。例如

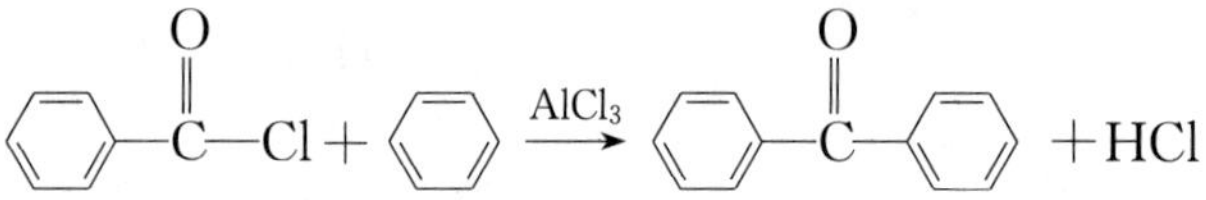

$$\xrightarrow{AlCl_3} +HCl$$

通过分子内酰基化可以制备环酮,例如

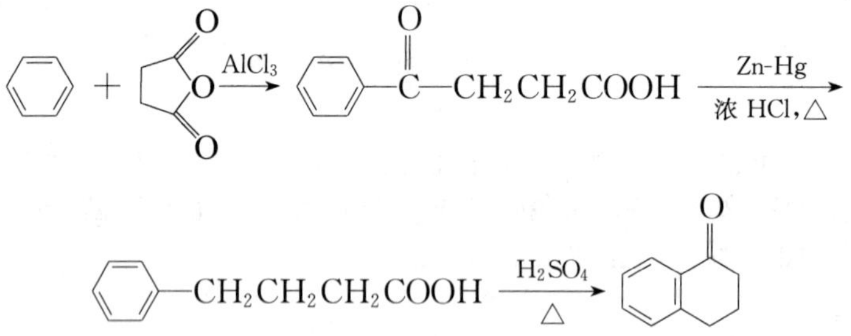

$$+ \xrightarrow{AlCl_3} \text{—}CH_2CH_2COOH \xrightarrow[浓\ HCl,\triangle]{Zn-Hg}$$

$$\text{—}CH_2CH_2CH_2COOH \xrightarrow[\triangle]{H_2SO_4}$$

10.5.5　由醇氧化或脱氢

伯醇、仲醇可以被氧化成醛或酮,叔醇不被氧化。例如

$$CH_3CH_2CH_2CH_2OH \xrightarrow[H_2SO_4]{Na_2Cr_2O_7} CH_3CH_2CH_2CHO \quad 52\%$$

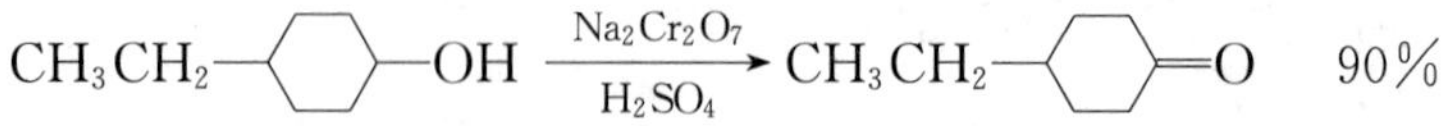

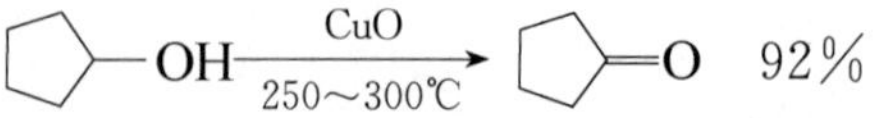

$$CH_3CH_2\text{—}OH \xrightarrow[H_2SO_4]{Na_2Cr_2O_7} CH_3CH_2\text{—}O \quad 90\%$$

$$\text{—}OH \xrightarrow[250\sim300℃]{CuO} \text{—}O \quad 92\%$$

伯醇在强氧化剂作用下可以进一步被氧化成羧酸,所以最好用选择性的氧化剂,如 Sarrett 试剂(CrO_3/吡啶溶液)或 PCC(氯铬酸吡啶溶液),可以使氧化反应控制在醛的阶段,并且双键不受影响。

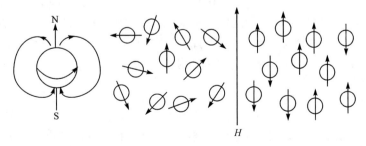

82%

问题 10-13 完成下列反应。

(1) $CH_3CH\!=\!CHCH_2CH_2OH \xrightarrow{(\quad)} CH_3CH\!=\!CHCH_2CHO$

(2) $CH_3CH\!=\!CHCH_2CHO \xrightarrow{(\quad)} CH_3CH\!=\!CHCH_2COOH$

(3) $CH_3CH\!=\!CHCH_2CHO \xrightarrow{(\quad)} CH_3CH\!=\!CHCH_2CH_2OH$

问题 10-14 由苯及不超过 4 个碳的有机物合成 [苯—CH=CH—CH(OH)—环己基] 。

10.6 核磁共振氢谱

核磁共振(NMR)是测定有机化合物结构最普遍、最重要的手段,具有操作方便、分析快速、能准确测定有机化学物骨架结构等优点。目前发展了二维(2D)傅里叶变换核磁共振、固体高分辨核磁共振、核磁共振成像等技术,使核磁共振在材料学、生物医学等研究领域也有十分重要的应用。

10.6.1 基本原理

原子序数为偶数的原子核,由于其自旋量子数为零而不能产生磁矩,只有那些原子序数或质量数为奇数的原子核自旋才有磁矩,如 ^1H、^{13}C、^{15}N、^{17}O、^{19}F、^{29}Si、^{31}P 等。组成有机化合物的主要元素是氢和碳,因此当前核磁共振研究的对象主要是 ^1H 和 ^{13}C。以 ^1H 为研究对象的称为核磁共振氢谱(^1H NMR)。

氢原子核中的质子处于高速自旋中,由于氢质子是带电体,自旋时可产生一个磁场,所以一个自旋的原子核可以看作一块小磁铁。在没有外磁场时,其取向是随机和混乱的,但是当处于外磁场中则只有两种取向:一种与外磁场相同(能量较低,较稳定状态),另一种与外磁场相反(能量较高,较不稳定状态),见图 10-2。

图 10-2 外磁场对氢质子取向的影响

氢的自旋量子数 m_s 为 1/2 和 $-1/2$。当 m_s 为 1/2 时,如果取向方向与外磁场方向平行,则为低能级。m_s 为 $-1/2$ 时,如果取向方向与外磁场方向相反,则为高能级。两个能级之差为

$$\Delta E = r \frac{h}{2\pi} II_0$$

式中,r 为磁旋比;h 为普朗克常量;H_0 为外加磁场的强度。

如果氢质子受到的电磁波辐射的能量恰好等于两种自旋状态的能量差时,氢质子将从低能级跃迁到高能级,这时就发生核磁共振现象。发生共振所需的 ΔE 与辐射频率及外加磁场强度有关。核磁共振主要有两种操作方式:固定磁场强度扫频和固定辐射频率扫场,目前比较通用的方式是扫场。

将装有样品的玻璃管放进磁场中,通过辐射频率发生器产生固定频率的电磁波,同时在扫描线圈通入直流电使总磁场强度稍有增加(扫场)。当磁场强度增加到一定值时,辐射能等于两种不同取向自旋的能差,则会发生共振吸收。接收器接收到信号,放大并被记录器记录,获得核磁共振谱(图 10-3)。

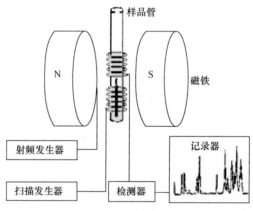

图 10-3 核磁共振仪器结构示意图

10.6.2 屏蔽效应和化学位移

分子中的氢核周围有电子,这些电子在外磁场作用下可产生诱导电子流,从而产生感应磁场,该磁场与外加磁场的方向刚好相反,这样使氢核受到的外加磁场作用变小,这种效应称为屏蔽效应。屏蔽效应的强弱与核外电子云密度有关,核外电子云密度越大,屏蔽效应就越大,而核外电子云密度与氢核所处的化学环境有关。因此,不同化学环境的氢核,受到不同程度的屏蔽效应影响,在外磁场作用下产生的共振频率 ν 不同,用来表示这种不同位置的量称为化学位移。不同化学环境中的氢核,由于这种差距很小,通常为百万分之十左右,在几十到几百兆赫兹的核磁共振仪上很难精确地测定出绝对值,故常用相对化学位移来表示,通常以四甲基硅烷[$(CH_3)_4Si$,TMS]为内标物。化学位移常以相对值表示:

$$\delta = \frac{\nu_{样品} - \nu_{TMS}}{\nu_0} \times 10^{-6}$$

式中,δ 为化学位移;$\nu_{样品}$、ν_{TMS} 分别为样品、内标物(TMS)的吸收峰频率;ν_0 为核磁共振仪的辐射频率,如 60MHz、100MHz、400MHz 等。四甲基硅烷的屏蔽效应很高,比大多数有机分子中的氢都大,如以四甲基硅 δ 值作为零,则其他氢的 δ 值都为负值,文献中常将负号略去。TMS的信号在谱图的最右侧为高场,谱图的左侧为低场(见图 10-5,乙醚的核磁共振氢谱)。一般谱图的扫描范围在化学位移为 0～15。

10.6.3　影响化学位移的因素

1. 诱导效应

诱导效应对氢质子的化学位移影响很大。电负性大的原子或取代基的吸电子诱导效应使氢核外电子云密度降低，屏蔽效应减小，使共振吸收峰移向低场，δ 值增大，如

	TMS	CH_4	CH_3I	CH_3Br	CH_3Cl	CH_3OH	CH_3F
δ	0	0.23	2.16	2.68	3.05	3.40	4.06
X 的电负性	1.8(Si)	2.1(H)	2.5(I)	2.8(Br)	3.0(Cl)	3.5(O)	4.0(F)

而且诱导效应可以通过 σ 键传递，基团距离越远，受到的影响越小。

$$\overset{a\quad b\quad c}{CH_3CH_2CH_2Br}\ \text{化学位移：}H_a=3.30；H_b=1.69；H_c=1.25$$

2. 共轭效应

当给电子或吸电子基团与 $C=C$ 共轭时，双键碳上的氢电子云密度会改变，其共振吸收峰也会发生位移。共轭效应使氢核周围电子云密度增加，则屏蔽作用增强，共振吸收移向高场；反之，共振吸收移向低场。以乙烯、甲基乙烯基醚、3-丁烯-2-酮的双键碳上质子的化学位移为例，可以看出这一影响。

3. 各向异性效应

具有多重键或共轭多重键分子，在外磁场作用下产生的 π 电子环流产生的感应磁场与外加磁场方向，在环内相反（抗磁），环外相同（顺磁），即对分子各部位的磁屏蔽不相同。如果这种影响仅与化学键的键型有关，则称为化学键的各向异性效应。

双键上的 π 电子云分布于成键平面的上、下方，平面内为去屏蔽区，双键上的氢处于去屏蔽区，化学位移向低场移动；乙炔的 π 电子云以圆柱状分布，环电子流产生的感应磁场沿键轴方向为屏蔽区，炔氢正好位于屏蔽区，使其化学位移向高场移动。由于炔碳为 sp 杂化，质子周围的电子云密度较小，使得炔氢的化学位移值在 2.88；醛氢处于去屏蔽区，同时由于氧的强吸电子效应，醛氢的化学位移在 9.0~10.0。苯环和轮烯同样会产生化学键的各向异性，苯环上的氢化学位移一般在 7.3 左右，18-轮烯环内氢为 −1.8，而环外氢为 8.9（图 10-4）。

4. 氢键的影响

氢键的形成使得与 O、N 等元素直接相连的质子周围电子云密度降低，屏蔽作用变小，共振吸收移向低场。一般来说，样品的浓度、温度影响氢键形成的程度，因此在不同条件下—OH、—NH_2 质子的化学位移变化范围较大，如醇羟基的质子化学位移在 0.5~5，酚为 4~8，胺为 0.5~5。

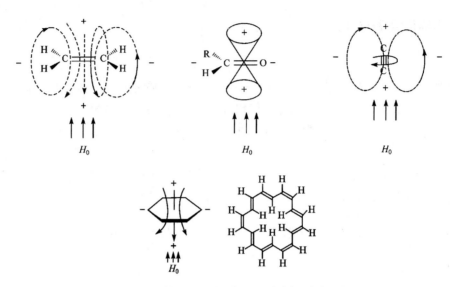

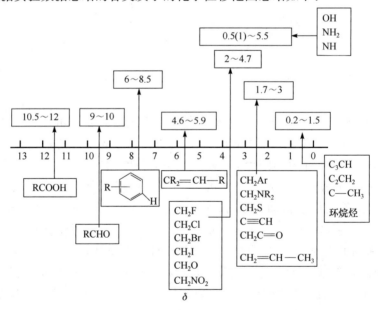

图 10-4　乙烯、醛、乙炔、苯和 18-轮烯的感应磁场

10.6.4　常见有机化合物的化学位移范围

有机化合物中不同环境的质子受到诱导效应、各向异性效应、氢键等的影响,具有不同的化学位移。根据实验数据总结的各类质子的化学位移范围总结如下：

对 NMR 谱图进行解谱之前,需要熟记这些常见官能团的化学位移范围,掌握以上讨论的各种影响因素,判断质子化学位移的变化规律,同时,根据核磁共振谱提供的峰裂分情况、偶合常数和积分曲线等信息来推断结构。

10.6.5　峰的裂分、偶合常数和积分曲线

乙醚分子中有两组化学等价的氢,在谱图中出现两组峰,a-氢是一组三重峰,化学位移 δ 为 1.1 左右,b-氢是一组四重峰,受氧原子吸电子诱导效应的影响,共振吸收移向低场,δ 为

3.3 左右(图 10-5)。出现多重峰的原因是这两种质子之间相互影响发生了自旋偶合-裂分。

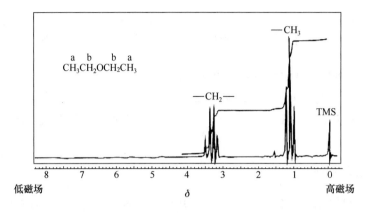

图 10-5　乙醚的核磁共振氢谱

　　氢核有两种取向:一种是顺外加磁场方向;另一种是逆外加磁场方向的。不同的取向可以加强或减弱外磁场的作用,使相邻原子上的氢核受到的磁场强度发生变化。乙醚上的 a-氢受到两个 b-氢自旋产生的磁场影响,这两个 b-氢的自旋方向组合可以有三种可能,分别使 a-氢所处的磁场环境增强、不变和减弱,出现的概率比是 1∶2∶1,由此,a-氢的共振吸收分裂为三重峰,峰强度比(与组合出现的概率有关)为 1∶2∶1。同样,乙醚亚甲基上的氢(b-氢)与甲基上的 3 个氢发生偶合,可以出现四种组合方式,分裂成四重峰,峰强度比为 1∶3∶3∶1(图 10-6)。

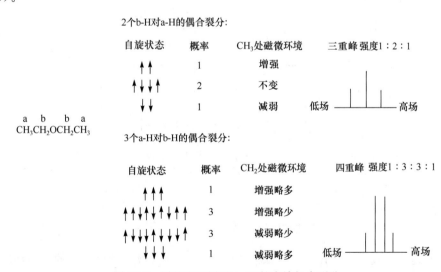

图 10-6　甲基和亚甲基上 H 的自旋偶合裂分

　　自旋-自旋偶合裂分后,两峰之间的距离,即两峰的频率差($\nu_a - \nu_b$)称为偶合常数,用 J_{ab} 表示,单位为 Hz。偶合常数也是核磁共振谱的重要数据,与化合物的分子结构关系密切,在确定化合物的立体结构时非常有用。偶合常数的大小主要与相互偶合的 2 个磁核间的化学键数目及影响它们之间电子云分布的因素(如单双键、取代基的电负性、空间结构等)有关,有时也反映了相邻裂分峰之间的距离。

　　多个相同氢与相邻氢偶合-裂分峰数为($n+1$)个,n 为相邻氢的个数,这称为($n+1$)规律。

乙醚甲基相邻氢为 2 个,分裂峰数为 $2+1=3$ 个,亚甲基相邻氢数为 3 个,分裂峰数为 $3+1=4$ 个。若相邻氢不完全相同,但所处环境相近,一般也符合这个规律。但是两种相邻氢

$$如—\overset{\overset{\displaystyle H_a}{|}}{C}—CH_2—\overset{\overset{\displaystyle H_b}{|}}{C}—$$

中的 H_a 和 H_b 的化学环境差别很大时不遵守这一规律。自旋偶合分裂的 $(n+1)$ 规律是 NMR 谱图分析极其重要的依据。

图 10-5 中的积分曲线表明乙醚中两种氢的峰面积比为 3∶2,一般用积分曲线的高度比(可以直接测量)来表示各组峰的面积比,也表示化合物中不同氢的个数比,这是 NMR 谱图分析中另一个重要依据。

10.6.6　核磁共振氢谱分析

在核磁共振谱图中,横坐标表示质子核磁共振吸收峰的化学位移,纵坐标表示峰的强度,用峰面积表示。积分曲线的总高度与分子中质子的总数目成正比,各阶梯的高度比与各组峰所含质子数目之比相等。如果试样的分子式已经确定,据此可以推断各种质子的数目及获得结构片段信息。由 ^{1}H 核磁共振信号的数目可以知道有机化合物中有几类化学环境不同的氢原子,信号的位置则显示各类氢原子所处的电子环境,由信号的强度可以得出各类氢原子的数目,所以核磁共振氢谱是有机化合物结构测定中非常重要的物理方法。

图 10-7 是 1-碘丙烷的核磁共振氢谱图,共有 3 种不同化学环境的氢质子,其中 H_b 与偶合常数相近的 3 个 H_a 和 2 个 H_c 偶合,产生六重峰;$3+2+1=6$。由于 H_c 与电负性较大的碘连在同一个碳上,所以同样是三重峰,化学位移为 3.25 的应该是 H_c,化学位移为 1.00 的是 H_a。

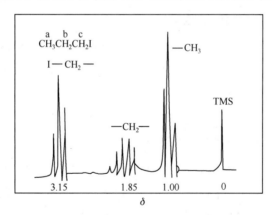

图 10-7　1-碘丙烷的 ^{1}H NMR

图 10-8 是分子式为 $C_{12}H_{14}O_4$ 的核磁共振氢谱图。经计算得到该分子的不饱和度为 6。

$$\Omega=\frac{2+2n_4+n_3-n_1}{2}$$

观察核磁共振氢谱图,发现这 14 个氢是三组氢,表明分子中存在化学环境相同的对称结构,根据积分曲线高度比例,可以得出这三种氢的比例为 2∶2∶3;而且化学位移在 7.65 左右有多重峰,表明有苯环,化学位移在 1.3 左右的三重峰和 4.4 左右(烷基氧上的氢)的四重峰,表明分子中可能存在—OCH_2CH_3 的结构,推测该分子可能是邻苯二甲酸二乙酯。同时,还需要做红外光谱或其他表征手段,来进一步确证该分子的结构及取代基的位置关系。

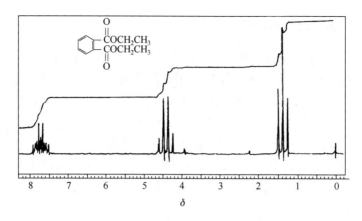

图 10-8　$C_{12}H_{14}O_4$ 的核磁共振氢谱图

10.7　^{13}C 核磁共振谱简介

碳是有机化合物中最重要的元素,它有两个同位素,其中 ^{13}C 具有磁性,在强磁场中能产生核磁共振信号。因此,通过 ^{13}C 核磁共振谱可获得有机化合物分子中碳骨架的直接信息,对鉴定有机物的结构具有与 ^1H 核磁共振谱同等重要的地位。而且 ^{13}C 的化学位移比 ^1H 大约 20 倍,在这样宽的范围内,不同化学环境中碳原子的化学位移各不相同,且谱线清晰,为谱图解析提供了更加丰富的信息。然而 ^{13}C 同位素的天然丰度太低,只有 1.1%,因此共振信号很弱。自从将宽带去偶、脉冲傅里叶变换技术引入核磁共振仪后,^{13}C 核磁共振谱的检测灵敏度得到显著提高,使之能用于常规分析。

10.7.1　质子去偶 ^{13}C 核磁共振谱

^{13}C 核含量少,检测灵敏度低,而且容易与相邻甚至较远的 ^1H 核产生偶合,使 ^{13}C 谱峰分裂,产生交叉重叠的多重峰,降低了 ^{13}C 峰的强度,给谱图解析带来困难。为此,需对 ^{13}C 谱进行简化,最常用的就是质子去偶方法。质子去偶也称宽带去偶,是在观察碳谱时发射一个频带相当宽的射频,以去掉全部 ^1H 核对 ^{13}C 核的自旋偶合,得到 ^{13}C—^1H 的偶合裂分全部重合,简化为 ^{13}C 信号成为单峰的谱图,同时产生 Overhauser 效应,使 ^{13}C 谱峰的强度大大增加,如图 10-9 所示。

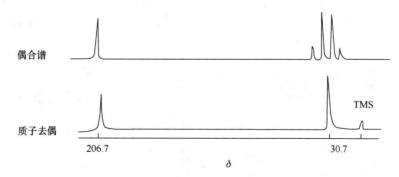

图 10-9　丙酮的 ^{13}C 核磁共振谱

10.7.2 ^{13}C 核磁共振谱的化学位移

与 ^{1}H NMR 相比,^{13}C NMR 的化学位移 δ 分布在一个非常宽的区域,通常为 $0\sim250$,有时甚至会更大一些。只要有机分子中的碳原子环境稍有不同,^{13}C NMR 的化学位移 δ 就不同。因此,与 ^{1}H NMR 一样,^{13}C NMR 的化学位移 δ 也是一个重要参数,能充分反映有机化合物的结构特征。^{13}C NMR 的化学位移 δ 也以 TMS 作标准,TMS 中碳核的 δ 值为 0。其中各类结构中 ^{13}C 的化学位移 δ 值范围大致如下:烷烃 $0\sim60$,醚类 $50\sim80$,烯烃、芳烃 $100\sim150$,羰基类 $150\sim220$,有机金属化合物 $220\sim240$。多种因素可以影响 ^{13}C NMR 的化学位移 δ,如碳原子的杂化类型、取代基的电负性、共轭效应、体积效应等。不同有机化合物基团中 ^{13}C 的化学位移 δ 值范围如下:

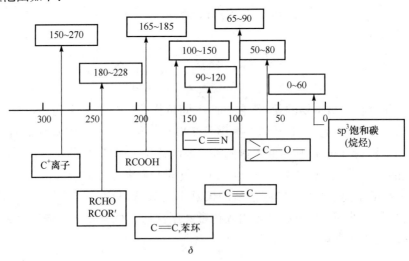

10.7.3 偏共振去偶 ^{13}C 核磁共振谱

宽带去偶 ^{13}C NMR 谱的缺点是完全没有与 ^{1}H 的偶合信息,对分析图谱不利。将质子去偶频率放在略偏离所有 ^{1}H 核共振吸收位置约几百赫兹到 1000Hz 处,使长距离偶合消失,但仍保留与 ^{13}C 直接相连的质子之间的偶合,使信号增强,则图谱更有价值。这种方法称为偏共振去偶。

图 10-10 比较了 1,3-丁二醇的质子去偶和偏共振去偶 ^{13}C NMR 谱。很明显,在质子去偶谱图中均呈现单峰,而在偏共振去偶谱图中出现了多重峰,而且峰的裂分数与和碳直接相连的氢原子数有关,一般遵守 $(n+1)$ 规律,这为有机分子结构分析提供了更加丰富的信息。

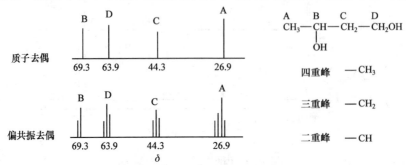

图 10-10　1,3-丁二醇的 ^{13}C 核磁共振谱

10.7.4　^{13}C 核磁共振谱在有机分子结构分析中的应用

^{13}C 核磁共振谱是测定有机分子结构的重要工具之一,通过它不但可以了解分子中碳的种数,而且可以提供碳在分子中所处的环境,为复杂有机分子结构分析提供了有用的信息。下面举例说明^{13}C 核磁共振谱的某些应用。

1-甲基-1-氯环己烷用碱-醇处理生成烯烃,可能为 1-甲基环己烯(A)或甲叉基环己烷(B)。如果对产物做质子去偶^{13}C NMR 谱,就可以判定其消去方向。A:δ 10~50(5 个 sp^3 杂化碳峰),δ 100~150(2 个 sp^2 杂化碳峰);B:对称分子,只有 4 种碳,δ 10~50(3 个 sp^3 杂化碳峰)。实际的质子去偶^{13}C NMR 谱与产物 A 相符,这就证明了消去反应遵守 Saytzeff 规则。

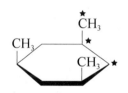

另一个有意思的例子是利用^{13}C NMR 谱鉴别 1,3,5-三甲基环己烷的异构体。全顺式 1,3,5-三甲基环己烷和 1r-3-反-5-反-三甲基环己烷很难用^{1}H NMR 谱或其他方法鉴别,但采用^{13}C NMR 谱却很容易做到。全顺式 1,3,5-三甲基环己烷有非常好的对称性,尽管分子中有 9 个碳,但在 δ 10~50 范围内只有 3 个峰;而 1r-3-反-5-反-三甲基环己烷在此范围内可出现 6 个共振峰。

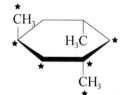

全顺式 1,3,5-三甲基环己烷　　　　　　　　　　1r-3-反-5-反-三甲基环己烷

Wittig 试剂的反应活性与试剂本身和羰基化合物的结构及所用溶剂的极性有关。羰基上有吸电子基团加快活性,季鏻盐上 α-碳原子带有给电子基团,也增加试剂的亲核活性,溶剂的极性大,反应也被加速。醛反应要比酮快,醛和不对称的酮反应后得到的都是顺反异构体烯烃的混合产物。Wittig 试剂和羰基化合物的结构及活性大小、所用的碱种类、温度、反应时间和加料方式及杂质在存等,都会对产物的构型产生一定的影响。

霍纳(Horner)用亚磷酸酯为原料替代三苯基磷与溴代酸酯反应得到另一种类型的 Wittig 试剂,人们通常又称其为 Horner 试剂。Horner 试剂和醛酮化合物反应合成 α,β-不饱和酸酯。经典的 Wittig 试剂与一些醛酮化合物反应活性较差。当特别的亚甲基化磷的碳原子上连有羧酸(酯)、酰基、氰基等吸电子基团时,亚甲基碳原子的亲核性降低,甚至不能和活泼的醛反应。但 Horner 试剂与羰基化合物反应活性较大。此外,Horner 试剂反应后生成的另一个产物是最易溶于水的磷酸酯盐,很容易除去,这要比分离三苯氧膦方便得多。但是 Horner 试剂与亚甲基相连基团中必须有一个是吸电子基团。Horner 试剂和羰基化合物反应也要经过一个四元环的反应过渡态,得到的产物也是顺反异构体的混合物。虽然,在许多情况下主要产物是反式异构体。

习　题

1. 命名下列化合物。

(1) CH_3CHCH_2CHO（OH）　　(2)（结构式）　　(3) $CH_2\!=\!CH\!-\!CH\!=\!CHCHO$

(4)（结构式）　　(5) CH_3（结构式）　　(6)（结构式）

2. 比较下列化合物与 HCN 反应的活性大小。

(1) ① CH_3CHO　　② CH_3COCH_3　　③ $HCHO$　　④ $(CH_3)_2CHCOCH_3$

(2) ① $ClCH_2CHO$　　② $BrCH_2CHO$　　③ CH_3CH_2CHO　　④ CH_3CF_2CHO

(3) ① 二苯甲酮　　② 乙醛　　③ 氯乙醛　　④ 三氯乙醛

3. 完成下列反应。

(1)（结构式）$=O \xrightarrow{HCN} \xrightarrow{H_3O^+}$（　　　）

(2)（结构式）$-CHO \xrightarrow{(\quad)}$（结构式）$\xrightarrow{(\quad)}$（结构式）

(3)（结构式）$\xrightarrow[\text{干 HCl}]{HOCH_2CH_2OH}$（　　　）

(4)（结构式）$-CH_2CHCH_3 \xrightarrow{I_2/NaOH}$（　　　）$+$（　　　）

(5) $CH_3CH_2CHO \xrightarrow{\text{稀 NaOH}}$（　　　）$\xrightarrow{\triangle}$（　　　）$\xrightarrow{NH_2OH}$（　　　）

(6) 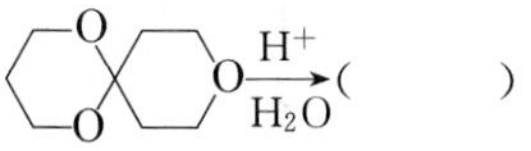 $\xrightarrow[\text{H}_2\text{O}]{\text{H}^+}$ (   )

(7) 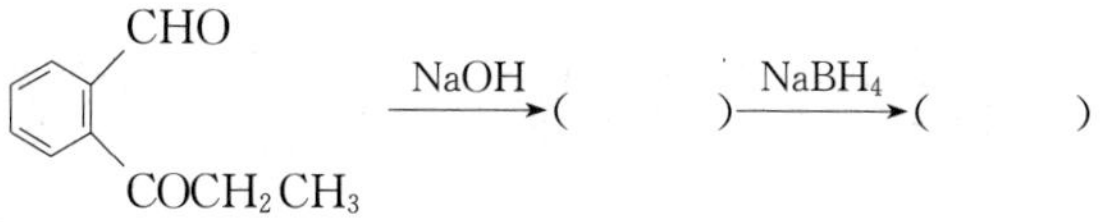 $\xrightarrow{\text{NaOH}}$ (   ) $\xrightarrow{\text{NaBH}_4}$ (   )

(8) 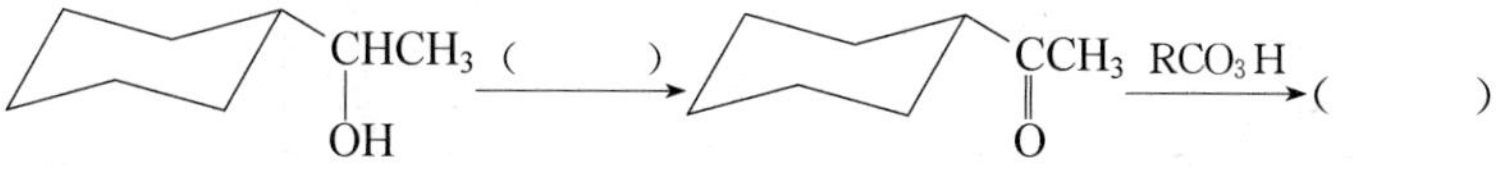 $\xrightarrow{\qquad}$ $\xrightarrow{\text{RCO}_3\text{H}}$ (   )

4. 用简单的化学方法鉴别下列化合物。

(1) $CH_3CH_2CH_2CHO$ $CH_3CH_2CH_2CH_2OH$ $CH_3CH_2OCH_2CH_3$ $CH_3\overset{O}{\underset{\|}{C}}CH_2CH_3$

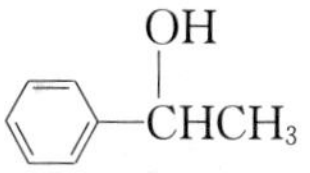

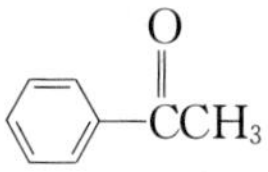

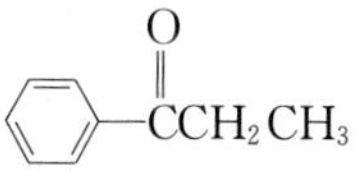

(2)

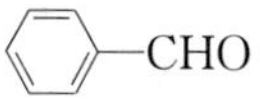

(3)

5. 完成下列转化。

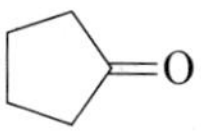

(1) $CH_3\overset{OH}{\underset{|}{C}HCH_2CH_3} \longrightarrow CH_3CH_2\overset{}{\underset{|}{C}HCH_2OH}$ (CH_3)

(2) $CH_3CH_2CH_2OH \longrightarrow CH_3CH_2\overset{O}{\underset{\|}{C}}CH_2CH_3$

6. 由指定原料合成下列化合物(无机试剂任选)。

(1)  $CH_2Cl \longrightarrow$ $CH=CH$

(2)  $CH_3-$$-CHO \longrightarrow HOCH_2CH_2CH_2-$$-CHO$

7. 化合物 A($C_{10}H_{12}O_2$),不溶于 NaOH 溶液,能与羟胺反应,但不与 Tollens 试剂反应。A 经 LiAlH$_4$ 还原得 B。A 与 B 都能发生碘仿反应,A 与 HI 作用生成 C($C_9H_{10}O_2$)。C 能溶于 NaOH 溶液,经 Clemmenson 还原得 D($C_9H_{12}O$)。A 经 KMnO$_4$ 氧化生成对甲氧基苯甲酸。写出 A、B、C、D 的结构式。

8. 按下列化合物各质子的化学位移的大小排列顺序。

(1) 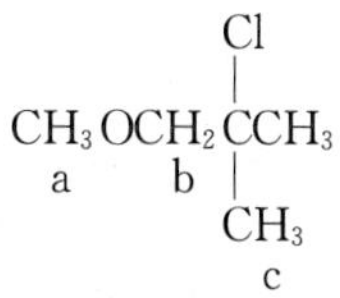 $CH_3\underset{a}{O}CH_2\underset{b}{C}\overset{Cl}{\underset{\underset{c}{CH_3}}{C}}CH_3$ (2)

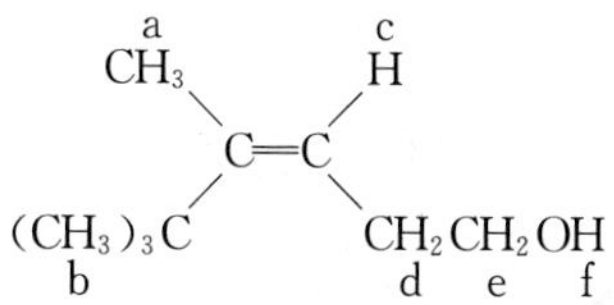

9. 某化合物分子式为 C_6H_{12},其核磁共振质子谱图中只有一个单峰,写出此化合物的结构式。

10. 某化合物分子式为 C_8H_9Br,在其 ^1H NMR 谱图中在 $\delta 2.0$ 处有一个二重峰(3H),$\delta 5.1$ 处有一个四重峰(1H),$\delta 7.35$ 处有一个多重峰(5H)。写出此化合物的结构式。

11. 已知某化合物分子式为 $C_7H_{16}O_3$,其 ^1H NMR 图谱如下,试推测该化合物的结构。

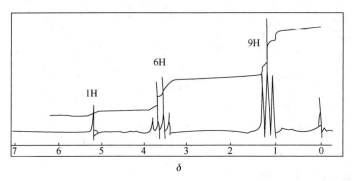

化合物 $C_7H_{16}O_3$ 的 ^1H NMR 图谱

12. 化合物 $C_6H_{14}O$ 的 ^{13}C NMR 图谱中，分别在 δ 22 和 δ 70 处有两个共振吸收峰，试推测该化合物的结构。

第 11 章　羧酸、羧酸衍生物和质谱

含有羧基(—COOH)的有机化合物称为羧酸(carboxylic acid)。羧酸可以看作烃分子中的氢原子被羧基取代的化合物,用通式 RCOOH 表示。羧基中的羟基被其他原子或原子团取代后形成的化合物称为羧酸衍生物(carboxylic acid derivatives)。羧酸、羧酸盐和羧酸衍生物广泛存在于自然界的动植物中,且许多是生命活动的重要物质,有些可以作为重要的药物、香料、日用化学品、食品添加剂等,同时也是重要的有机合成原料。

11.1　羧酸的分类与命名

11.1.1　羧酸的分类

根据羧酸中与羧基相连的烃基种类不同,可以分为脂肪酸(aliphatic acid)、芳香酸(aromatic carboxylic acid)、饱和酸、不饱和酸、取代酸等;根据羧基的数目不同又分为一元酸、二元酸和多元酸。

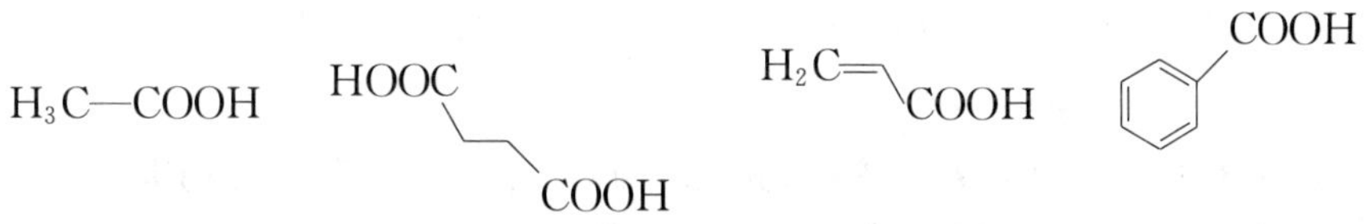

$$H_3C—COOH \qquad HOOC—CH_2CH_2—COOH \qquad H_2C=CH—COOH \qquad C_6H_5—COOH$$

乙酸	丁二酸	丙烯酸	苯甲酸
(一元酸)	(二元酸)	(不饱和酸)	(芳香酸)

11.1.2　羧酸的命名

1. 俗名

羧酸在自然界发现较早,它们之中许多根据来源命名,称为俗名。例如,甲酸最初是由蚂蚁蒸馏得到的,称为蚁酸;乙酸最初由食用的醋中获得,称为醋酸。常见的一些羧酸的结构和中文俗名如下:

$$HCOOH \qquad C_6H_5—COOH \qquad CH_3(CH_2)_{14}COOH$$

蚁酸(formic acid) 　　安息香酸(benzoic acid) 　　棕榈酸(palmitic acid)

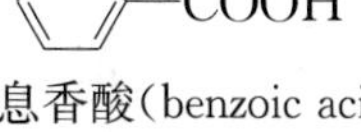

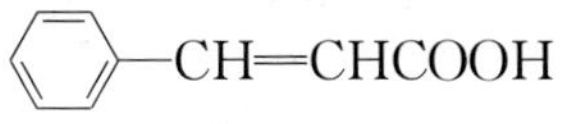

$$C_6H_5—CH=CHCOOH \qquad CH_3(CH_2)_{16}COOH \qquad HOOCCHCHCOOH$$
$$\overset{OH}{|} \qquad \overset{OH}{|}$$

肉桂酸(cinnamic acid) 　　硬脂酸(stearic acid) 　　酒石酸(tartaric acid)

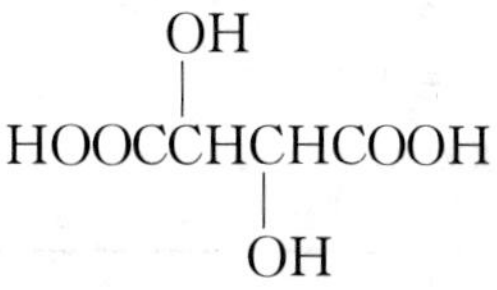

2. 系统命名法

脂肪酸的系统命名法是选择分子中含羧基最长的碳链为主链,根据主链上碳原子数目称为某酸,超过 10 个碳原子的不饱和酸在碳数后加"碳"字。表示侧链与重键的方法与烃基相

同,编号从羧基碳原子开始。例如

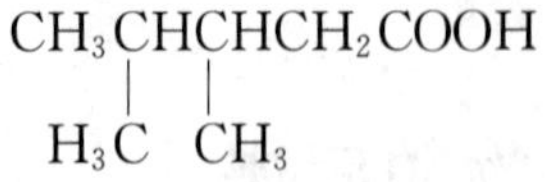

$$CH_3CHCHCH_2COOH \qquad\qquad CH_3(CH_2)_5CHCH_2CH\!=\!CH(CH_2)_7COOH$$
$$\underset{\displaystyle H_3C\ \ CH_3}{\big|\ \ \big|} \qquad\qquad\qquad\qquad\qquad\qquad \underset{\displaystyle OH}{\big|}$$

3,4-二甲基戊酸 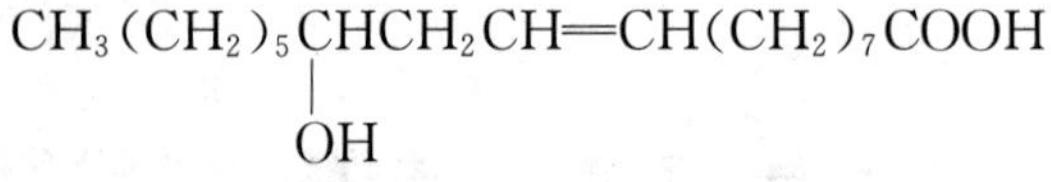　　　　　　　　　12-羟基-9-十八碳烯酸(蓖麻醇酸)

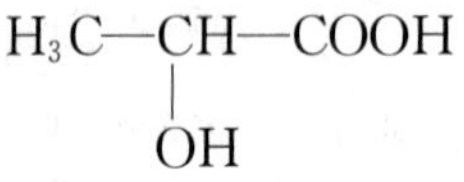

$$H_3C\!-\!CH\!-\!COOH \qquad\qquad ClCH_2CH_2C\!=\!CHCH_2COOH$$
$$\quad\underset{\displaystyle OH}{\big|} \qquad\qquad\qquad\qquad\quad\underset{\displaystyle CH_3}{\big|}$$

2-羟基丙酸或 α-羟基丙酸(乳酸) 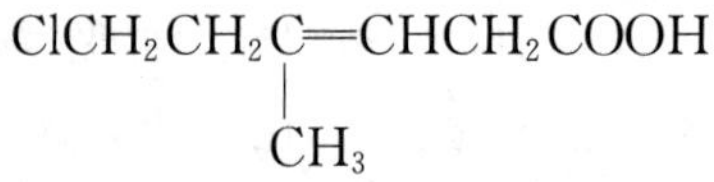　　　　4-甲基-6-氯-3-己烯酸

羧酸常用希腊字母来标明位次。把与羧基直接相连的碳原子为 α,依次为 β、γ、δ 等。芳香族羧酸则作为脂肪酸的取代物命名。若有其他官能团则应标明其位置。例如

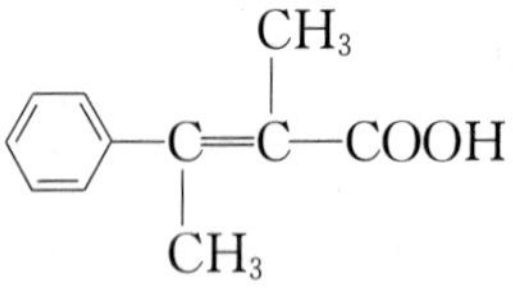

2-甲基-3-苯基-2-丁烯酸 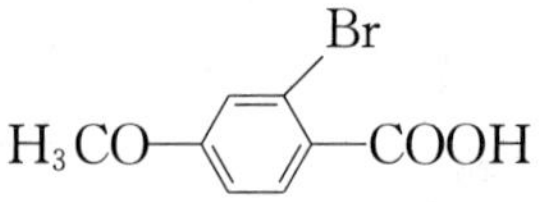　　　　　　　4-甲氧基-2 溴-苯甲酸

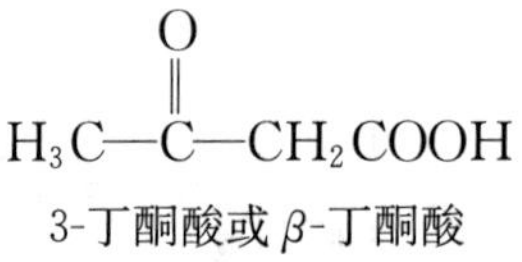

$$\underset{\displaystyle\ }{\overset{\displaystyle O}{H_3C\!-\!\overset{\|}{C}\!-\!CH_2COOH}} \qquad\qquad OHCCH_2\underset{\displaystyle\ }{\overset{\displaystyle CH_3}{\overset{|}{C}HCOOH}}$$

3-丁酮酸或 β-丁酮酸 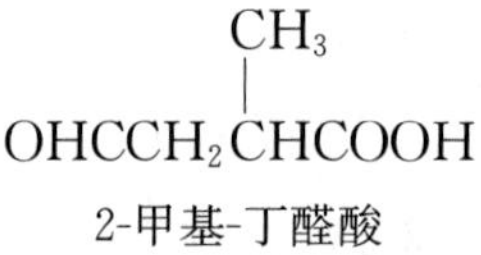　　　　　　　　2-甲基-丁醛酸

在环烷烃中,当环直接和羧基相连时,称为环烷酸,编号从羧基相连的碳开始。若脂环与脂肪酸的碳链相连时,一般将碳环当作取代基。例如

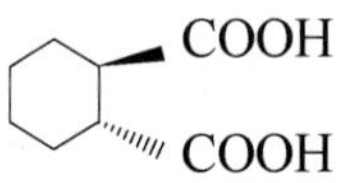

$$CH_2CH\!=\!CHCOOH$$

反-1,2-环己二酸 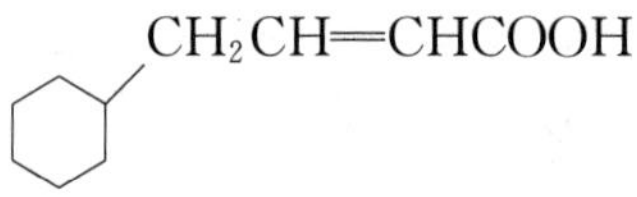　　　　　　　　　　4-环己基-2-丁烯酸

问题 11-1　以系统命名法命名下列化合物。

(1) 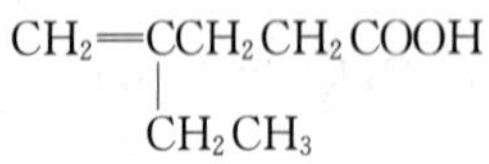 $CH_2\!=\!CCH_2CH_2COOH$
$\qquad\quad\underset{\displaystyle CH_2CH_3}{\big|}$

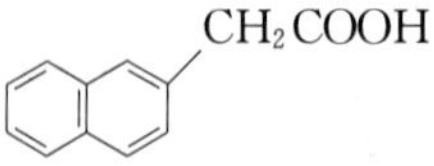

(2)
$$\qquad\qquad CH_2COOH$$

(3)
$$\underset{\displaystyle HOOC}{\overset{\displaystyle H\qquad\ COOH}{C\!=\!C}}\underset{\displaystyle\qquad\ H}{}$$

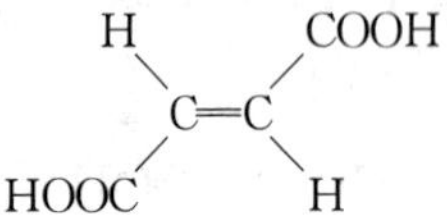

(4)  $CH_3CHCH\!=\!CHCOOH$
$\qquad\ \underset{\displaystyle OH}{\big|}$

11.2　羧酸的结构、物理性质和波谱性质

11.2.1　羧酸的结构

在羧酸分子中(图 11-1、图 11-2、图 11-3),羧基碳原子以 sp^2 杂化轨道分别与烃基和两个

氧原子形成三个 σ 键,这三个 σ 键在同一平面上,剩余的一个 p 电子与氧原子形成 π 键,构成羧基中羰基的 π 键,羧基中羟基氧原子上的孤电子对,可与 π 键形成 p-π 共轭体系。由于 p-π 共轭效应,C＝O 失去了典型的羰基性质,—OH 中氧原子上的电子云向羰基移动,使得 OH 中的氢原子容易离解,表现出比醇更强的酸性;同时,由于羰基碳原子的电正性削弱,不利于亲核试剂的进攻(与醛、酮相比),难于发生亲核加成反应。

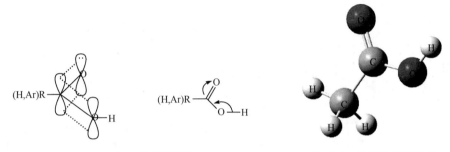

图 11-1　羧酸的分子结构　　　　　　　　　图 11-2　乙酸的分子结构

　　根据羧酸的结构,它可以表现出以下化学性质(图 11-4)。

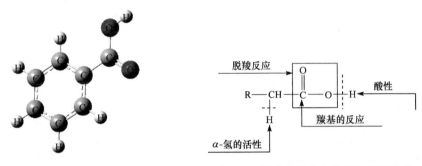

图 11-3　苯甲酸的分子结构　　　　　　图 11-4　羧酸的结构与化学性质的关系

11. 2. 2　羧酸的物理性质

　　在脂肪族饱和一元羧酸中,甲酸、乙酸、丙酸为具有刺激性臭味的液体,直链的正丁酸到正壬酸为有腐败气味的油状液体,癸酸以上是无臭的固体。脂肪族的二元羧酸和芳香族羧酸都是结晶固体。由于羧基是一个亲水基团,可与水形成氢键。从甲酸到丁酸都可与水混溶,随着相对分子质量的增大,水溶性迅速降低。癸酸以上不溶于水,但一般能溶于乙醇、乙醚、氯仿等有机溶剂中。芳香族羧酸水溶性极差。由于氢键形成的原因,羧酸的沸点比相应相对分子质量的醇的沸点高。这种沸点相差较大的原因是羧酸分子之间有两个氢键互相结合起来,形成双分子缔合的二聚体(图 11-5)。

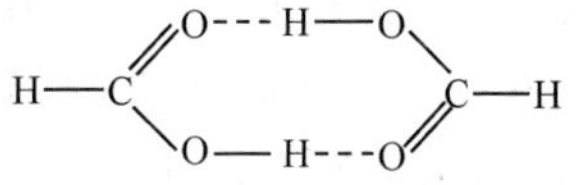

图 11-5　甲酸的二聚体

　　饱和一元羧酸的沸点随相对分子质量的增加而升高。熔点随分子中碳原子数目的增加呈锯齿形变化,含偶数碳原子羧酸的熔点比邻近两个奇数碳原子羧酸的熔点高,这是由于在含偶数碳原子的链中,链端甲基和羧基分别在链的两边,而在奇数碳原子链中,则在碳链的同一边,前者具有较高的对称性,可使羧酸的晶格更紧密地排列,分子之间具有更大的吸引力,从而使它的熔点较高。常见羧酸的物理性质见表 11-1。

表 11-1　常见羧酸的物理性质

名称	熔点/℃	沸点/℃	溶解度/(g/100g 水)	pK_a (25℃)
甲酸(蚁酸)	8.4	100.7	∞	3.75
乙酸(醋酸)	16.6	118	∞	4.75
丙酸(初油酸)	−20.8	141	∞	4.87
丁酸(酪酸)	−4.6	164	∞	4.83
戊酸(缬草酸)	−33.8	186	3.3	4.84
己酸	−2.0	205	1.1	4.88
十二酸(月桂酸)	44	225	0.006	5.30
十四酸(肉豆蔻酸)	59	251	0.002	
十六酸(软脂酸)	63	269(0.01MPa)	不溶	6.46
十八酸(硬脂酸)	71	287(0.01MPa)	不溶	
乙二酸(草酸)	189		8.6	1.27
				4.27
丁二酸(琥珀酸)	187		5.8	4.21
				5.64
丙烯酸	13	141.6		
顺丁烯二酸(马来酸)	131		79	1.90
				6.50
苯甲酸	122	250	0.34	4.19

11.2.3　羧酸的波谱性质

1. 红外光谱(IR)

羧酸的特征官能团是羧基,最能体现它的红外吸收是 O—H、C═O 和 C—O 的振动吸收。单体羧酸在 $1760cm^{-1}$(s)附近有 C═O 的吸收峰,二聚体在 $1700\sim1725cm^{-1}$ 附近,α,β-不饱和羧酸和芳香酸二聚体在 $1680\sim1710cm^{-1}$ 附近有强伸缩振动。此外,羧酸的二聚体在 $3300\sim3500cm^{-1}$ 有宽而强的 C—H 吸收谱带。羧酸 C—O 伸缩振动在 $1250cm^{-1}$ 附近。O—H 的变形振动在 $920\sim1400cm^{-1}$。

2. 核磁共振谱(^{1}H NMR)

羧基的质子在 $\delta=10\sim13.2$ 区域内出现,在该区内很少有其他质子出现,因此很好辨认。α-氢受羧基影响与一般饱和碳上的质子相比向低场偏移,在 $\delta=2.2\sim2.5$ 区域内出现。

3. 质谱

羧酸的特征开裂产生的峰是 m/z 60,$M-CO_2H$,$M-OH$ 峰也很明显。

11.3　羧酸的制备

11.3.1　氧化法

1. 烃的氧化

羧酸是许多烃类有机物氧化后的产物,烷烃、烯烃、炔烃、芳烃侧链等氧化后都可以得到羧酸。例如

$$RCH_2-CH_2R' \xrightarrow[\text{锰盐},1.5\sim3MPa]{O_2,120℃} RCOOH+R'COOH$$

$$RCH=CHR' \xrightarrow[\text{加热}]{KMnO_4} RCOOH+R'COOH$$

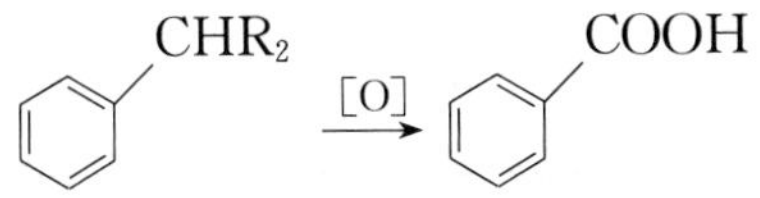

2. 醇和醛的氧化

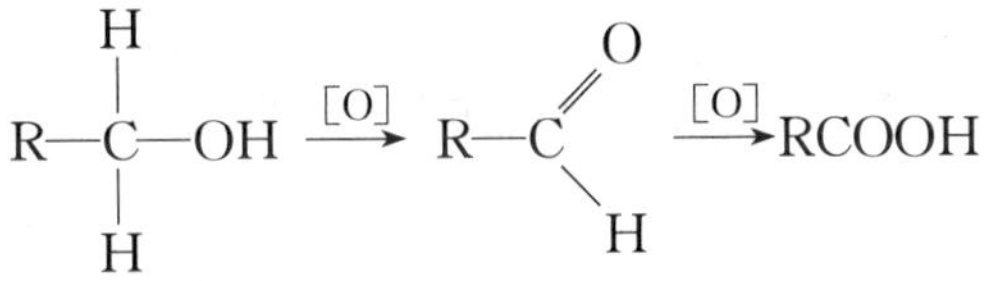

常用的氧化剂有重铬酸钾-硫酸、三氧化铬-冰醋酸、高锰酸钾、硝酸等。工业上常用氧或空气与催化剂一起进行催化氧化。

11.3.2　水解法

1. 腈的水解

腈在酸性或碱性条件下水解,可以得到酸。腈由卤代烃与氰化钠反应制备。

$$RCN+2H_2O+HCl \longrightarrow RCOOH+NH_4Cl$$

$$RCN+H_2O+NaOH \longrightarrow RCOONa+NH_3$$

但本方法仅对伯卤代烃效果较好,因为仲或叔卤代烃更容易发生消除反应,而不是被 CN^- 取代。

2. 油脂水解

油脂经过皂化反应可制备高级脂肪酸和甘油,详见 11.8.2 节。

11.3.3　合成法

1. 由 Grignard 试剂合成

将 Grignard 试剂倒在干冰上,或将 CO_2 在低温下通入 Grignard 试剂的干醚溶液中,待 CO_2 不再吸收后水解便得到羧酸。这种方法对于伯、仲、叔及芳基卤代烃都适用,由此法制得的羧酸比原来的 Grignard 试剂增加了一个碳原子。

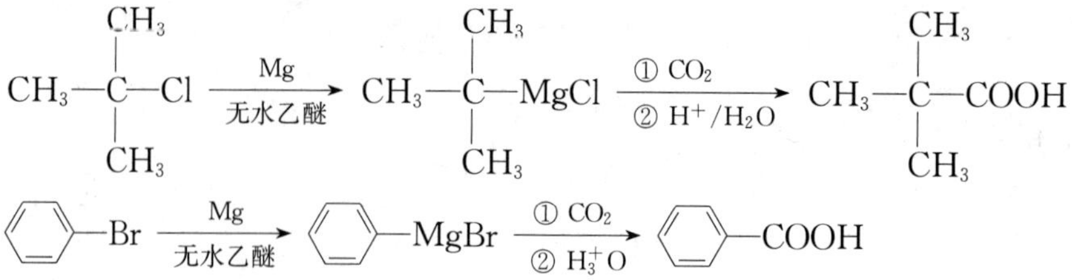

$$CH_3-\underset{\underset{\displaystyle CH_3}{|}}{\overset{\overset{\displaystyle CH_3}{|}}{C}}-Cl \xrightarrow[\text{无水乙醚}]{Mg} CH_3-\underset{\underset{\displaystyle CH_3}{|}}{\overset{\overset{\displaystyle CH_3}{|}}{C}}-MgCl \xrightarrow[\text{② } H^+/H_2O]{\text{① } CO_2} CH_3-\underset{\underset{\displaystyle CH_3}{|}}{\overset{\overset{\displaystyle CH_3}{|}}{C}}-COOH$$

苯—Br $\xrightarrow[\text{无水乙醚}]{Mg}$ 苯—MgBr $\xrightarrow[\text{② } H_3^+O]{\text{① } CO_2}$ 苯—COOH

2. Kolbe-Schmitt 合成

利用酚钠与 CO_2 反应,然后水解可以制备酚酸,该反应称为 Kolbe-Schmitt 反应。

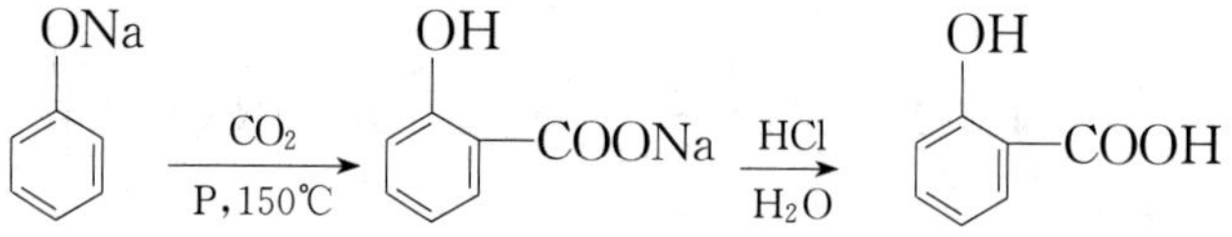

ONa苯 $\xrightarrow[\text{P,150℃}]{CO_2}$ OH苯—COONa $\xrightarrow[\text{H}_2\text{O}]{HCl}$ OH苯—COOH

邻羟基苯甲酸(水杨酸)

问题 11-2　如何由苯及两个碳以下的有机原料制备 2-苯基丙酸?

11.4　羧酸的化学性质

11.4.1　酸性

羧酸分子中羟基与羰基存在 p-π 共轭效应,使其羟基上的质子易于电离,表现出酸性。

$$RCOOH \underset{}{\overset{K_a}{\rightleftharpoons}} RCOO^\ominus + H^\oplus$$

图 11-6　羧酸根的结构

电离后的羧基氧原子带有一个负电荷,能提供一对电子与羰基形成 p-π 共轭结构,成为一个具有三中心四电子的大 π 键。X 射线衍射实验证明了羧酸根负离子的这种结构(图 11-6)。

羧酸能与碱中和生成盐和水,酸性比碳酸强,可与碳酸钠或碳酸氢钠作用生成羧酸钠。

$$RCOOH + NaOH \longrightarrow RCOONa + H_2O$$
$$RCOOH + NaHCO_3 \longrightarrow RCOONa + CO_2 + H_2O$$

利用后一反应,可以分离和鉴别羧酸。生成的羧酸盐溶于水,高级脂肪酸的钠盐可用作肥皂。为了比较酸性的强弱,常用离解常数的负对数值 pK_a 描述,从测得的 pK_a 值可以看出,羧酸的酸性比碳酸和苯酚强。

$$RCOOH > H_2CO_3 > C_6H_5OH > ROH$$

pK_a　　　　～5　　　　6.4　　　　10　　　　16

11.4.2　取代基对酸性的影响

羧酸的酸性强弱与结构有关。具有吸电子诱导效应的基团使酸性增强,具有给电子诱导效应的基团使酸性减弱。常见的基团或原子对酸性的影响如下:

$$Y-CH_2COOH$$

| Y= | H, | —CH₃, | —CH=CH₂, | F, | Cl, | Br, | I, | —OH, | —NO₂ |

其中：

$$Y= \text{H}, \ -\text{CH}_3, \ -\text{CH}=\text{CH}_2, \ \text{F}, \ \text{Cl}, \ \text{Br}, \ \text{I}, \ -\text{OH}, \ -\text{NO}_2$$

pK_a 4.76   4.87   4.35   2.57   2.86   2.94   3.18   3.83   1.08

诱导效应具有加和性，相同性质的基团越多，对酸性的影响越大。例如

$$\text{ClCH}_2\text{COOH} \quad \text{Cl}_2\text{CHCOOH} \quad \text{Cl}_3\text{CCOOH}$$

pK_a 2.86   1.26   0.64

诱导效应沿 σ 键传递，随距离的增加，其影响迅速减小。例如

$$\underset{\underset{\text{Cl}}{|}}{\text{CH}_3\text{CH}_2\text{CHCOOH}} \quad \underset{\underset{\text{Cl}}{|}}{\text{CH}_3\text{CHCH}_2\text{COOH}} \quad \underset{\underset{\text{Cl}}{|}}{\text{CH}_2\text{CH}_2\text{CH}_2\text{COOH}} \quad \text{CH}_3\text{CH}_2\text{CH}_2\text{COOH}$$

pK_a 2.86   4.05   4.52   4.82

具有给电子诱导效应的基团使酸性减弱。给电性越强，酸性越弱。

$$\text{HCOOH} \quad \text{CH}_3\text{COOH} \quad (\text{CH}_3)_2\text{CHCOOH} \quad (\text{CH}_3)_3\text{CCOOH}$$

pK_a 3.75   4.76   4.85   5.03

在取代芳香酸中，对位和间位的吸电子基团使酸性增强，给电子基团使酸性减弱。这是共轭效应和诱导效应共同作用的结果。

pK_a 4.89   4.37   4.21   3.99   3.44

问题 11-3 比较下列羧酸的酸性强弱。

(1) 甲酸、乙酸、乙二酸、乙醇、苯酚

(2) 邻甲酰基苯甲酸、对羟基苯甲酸、苯甲酸、间氨基苯甲酸

11.4.3 羧酸衍生物的生成

羧酸中的羰基可以与某些亲核试剂发生亲核加成-消除反应，生成羧酸衍生物（酰卤、酸酐、酯、酰胺），总的结果是亲核取代反应，反应通式为

$$\underset{\quad}{\text{R}-\overset{\overset{\text{O}}{\|}}{\text{C}}-\text{OH}} + \text{Nu}^- \longrightarrow \text{R}-\overset{\overset{\text{O}}{\|}}{\text{C}}-\text{Nu} \quad (\text{Nu}=\text{X}, \text{OCOR}', \text{OR}', \text{NH}_2)$$

1. 酯化反应

在无机酸存在的情况下，羧酸与醇作用生成酯，这种反应称为酯化反应（esterification reaction）。

$$\text{R}-\overset{\overset{\text{O}}{\|}}{\text{C}}-\text{OH} + \text{HOR}' \underset{}{\overset{\text{H}^+}{\rightleftharpoons}} \text{R}-\overset{\overset{\text{O}}{\|}}{\text{C}}-\text{OR}' + \text{H}_2\text{O}$$

酯化反应是一个可逆反应，其逆反应称为酯的水解反应。增加反应物浓度或移走生成的水可使平衡向右移动。酯化反应的反应机理如下：

$$R-\underset{OH}{\underset{|}{C}}\overset{O}{=} \xrightarrow{H^+} R-\underset{OH}{\overset{OH^+}{C}} \underset{R'OH}{\rightleftharpoons} R-\underset{\underset{+}{HOR'}}{\underset{|}{C}}-OH \rightleftharpoons^{-H^+} R-\underset{OR'}{\overset{OH}{\underset{|}{C}}}-OH \xrightleftharpoons{+H^+}$$

$$R-\underset{OR'}{\overset{OH}{\underset{|}{C}}}-\overset{+}{O}H_2 \xrightleftharpoons{-H_2O} R-\overset{+OH}{C}-OR' \xrightleftharpoons{-H^+} R-\overset{O}{C}-OR'$$

反应的速率控制步骤是醇对质子化羧酸的加成,所以羧酸或醇结构中烃基的体积(特别是α-碳原子上的取代基)显著影响酯化反应的速率。烃基的支链越多,空间位阻越大,反应越难进行。一般酯化反应的活性顺序为

醇　$CH_3OH>RCH_2OH>R_2CHOH$

酸　$HCOOH>RCH_2COOH>R_2CHCOOH>R_3CCOOH$

2. 生成酰卤的反应

羧酸与五卤化磷、三卤化磷或亚硫酰氯(或称氯化亚砜)作用,生成酰卤。

$$RCOOH+SOCl_2 \longrightarrow RCOCl+SO_2+HCl$$
$$3RCOOH+PX_3 \longrightarrow 3RCOX+H_3PO_3$$
$$RCOOH+PX_5 \longrightarrow RCOX+POX_3+HX$$

苯-COOH $+SOCl_2 \longrightarrow$ 苯-COCl $+SO_2+HCl$

$$CH_3CH_2CH_2COOH+PCl_3 \longrightarrow CH_3CH_2CH_2COCl+H_3PO_3$$

3. 生成酸酐的反应

除甲酸脱水生成一氧化碳外,其他羧酸在脱水剂的作用下或加热条件下脱水,生成酸酐。常用的脱水剂有五氧化二磷、乙酸酐等。

$$2RCOOH+CH_3\overset{O}{C}O\overset{O}{C}CH_3 \rightleftharpoons R\overset{O}{C}O\overset{O}{C}R+2CH_3COOH$$

二元羧酸在加热条件下可以发生分子内脱水,形成具有五元环或六元环的酸酐。例如,邻苯二甲酸酐可由邻苯二甲酸加热得到。

4. 生成酰胺的反应

羧酸与氨或碳酸铵作用,生成铵盐,加热铵盐生成酰胺。

$$RCOOH+NH_3 \longrightarrow RCOONH_4 \xrightarrow{\triangle} RCONH_2+H_2O$$

工业上应用这一反应合成聚酰胺纤维,其中最重要的是尼龙-66。

$$n\text{HOOC}(\text{CH}_2)_4\text{COOH} + n\text{H}_2\text{N}(\text{CH}_2)_6\text{NH}_2 \xrightarrow[\text{压力}]{270℃}$$

　　　　　己二酸　　　　　　　　　　　己二胺

$$\text{HO}\underset{}{\overset{\text{O}}{\parallel}}{-}\text{C}{-}(\text{CH}_2)_4{-}\overset{\text{O}}{\overset{\parallel}{\text{C}}}{-}\text{NH}{-}(\text{CH}_2)_6{-}\text{NH}\overset{}{]}_n\text{H} + (n-1)\text{H}_2\text{O}$$

　　尼龙-66

11.4.4　羧酸的还原

羧酸很难被一般的还原剂或催化氢化法还原,但在强还原剂(如四氢铝锂)存在的情况下可直接还原成为伯醇。例如

$$\text{RCOOH} \xrightarrow[\text{② H}_2\text{O}]{\text{① LiAlH}_4} \text{RCH}_2\text{OH}$$

$$\text{C}_6\text{H}_5\text{CH}{=}\text{CHCOOH} \xrightarrow[\text{② H}_3\text{O}^+]{\text{① LiAlH}_4} \text{C}_6\text{H}_5\text{CH}{=}\text{CHCH}_2\text{OH}$$

　　肉桂酸　　　　　　　　　　　　　　　肉桂醇

11.4.5　脱羧反应

羧酸分子失去二氧化碳的反应称为脱羧反应(decarboxylic reaction)。通常情况下,羧基比较稳定,只有在特定条件下才能发生。当羧酸连有吸电子基团时或是羧酸盐碱熔,脱羧容易发生。

$$\text{RC}\overset{\text{O}}{\overset{\parallel}{}}\text{CH}_2\text{C}\overset{\text{O}}{\overset{\parallel}{}}\text{OH} \xrightarrow{\triangle} \text{RC}\overset{\text{O}}{\overset{\parallel}{}}\text{CH}_3 + \text{CO}_2$$

$$\text{Y}{-}\text{CH}_2\text{COOH} \xrightarrow{\triangle} \text{Y}{-}\text{CH}_3 + \text{CO}_2$$

$$(\text{Y}{=}\text{RCO}{-},\ \text{HOOC}{-},\ {-}\text{CN},\ {-}\text{NO}_2,\ {-}\text{Ar})$$

二元羧酸受热后容易脱水或脱羧,生成的产物取决于两个羧基的相对位置。含有 2~3 个碳的羧酸(草酸和丙二酸)在加热时生成少一个碳原子的羧酸和二氧化碳。

$$\text{HOOC}{-}\text{COOH} \xrightarrow{\triangle} \text{HCOOH} + \text{CO}_2$$

$$\text{HOOC}{-}\text{CH}_2{-}\text{COOH} \xrightarrow{\triangle} \text{CH}_3\text{COOH} + \text{CO}_2$$

丁二酸和戊二酸加热脱水生成环状的羧酸酐。

$$\begin{array}{l}\text{CH}_2{-}\text{COOH} \\ | \\ \text{CH}_2{-}\text{COOH}\end{array} \xrightarrow{\triangle} \quad + \text{H}_2\text{O}$$

$$\begin{array}{l}\text{CH}_2{-}\text{COOH} \\ \text{CH}_2 \\ \text{CH}_2{-}\text{COOH}\end{array} \xrightarrow{\triangle} \quad + \text{H}_2\text{O}$$

11.4.6　α-卤代反应

羧酸的 α-位上的氢原子由于受羧基的影响,变得较为活泼,在红磷或光的催化下,能被氯或溴原子逐步取代,生成卤代酸。

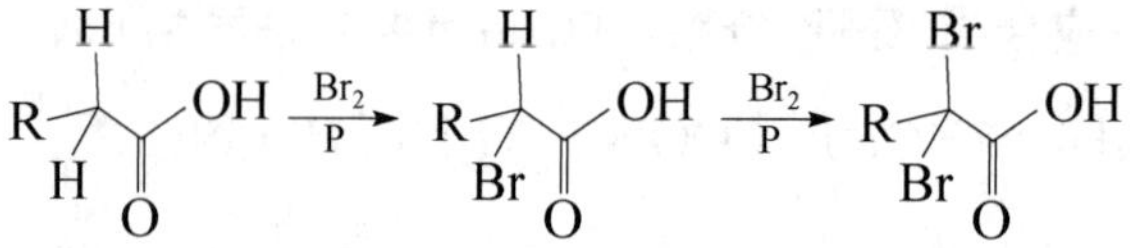

α-卤代酸是重要的有机合成中间体，其中的卤原子与卤代烃中的卤原子相似，可以被其他亲核试剂取代，因此可用于制备各种取代羧酸。

$$CH_3-CH_2-COOH \xrightarrow[P]{Br_2} CH_3\underset{\underset{Br}{|}}{C}H-COOH \xrightarrow[② H^+]{① OH^-} CH_3\underset{\underset{OH}{|}}{C}H-COOH$$

丙酸　　α-溴代丙酸　　乳酸

$$HOOCCH_2CH_2\underset{\underset{Br}{|}}{C}HCOOH \xrightarrow{NH_3} HOOCCH_2CH_2\underset{\underset{NH_2}{|}}{C}HCOOH$$

α-溴代戊二酸　　α-氨基戊二酸(谷氨酸)

α-卤代酸还可以发生消除反应生成α，β-不饱和羧酸。

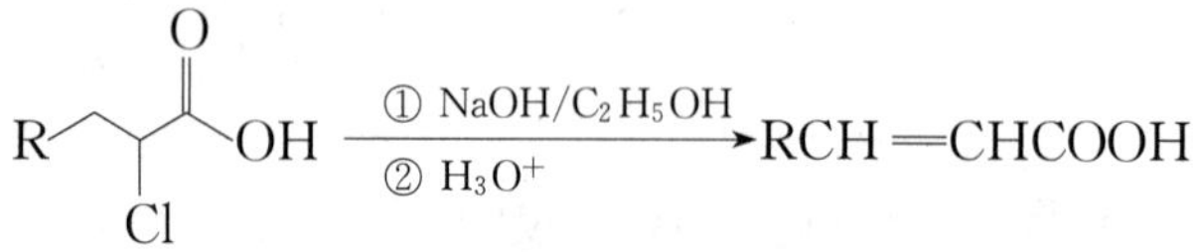

问题 11-4　用简便的化学方法鉴别下列化合物。

2-羟基丙酸、3-羟基丙酸、丙酮酸、丙酸

问题 11-5　完成下列反应。

$$CH_3CH_2CH_2COOH + Br_2 \xrightarrow[\text{催化量}]{\text{红磷}} (\quad) \xrightarrow[H_2O]{OH^-} (\quad) \xrightarrow{H^+/\triangle} (\quad)$$

11.5　自然界中的羧酸及其生物活性

11.5.1　自然界中的简单羧酸

1. 甲酸

甲酸俗称蚁酸，存在于蚁类、蜂类、毛虫、蜈蚣等动物和荨麻、松叶等植物中，是一种无色而带有刺激性气味的液体，沸点为 100.7℃，腐蚀性极强，使用时要避免与皮肤接触。工业上通过以下方法制备。

$$CO + NaOH \xrightarrow[0.6\sim0.8MPa]{120\sim125℃} HCOONa \xrightarrow{H_2SO_4} HCOOH$$

甲酸的结构特殊，分子中的羧基直接和氢原子相连。它既具有羧基的结构又具有醛基的结构，因此表现出一些特殊的性质。

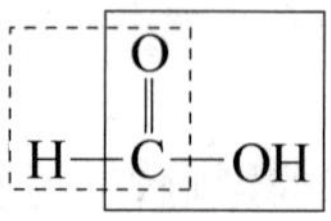

由于甲酸分子中具有醛基，故有还原性。甲酸能发生银镜反应，也能使高锰酸钾溶液褪

色,在实验室常用此方法来鉴别甲酸。甲酸与浓硫酸共热分解为一氧化碳和水,这是实验室制备 CO 的方法。

甲酸在工业上用作还原剂、防腐剂和橡胶凝聚剂,也是用来合成某些酯和染料的原料。

2. 苯甲酸

苯甲酸与苄醇形成的酯存在于天然树脂与安息香胶中,所以苯甲酸俗称安息香酸。苯甲酸是白色晶体,微溶于水,易升华,能随水蒸气一起蒸出,其钠盐是温和的防腐剂。工业上用氧化法制备苯甲酸。

$$\text{C}_6\text{H}_5-\text{CH}_3 \xrightarrow[\text{环烷酸钴}]{\text{O}_2} \text{C}_6\text{H}_5-\text{COOH}$$

3. 乙二酸

乙二酸又称草酸,以盐的形式存在于多种植物的细胞中,最常见的是钙盐和钾盐,在人尿中也存在少量的乙二酸钙。乙二酸是无色晶体,常含有两分子的结晶水,熔点为 101.5℃。易溶于水和乙醇,不溶于乙醚等有机溶剂。乙二酸很容易氧化成二氧化碳和水,在分析化学中常用来标定高锰酸钾。

$$5(\text{COOH})_2 + 2\text{KMnO}_4 + 3\text{H}_2\text{SO}_4 \longrightarrow \text{K}_2\text{SO}_4 + 2\text{MnSO}_4 + 10\text{CO}_2 + 8\text{H}_2\text{O}$$

乙二酸可以和许多金属生成配离子。例如

$$\text{Fe}_2(\text{C}_2\text{O}_4)_3 + 3\text{K}_2\text{C}_2\text{O}_4 + 6\text{H}_2\text{O} \longrightarrow 2\text{K}_3[\text{Fe}(\text{C}_2\text{O}_4)_3] \cdot 6\text{H}_2\text{O}$$

这种配合物溶于水,因此乙二酸可用来除去铁锈或蓝墨水的痕迹。

4. 丁烯二酸

丁烯二酸具有顺反异构,分别称为顺丁烯二酸(也称马来酸)和反丁烯二酸(也称富马酸)。二者均为无色晶体,化学性质基本相同,但物理性质和生理生化作用差别很大。顺丁烯二酸熔点低,酸性强,水溶性和偶极矩都大,容易失水成酸酐,在生物体内不能转化成糖,且具有一定的毒性。反丁烯二酸广泛存在于动植物体内,参与人体的新陈代谢,是糖类代谢的一种中间产物。它的热稳定性高,难以失水成酸酐。当加热到 300℃时,转化为顺式。

	顺丁烯二酸	反丁烯二酸
熔点/℃	139~140	300~302

11.5.2 自然界中的取代羧酸

羧酸分子中烃基上的氢原子被其他原子或原子团取代的衍生物称为取代酸。例如

$$
\begin{array}{cccc}
\underset{\underset{X}{|}}{R-CH-COOH} & \underset{\underset{OH}{|}}{R-CH-COOH} & \underset{\underset{O}{\|}}{R-C-COOH} & \underset{\underset{NH_2}{|}}{R-CH-COOH} \\
\text{卤代酸} & \text{羟基酸} & \text{羰基酸} & \text{氨基酸}
\end{array}
$$

取代酸一般为双官能团化合物，它们既具有羧基和所含其他官能团的典型性质，又有这两个官能团之间相互影响所表现出来的特性。下面主要讨论羟基酸和羰基酸。

1. 羟基酸

分子中同时含有羧基和羟基的羧酸称为羟基酸。羟基酸分为醇酸和酚酸两类，其中羟基连在脂肪烃基上的为醇酸，连接在芳香烃基上的为酚酸。

1) 来源及性质

很多羟基酸存在于自然界，如乳酸(lactic acid)、苹果酸(malic acid)、酒石酸(tartaric acid)、柠檬酸(citrc acid)等醇酸和水杨酸(salicylic acid)、没食子酸(gallic acid)等酚酸，它们均可从天然物中获得。

$$
\begin{array}{ccc}
\underset{\underset{OH}{|}}{CH_3CHCOOH} & \underset{\underset{OH\ \ OH}{|\ \ \ \ |}}{HOOC-CH-CH-COOH} & \underset{\underset{CH_2-COOH}{|}}{HO-CH-COOH} \\
\text{乳酸} & \text{酒石酸} & \text{苹果酸}
\end{array}
$$

柠檬酸　　　　　　　　水杨酸　　　　　　　　没食子酸

羟基酸容易脱水，不同的羟基酸脱水生成不同的产物。α-羟基酸加热脱水生成交酯。

$$
\underset{\underset{OH}{|}}{CH_3CHCOOH} \xrightarrow[\triangle]{H^+}
$$

β-羟基酸加热脱水生成不饱和酸。γ-、δ-羟基酸发生分子内酯化，生成环状内酯。

$$
\underset{\underset{OH}{|}}{CH_3CHCH_2COOH} \xrightarrow[\triangle]{H^+} CH_3CH=\!=CHCOOH
$$

$$
HOCH_2CH_2CH_2COOH \xrightarrow[\triangle]{H^+}
$$

$$
HOCH_2CH_2CH_2CH_2COOH \xrightarrow[\triangle]{H^+}
$$

2) 几种常见的羟基酸

(1) 乳酸。

乳酸存在于酸牛乳中，也存在于动物的肌肉中。蔗糖发酵也能得到乳酸。它是无色黏稠状液体，易溶于水，但其钙盐不溶于水。乳酸含有一个手性碳原子，可分为左旋乳酸(熔点为26℃)、右旋乳酸(熔点为26℃)和外消旋乳酸(熔点为18℃)。由糖发酵得到的乳酸是左旋体。人在运动中肌肉里产生的乳酸是右旋体，经休息后肌肉乳酸就转化为水、二氧化碳和糖。由酸牛奶中得到的乳酸是外消旋体。

(2) 酒石酸。

酒石酸即 2,3-二羟基丁二酸,通常以游离态或钾、钠、镁盐的形式存在于多种水果中,自然界存在的酒石酸为右旋体。在葡萄酿酒的过程中,右旋的酒石酸便以细小的结晶体析出,故称为酒石,这也是酒石酸的由来。酒石酸钾钠可以用作泻药,酒石酸锑钾又称吐酒石,有催吐作用,是治疗血吸虫病的特效药。

$$
\begin{array}{l}
HO\!-\!CH\!-\!COOK \\
\;|\\
HO\!-\!CH\!-\!COONa
\end{array}
\qquad
\left[
\begin{array}{l}
HO\!-\!CH\!-\!COOK \\
\;|\\
HO\!-\!CH\!-\!COOSbO
\end{array}
\right]_2 \cdot H_2O
$$

酒石酸钾钠　　　　　　　　酒石酸锑钾(吐酒石)

(3) 苹果酸。

苹果酸即 2-羟基丁二酸,多存在于未成熟的果实内,以山楂、苹果、葡萄中含量较高,由于最初由苹果中分离出,故而得名。天然苹果酸为左旋体,无色针状结晶,熔点为 100℃,易溶于水和乙醇,微溶于乙醚。苹果酸钠可用作食盐的替代品,供低盐患者服用。苹果酸也是人体内代谢的产物。因此苹果酸在制药和食品工业中有着广泛的应用。

(4) 柠檬酸。

柠檬酸存在于柠檬、柑橘、葡萄等果实和动物组织与体液中,在未成熟的柠檬中含量高达 6%,是糖类代谢的一个很重要的中间体。柠檬酸为无色晶体,有强酸味,易溶于水、乙醇和乙醚。在食品工业中常作为果糖和饮料的调味剂。在制药工业中,柠檬酸钠是抗凝血剂,镁盐是温和的泻药,柠檬酸铁铵是常用的补血剂。生物体内的糖、脂肪和蛋白质代谢过程中,在酶催化作用下,柠檬酸会发生分子内脱水形成不饱和酸——顺乌头酸,加水又可以生成柠檬酸和异柠檬酸两种异构体。

$$
\begin{array}{l}
CH_2COOH \\
\;|\\
HO\!-\!C\!-\!COOH \\
\;|\\
CH_2COOH
\end{array}
\underset{+H_2O}{\overset{-H_2O}{\rightleftharpoons}}
\begin{array}{l}
CHCOOH \\
\;\|\\
C\!-\!COOH \\
\;|\\
CH_2COOH
\end{array}
\underset{-H_2O}{\overset{+H_2O}{\rightleftharpoons}}
\begin{array}{l}
HO\!-\!CHCOOH \\
\;|\\
CH\!-\!COOH \\
\;|\\
CH_2COOH
\end{array}
$$

柠檬酸　　　　　　　顺乌头酸　　　　　　异柠檬酸

(5) 水杨酸。

水杨酸存在于柳树皮中,为无色针状晶体,熔点为 159℃,微溶于水,易溶于沸水、乙醇、乙醚等溶剂中。水杨酸同时具有酚和芳香族羧酸的化学性质,可与三氯化铁溶液作用显紫色,由于邻位的酚羟基的影响,其酸性较苯甲酸强。工业上采用苯酚钠为原料,加压条件下与二氧化碳反应制备水杨酸。

$$
\text{(ONa 苯环)} + CO_2 \xrightarrow{4\sim 7\,atm} \text{(OH, COONa 苯环)} \xrightarrow{H^+} \text{(OH, COOH 苯环)}
$$

水杨酸具有杀菌能力,其乙醇溶液可用于治疗霉菌感染引起的皮肤病,其钠盐用作食品防腐剂。水杨酸具有解热镇痛作用,但由于对胃的刺激性太强,不宜服用,因此常用其衍生物,如乙酰水杨酸,俗称阿司匹林,阿司匹林、非那西丁和咖啡因按一定比例所配的制剂称为复方阿司匹林,简称"APC"。阿司匹林可由水杨酸与乙酸酐反应得到。

$$
\text{(OH, COOH 苯环)} + (CH_3CO)_2O \xrightarrow[95℃]{H_2SO_4} \text{(OCOCH}_3\text{, COOH 苯环)} + CH_3COOH
$$

水杨酸甲酯俗称冬青油,存在于冬青树叶中,为无色液体,有特殊的香气,可用作牙膏、糖果中的香精,也可用于扭伤时的外用药。

(6) 没食子酸。

没食子酸又称五倍子酸,是鞣质的组成部分,存在于茶、五倍子等多种植物中,为无色晶体,熔点为 253℃,能溶于水,有很强的还原性。通过水解没食子中的鞣质可得没食子酸和葡萄糖。

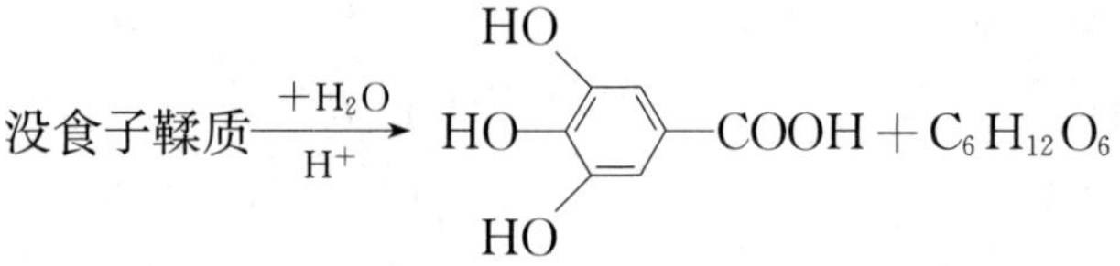

$$没食子鞣质 \xrightarrow[H^+]{+H_2O} HO-\text{（苯环，HO、HO、HO取代）}-COOH + C_6H_{12}O_6$$

2. 羰基酸

分子中含有羧基和羰基的酸称为羰基酸。

$$\underset{\text{乙醛酸}}{\underset{\underset{O}{\|}}{H-C-COOH}} \qquad \underset{\text{丙酮酸}}{\underset{\underset{O}{\|}}{CH_3-C-COOH}} \qquad \underset{\beta\text{-丁酮酸}}{\underset{\underset{O}{\|}}{CH_3-CCH_2-COOH}}$$

乙醛酸是最简单的羰基酸,存在于未成熟的水果和嫩叶中,也是动物体内代谢的产物。丙酮酸在自然界中是光合作用生成糖类的中间体,是动物体内新陈代谢的中间产物。β-丁酮酸、β-羟基丁酸和丙酮统称酮体,酮体是脂肪在代谢为二氧化碳和水的过程中的中间产物,一般糖尿病患者的尿液和血液中酮体含量要高于正常人。

酮酸除具有酮的性质外,还发生一些特殊反应,如 α-羰基酸与稀硫酸共热,发生脱羧作用,生成醛类。与浓硫酸共热则失去 CO 生成酸。

$$\underset{\underset{O}{\|}}{CH_3CCOOH} \xrightarrow{稀 H_2SO_4} CH_3CHO + CO_2$$

$$\underset{\underset{O}{\|}}{CH_3CCOOH} \xrightarrow{浓 H_2SO_4} CH_3COOH + CO$$

11.5.3　生物体内的复杂羧酸

生物体内还有一些比较复杂的羧酸,如前列腺素广泛存在于哺乳动物体内,是一类含有 20 个碳原子的多官能团化合物,其母体是前列腺烷酸。

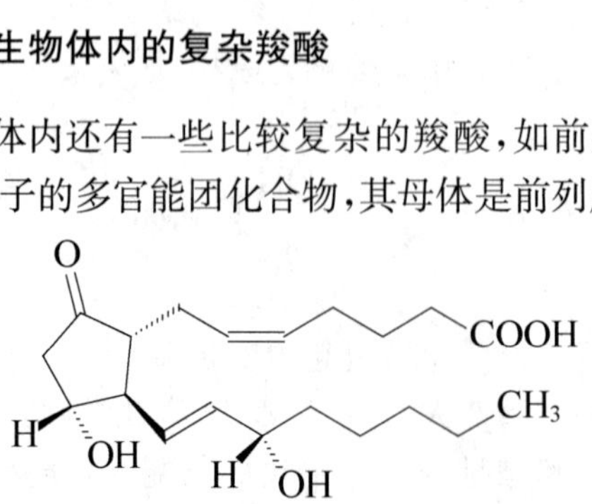

前列腺素 E_2（PGE_2） 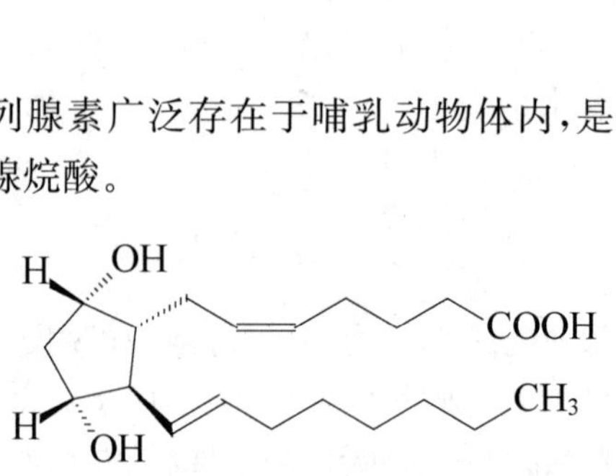　　　　　　　前列腺素 F_{1a}（PGF_{1a}）

白三烯是花生油酸的代谢产物,存在于白细胞中,是一个含有共轭三烯结构、由 20 个碳原子组成的脂肪酸。白三烯具有许多重要的生理功能,如缓解炎症、收缩支气管等作用。

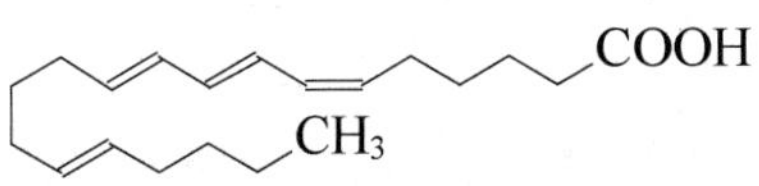

白三烯 B_4

11.6　羧酸衍生物

11.6.1　羧酸衍生物的结构、物理性质与波谱性质

1. 结构与命名

羧酸衍生物包括酰卤(acyl halide)、酸酐(acid anhydride)、酯(ester)、酰胺(acid)和腈(nitrile)。除腈外,它们都有酰基。

$\mathrm{R-\overset{\overset{O}{\|}}{C}-X}$	$\mathrm{R-\overset{\overset{O}{\|}}{C}-O-\overset{\overset{O}{\|}}{C}-R}$	$\mathrm{R-\overset{\overset{O}{\|}}{C}-OR'}$	$\mathrm{R-\overset{\overset{O}{\|}}{C}-NH_2}$	$\mathrm{R-CN}$
酰卤	酸酐	酯	酰胺	腈

酰卤的命名一般根据所含酰基来命名,如

$\mathrm{CH_3-\underset{\underset{O}{\|}}{C}-Cl}$　　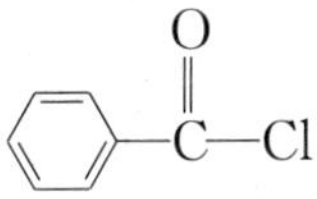　　$\mathrm{CH_3CH_2\overset{\overset{CH_3}{|}}{C}HCH_2COBr}$

乙酰氯　　苯甲酰氯　　3-甲基戊酰溴

酯是根据制备它的酸和醇来命名,如

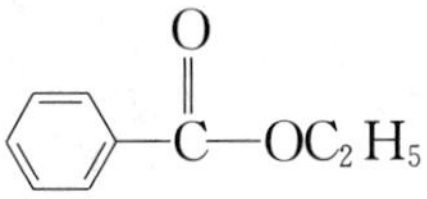　　$\mathrm{CH_3-\underset{\underset{O}{\|}}{C}-OC_2H_5}$

苯甲酸乙酯　　乙酸乙酯

酰胺的命名与酰卤相似,若氮原子上连有烃基时,必须用 *N*-某基来表示。如

$\mathrm{CH_3-\underset{\underset{O}{\|}}{C}-NH_2}$　　$\mathrm{CH_3CH_2CONHCH_3}$　　$\mathrm{HCON(CH_3)_2}$

乙酰胺　　*N*-甲基丙酰胺　　*N*,*N*-二甲基甲酰胺(DMF)

酸酐是根据相应的酸来命名的。如

$\mathrm{CH_3-\underset{\underset{O}{\|}}{C}-O-\underset{\underset{O}{\|}}{C}-CH_3}$　　$\mathrm{CH_3-\underset{\underset{O}{\|}}{C}-O-\underset{\underset{O}{\|}}{C}-H}$　　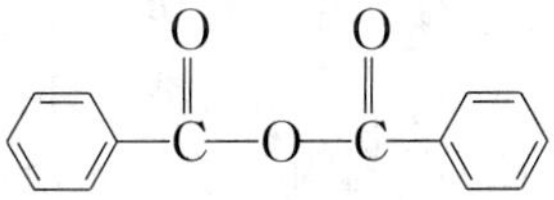

乙酸酐　　甲乙酸酐　　苯甲酸酐

问题 11-6　以系统命名法命名下列化合物。

(1) 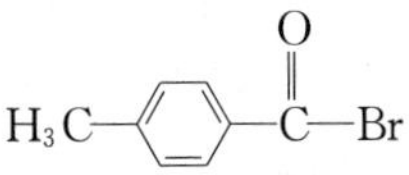　　(2) 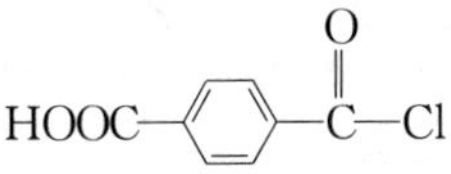

(3)
$$\begin{array}{c} H_3C \\ H_3C \end{array}$$ (带有两个羰基和一个环氧的结构式)

(4) 苯环-C(=O)-NHCH₃

2. 物理性质

在常温下,酰氯、酸酐大多是对黏膜具有刺激性的液体或固体,大多数酯是具有愉快香味的液体。酰卤、酸酐和酯不能形成分子间氢键,故它们的沸点比相应的羧酸要低。酰胺分子能形成分子间氢键,故它的沸点比相应的羧酸要高。同时在酰胺分子中,由于氮原子上孤电子对与碳氧双键共轭的结果,降低了氮原子上的电子云密度,从而使酰胺显中性。当氮原子上的氢原子被酰基取代后,生成的酰亚胺化合物呈弱酸性。一些常见羧酸衍生物的物理常数见表 11-2。

表 11-2   一些羧酸衍生物的物理常数

名称	沸点/℃	熔点/℃	名称	沸点/℃	熔点/℃
乙酰氯	51	−112	甲酸甲酯	32	−99.8
丙酰氯	80	−94	乙酸甲酯	57.5	−98
丁酰氯	102	−89	乙酸乙酯	77	−84
苯甲酰氯	197	−1	乙酸丁酯	126	−77
乙酸酐	140	−73	乙酸戊酯	147.6	−70.8
丁二酸酐	261	119.6	甲酰胺	200(分解)	3
顺丁烯二酸酐	202	60	乙酰胺	221	82
苯甲酸酐	360	42	苯甲酰胺	290	130
邻苯二甲酸酐	284	131	乙酰苯胺	305	114

3. 波谱性质

1) 红外光谱(IR)

羧酸衍生物的羰基伸缩振动吸收在 $1630 \sim 1850 \text{cm}^{-1}$,不同的羧酸衍生物的羰基伸缩振动吸收频率不同。由于氯原子的吸电子诱导效应,酰氯羰基伸缩振动吸收频率加大,在 1800cm^{-1} 左右。酸酐有两个羰基,一般有两个羰基伸缩振动吸收,分别在 $1800 \sim 1850 \text{cm}^{-1}$ 和 $1740 \sim 1780 \text{cm}^{-1}$。酯的羰基伸缩振动吸收与醛相似,为 1735cm^{-1}。酰胺由于羰基与氮原子产生共轭效应,削弱了羰基的极性,使其伸缩振动吸收频率降低,为 $1630 \sim 1680 \text{cm}^{-1}$。

2) 核磁共振谱(^{1}H NMR)

羧酸衍生物中的 α-质子受羰基或氰基影响其共振吸收向低场移动,一般 δ 值为 $2 \sim 3$。酰胺中氨基上的氢共振吸收峰一般出现在 $\delta = 5 \sim 8$。

11.6.2 羧酸衍生物的化学反应

1. 亲核加成-消除反应的相对活性

与羧酸相似,羧酸衍生物中的羰基也可以与某些亲核试剂发生亲核加成-消除反应,反应

的结果是生成另一种羧酸衍生物,反应通式为

$$\underset{R—C+L+H+Nu}{\overset{\displaystyle O}{\parallel}} \longrightarrow \underset{R—C—Nu+H—L}{\overset{\displaystyle O}{\parallel}}$$

离去基团 L=—X,—OCOR′,—OR′,—NH₂

亲核试剂 Nu=—OH,—OR′,—NH₂

反应机理如下:

$$\begin{array}{c}
\underset{L}{\overset{R}{>}}C=O + \ddot{N}u—H \underset{慢}{\rightleftharpoons} \underset{L}{\overset{H—Nu^+}{R\cdots C—O^-}} \quad 亲核加成 \\
\\
\underset{HL^+}{\overset{Nu}{R\cdots C—O^-}} \xrightarrow[-HL]{快} \underset{R}{\overset{Nu}{C=O}} \quad 消除
\end{array}} \quad 亲核取代$$

底物的反应活性取决于羰基碳原子的电正性和空间位阻的大小。羰基碳的正电性越强,越有利于亲核试剂的进攻。当酰基中的 R 相同时,L 的吸电子能力越强,p-π 共轭越弱,反应活性越大。羧酸衍生物的亲核加成-消除反应活性顺序是

$$\underset{R—C—X}{\overset{\displaystyle O}{\parallel}} > \underset{R—C—O—C—R}{\overset{\displaystyle O\quad\quad O}{\parallel\quad\quad\parallel}} > \underset{R—C—OR'}{\overset{\displaystyle O}{\parallel}} > \underset{R—C—NH_2}{\overset{\displaystyle O}{\parallel}}$$

2. 羧酸及其衍生物的相互转化

羧酸及其衍生物可以通过上述亲核加成-消除反应发生相互转化,图 11-7 表示它们之间相互转换的途径。

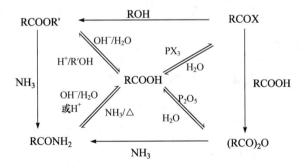

图 11-7　羧酸及其衍生物的相互转化

3. 还原反应

羧酸衍生物一般比羧酸容易还原,其中以酰氯最易被还原。催化加氢或使用还原剂如四氢铝锂(LiAlH₄)都能使酰氯、酸酐、酯还原成为伯醇,酰胺还原成胺,但酰氯还原为伯醇反应很少用于合成。

$$\underset{R—C—X}{\overset{\displaystyle O}{\parallel}} \xrightarrow{LiAlH_4} RCH_2OH + HX$$

$$R-\overset{O}{\underset{}{C}}-O-\overset{O}{\underset{}{C}}-R' \xrightarrow{LiAlH_4} RCH_2OH+R'CH_2OH$$

$$R-\overset{O}{\underset{}{C}}-OR' \xrightarrow{LiAlH_4} RCH_2OH+R'OH$$

$$R-\overset{O}{\underset{}{C}}-NH_2 \xrightarrow{LiAlH_4} RCH_2NH_2$$

酯在乙醚、苯等惰性溶剂中用金属钠还原,可得到缩合产物——α-羟基酮。

$$CH_3CH_2CH_2\overset{O}{\underset{}{C}}OC_2H_5 \xrightarrow[\text{乙醚}]{4Na} \xrightarrow{H^+} CH_3CH_2CH_2\overset{O}{\underset{}{C}}\overset{}{\underset{OH}{C}}HCH_2CH_2CH_3$$

$$H_3CO-\overset{O}{\underset{}{C}}-(CH_2)_4-\overset{O}{\underset{}{C}}-OCH_3 \xrightarrow[\text{② CH}_3\text{COOH}]{\text{① Na/二甲苯}}$$

酰胺一般不容易被还原,但使用 LiAlH₄ 可以将不同的酰胺还原成相应的伯、仲、叔胺。

$$R-\overset{O}{\underset{}{C}}-NH_2 \xrightarrow{LiAlH_4} R-CH_2-NH_2$$

$$R-\overset{O}{\underset{}{C}}-NHR' \xrightarrow{LiAlH_4} R-CH_2-NHR'$$

$$R-\overset{O}{\underset{}{C}}-NR_2' \xrightarrow{LiAlH_4} R-CH_2-NR_2'$$

11.6.3 酰卤的化学反应

酰卤非常活泼,不需要催化剂就能迅速与水、醇、胺作用。

$$R-\overset{}{\underset{O}{C}}-Cl + \begin{matrix} H-OH \\ H-OR' \\ H-NH_2 \end{matrix} \longrightarrow \begin{matrix} R-\overset{O}{\underset{}{C}}-OH + HCl \\ R-\overset{O}{\underset{}{C}}-OR' + HCl \\ R-\overset{O}{\underset{}{C}}-NH_2 + NH_4Cl \end{matrix}$$

该反应实际上是在氧原子或氮原子上引入酰基,因此也称酰基化反应(acylation reaction)。酰氯是一种优良的酰基化试剂,利用这一反应可以制备各种酯和酰胺。例如,酚不能直接与酸作用生成酯,但可通过碱催化下的酰氯与酚反应得到酚酯。

$$\bigcirc\hspace{-0.5em}-\overset{O}{\underset{}{C}}-Cl + HO-\hspace{-0.5em}\bigcirc \xrightarrow{\text{吡啶}} \bigcirc\hspace{-0.5em}-\overset{O}{\underset{}{C}}-O-\hspace{-0.5em}\bigcirc$$

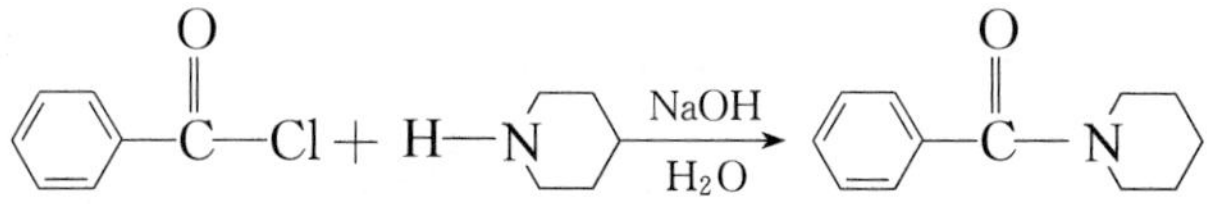

利用酰氯的取代反应还可以制备酸酐，特别是一些不对称酸酐。

$$\mathrm{R{-}\overset{O}{\overset{\|}{C}}{-}Cl} + \mathrm{R'{-}\overset{O}{\overset{\|}{C}}{-}O^-\,Na^+} \longrightarrow \mathrm{R{-}\overset{O}{\overset{\|}{C}}{-}O{-}\overset{O}{\overset{\|}{C}}{-}R'} + \mathrm{NaCl}$$

11.6.4　酸酐的化学反应

酸酐也容易发生水解、醇解和氨(胺)解反应。

$$\mathrm{R{-}\underset{O}{\underset{\|}{C}}{-}O{-}\underset{O}{\underset{\|}{C}}{-}R} + \begin{cases} \mathrm{H{-}OH} \\ \mathrm{H{-}OR'} \\ \mathrm{H{-}NH_2} \end{cases} \longrightarrow \begin{cases} \mathrm{R{-}\overset{O}{\overset{\|}{C}}{-}OH} + \mathrm{RCOOH} \\ \mathrm{R{-}\overset{O}{\overset{\|}{C}}{-}OR'} + \mathrm{RCOOH} \\ \mathrm{R{-}\overset{O}{\overset{\|}{C}}{-}NH_2} + \mathrm{RCOO\overset{-+}{N}H_4} \end{cases}$$

因此酸酐也是一种良好的酰基化试剂，与酰氯相比具有处理方便、反应中不产生腐蚀性的氯化氢、价格便宜等优点。

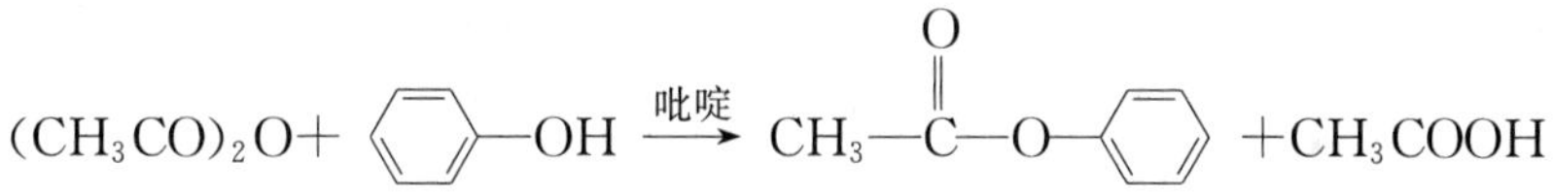

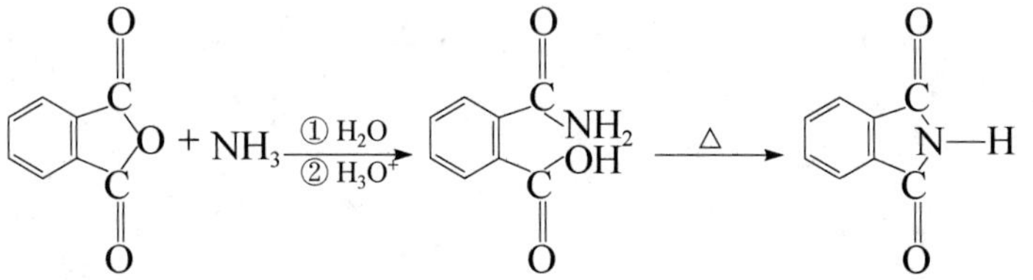

邻苯二甲酸酐　　　　　　　　　　　　　邻苯二甲酰亚胺

11.6.5　酯的化学反应

酯可以发生水解、醇解和氨解，但反应性远不如酰卤和酸酐活泼。一般在酸或碱催化下发生反应。

$$\mathrm{RCOOR'} \begin{cases} +\mathrm{H_2O} \xrightleftharpoons{H^+/OH^-} \mathrm{RCOOH} + \mathrm{R'OH} \\ +\mathrm{R''OH} \xrightleftharpoons{H^+/R''O^-} \mathrm{RCOOR''} + \mathrm{R'OH} \\ +\mathrm{NH_3} \rightleftharpoons \mathrm{RCONH_2} + \mathrm{R'OH} \end{cases}$$

其中，酯在碱或酸催化下与水发生水解反应，这一反应是酯化反应的逆过程。

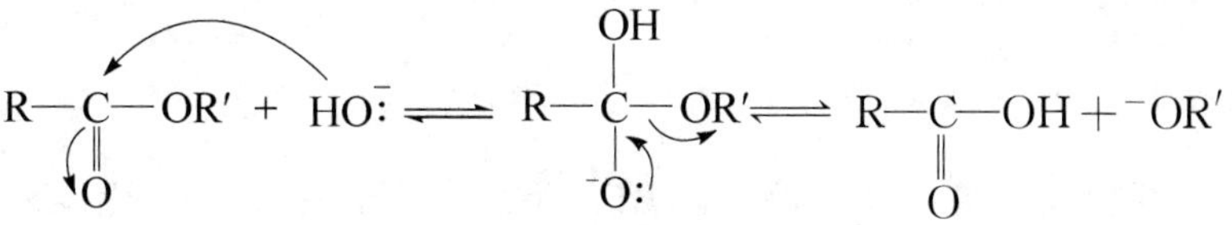

酯与醇反应的结果是产生了一个新的酯和新的醇，这一反应称为酯交换反应，常用来制备

高级酯。

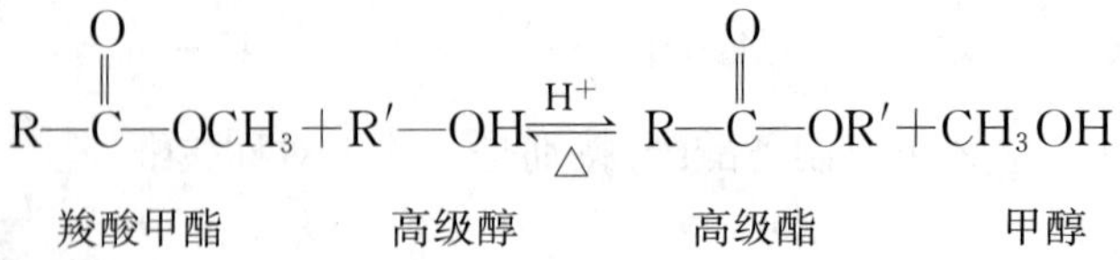

$$R-\overset{O}{\underset{}{C}}-OCH_3 + R'-OH \underset{\triangle}{\overset{H^+}{\rightleftharpoons}} R-\overset{O}{\underset{}{C}}-OR' + CH_3OH$$

　　　　羧酸甲酯　　　　　高级醇　　　　　高级酯　　　　甲醇

11.6.6　酰胺的化学反应

1. 酰胺的酸碱性

由于酰胺分子中氮原子上的孤电子对可以与羰基产生共轭效应,氮原子上的电子云密度降低,使其碱性大大减弱,成为中性化合物。如果氨分子上的两个氢原子被两个酰基取代,形成酰亚胺,由于两个酰基的吸电子效应,氮原子上剩下的氢原子更容易被碱夺去,因此酰亚胺表现出弱酸性。

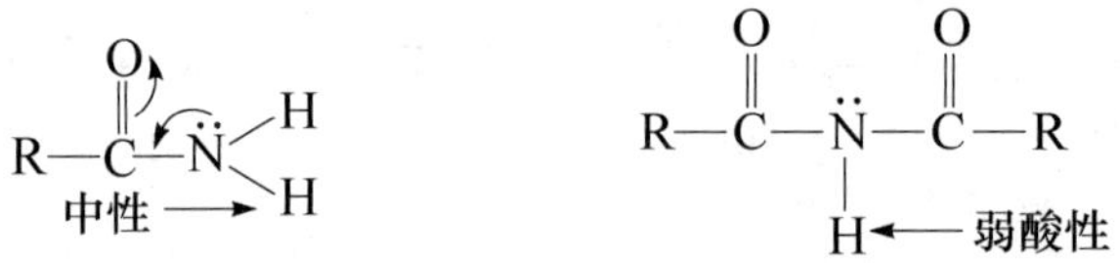

例如,邻苯二甲酰亚胺与强碱作用生成盐,产生的邻苯二甲酰亚胺负离子可以作为亲核试剂与卤代烃反应,在氮原子上引入一个烷基,水解后得到很纯的伯胺,这一反应称为盖布瑞尔(Gabriel)反应。

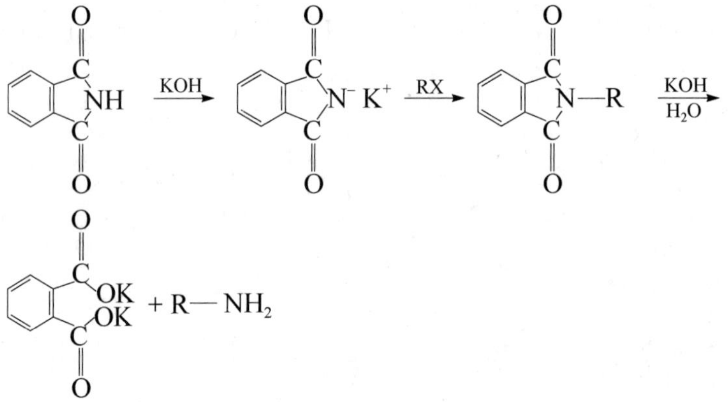

2. 酰胺的水解

酰胺不活泼,虽然在酸或碱存在下加热水解生成羧酸和氨(胺),但反应条件苛刻且反应速率缓慢。

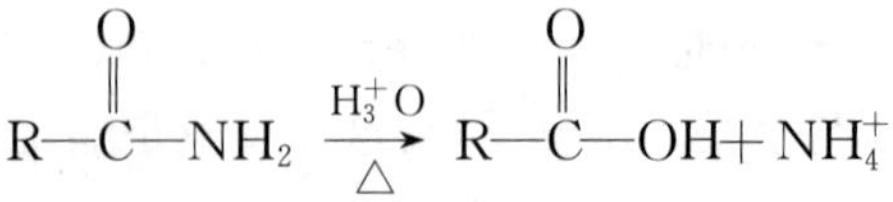

$$R-\overset{O}{\underset{}{C}}-NH_2 \underset{\triangle}{\overset{H_3^+O}{\longrightarrow}} R-\overset{O}{\underset{}{C}}-OH + NH_4^+$$

3. 酰胺的脱水反应

酰胺在加热及脱水剂(如 P_2O_5、$SOCl_2$)的作用下发生分子内脱水生成腈,这也是制备腈的重要方法之一。

$$R{-}\overset{\overset{\displaystyle O}{\|}}{C}{-}NH_2 \xrightarrow[\triangle]{P_2O_5} R{-}C{\equiv}N + H_2O$$

4. 霍夫曼降级反应

酰胺与次溴酸钠或溴的碱溶液作用，脱去羰基生成伯胺，这一反应称为霍夫曼 (Hofmann)降级反应，也称 Hofmann 重排反应。

$$RCONH_2 + NaOX + 2NaOH \longrightarrow RNH_2 + Na_2CO_3 + NaX + H_2O$$

$$CH_3(CH_2)_8CONH_2 \xrightarrow[NaOH]{Cl_2} CH_3(CH_2)_8NH_2 \quad 94\%$$

问题 11-7 由乙烯合成丙烯酸乙酯。

问题 11-8 完成下列反应。

$$\text{〇—}CONH_2 \xrightarrow{Br_2/NaOH} (\quad) \xrightarrow{CH_3COCl} (\quad) \xrightarrow{LiAlH_4} (\quad)$$

11.6.7 腈——特殊类型的羰基酸衍生物

腈按照母体碳链数（包括氰基碳）加"腈"命名，从氰基碳开始编号。例如，CN 作为取代基，则称为氰基，氰基碳原子不计算在内。

$$CH_3CN \qquad CH_3(CH_2)_2CN \qquad NC(CH_2)_4CN \qquad CH_3CH_2\overset{\overset{\displaystyle CN}{|}}{C}HCOOH$$

乙腈　　　　　　丁腈　　　　　　己二腈　　　　　　2-氰基丁酸

$$CH_3CH_2\overset{\overset{\displaystyle CN}{|}}{C}HCH_2OH \qquad \text{〇—}CH_2CN \qquad H_3C\text{—〇—}CN$$

2-氰基-1-丁醇　　　　　苯乙腈　　　　　对甲基苯甲腈

腈可由酰胺脱水制备，也可由羧酸与氨反应再脱水制备。

$$R{-}\overset{\overset{\displaystyle O}{\|}}{C}{-}OH \xrightarrow{NH_3} R{-}\overset{\overset{\displaystyle O}{\|}}{C}{-}O^-NH_4^+ \xrightarrow[\triangle]{-H_2O} R{-}\overset{\overset{\displaystyle O}{\|}}{C}{-}NH_2 \xrightarrow[-H_2O]{P_2O_5} R{-}C{\equiv}N$$

丙烯腈可通过丙烯经过氨氧化反应制备（见第 3 章烯烃和红外光谱），丙烯腈经过自由基聚合反应可得到聚丙烯腈（英文缩写为 PAN），聚丙烯腈经溶液纺丝得到聚丙烯腈纤维（俗称腈纶、"人造羊毛"）。

$$nCH_2{=}CHCN \xrightarrow{聚合} {-}\!\!\begin{array}{c}CH_2{-}CH\\|\\CN\end{array}\!\!{-}_n$$

丙烯腈　　　　　　聚丙烯腈

腈也可由卤代烃经亲核取代反应制备（见第 8 章卤代烃）。例如，己二腈可通过 1,4-二氯丁烷与氰基反应制备，不过由于使用剧毒的氰化物，该制备方法很少采用。目前采用己二酸氨化法，该方法是将己二酸和过量的氨在催化剂磷酸或其盐类或酯类存在下，在 270～290℃温度下进行反应，生成己二酸二铵，然后加热脱水，生成粗己二腈，经精馏得到产品。己二腈经水解可得己二酸,经还原可得己二胺,因此己二腈是生产聚酰胺纤维(尼龙)的重要中间体。

$$ClCH_2CH_2CH_2CH_2Cl \xrightarrow{2CN^-} NC(CH_2)_4CN \begin{array}{l} \xrightarrow{H_2O/H^+} HOOC(CH_2)_4COOH \\ \xrightarrow{LiAlH_4} H_2NCH_2(CH_2)_4CH_2NH_2 \end{array}$$

11.7 β-二羰基化合物

凡两个羰基中间被一个亚甲基隔开的化合物被称为 β-二羰基化合物。例如

$$\underset{\beta\text{-二酮}}{R-\overset{O}{\overset{\|}{C}}-CH_2-\overset{O}{\overset{\|}{C}}-R'} \qquad \underset{\beta\text{-酮酸酯}}{R-\overset{O}{\overset{\|}{C}}-CH_2-\overset{O}{\overset{\|}{C}}-OR'} \qquad \underset{\text{丙二酸二酯}}{RO-\overset{O}{\overset{\|}{C}}-CH_2-\overset{O}{\overset{\|}{C}}-OR'}$$

两个羰基之间的亚甲基上的氢原子受两个羰基的吸电子效应影响,表现出弱酸性($pK_a = 9\sim11$),可与强碱(如醇钠)反应形成碳负离子。β-二羰基化合物的这一特性使其在有机合成领域有许多用途。

11.7.1 Claisen 酯缩合反应

含 α-H 的酯在强碱(如乙醇钠)催化下缩合,生成 β-酮酸酯的反应称为克莱森(Claisen)酯缩合反应。

$$CH_3COOC_2H_5 \xrightarrow[②\ CH_3COOH]{①\ C_2H_5ONa} CH_3COCH_2COOC_2H_5 + C_2H_5OH$$

乙酸乙酯   乙酰乙酸乙酯

Claisen 酯缩合反应机理如下:

$$C_2H_5O^- + R-\underset{\underset{H}{|}}{CH}-COOC_2H_5 \Longleftrightarrow \left[\underset{\text{碳负离子}}{R\overset{-}{C}HCOOC_2H_5} \longleftrightarrow \underset{\text{烯醇负离子}}{RCH=\overset{\overset{O^-}{|}}{C}-OC_2H_5} \right]$$

$$\underset{R}{\underset{|}{C_2H_5O-\overset{O}{\overset{\|}{C}}\overset{-}{C}H}} + \underset{CH_2R}{\underset{|}{\overset{O}{\overset{\|}{C}}-OC_2H_5}} \Longleftrightarrow \underset{R}{\underset{|}{C_2H_5O\overset{O}{\overset{\|}{C}}CH-}}\underset{CH_2R}{\underset{|}{\overset{O^-}{\overset{|}{C}}-OC_2H_5}} \Longleftrightarrow$$

$$\underset{R}{\underset{|}{C_2H_5O-\overset{O}{\overset{\|}{C}}-CH-}}\overset{O}{\overset{\|}{C}}-CH_2R + C_2H_5O^-$$

含 α-H 的酯与不含 α-H 的酯(如甲酸酯、苯甲酸酯、乙二酸酯和碳酸酯)之间不仅可以缩合,而且具有应用价值。例如

$$HCOOCH_3 + CH_3COOC_2H_5 \xrightarrow[②\ CH_3COOH]{①\ C_2H_5ONa} HCOCH_2COOC_2H_5$$

分子内的 Claisen 酯缩合称为迪克曼(Dieckmann)缩合,常用于制备五元或六元环状 β-酮酸酯。

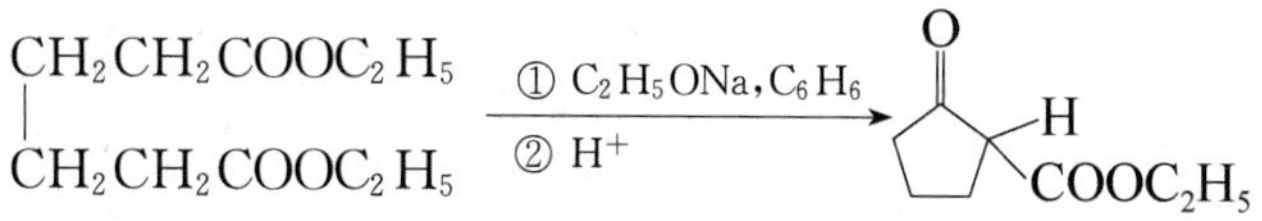

$$\begin{array}{l} CH_2CH_2COOC_2H_5 \\ | \\ CH_2CH_2COOC_2H_5 \end{array} \xrightarrow[\text{② } H^+]{\text{① } C_2H_5ONa, C_6H_6}$$

11.7.2　乙酰乙酸乙酯的性质与反应

1. 乙酰乙酸乙酯的酮式分解和酸式分解

乙酰乙酸乙酯(ethyl acetoacetate)在稀碱作用下,首先水解生成乙酰乙酸,后者在加热条件下,脱羧生成酮,这种分解称为酮式分解。

$$CH_3COCH_2COOC_2H_5 \xrightarrow[\text{② } H^+]{\text{① } 5\% \text{ NaOH}} CH_3COCH_2COOH \xrightarrow{\triangle} CH_3COCH_3 + CO_2$$

乙酰乙酸在加热条件下,脱羧生成酮的反应机理可表示如下:

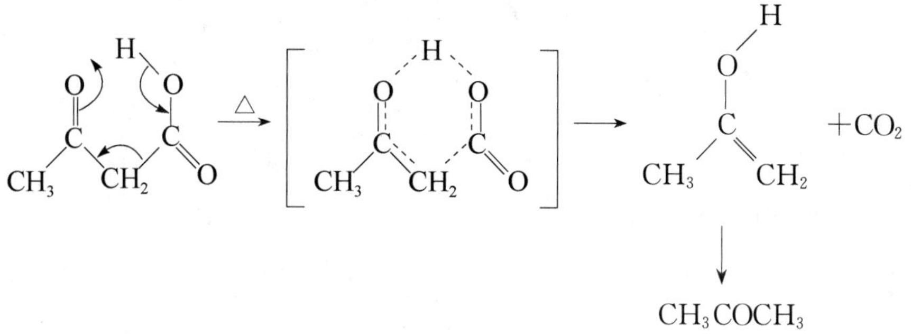

乙酰乙酸乙酯与浓碱共热,在 α-和 β-碳原子间断键,生成两分子乙酸盐,该分解称为酸式分解。

$$CH_3COCH_2COOC_2H_5 \xrightarrow[\triangle]{40\% \text{ NaOH}} CH_3COONa + C_2H_5OH$$

反应过程中羟基负离子先进攻较活泼的羰基,碳碳单键断裂生成一个羧酸盐和一个酯,在碱的作用下酯继续水解,生成羧酸盐,酸化后得羧酸。

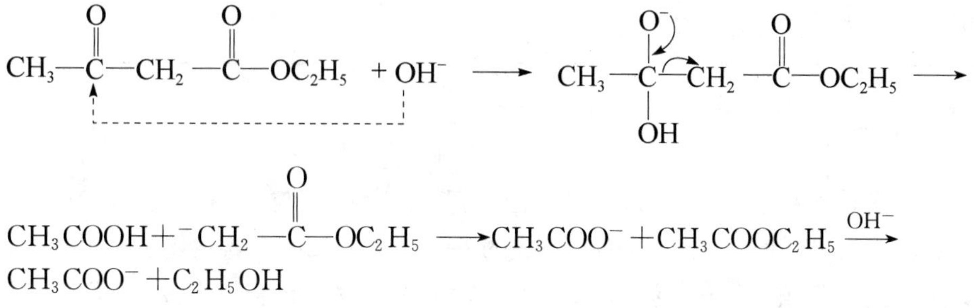

$$CH_3COOH + {}^-CH_2-\overset{\overset{\displaystyle O}{\|}}{C}-OC_2H_5 \longrightarrow CH_3COO^- + CH_3COOC_2H_5 \xrightarrow{OH^-}$$
$$CH_3COO^- + C_2H_5OH$$

2. 乙酰乙酸乙酯活泼亚甲基上的反应

乙酰乙酸乙酯分子中亚甲基上的氢原子,由于受到相邻两个吸电子基的影响而变得比较活泼,在醇钠等强碱作用下可被烷基或酰基取代,然后进行酮式分解或酸式分解,可以得到不同结构的酮或羧酸。

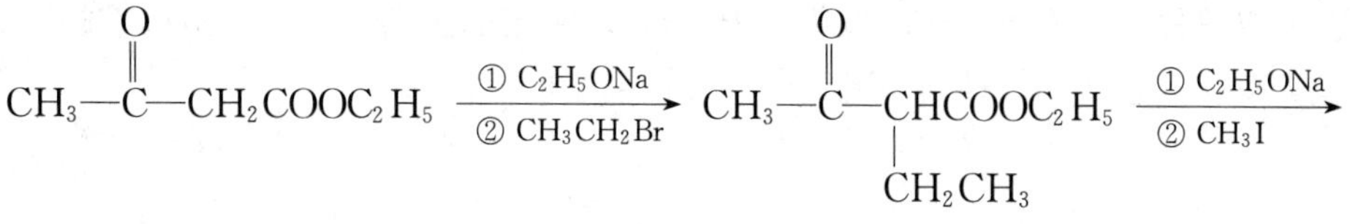

$$CH_3-\overset{\overset{\displaystyle O}{\|}}{C}-CH_2COOC_2H_5 \xrightarrow[\text{② } CH_3CH_2Br]{\text{① } C_2H_5ONa} CH_3-\overset{\overset{\displaystyle O}{\|}}{C}-\underset{\underset{\displaystyle CH_2CH_3}{|}}{C}HCOOC_2H_5 \xrightarrow[\text{② } CH_3I]{\text{① } C_2H_5ONa}$$

$$CH_3-\overset{\overset{\displaystyle O}{\|}}{C}-\overset{\overset{\displaystyle CH_3}{|}}{\underset{\underset{\displaystyle CH_2CH_3}{|}}{C}}COOC_2H_5 \xrightarrow[\text{酮式分解}]{\text{① 稀 } OH^-,\text{② } H^+,\text{③ } \triangle} CH_3-\overset{\overset{\displaystyle O}{\|}}{C}-\overset{\overset{\displaystyle CH_3}{|}}{C}HCH_2CH_3$$

$$\xrightarrow[\text{酸式分解}]{\text{① } 40\% \text{ } OH^-,\text{② } H^+} CH_3CH_2-\overset{\overset{\displaystyle CH_3}{|}}{C}HCOOH$$

乙酰乙酸乙酯在氢化钠(NaH)存在下与酰氯作用,亚甲基上的氢原子也可被酰基取代,然后进行酮式分解或酸式分解,可以得到不同结构的 β-二酮或 β-酮酸。用氢化钠代替醇钠,是为了防止反应中生成的醇与酰氯作用。

$$CH_3-\overset{\overset{\displaystyle O}{\|}}{C}-CH_2COOC_2H_5 \xrightarrow[\text{② } CH_3COCl]{\text{① } NaH} CH_3-\overset{\overset{\displaystyle O}{\|}}{C}-\overset{\underset{\underset{\displaystyle COCH_3}{|}}{}}{C}HCOOC_2H_5$$

$$CH_3-\overset{\overset{\displaystyle O}{\|}}{C}-\overset{\underset{\underset{\displaystyle COCH_3}{|}}{}}{C}HCOOC_2H_5 \xrightarrow[\text{酮式分解}]{\text{① 稀 } OH^-,\text{② } H^+,\text{③ } \triangle} CH_3-\overset{\overset{\displaystyle O}{\|}}{C}-CH_2-\overset{\overset{\displaystyle O}{\|}}{C}-CH_3$$

$$\xrightarrow[\text{酸式分解}]{\text{① } 40\% \text{ } OH^-,\text{② } H^+} CH_3-\overset{\overset{\displaystyle O}{\|}}{C}-CH_2-\overset{\overset{\displaystyle O}{\|}}{C}-COOH$$

问题 11-9 用简便的化学方法鉴别下列化合物。

2-戊酮、3-戊酮、3-丁酮酸、乙酰乙酸乙酯

问题 11-10 完成下列反应。

$$\xrightarrow[\text{② } H_3^+O]{\text{① } C_2H_5ONa} (\qquad)$$

11.7.3 Michael 加成

由 β-二羰基化合物和相关的类似物衍生得到的稳定阴离子,与 α,β-不饱和羰基化合物反应得到 1,4-加成产物,这种转化是 Michael 加成的一个例子。反应在碱催化下发生,并且这个阴离子对 α,β-不饱和醛、酮、腈和羧酸衍生物都起作用,所有这些化合物都称为 Michael 受体。

$$CH_2(COOCH_2CH_3)_2+CH_2{=}CHCOCH_3 \xrightarrow[C_2H_5OH,-10\sim25℃]{C_2H_5ONa}$$

$$(CH_3CH_2OOC)_2CH{-}CH_2CH_2COCH_3$$

为什么稳定阴离子对 Michael 受体的加成是 1,4-加成而不是 1,2-加成? 1,2-加成可以发生,但它生成一种能量相当高的烷氧负离子,与相对稳定的阴离子亲核剂是可逆的。1,4-加成是热力学有利的,它产生一种共振稳定的烯醇负离子。

11.8　自然界中的羧酸衍生物

11.8.1　酯和蜡

1. 酯

酯广泛存在于自然界中。低级酯具有芳香气味,普遍存在于各种植物的花、果、叶中。例如,由菠萝提取的香精油中含有乙酸乙酯、戊酸甲酯、异戊酸甲酯、异己酸甲酯、辛酸甲酯等多种羧酸酯。

内酯是由 γ 或 δ-羟基酸发生分子内酯化反应而形成的五元环或六元环结构。自然界中有许多内酯类化合物,有些是天然香精的主要成分。如

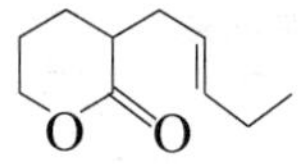

茉莉内酯 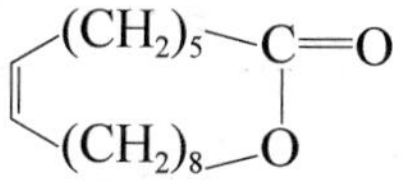　　　　　　　黄葵内酯

2. 蜡

蜡在常温下是固体,不溶于水而溶于乙醚、苯、氯仿等有机溶剂。其化学性质较油脂稳定,不易水解,在空气中不易氧化变质,也不被微生物侵蚀而腐败。蜡的主要成分是由高级脂肪酸与高级脂肪醇所形成的酯类混合物,其酸和醇的碳原子数一般在 16 以上,而且多为偶数。根据来源不同可分为植物蜡和动物蜡。植物蜡常以薄膜状覆盖在植物的叶、茎、树干、花和果实的表皮,如棕榈蜡是棕榈科植物叶面分泌的蜡,主要成分为二十六酸二十六酯和二十六酸三十酯。蜡是亲脂性的,覆盖在植物体表可以减少水分的蒸发,同时防止微生物的危害和水的渗入,对植物起保护作用。动物蜡存在于不同动物的皮毛、羽毛和昆虫的体表中,如羊毛脂、蜂蜡、虫蜡等。附在羊毛上的羊毛脂是由三十多种脂肪酸与饱和高级脂肪醇、甾醇等在内的三十多种醇所形成的酯的混合物;蜂蜡是工蜂腹部的蜡腺分泌物,是营造蜂巢的主要物质,其主要成分是十六酸三十酯和二十六酸三十酯;虫蜡(又称白蜡)是寄生在女贞子或水蜡树上的白蜡虫的分泌物,主要成分也是二十六酸二十六酯。蜡在工业上可用作光亮剂、防潮材料、制造模型、医药材料,还可用作蜡烛、蜡纸等。

11.8.2　油脂

1. 油脂的结构和分类

油脂(oil and fat)是高级脂肪族羧酸与甘油所形成的酯,在室温下呈液态者为油,呈固态者为脂肪。从植物种子中得到的大多为油,而从动物中得到的多为脂肪。根据其饱和程度分为干性油、半干性油和非干性油。不饱和程度较高、在空气中能氧化固化的称为干性油,如桐油;在空气中不固化的称为非干性油,如花生油;处于两者之间的称为半干性油。

油脂的化学结构可用以下通式表示:

$$CH_2-O-\overset{\displaystyle O}{\overset{\displaystyle \|}{C}}-R$$
$$CH-O-COR'$$
$$CH_2-O-\underset{\displaystyle O}{\underset{\displaystyle \|}{C}}-R''$$

式中,R、R'、R″为饱和或不饱和脂肪酸的烃基。如果三个烃基相同,称为单纯甘油酯;如果两个或三个烃基不同,则称为混合甘油酯。在固态油脂中,R 多为饱和烃基,而液态油脂中 R 多为不饱和烃基。

表 11-3 和表 11-4 分别列出了组成油脂的主要脂肪酸和一些常见油脂中脂肪酸的含量。

表 11-3 组成油脂的主要脂肪酸

	名称	碳数	结构	熔点/℃	分布情况
饱和脂肪酸	月桂酸	12	$CH_3(CH_2)_{10}COOH$	43.6	月桂及其他植物油
	豆蔻酸	14	$CH_3(CH_2)_{12}COOH$	58.0	猪肝、木脂及其他植物油
	软脂酸	16	$CH_3(CH_2)_{14}COOH$	62.9	各种油脂
	硬脂酸	18	$CH_3(CH_2)_{16}COOH$	69.0	各种油脂
	花生酸	20	$CH_3(CH_2)_{18}COOH$	75.2	花生油
不饱和羧酸	棕榈油酸	16	$CH_3(CH_2)_5CH=CH(CH_2)_7COOH(Z)$		棕榈、鱼肝
	油酸	18	$CH_3(CH_2)_7CH=CH(CH_2)_7COOH(Z)$	13	各种油脂
	蓖麻油酸	18	$CH_3(CH_2)_5CH(OH)CH_2CH=CH(CH_2)_7COOH(Z)$	50	蓖麻油
	亚油酸	18	$CH_3(CH_2)_4CH=CHCH_2CH=CH(CH_2)_7COOH(Z,Z)$	-5	各种油脂
	桐油酸	18	$CH_3(CH_2)_3CH=CHCH=CHCH=CH(CH_2)_7COOH(Z,E,E)$	49	桐油
	芥酸	22	$CH_3(CH_2)_7CH=CH(CH_2)_{11}COOH$	33.5	菜油

表 11-4 一些常见油脂中脂肪酸的含量

油脂		饱和脂肪酸/%				不饱和脂肪酸/%		
		C_{12}	C_{14}	C_{16}	C_{18}	C_{18}	C_{18}	C_{18}
		月桂酸	豆蔻酸	棕榈酸	硬脂酸	油酸	亚油酸	蓖麻油酸
动物脂肪	猪油	—	1	25	15	50	6	—
	奶油	2	10	25	10	25	5	—
	人体油	1	3	25	8	46	10	—
	鲸油	—	8	12	3	35	10	—
植物油	椰子油	50	18	8	2	6	1	—
	玉米油	—	6	10	4	35	45	—
	橄榄油	—	1	5	5	80	7	—
	花生油	—	—	7	5	60	20	—
	蓖麻油	—	—	—	1	8	4	85

一般甘油酯的命名与酯相同。而混合甘油酯中,R 不相同,则以 α、α'、β 分别表示其位置。

$$CH_2—OCO(CH_2)_{16}CH_3$$
$$CH—OCO(CH_2)_{16}CH_3$$
$$CH_2—OCO(CH_2)_{16}CH_3$$

三硬脂酸甘油酯

$$CH_2OCO(CH_2)_{16}CH_3$$
$$CHOCO(CH_2)_{14}CH_3$$
$$CH_2OCO(CH_2)_7CH=CH(CH_2)_7CH_3$$

α'-硬脂酸-β-软脂酸-α-油酸甘油酯

2. 油脂的性质

纯净油脂是无色、无味、无臭的,但天然油脂常因含有某些色素和杂质而呈黄棕色并有某种气味。天然油脂没有确定的熔点,但有一定的熔点范围,例如,牛油为 42～49℃,猪油为 36～46℃。油脂不溶于水,易溶于乙醚、汽油、苯、丙酮等有机溶剂。油脂比水轻,植物油的相对密度一般在 0.9～0.95,动物油脂常在 0.86 左右。

由于天然动植物油脂具有不同程度的不饱和度,其化学性质与酯基和碳碳不饱和键的结构有关。在碱性条件下水解,可以得到不同碳链的高级脂肪酸盐,这一反应称为皂化反应(saponification reaction)。

$$CH_2OCOR \qquad\qquad CH_2OH \qquad RCOONa$$
$$CHOCOR' \quad +3NaOH \longrightarrow CHOH \quad + \quad R'COONa$$
$$CH_2OCOR'' \qquad\qquad CH_2OH \qquad R''COONa$$

脂肪酸甘油酯　　　　　　　甘油　　高级脂肪酸盐(肥皂)

通常将 1g 油脂皂化所需要的 KOH 的质量(mg)称为该油脂的皂化值(saponification value)。根据皂化值可以计算油脂的平均相对分子质量。

$$平均相对分子质量 = \frac{168000}{皂化值}$$

式中,"168000"是指皂化 1mol 油脂所需 KOH 的质量(mg)。从式中可以看出,油脂的平均相对分子质量越大,皂化值越小。各种油脂的皂化值都有一定范围,如果测得某种油脂的皂化值与正常范围有较大差别时,则表示该油脂不纯或发生了变质。因此,皂化值是检验油脂质量的重要指标之一。

问题 11-11　2g 油脂完全皂化需消耗 0.5mol/L 的 KOH 15mL,计算该油脂的皂化值和平均相对分子质量。

油脂的主要生理功能是储存和供应热量,在新陈代谢中可提供的能量比糖类和蛋白质约高一倍。油脂还能为高等动物提供生长发育所需要的脂肪酸,尤其是自身不能合成的必需脂肪酸,如亚油酸、亚麻酸等,也能促进生物体对油溶性维生素(如维生素 A、D、E、K 等)的吸收。此外,植物种子中的油脂可为种子发芽提供能量。油脂除食用外,还用于肥皂、表面活性剂、油漆制造等工业。

11.9　有机化合物相对分子质量的测定——质谱

质谱(MS)分析是一种测量离子质荷比(质量-电荷比)的分析方法,它能同时给出精确的相对分子质量、元素组成、碳骨架结构和官能团等信息。由于质谱分析具有灵敏度高、样品用量少、分析速度快、分离和鉴定同时进行等优点,因此,质谱技术广泛地应用于化学、化工、环境、能源、医药、生命科学、材料科学、运动医学、刑侦科学等各个领域,在有机化合物的研究过程中也变得越来越重要。

11.9.1 有机分子的分裂模式

1. 质谱的基本原理

质谱分析的基本原理是使试样中各组分在离子源中发生电离,生成不同质荷比的带正电荷的离子,经加速电场的作用,形成离子束,进入质量分析器。在质量分析器中,再利用电场和磁场使离子发生相反的速度色散,将它们分别聚焦而得到质谱图,从而确定其质量。目前使用的方法有电子撞击电离、光致电离、化学电离及场致电离等。一般以电子撞击电离法最为常见。

有机化合物分子的蒸气在高真空下受到能量较高的电子束的轰击,有机分子失去外层电子变成分子离子。

$$M+e^- \longrightarrow M^+ +2e^-$$

由于电子束的能量较大,多余的能量传递给分子离子。处于激发态的分子离子接受能量,裂解成各种各样带正电荷的阳离子、带负电荷的阴离子和不带电的碎片。在仪器中,阳离子首先受到电场的加速,然后在强磁场的作用下,沿着弧形轨道前进。由于各种阳离子的质量与电荷比(m/z)的不同,质荷比大的阳离子,轨道的弯曲程度小,质荷比小的阳离子,轨道的弯曲程度大,这样不同质荷比的阳离子被分开。这种阳离子由于是带一个正电荷的不同质量碎片,通过对这些碎片的分析得知分子结构的信息,因此称为质谱,可用式(11-1)表示。

$$m/z = \frac{B^2 R^2}{2V} \quad \text{或} \quad R = \left(\frac{2V}{B^2} \cdot \frac{m}{z}\right)^{1/2} \tag{11-1}$$

式中,m/z 为质荷比;R 为离子进行弧形运动时的半径;B 为磁场强度;V 为加速电压。质谱仪的结构及工作原理示意图见图 11-8。

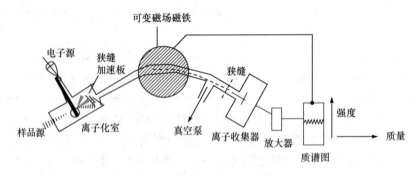

图 11-8　质谱仪简图

2. 有机分子的裂分

在质谱中出现的主要离子峰有分子离子、同位素离子、碎片离子、重排离子、亚稳离子等。

1) 分子离子

由分子失去一个电子形成,以 $M^+ \cdot$ 表示,它代表有机化合物的相对分子质量。分子离子峰的质量数要符合氮规则,即不含氮或含偶数氮的有机化合物的相对分子质量为偶数,含奇数氮的有机化合物的相对分子质量为奇数。分子离子一定是奇数电子离子,这也是分子离子的主要判据。

2) 同位素离子

分子离子是指由天然丰度最高的同位素组合的离子,而由相同元素的其他同位素组成的离子称为同位素离子,在质谱中称为同位素峰。同位素峰对推断分子的元素组成有重要作用,例如,氯的同位素^{35}Cl和^{37}Cl的天然丰度比为 $3:1$,溴的同位素^{79}Br和^{81}Br的天然丰度比为$1:1$,它们的存在与否,在质谱图上很容易判别。

3) 碎片离子

分子离子在实验条件下不能稳定存在,可发生不同的化学键断裂,形成碎片离子,这些碎片离子再分裂成更小的碎片离子。这种分裂一般遵循"偶数电子规律",即含奇数电子的离子分裂可产生自由基和正离子,或产生含偶数电子的中性分子和自由基正离子;而含偶数电子的离子分裂不能产生自由基,只能生成偶数电子的中性分子和正离子。具体有以下几种方式:

$$\text{奇数电子离子}\begin{cases}[A-B]^+\cdot \longrightarrow A^+ + B\cdot \\ [A-B]^+\cdot \longrightarrow A^+\cdot + B(\text{偶数电子分子})\end{cases}$$

$$\text{偶数电子离子}[A-B]^+ \longrightarrow A^+ + B(\text{偶数电子分子})$$

通常,苄基碳正离子、烯丙基碳正离子、叔碳正离子是质谱中常见的碎片离子。例如

$$(CH_3)_3C^+\cdot CH_2CH_3 \longrightarrow (CH_3)_3C^+ + CH_3CH_2\cdot$$

　　　　分子离子　　　　　　　　　　叔碳正离子

氮、氧、卤素等杂原子也容易产生正离子。例如

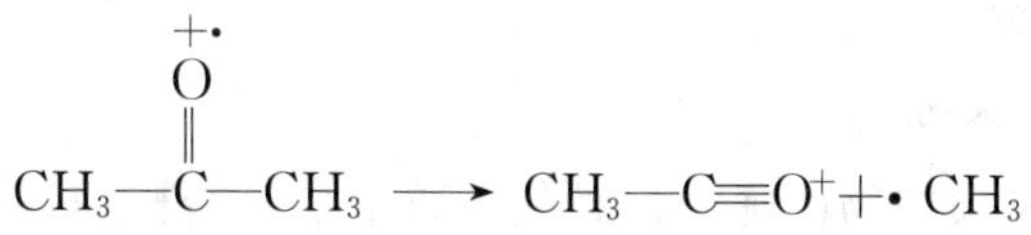

$$\underset{\text{丙酮分子离子}}{CH_3-\overset{\overset{+\cdot}{\underset{\|}{O}}}{C}-CH_3} \longrightarrow \underset{\text{碎片离子}}{CH_3-C\equiv O^+ + \cdot CH_3}$$

$$CH_3CH_2-\overset{+\cdot}{X} \longrightarrow CH_2=X^+ + \cdot CH_3$$

有些分子离子裂解时会失去一些稳定的中性分子,如 CO、NH_3、HCN、H_2S、烯烃和小分子的醇等。例如

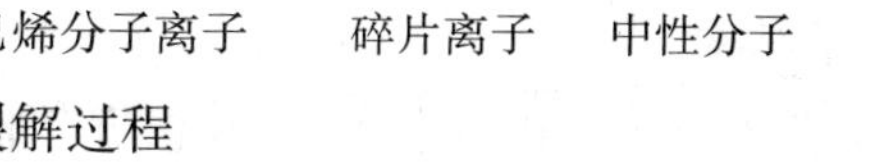

$$\underset{\text{环己烯分子离子}}{\text{〔环己烯〕}^+} \longrightarrow \underset{\text{碎片离子}}{\text{〔碎片〕}^+} + \underset{\text{中性分子}}{CH_2=CH_2}$$

乙醚的分子离子有如下裂解过程

$$\underset{m/z\ 74}{CH_3CH_2\overset{+\cdot}{O}CH_2CH_3} \longrightarrow \underset{m/z\ 59}{CH_2=\overset{+}{O}CH_2CH_3} + \cdot CH_3$$
$$\longrightarrow \underset{m/z\ 31}{CH_2=\overset{+}{O}H} + CH_2=CH_2$$

11.9.2　质谱在有机化合物结构测定中的应用

1. 质谱图

在质谱图中,不仅记录了各种不同离子的质量,并且表示了它们的相对丰度。图 11-9 是

甲烷的质谱图,图中高低不同的每个峰分别代表一种离子,各个峰的高度(离子数)与分子数(或分子浓度)成正比。图中最高峰称为基峰,人为地规定其高度为100,其他峰的高度为该峰的相对百分比,称为相对强度,以纵坐标表示;横坐标表示离子的 m/z 值。由于有机物中[12]C 的含量实际上只有98.92%,其余的1.08%是[13]C,因此在谱图中,除了相对分子质量为16的分子离子(M^+)的信号外,还伴随着相对分子质量为17的同位素峰,其相对丰度约为1.1%。

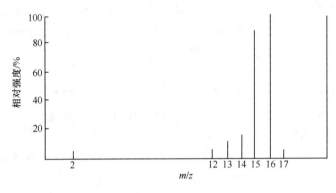

图 11-9　甲烷的质谱图

2. 质谱解析的一般步骤

1) 分子离子峰的确定

一般在高质荷比区假定的分子离子峰与相邻碎片离子峰的关系合理,且符合氮规则,可认为是分子离子峰。而且,分子离子峰强度大,化合物可能为芳烃;分子离子峰弱或不出现,化合物可能为多支链的烃类、醇类。

2) 推导分子式,计算不饱和度

由高分辨质谱仪测出未知物精确的相对分子质量从而得到分子式,进而计算出该化合物的不饱和度。

3) 碎片离子分析

高质量端的碎片离子峰反映了该化合物的分子结构特征,如高质量端有 M-18 峰,则该化合物可能为醇,因分子离子失去了一分子的水;低质量端的碎片离子系列峰,也可反映出化合物的类型,如低质量端有 $m/z=39$、51、65、77 系列弱峰,表明化合物含有苯基;又如,有 $m/z=$ 29、43、57、71 系列弱峰,表明化合物为烷烃。

4) 推测结构单元和分子结构

综合以上得到的信息,结合分子式和不饱和度,并根据其他谱图(如红外光谱、核磁共振等)进行综合分析,得出合理的分子结构。

例如,某化合物的质谱图如图 11-10 所示,经元素分析发现仅含有碳和氢两种元素。由图可知其分子离子峰为 $m/z=86$,因此该化合物的相对分子质量为 86,推导出其分子式为 C_6H_{14},计算出其不饱和度为 0,可知该化合物可能为一烷烃。从碎片离子峰分别为 $m/z=29$、43、57、71 系列峰可判定该化合物为烷烃,其分子离子发生的裂解可能为

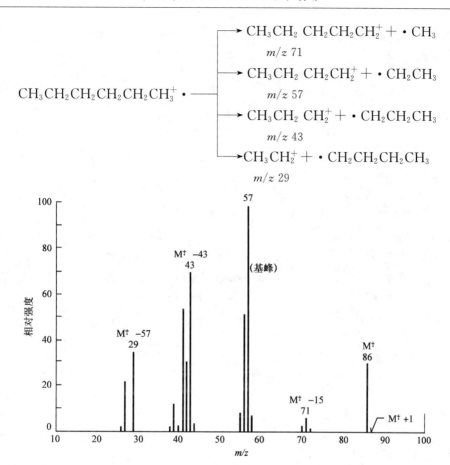

图 11-10　某化合物的质谱图

神奇的羧酸衍生物

1. 农用羧酸衍生物

除虫菊酯是存在于除虫菊花中具有杀虫效果的成分,除虫菊酯类化合物具有杀虫效力高、对人畜毒性低、残留少、对环境污染小等优点,因此,广泛应用于灭蚊剂、杀虫剂,是一类非常有价值的农药。

R＝CH₃ 为除虫菊酯 I　　　　R＝COOCH₃ 为除虫菊酯 II

氨基甲酸酯在农药和医药上有重要用途。它是与有机磷、拟除虫菊酯齐名的三大农药之一,是重要的有机合成杀虫剂。例如,N-甲基氨基-1-萘酯(商品名为西维因),白色晶体,熔点为 142℃,对昆虫有触杀及胃毒作用,属于广效杀虫剂。此外,还有许多氨基甲酸酯类杀虫剂,如速灭威、巴沙等。氨基甲酸酯还可以作为除草剂和杀菌剂。例如，N-(3,4-二氯苯基)氨基甲酸甲酯(商品名为灭草灵)，白色结晶，难溶于水，可溶于丙酮，主要用于防治菜田中百合科杂草，对人畜低毒，对鱼类毒性较高。

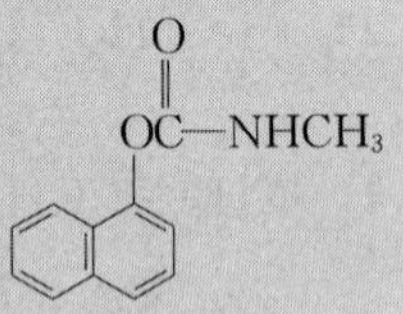

西维因 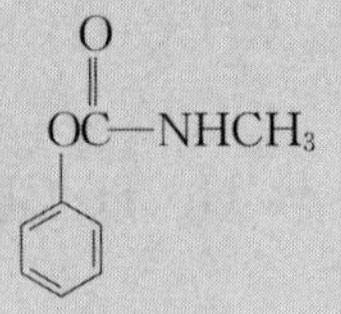　　　　　　速灭威 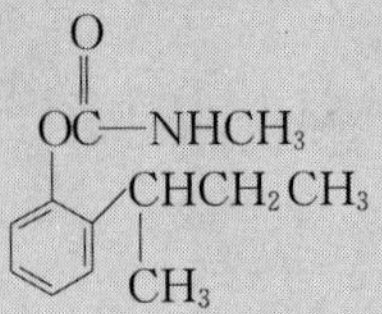　　　　　　巴沙 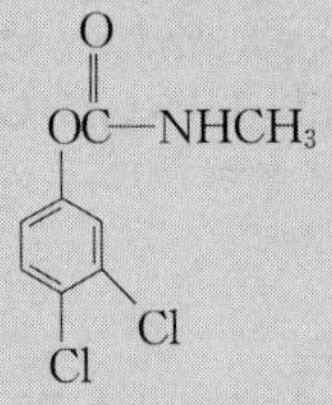　　　　　　灭草灵

2. 酰胺抗生素类

某些抗菌素如青霉素、头孢菌素、四环素等都属于酰胺类化合物。青霉素是微生物在生长过程中产生的，是由青霉菌培养液中分离出的几种 R 结构不同而骨架相同的物质，作为抗菌素使用的是青霉素 G。由于青霉素 G 容易被胃酸分解，所以不能口服，只能配制成注射液后使用。它是一个具有四氢噻唑并联的内酰胺结构，其杀菌原理是它能与合成细菌细胞壁的酶的氨基作用，使酶失去活性，细菌因不能合成细胞壁而死亡。有机化学家根据青霉素 G 的结构特点，人工合成了大量的类似青霉素结构的化合物，其中氨苄青霉素钠就是比较满意的一种。

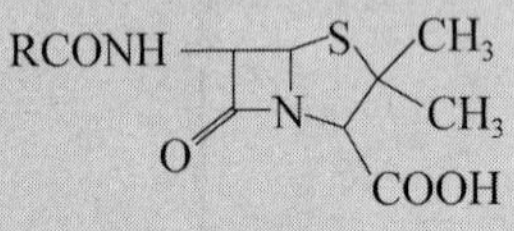

青霉素 G:R＝C₆H₅CH₂—　　　　　　氨苄青霉素钠

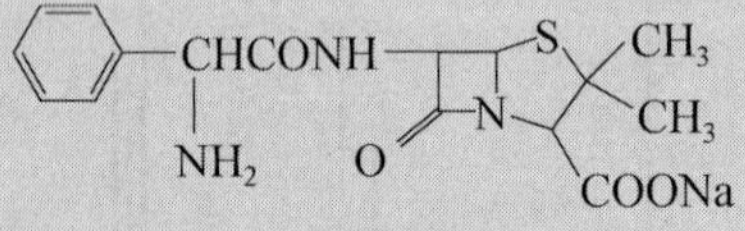

头孢菌素类药物具有与青霉素相似的骨架结构，如头孢氨苄(先锋霉素Ⅳ)。四环素类药物具有四个六元环并联的骨架。

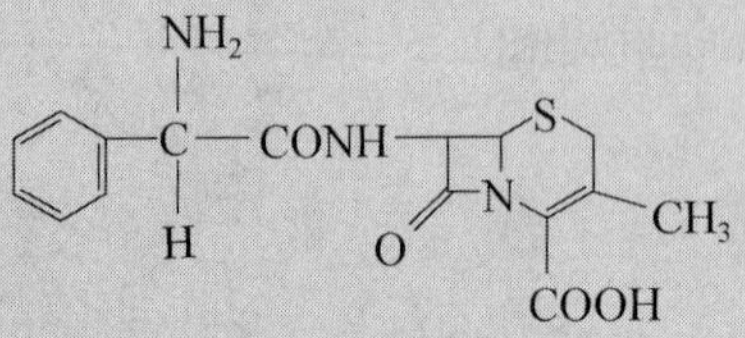

头孢氨苄(先锋霉素Ⅳ) 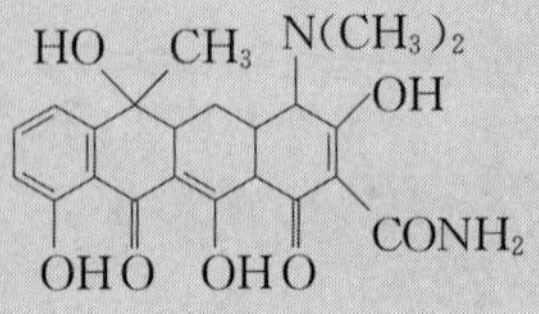　　　　　　四环素

习　题

1. 命名下列化合物或写出结构式。

(1) 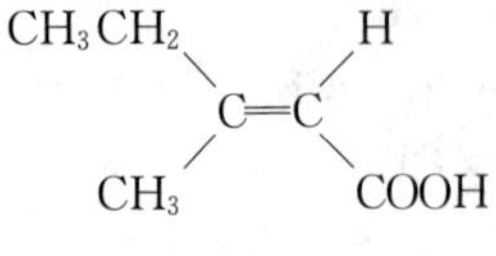
$$\underset{CH_3}{\overset{CH_3CH_2}{}}C=C\underset{COOH}{\overset{H}{}}$$

(2) $CH_3CO\text{—}\langle\text{—}\rangle\text{—}CONH_2$

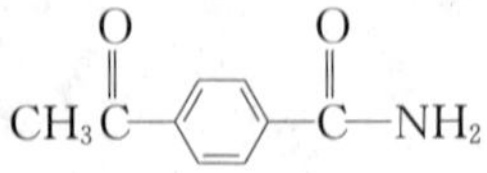

(3)

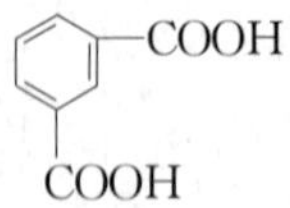

(4) 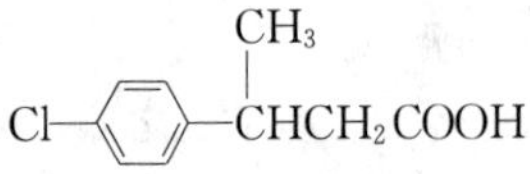 $Cl\text{—}\langle\text{—}\rangle\text{—}CH(CH_3)CH_2COOH$

(5)

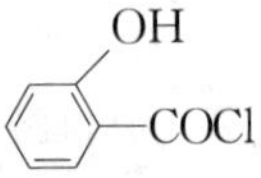

(6)

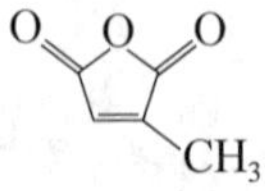

(7)

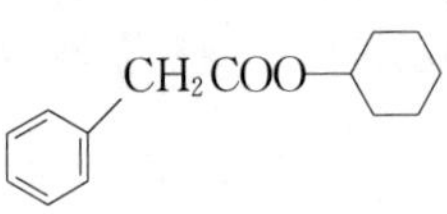

(8) 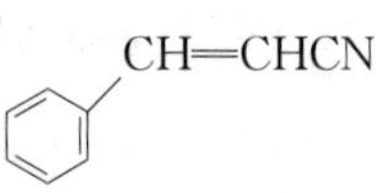 $\langle\text{—}\rangle\text{—}CH=CHCN$

(9)

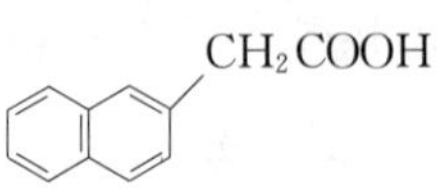

(10)　Cl—◯—OCH₂COOH　　　(11) 反-4-异丙基环己甲酸　　(12) γ-戊内酰胺

(13) 邻苯二甲酸酐　　　　　　(14) 2-甲基丙烯酸甲酯　　　　(15) 二缩脲

(16) 环己烷羧酸乙烯酯　　　　(17) 2,2-二甲基环己腈　　　　(18) N,N-二甲基甲酰胺(DMF)

(19) (2S,3S)-酒石酸　　　　　(20) 苹果酸

2. 按照酸性降低的次序排列下列化合物。

　(1) 甲酸、乙酸、三氯乙酸、草酸、丙二酸

　(2) 乙醇、乙酸、乙烯、乙炔、苯酚

　(3) 乳酸、酒石酸、苹果酸、柠檬酸

3. 试以方程式表示丁酸与下列试剂的反应。

　(1) 乙醇　　(2) 溴/红磷　　(3) 二氯亚砜　　(4) 氨　　(5) 五氧化二磷

4. 采用化学方法区别下列各组化合物。

　(1) 甲酸、乙酸和乙醛　　　　　　(2) 苯甲酸、对甲苯酚、苄醇

　(3) 乙酸、草酸、丙二酸　　　　　(4) 乙酰氯、乙酸酐、乙酸乙酯

　(5) 2-羟基丙酸、丙酸、2-丙醇、丙醇

5. 指出下列反应的主要产物。

$$(1)\ C_6H_5CH_2Cl \xrightarrow[\text{无水乙醚}]{Mg} (\quad) \xrightarrow[② H_2O]{① CO_2} (\quad) \xrightarrow{SOCl_2} (\quad)$$

$$(2)\ CH_3CHO \xrightarrow{HCN} (\quad) \xrightarrow[H_2O]{H^+} (\quad)$$

(3)　◯—COOH $\xrightarrow{PCl_5}$ ( ) $\xrightarrow[\triangle]{NH_3}$ ( ) $\xrightarrow[NaOH]{Br_2}$ ( )

(4)　O◯O+CH₃CH₂OH ⟶ ( )

$$(5)\ CH_3CH_2\overset{O}{\underset{}{C}}-OC_2H_5 \xrightarrow[② H_3^+O]{① C_2H_5ONa} (\quad)$$

(6)　CH₃C(=O)—◯—C(=O)—OC₂H₅ $\xrightarrow{NaBH_4}$ ( )

(7)　◯—CH₂Cl $\xrightarrow{NaCN}$ $\xrightarrow{LiAlH_4}$ ( )

$$(8)\ CH_3CH_2CH_2COOH \xrightarrow{\underset{P}{Br_2}} \xrightarrow[H_2O]{OH^-} (\quad)$$

6. 完成下列转化。

　(1) 乙烯⟶正丁酸

　(2) 丙酸⟶2-羟基丙酸

　(3) 丙酸⟶正丁酸

　(4) 溴苯⟶苯甲酸乙酯

7. 布洛芬(ibuprofen)是止痛药的主要成分,写出由苯为原料合成它的路线。

CH₃CHCH₂—◯—CHCOOH，CH₃（上）、CH₃（下）

(ibuprofen)

8. 写出下列反应中 A~E 的结构式。

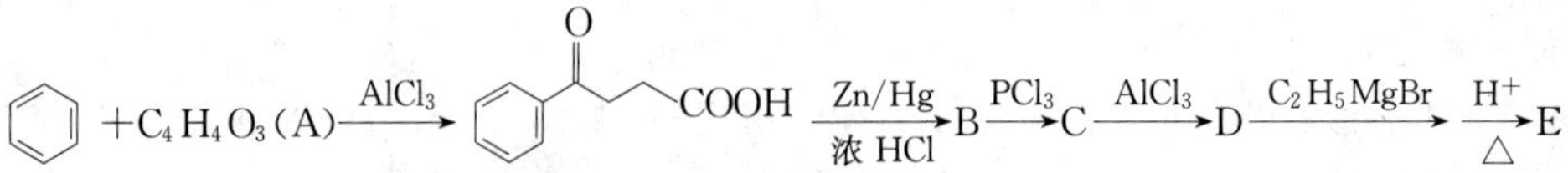

9. 化合物 A,B,C 的分子式均为 $C_3H_6O_2$,A 与碳酸钠作用放出二氧化碳,B 和 C 不能,但在氢氧化钠溶液中加热后可水解,从 B 的水解液蒸馏出的液体可以发生碘仿反应,试推测 A、B、C 的结构并写出有关化学反应式。

10. 化合物 A 和 B 都有水果香味,分子式均为 $C_4H_6O_2$,都不溶于 NaOH 溶液。当与 NaOH 溶液共热时,A 生成一种羧酸盐和乙醛,B 生成甲醇和化合物 C,C 酸化后得到化合物 D,D 能使溴的四氯化碳溶液褪色。写出化合物 A、B、C 和 D 的结构式及相关化学反应式。

11. 化合物 $A(C_4H_8O_3)$ 具有旋光活性,其水溶液呈酸性。A 强烈加热得化合物 $B(C_4H_6O_2)$,B 无旋光活性,其水溶液也呈酸性,B 比 A 更容易被氧化。当 A 与重铬酸钾在酸存在下加热,可得到易挥发的化合物 $C(C_3H_6O)$,C 不容易与高锰酸钾反应,但可发生碘仿反应。试推测 A、B、C 的结构并写出相关化学反应式。

12. 由乙酰乙酸乙酯合成下列化合物。
    (1) 2-己醇   (2) 正戊酸   (3) 2,5-己二酮   (4) 2-甲基-4-戊酮酸

13. 正丙醚 $CH_3CH_2CH_2OCH_2CH_2CH_3$ 的质谱有峰 $m/z=31$ 和峰 $m/z=73$,解释这两个峰的来源。

14. 某酯的分子离子峰为 $m/z=116$,其质谱在 $m/z=57、43、29$ 有重要碎片离子峰,推测下面哪一个结构与这些数据一致。
    (1) $(CH_3)_2CHCOOC_2H_5$ (2) $CH_3CH_2CH_2COOCH_3$ (3) $CH_3CH_2COOCH_2CH_2CH_3$

第12章 胺及其衍生物

含氮有机化合物包括胺类、硝基化合物、偶氮化合物、腈、异腈、脲、胍等。这一章主要讨论胺类化合物及重氮和偶氮化合物。

12.1 胺 的 命 名

胺(amine)可看作氨分子中的氢被烃基取代的衍生物。氨分子中一个、两个或三个氢原子被烃基取代后的生成物,分别称为伯胺(第一胺或 1°胺)、仲胺(第二胺或 2°胺)和叔胺(第三胺或 3°胺)。铵盐或氢氧化铵中的四个氢原子被四个烃基取代的化合物,称为季铵盐或季铵碱。

$$NH_3 \qquad RNH_2 \qquad R_2NH \qquad R_3N \qquad R_4N^+X^- \qquad R_4N^+OH^-$$

氨　　　　伯胺　　　仲胺　　　叔胺　　　季铵盐　　　季铵碱

应该注意的是伯、仲、叔胺和伯、仲、叔醇的含义是不同的。伯、仲、叔醇是指羟基与伯、仲、叔碳原子相连的醇,而伯、仲、叔胺是根据氮原子所连的烃基的数目而定的。例如,叔丁醇是 3°醇,但叔丁胺为 1°胺。

$$
\begin{array}{ccc}
& CH_3 & \\
| & \\
CH_3-C-OH & \\
| & \\
CH_3 &
\end{array}
\qquad
\begin{array}{ccc}
& CH_3 & \\
| & \\
CH_3-C-NH_2 & \\
| & \\
CH_3 &
\end{array}
$$

叔醇　　　　　　　　伯胺

简单的胺以习惯命名法命名,在胺之前加上烃基的名称来命名。如果是仲胺和叔胺,当烃基相同时,在前面用二或三表示烃基的数目;当烃基不同时,则按次序规则较优基团的名称放在后面。对于季铵盐或季铵碱,其命名与上相同,在铵之前加上负离子的名称。

伯胺	CH_3NH_2	—CH₂NH₂(苯甲胺)	CH_3—⬡—NH_2
	甲胺	苯甲胺(苄胺)	对甲苯胺
仲胺	$(CH_3CH_2)_2NH$	$CH_3NHCH_2CH_3$	⬡—$NHCH_3$
	二乙胺	甲乙胺	N-甲基苯胺
叔胺	$(CH_3CH_2CH_2)_3N$	⬡—$N(CH_3)_2$	$(⬡)_3N$
	三丙胺	N,N-二甲基苯胺	三苯胺
季铵盐	$(CH_3CH_2)_4N^+Br^-$	$C_6H_5CH_2N^+(CH_3)_3OH^-$	
	溴化四乙铵	氢氧化三甲基苄基铵	

复杂的胺用系统命名法命名,将氨基作为取代基,以烃基或其他官能团作母体,取代基按次序规则排列,较优基团后列出。

$$
\begin{array}{c}
CH_3 \qquad\qquad NH_2 \\
| \qquad\qquad\quad | \\
CH_3-CH-CH_2-CH-CH_3
\end{array}
\qquad\qquad
\begin{array}{c}
CH_3 \quad CH_3 \\
| \qquad | \\
CH_3CH_2-CH-CH-N(CH_2CH_3)_2
\end{array}
$$

2-甲基-4-氨基戊烷　　　　　　　3-甲基-2-(N,N-二乙基)氨基戊烷在有机化学中,氨、胺、铵三字用法通常混淆,本书中的用法:作为取代基时称为氨基,如—NH₂称为氨基,—NHCH₃称为甲氨基;作为官能团时称为胺,如 CH₃NH₂ 称为甲胺;氮上带有正电荷时称为铵,如 CH₃NH₃Cl 称为氯化甲铵,如写成 CH₃NH₂·HCl 时称为甲胺盐酸盐。

12.2　胺的结构、物理性质和波谱性质

12.2.1　胺的结构

在氨和胺分子中氮是以 sp^3 杂化轨道和其他原子成键的,其中三个未成对电子分别占据着三个 sp^3 杂化轨道,每一个轨道与一个氢原子的 s 轨道或碳的杂化轨道重叠生成氨或胺,氮上还有一对孤电子对,占据另一个 sp^3 杂化轨道,处于棱锥体的顶端(图 12-1)。

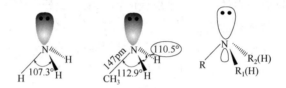

图 12-1　胺的结构

在苯胺中,氮仍是棱锥形的结构,H—N—H 键角为 113.9°,H—N—H 平面与苯环平面交叉的角度为 39.4°(图 12-2)。

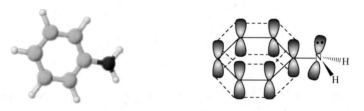

图 12-2　苯胺的分子轨道结构图

如果氮原子上连有三个不同的基团,理论上存在一对对映异构体(图 12-3),但实际上一般不可拆分,这是由于胺对映体之间的相互转化通常只需要 25～37.6kJ/mol 的能量,在室温就可以快速转化。

图 12-3　胺的对映体及其相互转化

在季铵盐中,氮上的四个 sp^3 杂化轨道都用于成键,氮的转化不易发生,如果氮原子上的四个基团不同,就可以分离得到这种右旋和左旋的异构体(图 12-4)。

12.2.2　胺的物理性质

脂肪族胺中甲胺、二甲胺、三甲胺和乙胺是气体,丙胺以上是液体,高级胺是固体。相对分

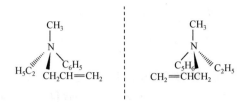

图 12-4　季铵盐的对映体

子质量较低的胺具有氨的气味,有的还有鱼腥味。胺和氨一样,是极性物质,除了叔胺外,都能形成分子间氢键,因此,沸点比不能以氢键缔合的相对分子质量相近的醚高,而比相对分子质量相近的醇低,叔胺由于氮上没有氢原子,不能形成氢键,其沸点与相对分子质量相近的烷烃近似。碳原子数相同的脂肪族胺,伯胺的沸点最高,仲胺次之,叔胺最低。

各种胺都能与水形成氢键,因此能溶于水。六个碳以上的胺溶解度降低。芳香胺是无色的高沸点液体或低熔点固体,毒性很大,如苯胺可以通过吸入、食入或透过皮肤吸收而导致中毒,食入 0.25mL 就严重中毒。β-萘胺与联苯胺是引致恶性肿瘤的物质。一些胺的物理常数见表 12-1。

表 12-1　一些常见胺的主要物理常数

名称	熔点/℃	沸点/℃	溶解度/(g/100g 水)	pK_b(25℃)
甲胺	−92.5	−6.7	易溶	3.38
二甲胺	−92.2	−6.9	易溶	3.29
三甲胺	−117.1	9.9	91	4.40
乙胺	−80.6	16.6	∞	3.7
二乙胺	−50	55.5	易溶	3.07
三乙胺	−114.7	89.4	14	3.4
正丙胺	−83	48.7	∞	3.29
正丁胺	−50	77.8	易溶	3.39
乙二胺	8	117	溶	4.0
苯胺	−6.1	184.4	3.7	9.38
N-甲基苯胺	−57	196.3	难溶	9.31
N,N-二甲苯胺	2.5	194.2	1.4	8.93
二苯胺	52.9	302	不溶	13
三苯胺	126.5	365	不溶	—
邻甲苯胺	−16.4	200.4	1.7	9.5
间甲苯胺	−31.3	203.4	微溶	9.3
对甲苯胺	43.8	200.6	0.7	8.9
α-萘胺	49	301	微溶	11.1
β-萘胺	112	306	微溶	9.9

12.2.3　胺类化合物的波谱性质

1. 胺的红外光谱

脂肪族和芳香族伯胺的 N—H 伸缩振动在 $3400\sim3500cm^{-1}$ 区域有两个吸收峰,缔合的 N—H 伸缩振动则向低波数方向移动,而仲胺在这个区域只有一个吸收峰。伯胺的 N—H 弯曲振动在 $1590\sim1650cm^{-1}$。脂肪族的 C—N 伸缩振动在 $1020\sim1200cm^{-1}$。芳香族的 C—N 伸缩振动在 $1250\sim1360cm^{-1}$,其中伯芳胺在 $1250\sim1340cm^{-1}$,仲芳胺在 $1280\sim1360cm^{-1}$,叔芳胺在 $1310\sim1360cm^{-1}$。苯胺的红外光谱见图 12-5。

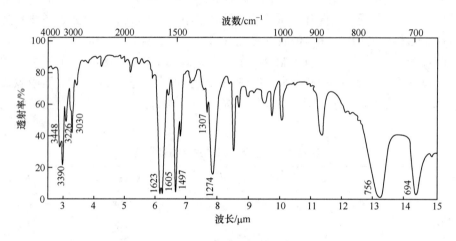

图 12-5　苯胺的红外光谱

2. 胺的核磁共振谱

在胺分子中,氮的 α-碳上质子的化学位移在 $\delta=2.7$,而 β-碳上质子的化学位移在 $\delta=1.1\sim1.7$。N—H 上质子的化学位移变化较大,$\delta=0.6\sim3.0$,它受样品的纯度、使用的溶剂、测量时溶液的浓度和温度的影响而有所变化。N—H 上质子和 CH_3 上质子的化学位移非常接近,难以分辨。二乙胺的核磁共振谱见图 12-6。

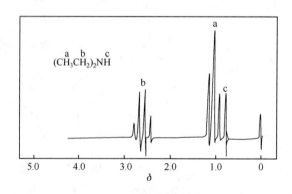

图 12-6　二乙胺的核磁共振谱

问题 12-1 命名下列化合物。

(1) $(C_6H_5CH_2)_2NH$　　　(2) $CH_3 \text{—} \langle \rangle \text{—} N \begin{matrix} CH_3 \\ CH_2CH_3 \end{matrix}$　　　(3) $C_6H_5CH_2N^+(CH_3)_3Br^-$

(4) $(CH_3CH_2)_3N \cdot HCl$　　　(5) $\begin{matrix} CH_2C_6H_5 \\ | \\ N^+ \cdots\cdots CH_2CH=CH_2 \ OH^- \\ CH_3 \quad C_6H_5 \end{matrix}$

12.3　胺的化学性质

由于胺的氮上有孤电子对,在化学反应中能提供电子对,因而胺具有碱性、亲核性及氨基致活苯环上的亲电取代反应等化学性质。

12.3.1　胺的碱性和酸性

1. 碱性

由于氮的电负性比氧小,氮对未共用电子对的吸引力比氧小,因此易给出电子与质子结合,所以胺的碱性比醇、醚大。在脂肪胺中,烷基可以给出电子,使氮原子的电负性增强,形成的铵正离子也因正电荷分散而稳定。

$$RNH_2 + H^+ \longrightarrow RNH_3^+$$

铵正离子越稳定,说明胺的碱性越强,脂肪胺的碱性比氨强。胺中烷基越多,碱性应该越强,但是实际并非完全如此,例如

	NH_3	$CH_3CH_2NH_2$	$(CH_3CH_2)_2NH$	$(CH_3CH_2)_3N$
pK_b	4.76	3.36	3.06	3.25

这是因为胺的碱性除了受电子效应影响以外,也受空间位阻的影响,如果胺中的烃基逐渐增大,占据的空间位置就越大,使质子不易与氨基接近,因而三级胺的碱性降低。环状仲胺两个与烃基相连的键被反绑在后面,空间位阻更小,碱性更强。因此,胺的碱性强弱次序一般是脂环仲胺>脂肪仲胺>脂肪伯、叔胺。例如

	$\begin{matrix} \\ N \\ H \end{matrix}$	$(CH_3)_2NH$	CH_3NH_2	$(CH_3)_3N$
pK_b	2.73	3.29	3.36	4.4

	$\begin{matrix} \\ N \end{matrix}$	$(CH_3CH_2)_2NH$	$(CH_3CH_2)_3N$	$CH_3CH_2NH_2$
pK_b	2.88	3.06	3.25	3.36

芳香胺的碱性比氨弱,这是因为芳香胺的氨基氮上未共用电子对与芳香环上的 π 键发生共轭,使电子部分离域到芳香环上,因此氮原子与质子的结合能力降低,苯胺的碱性($pK_b = 9.38$)比氨弱。苯胺的碱性虽弱,但仍可与强酸成盐。

$$\text{C}_6\text{H}_5-\text{NH}_2 + \text{HCl} \longrightarrow \text{C}_6\text{H}_5-\text{NH}_2 \cdot \text{HCl} \quad (\text{或} \quad \text{C}_6\text{H}_5-\overset{+}{\text{NH}_3}\text{Cl}^-)$$

二苯胺的氮原子与两个苯环相连,氮原子的电子密度降低得更多,因而碱性更弱($pK_b=$ 13.21),它虽可与强酸成盐,但所生成的盐在水溶液中完全水解。三苯胺即使和强酸也不能生成盐。

当苯环上有吸电子基团时可以通过诱导和共轭效应分散氨基氮上的电子,使碱性减弱。当有给电子基团时,情况则相反。

$$\text{CH}_3\text{O}-\text{C}_6\text{H}_4-\text{NH}_2 \qquad \text{C}_6\text{H}_5-\text{NH}_2 \qquad \text{O}_2\text{N}-\text{C}_6\text{H}_4-\text{NH}_2$$

pK_b　　　　8.66　　　　　　　　　9.4　　　　　　　　　13

2. 酸性

由于伯胺和仲胺的氮原子上有氢,在强碱作用下能失去一个质子而显酸性。例如

$$\left[\begin{array}{c}\text{CH}_3 \\ \text{CH} \\ \text{CH}_3\end{array}\right]_2 \text{NH} + \text{C}_4\text{H}_9\text{Li} \xrightarrow{\text{乙醚}} \left[\begin{array}{c}\text{CH}_3 \\ \text{CH} \\ \text{CH}_3\end{array}\right]_2 \text{N}^-\text{Li}^+ + \text{C}_4\text{H}_{10}$$

二异丙基胺锂(LDA)

二异丙基胺锂氮原子的空间位阻大,只能夺取活泼的氢质子而不易发生亲核反应,是一种不亲核的位阻碱,在有机合成上特别有用。

问题 12-2　按碱性由强到弱排列成序。

(1) A. CH_3NH_2　　　　　B. CH_3CONH_2　　　　C. $(\text{CH}_3)_2\text{NH}$　　　　D. NH_3

(2) A. $\text{C}_6\text{H}_5-\text{CH}_2\text{CH}_2\text{NH}_2$　　B. $\text{CH}_3-\text{C}_6\text{H}_4-\text{NH}_2$　　C. $\text{NO}_2-\text{C}_6\text{H}_4-\text{NH}_2$

(3) A. $\text{ClCH}_2\text{CH}_2\text{NH}_2$　　B. $\text{Cl}_2\text{CHCH}_2\text{NH}_2$　　C. $\text{Cl}_3\text{CCH}_2\text{NH}_2$

12.3.2　胺的烷基化和季铵化合物

胺和氨一样,可以作为亲核试剂与卤代烃或醇等反应生成高一级的胺类,如脂肪族或芳香族伯胺发生烷基化可生成仲胺、叔胺和季铵盐。

$$\text{RNH}_2 \xrightarrow{\text{R'X}} \overset{+}{\text{RNHR'}}\text{X}^- \xrightarrow{\text{OH}^-} \text{RNHR'}$$

$$\text{RNHR'} \xrightarrow{\text{R'X}} \overset{+}{\text{RNHR}_2'}\text{X}^- \xrightarrow{\text{OH}^-} \text{RNR}_2'$$

$$\text{RNR}_2' \xrightarrow{\text{R'X}} \text{RN}^+\text{R}_3'\text{X}^-$$

胺的烷基化反应实质上是胺作为亲核试剂进行的取代反应,所以亲核性(碱性)弱或空间位阻大都很难使反应正常进行,在烷基化反应中,卤代烷只能用 1° 或 2° 卤代烷,3° 卤代烷几乎全部进行消除反应。

季铵盐与 NaOH 不反应,但可以与 Ag_2O 反应得到季铵碱,它是与 NaOH 一样强的有机碱。

$$\text{RN}^+\text{R}_3'\text{X}^- + \text{AgOH} \longrightarrow \text{RN}^+\text{R}_3'\text{OH}^- + \text{AgX}\downarrow$$

季铵化合物与一般有机物不同,季铵盐一般能溶于水,熔点较高,季铵碱只有在水溶液中

才能独立存在，它们的结晶体往往是水合物晶体，有固定熔点。天然存在的季铵化合物在动植物体内起着各种重要的生理作用，如胆碱（氢氧化三甲基羟乙基铵$[HOCH_2CH_2N^+(CH_3)_3]$ OH^-）能调节肝中脂肪的代谢，有抗脂肪肝的作用。它的盐酸盐（氯化胆碱$[HOCH_2CH_2N^+$ $(CH_3)_3]Cl^-$）是治疗脂肪肝和肝硬化的药物。胆碱与乙酸在胆碱酯酶的作用下发生酯化反应生成乙酰胆碱。

$$HOCH_2CH_2N^+(CH_3)_3OH^- + CH_3COOH \underset{胆碱酯酶}{\xrightleftharpoons{\hspace{1cm}}} CH_3COOCH_2CH_2N^+(CH_3)_3OH^- + H_2O$$

乙酰胆碱是传导神经冲动的重要化学物质。许多有机磷农药能与胆碱酯酶结合，阻碍乙酰胆碱的分解，使虫体内乙酰胆碱蓄积过多引起虫体兴奋痉挛，最后麻痹而死。矮壮素（$ClCH_2CH_2N^+(CH_3)_3Cl^-$）又称氯化氯代胆碱，简称 CCC，是一种人工合成的植物生长调节剂，能抑制植物细胞伸长，使植株变矮、茎秆变粗等，可防止小麦等农作物倒伏，防止棉花陡长和减少落蕾落铃。

12.3.3　季铵盐的 Hofmann 消除反应

过量碘甲烷与胺反应生成季铵盐，用氢氧化银处理得到季铵碱，进一步加热后脱去 β-氢和胺，发生消除反应生成烯。

$$RCH_2CH_2NH_2 + CH_3I \longrightarrow RCH_2CH_2\overset{+}{N}(CH_3)_3I^- \xrightarrow{\text{AgOH}} RCH_2CH_2\overset{+}{N}(CH_3)_3OH^- \xrightarrow{\triangle}$$
$$RCH=CH_2 + (CH_3)_3N + H_2O$$

当有几种 β-氢的季铵碱消除时，可能生成两种产物，一般主要消除含氢较多的 β-碳上的氢，生成双键碳上烷基取代较少的烯烃，这就是 Hofmann 消除规律，与卤代烃 Saytzeff 规律恰好相反。

Hofmann 消除规律的本质是一个体积效应问题。当加热消去时，OH^- 进攻甲基氢比进攻亚甲基氢受到的空间阻力小，生成的主要产物是 1-戊烯。

当 β-碳上有苯基、乙烯基、羰基等吸电子基团时，消除反应产物主要为 Saytzeff 产物。

问题 12-3　化合物 $C_5H_{11}NO_2$ 还原成 $C_5H_{13}N$，它溶于酸中，$C_5H_{13}N$ 再与过量的 CH_3I 作用，然后用碱处理得 $C_8H_{21}NO$，后者热分解得到 2-甲基-1-丁烯和三甲胺。试确定 $C_5H_{11}NO_2$ 的结构。

12.3.4　酰化和磺酰化反应

伯胺、仲胺与酰卤、酸酐等发生酰基化反应，氨基上的氢原子被酰基取代而生成 N-烷基酰胺。叔胺的氮原子上没有氢，不发生酰化反应。

$$RNH_2+CH_3COCl \longrightarrow RNHCOCH_3+HCl$$

$$R_2NH+CH_3COCl \longrightarrow R_2NCOCH_3+HCl$$

$$R_3N+CH_3COCl \longrightarrow 不反应$$

胺的酰基衍生物容易水解变成原来的芳胺,在有机合成上常利用酰基化来保护氨基以避免芳胺在发生某些反应时被破坏。

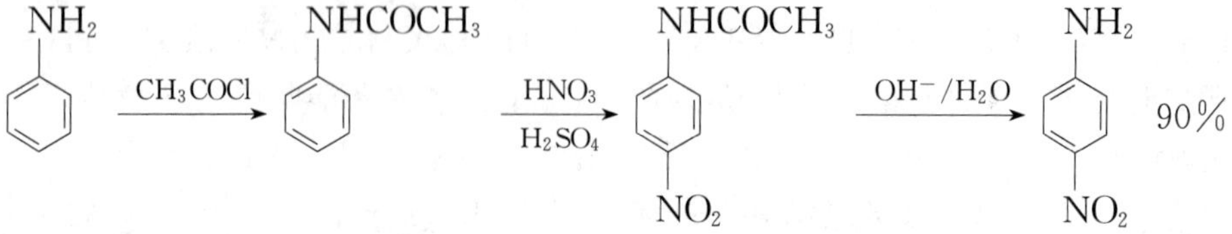

伯胺、仲胺也很容易与磺酰化试剂(如苯磺酰氯、对甲苯磺酰氯)作用,生成相应的苯磺酰胺。伯胺磺酰化的产物由于磺酰基的影响使氮上的氢原子呈酸性,因而可与碱作用生成盐而溶于碱中;仲胺的芳磺酰胺衍生物分子中,氮上没有氢原子,不能与碱成盐,不溶于碱;叔胺的氮原子上没有氢,不发生磺酰化反应,也不溶于碱。如果使伯、仲、叔胺的混合物与磺酰化剂在强碱性溶液中反应,析出的固体为仲胺的磺酰胺,而叔胺可以蒸馏分离。剩余溶液酸化后,可得到伯胺的磺酰胺。伯胺、仲胺的磺酰胺在酸水解下可分别得到原来的胺 。这就是著名的Hinsberg反应,可用来鉴别和分离伯、仲、叔胺。

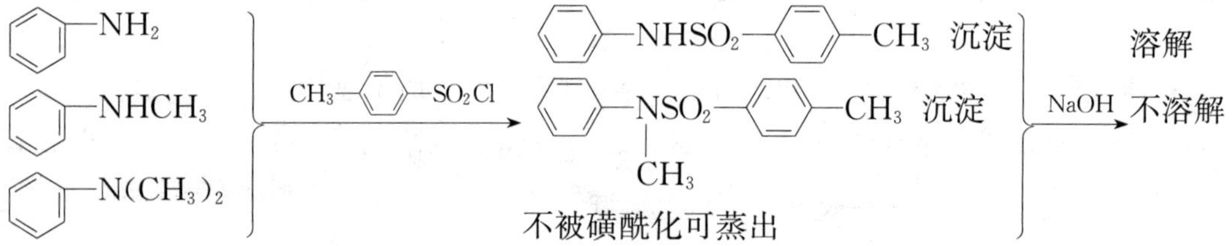

不被磺酰化可蒸出

12.3.5　与亚硝酸反应

各类胺与亚硝酸反应时可生成不同的产物。由于亚硝酸不稳定,一般在反应过程中由亚硝酸钠与盐酸(或硫酸)作用得到。

脂肪族伯胺与亚硝酸作用先生成极不稳定的脂肪族重氮盐,立即分解成氮气和碳正离子R^+,此碳正离子可发生各种反应,生成醇、烯烃及卤代烃等化合物。

$$CH_3CH_2CH_2NH_2 \xrightarrow{NaNO_2,HCl} CH_3CH_2CH_2\overset{+}{N}\equiv NCl^- \longrightarrow CH_3CH_2CH_2^+ + N_2\uparrow + Cl^-$$

醇、烯、卤代烃等

例如,正丁胺与亚硝酸钠盐酸溶液发生下列反应:

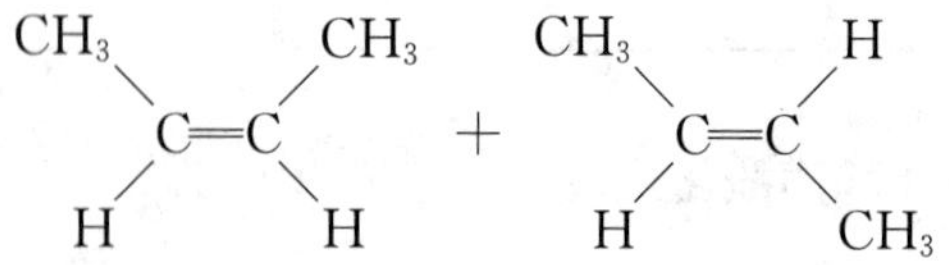

反应得到的是混合物,没有合成价值。但由于放出的氮气是定量的,因此可用作氨基的定量

测定。

芳香族伯胺与亚硝酸在低温(一般在 5℃以下)及强酸水溶液中反应,生成芳基重氮盐,这个反应称为重氮化反应。例如

$$\text{C}_6\text{H}_5-\text{NH}_2 + \text{NaNO}_2 + \text{HCl} \xrightarrow{0\sim5℃} \text{C}_6\text{H}_5-\text{N}^+\equiv\text{NCl}^- + 2\text{H}_2\text{O}$$

芳基重氮盐虽然也不稳定,但在低温下可保持不分解,在有机合成上是很有用的化合物。关于重氮化反应及重氮盐的性质和应用,将在 12.5 节详细讨论。

脂肪族和芳香族仲胺与亚硝酸作用都生成 N-亚硝基胺。例如

$$(\text{CH}_3)_2\text{NH} + \text{HNO}_2 \longrightarrow (\text{CH}_3)_2\text{N}-\text{N}=\text{O} + \text{H}_2\text{O}$$

N-亚硝基二甲胺

$$\text{C}_6\text{H}_5-\text{NHCH}_3 + \text{HNO}_2 \longrightarrow \text{C}_6\text{H}_5-\underset{\overset{|}{\text{CH}_3}}{\text{N}}-\text{N}=\text{O} + \text{H}_2\text{O}$$

N-甲基-N-亚硝基苯胺

N-亚硝基胺是黄色油状液体,它与稀硝酸共热时,水解而成原来的仲胺,可用来分离或提纯仲胺。

脂肪族叔胺一般无上述类似的反应,虽然在低温时能与亚硝酸生成盐,但不稳定,易水解,加碱后可重新得到游离的叔胺。

芳香族叔胺与亚硝酸作用,则发生环上亚硝化反应,生成对亚硝基取代产物。例如

$$\text{C}_6\text{H}_5-\text{N(CH}_3)_2 + \text{HNO}_2 \longrightarrow (\text{CH}_3)_2\text{N}-\text{C}_6\text{H}_4-\text{N}=\text{O} + \text{H}_2\text{O}$$

对亚硝基-N,N-二甲基苯胺

亚硝基化合物一般都具有很强的致癌毒性。

综上所述,利用亚硝酸与伯、仲、叔胺反应的不同可以鉴别伯、仲、叔胺。

问题 12-4　用化学方法鉴别下列化合物。

(1) 邻甲苯胺、N-甲基苯胺、苯甲酸和邻羟基苯甲酸

(2) $\text{CH}_3\text{CH}_2\text{CH}_2\text{NH}_2$　　　　$\text{CH}_3\text{CH}_2\overset{\text{O}}{\overset{\|}{\text{C}}}\text{NH}_2$

(3) $\text{CH}_3-\text{C}_6\text{H}_4-\overset{+}{\text{N}}\text{H}_3\text{Cl}^-$　　$\text{CH}_3-\text{C}_6\text{H}_4-\text{Cl}$

(4) $\text{CH}_3\text{CH}_2\text{NH}_2$　　$(\text{CH}_3\text{CH}_2)_2\text{NH}$　　$(\text{CH}_3\text{CH}_2)_3\text{N}$

12.3.6　Mannich 反应

具有 α-氢的酮与甲醛(或其他脂肪醛)及胺类化合物的水溶液反应,生成 β-氨基酮,这一反应称为曼尼希(Mannich)反应。其反应历程认为是胺与甲醛作用生成亚胺正离子,然后与酮的烯醇式进行亲核加成。

$$\text{CH}_3-\overset{\text{O}}{\overset{\|}{\text{C}}}-\text{CH}_3 + \text{H}-\overset{\text{O}}{\overset{\|}{\text{C}}}-\text{H} + \text{HN(CH}_3)_2 \xrightarrow{\text{H}^+} \text{CH}_3\overset{\text{O}}{\overset{\|}{\text{C}}}\text{CH}_2\text{CH}_2\text{N(CH}_3)_2$$

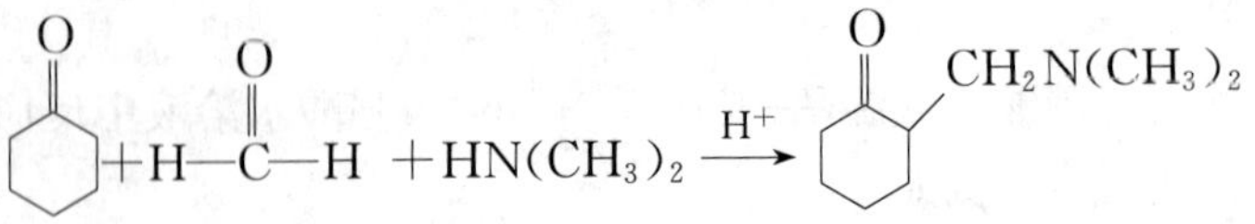

$$\text{环己酮} + H-\overset{O}{\underset{}{C}}-H + HN(CH_3)_2 \xrightarrow{H^+} \text{(含 CH_2N(CH_3)_2 的环己酮)}$$

12.3.7　芳香胺苯环上的反应

氨基具有强的给电子效应,活化苯环,使其邻、对位电子云密度大大增加,所以氨基使得苯胺及其衍生物的亲电取代反应极易进行。

1. 卤代

苯胺直接溴代生成 2,4,6-三溴苯胺,该产物在水溶液中不能与氢溴酸成盐,因而生成白色沉淀。这个反应常用于鉴别苯胺。

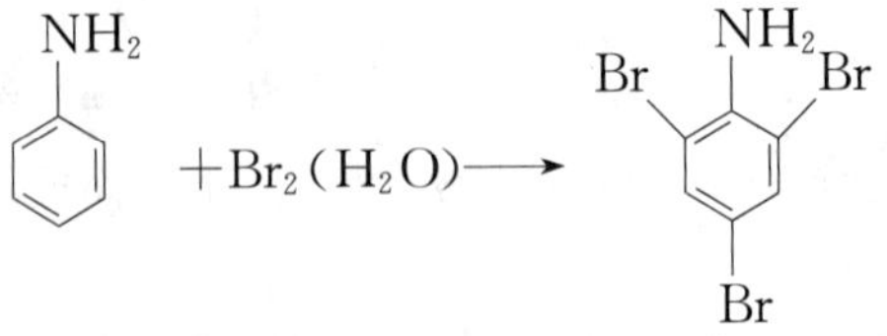

$$\text{苯胺} + Br_2(H_2O) \longrightarrow \text{2,4,6-三溴苯胺}$$

白色沉淀

若要制备苯胺的一元溴化物,必须使苯胺先乙酰化,生成乙酰苯胺再溴化,可得到主要产物对溴乙酰苯胺,然后水解即得对溴苯胺。

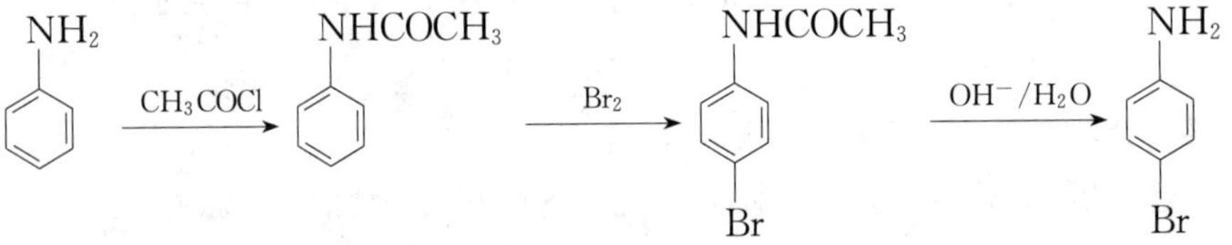

$$\text{苯胺} \xrightarrow{CH_3COCl} \text{乙酰苯胺} \xrightarrow{Br_2} \text{对溴乙酰苯胺} \xrightarrow{OH^-/H_2O} \text{对溴苯胺}$$

2. 硝化

苯胺易被硝酸氧化,为避免氧化反应的发生,可先将苯胺溶解于浓硫酸,使之先生成苯胺硫酸盐后再硝化。因—NH_3^+ 是间位定位基,并能使苯环稳定,不被硝酸氧化,所以硝化的主要产物是间位取代物,再与碱作用得到间硝基苯胺。

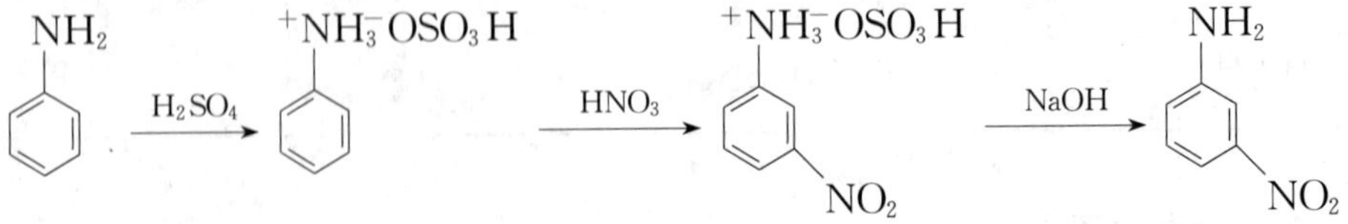

$$\text{苯胺} \xrightarrow{H_2SO_4} {}^+NH_3^-OSO_3H \text{苯} \xrightarrow{HNO_3} {}^+NH_3^-OSO_3H \text{(间-NO_2)} \xrightarrow{NaOH} \text{间硝基苯胺 (NH_2, NO_2)}$$

也可以采用氨基的乙酰化来保护氨基以避免苯胺被氧化。乙酰苯胺硝化主要生成对硝基乙酰苯胺,经水解即得对硝基苯胺。

3. 磺化

苯胺与硫酸混合可生成苯胺硫酸盐。苯胺硫酸盐在 180~190℃烘焙 2.5h,加热脱水后发生重排反应得到对氨基苯磺酸。

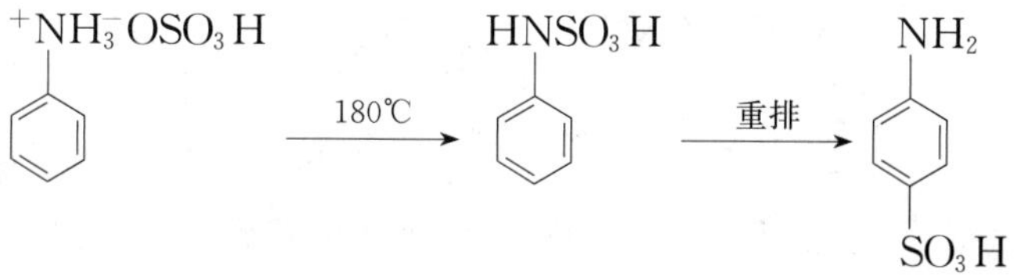

12.4 胺 的 制 备

12.4.1 硝基化合物还原

将硝基化合物还原可以得到芳香伯胺或脂肪伯胺。还原主要采用化学还原或催化氢化法。化学还原法常用试剂是金属加酸。分子中有对酸或碱敏感的基团时,用催化氢化法较好。催化氢化法环境污染小,常用的催化剂是 Ni、Pt、Pd 等。

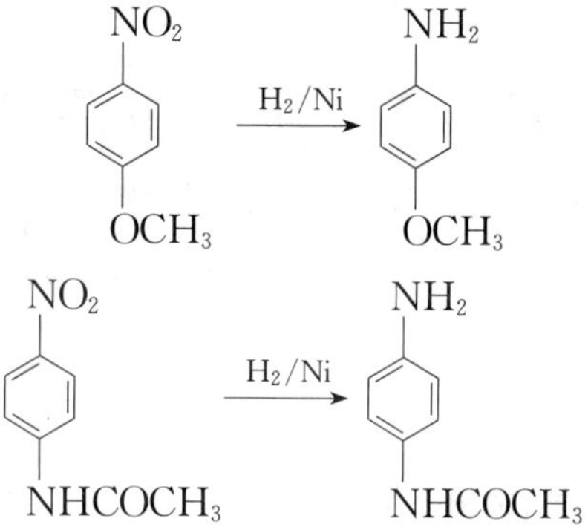

12.4.2 卤代烃氨解

$$NH_3 \xrightarrow{RX} RNH_2 \xrightarrow{RX} R_2NH \xrightarrow{RX} R_3N \xrightarrow{RX} R_4N^+X^-$$

卤代烷与氨作用所得到的是伯胺、仲胺、叔胺和季铵盐的混合物。在分离上比较困难,因此这个方法在应用上受到一定的限制。

芳香族卤代物与氨作用很困难,氯苯在高温高压并有催化剂存在的情况下,才能与氨作用生成苯胺。

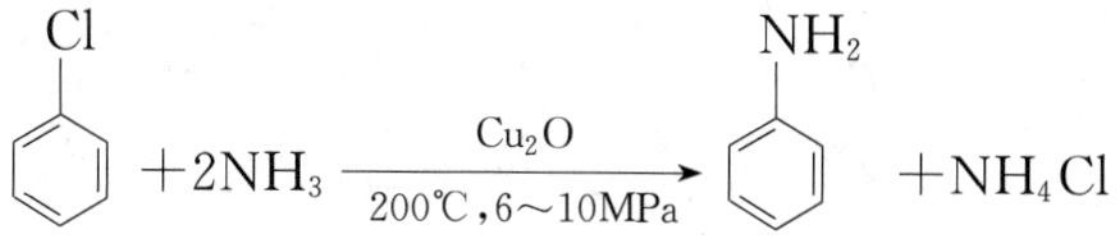

芳香卤代烃环上有吸电子基时,可以致活苯环上的亲核取代反应。

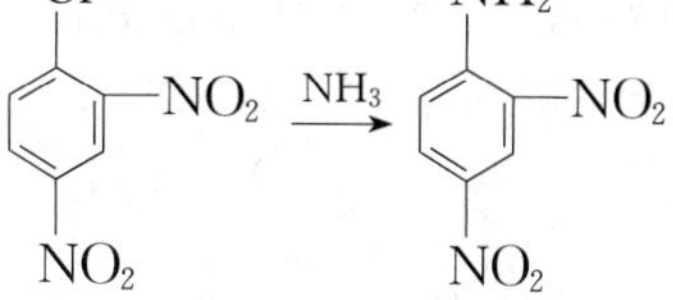

12.4.3 腈和酰胺的还原

腈含有不饱和氰基,可以被催化加氢或四氢铝锂还原生成伯胺,腈很容易由卤代烃制备,所以这是由卤代烃制备多一个碳的胺的方法。例如

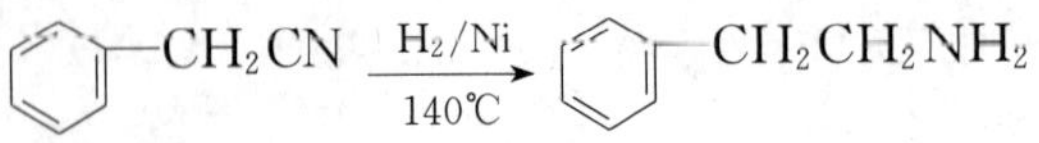

$$\text{C}_6\text{H}_5\text{—CH}_2\text{CN} \xrightarrow[140℃]{\text{H}_2/\text{Ni}} \text{C}_6\text{H}_5\text{—CH}_2\text{CH}_2\text{NH}_2$$

2-苯基乙胺

在醚中,用四氢铝锂处理酰胺,可以把羰基还原为亚甲基,得到高产率的胺。此法特别适用于制备仲胺和叔胺。例如

$$\text{RCONH}_2 \xrightarrow[\text{② H}_2\text{O}]{\text{① LiAlH}_4} \text{RCH}_2\text{NH}_2$$

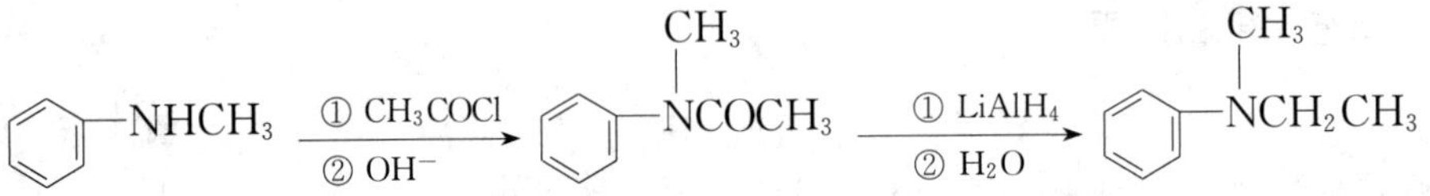

N-甲基-N-乙酰苯胺　　　　　　　　　　　N-甲基-N-乙基苯胺　　91%

12.4.4　醛酮的还原胺化

醛、酮在氨或胺存在下催化加氢生成胺的反应称为还原胺化,其中间体亚胺在反应条件下加氢还原为相应的伯、仲、叔胺。

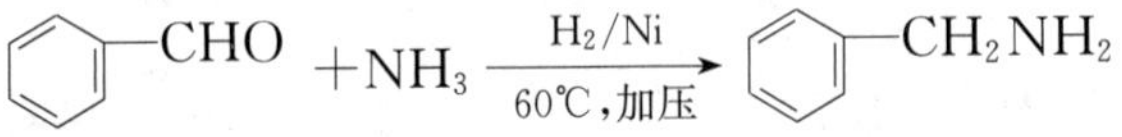

$$\text{C}_6\text{H}_5\text{—CHO} + \text{NH}_3 \xrightarrow[60℃,\text{加压}]{\text{H}_2/\text{Ni}} \text{C}_6\text{H}_5\text{—CH}_2\text{NH}_2$$

苄胺　85%

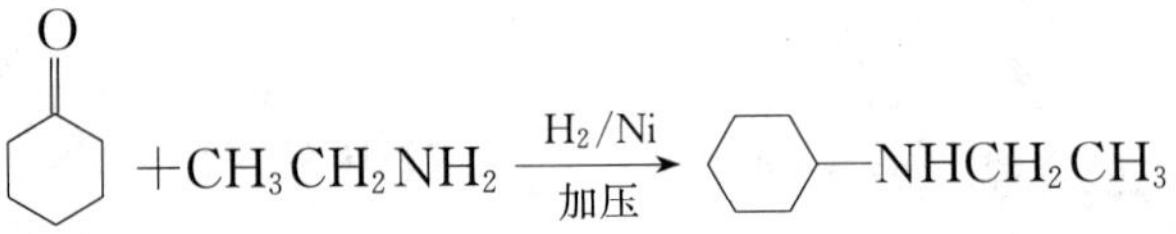

N-乙基环己烷

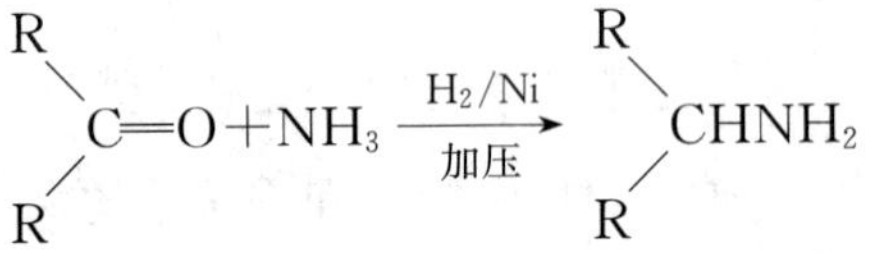

$$\begin{matrix} \text{R} \\ \text{C} \\ \text{R} \end{matrix}\text{=O} + \text{NH}_3 \xrightarrow[\text{加压}]{\text{H}_2/\text{Ni}} \begin{matrix} \text{R} \\ \text{CHNH}_2 \\ \text{R} \end{matrix}$$

还原胺化反应一步完成,操作简便,可得到由卤代烃直接氨解不易得到的仲碳伯胺。例如

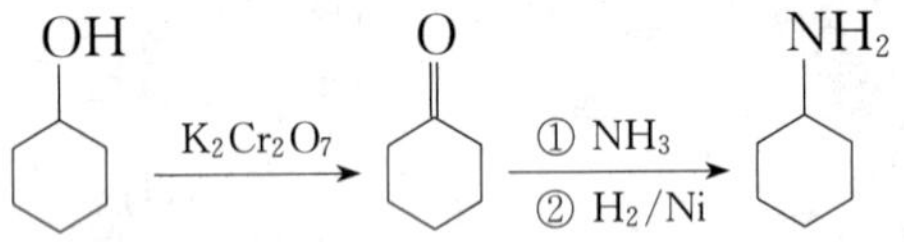

12.4.5　Gabriel 合成法

盖布瑞尔(Gabriel)合成法是合成纯伯胺的好方法。邻苯二甲酰亚胺具有弱酸性,可以与氢氧化钾的乙醇溶液作用生成钾盐,再与卤代烃作用,生成 N-烷基邻苯二甲酰亚胺,接着在碱性溶液中水解,生成伯胺。

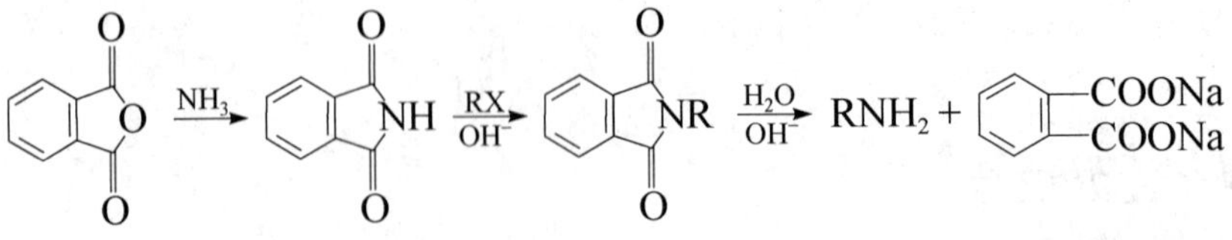

邻苯二甲酰亚胺的氮上只有一个氢原子,引入一个烷基后,不再具有碱性,不能生成季铵盐,因而最终产物是伯胺。例如

$$\text{[邻苯二甲酰亚胺结构]} \quad N^-K^+ \xrightarrow[\text{NaOH}]{\text{CH}_3\text{CH}_2\text{CH}_2\text{Br}} \xrightarrow[\text{OH}^-]{\text{H}_2\text{O}} \text{CH}_3\text{CH}_2\text{CH}_2\text{NH}_2$$

12.4.6　Hofmann 酰胺降级反应

这是 Hofmann 发现的制备胺的一个方法。含八个碳以下的酰胺,采用此法产率较高,产物较纯。例如

$$(\text{CH}_3\text{CH}_2)_2\text{CHCONH}_2 \xrightarrow[\text{NaOH}]{\text{Br}_2} (\text{CH}_3\text{CH}_2)_2\text{CHNH}_2$$

问题 12-5　完成下列反应。

$$\text{[苯]} \longrightarrow \text{[间硝基丙酰苯胺结构 O}_2\text{N—苯环—NH—CO—CH}_2\text{CH}_3]$$

问题 12-6　由甲苯为原料如何合成苯胺?

12.5　重氮盐和偶氮化合物

重氮盐(diazonium salt)和偶氮化合物 (azo compound)分子中都含有—N＝N—官能团。—N＝N—官能团的两端都和碳原子直接相连的化合物称为偶氮化合物;如果只有一端与碳原子相连的化合物称为重氮化合物。

12.5.1　重氮化反应

芳香族伯胺与亚硝酸在低温及强酸(主要是盐酸或硫酸)水溶液中能发生重氮化反应(diazo-reaction),生成重氮盐。例如

$$\text{[苯]—NH}_2 + \text{NaNO}_2 + \text{HCl} \xrightarrow{0\sim5\text{℃}} \text{[苯]—N}^+\!\!\equiv\!\text{NCl}^- + \text{H}_2\text{O}$$

重氮盐中重氮基与芳环发生共轭,所以它比脂肪族重氮盐稳定。其结构见图 12-7。

重氮盐易溶于水,并完全电离。干燥的重氮盐极易爆炸,在冷的水溶液中比较稳定,所以一般重氮化反应都在水溶液中进行,得到的重氮盐不再分离而直接进行下一步反应。

12.5.2　重氮基被取代的反应及在合成中的应用

重氮盐的化学性质非常活泼,重氮基可以被—OH、—X、—CN、—H 等原子或基团取代,在反应中同时有氮气放出,这一反应在有机合成中非常有用,通过它可以将芳环上的氨基转化成其他基团。

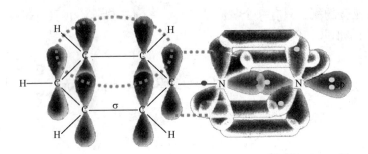

图 12-7　重氮基与芳环的共轭

1. 被羟基取代

将重氮盐的酸性水溶液加热,即发生水解,放出氮气生成酚。例如

$$\text{（苯基）}-N^+\equiv N HSO_4^- \xrightarrow[\triangle]{H_2O} \text{（苯基）}-OH + N_2\uparrow + H_2SO_4$$

反应一般是用重氮硫酸盐,在较浓的强酸溶液(如 40%～50%硫酸)中进行,可以避免反应生成的酚与未反应的重氮盐发生偶合反应。

2. 被氢原子取代

重氮盐与还原剂次磷酸(H_3PO_2)或氢氧化钠/甲醛溶液作用,重氮基可被氢原子取代。

$$\text{（苯基）}-N^+\equiv N Cl^- \xrightarrow[H_2O]{H_3PO_2} \text{（苯）} + N_2\uparrow$$

重氮盐与乙醇作用,重氮基也可被氢原子取代,但往往有副产物醚生成。

$$\text{（苯基）}-N^+\equiv N Cl^- \xrightarrow{C_2H_5OH} \text{（苯）} + \text{（苯基）}-OC_2H_5 + N_2\uparrow$$

（副产物）

重氮盐与氢的置换实际上是去氨化反应,它在合成上极为重要,可以去掉芳环上的硝基或氨基。例如,由苯合成 1,3,5-三溴苯,直接溴化是得不到的,可由苯胺溴化得到 2,4,6-三溴苯胺,再进行去氨化,则很容易得到。

$$\text{（苯胺 NH}_2\text{）} \xrightarrow{Br_2,H_2O} \text{（2,4,6-三溴苯胺）} \xrightarrow[0\sim5\,^{\circ}C]{NaNO_2,HCl} \text{（N}_2^+Cl^-\text{三溴）} \xrightarrow[\triangle]{H_3PO_2} \text{（1,3,5-三溴苯）}$$

3. 被卤原子取代

$$\text{（苯基）}-N^+\equiv N HSO_4^- + KI \xrightarrow{\triangle} \text{（苯基）}-I + KHSO_4 + N_2\uparrow$$

碘代反应属 S_N1 历程,相对来说 Cl^- 和 Br^- 的亲核性较 I^- 弱些,因此氯代和溴代反应需在催化剂亚铜盐的存在下才能进行。

$$\text{（苯基）}-N^+\equiv N HSO_4^- \xrightarrow{CuCl} \text{（苯基）}-Cl + N_2\uparrow$$

$$\text{（苯基）}-N^+\equiv N HSO_4^- \xrightarrow{CuBr} \text{（苯基）}-Br + N_2\uparrow$$

4. 被氰基取代

重氮盐与氰化亚铜的氰化钾水溶液作用，重氮盐被氰基取代，生成芳腈。例如

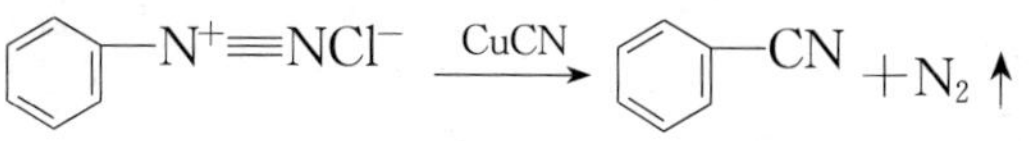

氰基可水解为羧基，这也是通过重氮盐在苯环上引入羧基的一个好方法。

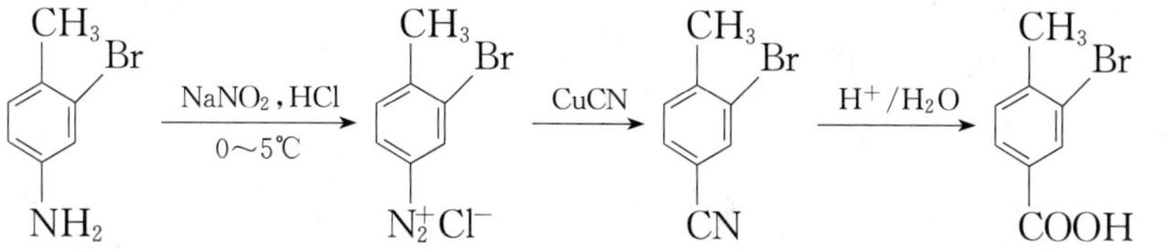

12.5.3　重氮基被还原的反应

重氮盐用氯化亚锡和盐酸（或亚硫酸钠）还原，可得到苯肼盐酸盐，再加碱即可得苯肼。苯肼是常用的羰基试剂，也是合成药物和染料的原料。

苯肼

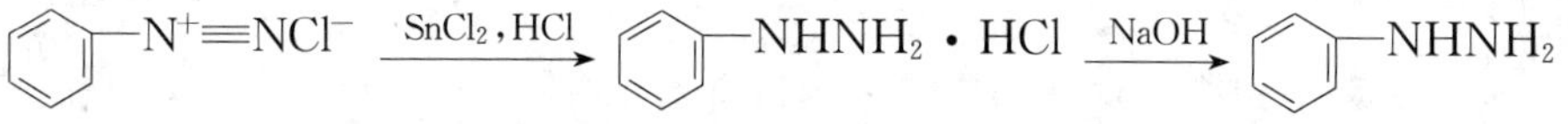

如用较强的还原剂（如锌和盐酸）则生成苯胺和氨。

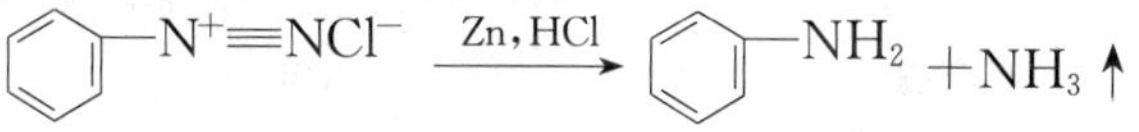

12.5.4　偶合反应及偶氮染料

重氮盐在弱碱性或中性溶液中与酚、芳香胺等具有强给电子基团的芳香化合物反应，生成偶氮化合物，这一反应称为偶合反应（coupling reaction）。例如

对羟基偶氮苯　（橘红色）

对-(*N*,*N*-二甲基)氨基偶氮苯（黄色）

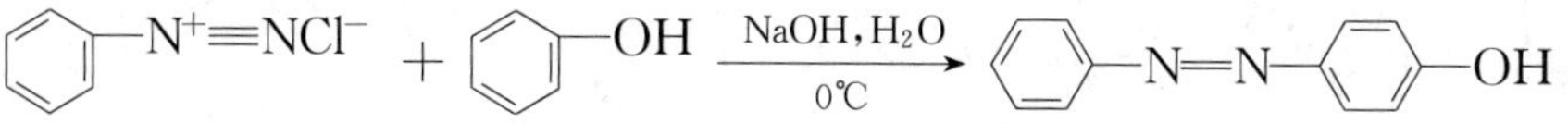

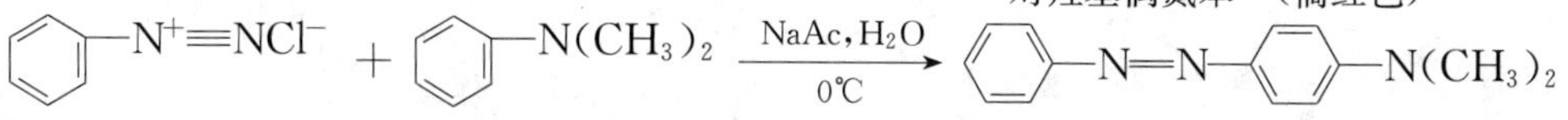

偶合反应实质上是重氮基正离子（ArN_2^+）在酚或芳香胺环上进行的亲电取代反应。重氮基是一个弱的亲电试剂，只能与活泼的芳香化合物（酚或芳胺）作用，偶合的位置一般在酚羟基或氨基对位，若对位被占，则在邻位上偶合。

偶合反应是合成具有大 π 体系偶氮染料（azo dye）的基本反应，偶氮染料中均含有—N═N—发色团和—SO_3Na、—NH_2、—OH 等助色团。偶氮染料以黄、橙、红、蓝品种最多，色调鲜艳。实验室常用的一些酸碱指示剂也是经重氮盐的偶合反应合成的。例如，甲基橙（methyl orange）是对氨基苯磺酸重氮盐与 *N*,*N*-二甲基苯胺发生偶联反应制得，其变色范围在 pH＝3.1～4.4。pH＜3.1 的酸性溶液中显红色；pH＝3.1～4.4 的溶液中呈橙色；pH＞4.4 的溶液中显黄色。

pH＜3.1　红色　　　　pH＞4.4　黄色

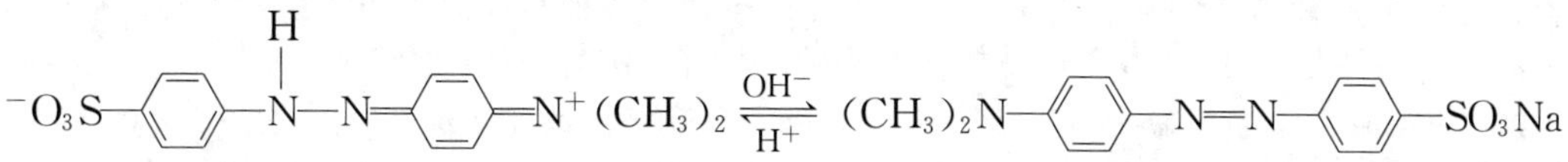

问题 12-7　以苯或甲苯为原料(其他试剂任选)合成：

(1) 3,5-二溴苯乙酸 CH₂COOH 结构（苯环上2,4位含Br）

(2) 间甲基苯甲酸 COOH（苯环上含CH₃）

(3) NO₂—C₆H₄—N=N—C₆H₃(COOH)(OH) 结构

问题 12-8　完成下列反应式。

(1) 3-氯苯重氮盐 —N⁺≡NCl⁻ + HO—C₆H₅ $\xrightarrow[\text{H}_2\text{O}]{\text{NaOH}}$?

(2) CH₃—C₆H₄—N⁺≡NCl⁻ + HO—C₆H₄—Br $\xrightarrow[\text{H}_2\text{O}]{\text{NaOH}}$?

苏丹红事件

　　苏丹红，亲脂性偶氮化合物，主要包括Ⅰ、Ⅱ、Ⅲ和Ⅳ四种类型。苏丹红Ⅰ(sudan Ⅰ)化学名称为1-苯基偶氮-2-萘酚(1-phenylazo-2-naphthalenol)，分子结构式为 C_6H_5 —$NC_{10}H_6OH$，相对分子质量为248.28。苏丹红Ⅱ(sudan Ⅱ)化学名称为1-[(2,4-二甲基苯)偶氮]-2-萘酚，苏丹红Ⅲ(sudan Ⅲ)化学名称为1-[4-(苯基偶氮)苯基]偶氮-2-萘酚，苏丹红Ⅳ(sudan Ⅳ)化学名称为1-({2-甲基-4-[(2-甲基苯)偶氮]苯基}偶氮)-2-萘酚，易溶于苯，溶于氯仿、冰乙酸、乙醚、乙醇、丙酮、石油醚、不挥发油、热甘油和挥发油，不溶于水；最大吸收波长507(354)nm，是一种化学染色剂，该物质具有偶氮结构，由于这种化学结构的性质决定了它具有致癌性，对人体的肝肾器官具有明显的毒性作用。苏丹红常作为一种工业染料，被广泛用于如溶剂、油、蜡、汽油的增色及鞋、地板等的增光方面。经毒理学研究表明，苏丹红具有致突变性和致癌性。

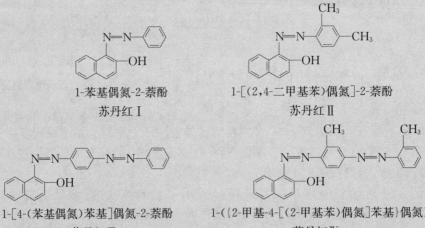

1-苯基偶氮-2-萘酚
苏丹红Ⅰ

1-[(2,4-二甲基苯)偶氮]-2-萘酚
苏丹红Ⅱ

1-[4-(苯基偶氮)苯基]偶氮-2-萘酚
苏丹红Ⅲ

1-({2-甲基-4-[(2-甲基苯)偶氮]苯基}偶氮)-2-萘酚
苏丹红Ⅳ

　　苏丹红Ⅰ在1918年以前曾经被美国批准用作食品添加剂，随后美国取消了这个许可，但是在一些品牌的伍斯特沙司、咖喱粉、辣椒粉和辣椒酱中依然使用它来增色。2003年5月9日，法国报告发现进口的辣椒粉中含有苏丹红Ⅰ成分，随后欧盟向成员国发出警告，要求各成员国自2003年6月17日起禁止进口含有苏丹红Ⅰ的辣椒产品。2004年6月12日，英国食品标准署同时发出了两个警告，称 Laziza International和Epicure Chilli Beans的辣椒酱产品中发现含有苏丹红Ⅰ和苏丹红Ⅳ染料。

　　2005年2月2日，英国第一食品公司(Premier Foods)向英国环境卫生部门报告，该公司2002年从印度进口的5t辣椒粉中含有苏丹红Ⅰ染料，并且已经生产为辣椒酱等调料销往众多下游食品商。2月18日英国食品标准署确认了这个污染,并追查了使用 Premier Foods 公司供应的原料的食品商,分四批列举了 575 种含有苏丹红 I 的食品,并警告消费者不要冒险食用,以减少可能导致癌症的概率,同时要求这些食品必须在 2 月 24 日 12 时之前在监督下从货架上全部撤除,对已销售的清单上的产品需要无条件退货。英国食品标准署称这是英国历史上最大规模的食品召回事件。据预计,英国食品行业因此遭受的损失可能超过 1500 万英镑。

在英国发出食品警告之后,2005 年 2 月 23 日,中国国家质量监督检验检疫局发布了《关于加强对含有苏丹红(一号)食品检验监管的紧急通知》,要求清查在国内销售的食品(特别是进口食品),防止含有苏丹红 I 的食品被销售及食用。中国在许多食品中发现了苏丹红成分,包括肯德基的"新奥尔良烤鸡翅"、"香辣鸡腿堡"、"劲爆鸡米花"等五种食品,亨氏食品的"桂林拉架酱"、"坛坛香"辣椒制品等。3 月 29 日,中国紧急制定了食品中苏丹红染料检测方法的国家标准,开始正式实施。这就是有名的苏丹红事件。

苏丹红的危害性:进入体内的苏丹红主要通过胃肠道微生物还原酶、肝和肝外组织微粒体和细胞质的还原酶进行代谢,在体内代谢成相应的胺类物质。在多项体外致突变实验和动物致癌实验中发现苏丹红的致突变性和致癌性与代谢生成的胺类物质有关。

(1) 苏丹红 I。具有致敏性,可引起人体皮炎。印度妇女习惯使用一种点在前额的"Kumkums"牌化妆品。但目前有报道称,有人因涂抹"Kumkum"而引发过敏性皮炎。通过气相色谱分析,7 个"Kumkums"品牌中有 3 个可检测到不同浓度的苏丹红 I。苏丹红 I 的代谢产物苯胺有毒,依据其对血红蛋白的毒性作为敏感终点,其最小观察到有害作用剂量(LOAEL)为 7mg/(kg/d)。通过食品、空气和饮水的暴露途径,依据 LOAEL 为 7mg/(kg/d),得出其安全限(MOS)为 0.7×10^{-6} mg/(kg/d)。有研究显示,人体每日摄入 0.4mg/kg 苯胺,多次可引起血红蛋白毒性。苯胺在体内外均具有遗传毒性,被 IARC 列为三类致癌物,尚不能确定对人类有致癌性。动物实验显示,给大鼠喂饲苯胺(72mg/kg)104 周,脾脏肿瘤发生率明显升高。代谢产物 1-氨基-2 萘酚可引起鼠伤寒沙门氏菌 T100 基因突变,可诱发小鼠膀胱肿瘤。

(2) 苏丹红 II。IARC 将苏丹红 II 和其代谢产物 2,4-二甲基苯胺(2,4-xylidine)均列为三类致癌物,尚没有对人致癌作用的证据。动物实验结果显示,给小鼠喂 2,4-二甲基苯胺,高剂量(30mg/kg)组雌性小鼠肺癌发生率较对照组显著升高。尽管目前欧盟还没有辣椒粉中苏丹红 II、III 和 IV 的检出范围,但推测其在食品中的检出范围可能与苏丹红 I 相似。

(3) 苏丹红 III。IARC 将苏丹红 III 列为三类致癌物,但将其初级代谢产物 4-氨基偶氮苯(4-aminoazobenzene)列为二类致癌物,即对人可能致癌。动物实验显示,给予大鼠 4-氨基偶氮苯 104 周,剂量为 80～400mg/kg,大鼠肝癌发生率明显升高。

(4) 苏丹红 IV。IARC 将苏丹红 IV 列为三类致癌物,但将其初级代谢产物邻甲苯胺(ortho-toluidine)和邻-氨基偶氮甲苯(ortho-aminoazotoluole)均列为二类致癌物,即对人可能致癌。动物实验显示,给大鼠喂 150mg/kgBW 邻甲苯胺 100～104 周,多器官肉瘤、纤维肉瘤、骨肉瘤发生率增加,给狗喂 5mg/kgBW 邻氨基偶氮甲苯 30 个月,则发生了膀胱癌。

习　　题

1. 命名下列化合物。

(1) $(CH_3)_2CCH(CH_3)_2$ （上方标有 NH_2）

(2) $CH_3CH_2CH_2N(CH_3)_2$

(3) $[(C_2H_5)_2N(CH_3)_2]^+OH^-$

(4) $H_2NCH_2(CH_2)_2CH_2NH_2$

(5) 环己基 $-N(CH_3)$（上方标有 C_2H_5）

(6) $Br-\langle\text{苯环}\rangle-N(CH_3)_2$

2. 写出下列化合物的结构式。

    (1) 氯化二甲基二乙基铵　　　　(2) 胆碱　　　　　　(3) 4-羟基-4′-溴偶氮苯

    (4) N-甲基苯磺酰胺　　　　　　(5) 氯化对溴重氮苯　　(6) 乙酰苯胺

3. 将下列各组化合物按碱性强弱排列。

    (1) 苯胺、对甲氧基苯胺、对氨基苯甲醛

    (2) 甲酰胺、甲胺、尿素、邻苯二甲酰亚胺、氢氧化四甲铵

    (3) $CH_3CH_2NHCH_2CH_3$ 、 $\boxed{}NH$ 、 $\boxed{}NH_2$

4. 完成下列反应式。

    (1)　　　$\xrightarrow[\text{过量}]{CH_3I}$ (　　) $\xrightarrow[H_2O]{Ag_2O}$ (　　) $\xrightarrow{\triangle}$ (　　)

    (2) $CH_3O-\boxed{}-NHCH_3 + CH_3COCl \longrightarrow$ (　　)

    (3) $\boxed{}-NH_2 \xrightarrow[0\sim5℃]{NaNO_2,HCl}$ (　　) $\xrightarrow[CH_3COONa]{\boxed{}-N(CH_3)_2}$ (　　)

    (4) $\boxed{}\xrightarrow[H_2SO_4]{HNO_3}$ (　　) $\xrightarrow{Fe/HCl}$ (　　) $\xrightarrow{CH_3-\boxed{}-SO_2Cl}$ (　　)

    (5) $\boxed{}-CONH_2 \xrightarrow{Br_2/NaOH}$ (　　) $\xrightarrow[0\sim5℃]{NaNO_2,HCl}$ (　　) $\xrightarrow{CuCN}$ (　　) $\xrightarrow{H^+/H_2O}$ (　　)

    (6) $CH_3CH_2CN \xrightarrow{H^+/H_2O}$ (　　) $\xrightarrow{SOCl_2}$ (　　) $\xrightarrow{(C_2H_5)_2NH}$ (　　) $\xrightarrow[②\ H_2O]{①\ LiAlH_4}$ (　　)

5. 用化学方法区别下列各组化合物。

    (1) $\boxed{}-NH_2$　　　$\boxed{}-OH$　　　$\boxed{}-CHO$　　　$\boxed{}-NH_2$

    (2) 邻-$\boxed{}$(NH_2)(CH_3)　　　$\boxed{}-NHCH_3$　　　$\boxed{}-N(CH_3)_2$

6. 完成下列有机合成题(无机试剂可任选)。

    (1) 由苯合成 1,3,5-三溴苯

    (2) 由苄醇合成苯酚

    (3) 由苯合成间氯溴苯

    (4) 由乙醇分别合成甲胺、乙胺、丙胺

    (5) 由苯合成对硝基苯甲酰氯

    (6) 由苯合成 $Br-\boxed{}-N=N-\boxed{}-OH$

7. 对位红是一种偶氮染料,可由对硝基苯胺经重氮化再与 β-萘酚偶合制得。请写出制取对位红的反应式。

8. 试分离苯甲胺、苯甲醇、对甲苯酚的混合物。

9. 化合物 A 的分子式为 $C_6H_{15}N$,能溶于稀盐酸,在室温下与亚硝酸作用放出氮气后得到 B;B 能进行碘仿反应。B 和浓硫酸共热得到分子式为 C_6H_{12} 的化合物 C;C 经臭氧氧化后再经锌粉还原水解得到乙醛和异丁醛。试推测 A、B、C 的结构式,并写出各步反应方程式。

10. 化合物 A 的分子式为 $C_7H_7NO_2$,与 Fe/HCl 反应生成分子式为 C_7H_9N 的化合物 B;B 和 $NaNO_2/HCl$ 在 $0\sim5℃$ 反应生成分子式为 $C_7H_7ClN_2$ 的化合物 C;在稀盐酸中 C 与 CuCN 反应生成分子式为 C_8H_7 的化合物 D;D 在稀酸中水解得到一个酸 E($C_8H_8O_2$);E 用高锰酸钾氧化得到另一种酸 F;F 受热时生成分子式为 $C_8H_4O_3$ 的酸酐。试推测 A～F 的结构式。

第13章 碳水化合物

糖类(saccharide)又称碳水化合物(carbohydrate),广泛分布于自然界,是各种生物的重要组成成分,是非常重要的一类有机化合物。植物光合作用产生的葡萄糖、甘蔗和甜菜中的蔗糖、大米和小麦等食用植物中的淀粉、DNA 和 RNA 中的脱氧核糖和核糖等都属于糖类。

早年分析糖类化合物的组成包括碳、氢、氧三种元素,氢和氧原子数目之比都是 $2:1$,恰如水分子一样,可用通式 $C_n(H_2O)_m$ 表示,故称为碳水化合物。但后来发现有些糖类如脱氧核糖($C_5H_{10}O_4$)、鼠李糖($C_6H_{12}O_5$)分子中并不表现这种比例;而有些符合以上通式的化合物,如乙酸($C_2H_4O_2$)却并非糖类。所以,碳水化合物这一名称已不确切。现代结构确认:糖类是多羟基醛或多羟基酮及水解后可生成多羟基醛或多羟基酮的一类有机化合物。

糖类可根据其水解情况分为以下三类。

(1) 单糖(monosaccharide):不能水解的多羟基醛或多羟基酮,如葡萄糖(glucose)、果糖(fructose)、核糖(ribose)等。

(2) 低聚糖(oligosaccharide):由几个单糖分子缩合而成,水解后能产生 2~10 个单糖分子的糖。按照水解后生成的单糖数目,又分为二糖、三糖等,其中二糖较为重要,如蔗糖(sucrose)、麦芽糖(maltose)、乳糖(lactose)等。

(3) 多糖(polysaccharide):水解后能生成 10 个以上单糖分子的糖,如淀粉(starch)、纤维素(cellulose)、糖原(glycogen)等。

13.1 单 糖

13.1.1 单糖的分类

单糖可根据分子中所含官能团的不同分为两大类:醛糖(aldose)和酮糖(ketose);又可根据分子中碳原子数目的多少,分为丙糖、丁糖、戊糖、己糖和庚糖等。这两种分类方法常合并使用。例如

$$
\begin{array}{ccc}
\text{CH=O} & \text{CH=O} & \text{CH}_2\text{OH} \\
| & | & | \\
\text{CHOH} & \text{CHOH} & \text{C=O} \\
| & | & | \\
\text{CHOH} & \text{CHOH} & \text{CHOH} \\
| & | & | \\
\text{CHOH} & \text{CHOH} & \text{CHOH} \\
| & | & | \\
\text{CH}_2\text{OH} & \text{CHOH} & \text{CHOH} \\
& | & | \\
& \text{CH}_2\text{OH} & \text{CH}_2\text{OH} \\
\text{戊醛糖} & \text{己醛糖} & \text{己酮糖}
\end{array}
$$

自然界中分布最广的是戊醛糖、己醛糖和己酮糖,如核糖属于戊醛糖,葡萄糖属于己醛糖,果糖则属于己酮糖。

13.1.2　单糖的结构

1. 开链式结构与构型

除丙酮糖外,单糖分子中都有手性碳原子。当单糖分子中含 n 个不相同手性碳原子时,按 2^n 可算出单糖的旋光异构体的数目。例如,己醛糖有 4 个不相同手性碳原子,应有 16 个旋光异构体,D-葡萄糖只是其中的一个。这些异构体的构型都可以用 Fischer 投影式来表示,但为了书写方便,也可以写成结构简式。其常见的几种表示方法如图 13-1 所示。

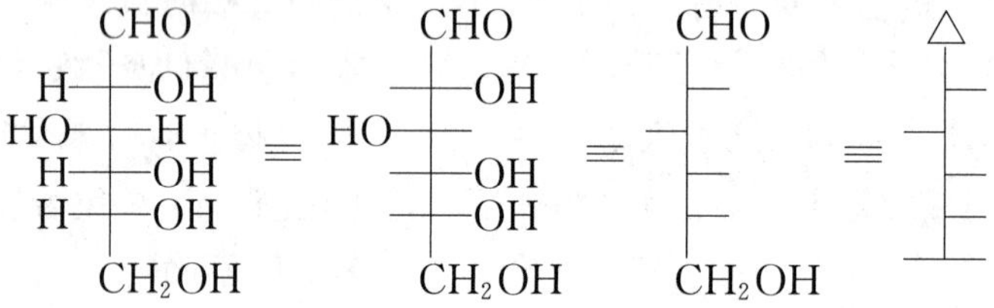

图 13-1　D-葡萄糖的几种表示方法

△代表 CHO,竖线代表碳链,长横线代表 CH_2OH,短横线代表 OH

其中的手性碳构型可用 R/S 绝对构型标记法进行标记,但习惯上更多的是采用 D/L 相对构型标记法。

最简单的单糖——丙醛糖(即甘油醛)只有一个手性碳,有两个旋光异构体,它们是一对对映体。被誉为"糖化学之父"的 Fischer 把右旋体确定为 D 构型,它的手性碳上的羟基在 Fischer 投影式的右边;相应地,左旋体被确定为 L 构型,其手性碳上的羟基在 Fischer 投影式的左边。其他的单糖都可以从甘油醛出发,通过一定的方法增碳(加 HCN、水解、还原等)而制得。但这些过程,都不涉及甘油醛原来手性碳上的羟基。因此,从 D-(＋)-甘油醛衍生出来的一系列醛糖,结构上具有一个共同的特点:离醛基最远的手性碳(倒数第二个碳原子)上的羟基在 Fischer 投影式的右边。这与 D-甘油醛相同(图 13-2),故被统称为 D 型醛糖。同样,从 L-(－)-甘油醛出发可衍生出一系列 L 型醛糖,其倒数第二个碳原子上的羟基都在 Fischer 投影式的左边(与 L-甘油醛相同)。在己醛糖的 16 个旋光异构体中,有 8 个是 D 型糖,8 个是 L 型糖。

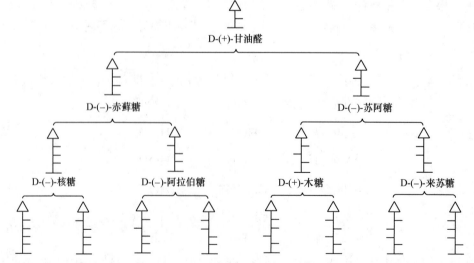

图 13-2　D-型醛糖

　　概括而言,Fischer 投影式一个单糖的 D/L 相对构型的标记,只取决于离羰基最远的那个手性碳原子的构型:其羟基向右的为 D 型,向左的为 L 型。

　　酮糖所含手性碳原子比同碳数的醛糖少,所以旋光异体的数目也要比相应的醛糖少。例如,己酮糖有三个手性碳原子,只有八个旋光异构体,其中 D 型和 L 型各四个。

　　自然界存在的单糖绝大多数是 D 型糖。D-己醛糖中只有 D-葡萄糖、D-甘露糖(mannose)、D-半乳糖(galactose)存在于自然界,其余均为人工合成。D-(−)-果糖则是自然界分布最广的己酮糖。下面是存在于自然界的重要单糖。

```
    CHO           CHO           CHO           CHO           CHO
 H——OH         H——H         H——OH         H——OH         H——OH
 H——OH         H——OH        HO——H         HO——H         HO——H
 H——OH         H——OH        HO——H         H——OH         H——OH
  CH2OH         CH2OH         CH2OH         CH2OH        H——OH
                                                          CH2OH

 D-(−)-核糖    D-2-脱氧核糖    L-阿拉伯糖      D-木糖       D-葡萄糖
```

```
    CHO           CHO         CH2OH         CH2OH         CH2OH
HO——H          H——OH          =O            =O            =O
HO——H         HO——H         HO——H         HO——H         HO——H
 H——OH        HO——H          H——OH         H——OH         H——OH
 H——OH         H——OH        HO——H          H——OH         H——OH
  CH2OH         CH2OH         CH2OH         CH2OH        H——OH
                                                          CH2OH

 D-甘露糖       D-半乳糖        L-山梨糖        D-果糖       D-景天庚酮糖
```

　　在此应指出,自然界存在的单糖绝大多数是 D 型的,L 型单糖除个别外,大都不存在于自然界。

　　问题 13-1　写出只有 C_5 的构型与 D-葡萄糖相反的己醛糖的开链投影式及名称,以及 L-甘露糖、L-果糖的开链投影式。

---

2. 环状结构

1) 变旋现象与环状结构

　　人们在实践中发现,在不同条件下可以得到两种 D-葡萄糖结晶,从乙醇中结晶出来的 D-葡萄糖的比旋光度为+112°,从吡啶中结晶出来的 D-葡萄糖的比旋光度为+18.7°,若将两种不同的葡萄糖结晶分别溶于水,并立即置于旋光仪中,则可观察到它们的比旋光度都逐渐发生变化,前者从+112°逐渐降至+52.7°,后者从+18.7°逐渐升至+52.7°,当二者的比旋光度变至+52.7°后,均不再改变。这种比旋光度自行发生改变的现象称为**变旋现象**。

　　从葡萄糖的开链式结构无法解释它的变旋现象。变旋现象说明,单糖并不仅以开链式存在,可能还有其他的存在形式。

　　由 X 射线等现代物理方法研究证明,葡萄糖主要是以环氧式结构(环状半缩醛结构)存在的。就像醛和醇可以形成半缩醛那样,葡萄糖的开链式结构中既含有醛基又含有羟基,分子内也可以发生类似醛和醇的加成反应,形成环状半缩醛结构。

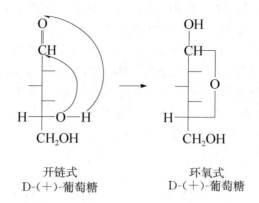

开链式
D-(+)-葡萄糖　　　　环氧式
D-(+)-葡萄糖

　　糖分子中的醛基与羟基作用形成半缩醛时,原来的醛基碳 C_1 由原来的非手性碳原子变成了手性碳原子,这时,这个手性碳原子上的半缩醛羟基就可以有两种空间取向,于是得到了两个新的旋光异构体: α 构型和 β 构型。两种 D-葡萄糖结晶的比旋光度的差异,正是由于它具有两种不同的环状结构所致。其中, α 构型——半缩醛羟基与决定单糖 D/L 构型的羟基在 Fischer投影式同侧, β 构型——半缩醛羟基与决定单糖 D/L 构型的羟基在 Fischer 投影式异侧。

　　 α 型糖与 β 型糖是一对非对映体,它们结构上的差异只在 C_1 的构型上,故又称为端基异构体或"异头物"。

　　两种构型可通过开链式相互转化而达到平衡。达到平衡时,溶液中开链式结构比例极少,单糖主要以环氧式结构存在于水溶液中。开链式与环氧式的这种动态平衡清楚地解释了变旋现象。

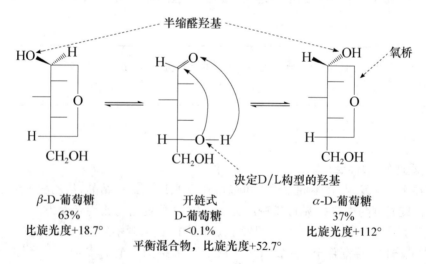

β-D-葡萄糖　　　　开链式　　　　 α-D-葡萄糖
63%　　　　D-葡萄糖　　　　37%
比旋光度+18.7°　　　　<0.1%　　　　比旋光度+112°
平衡混合物,比旋光度+52.7°

　　糖的变旋现象是糖中普遍存在的现象。其他单糖如核糖、脱氧核糖、果糖、甘露糖和半乳糖等也有环状结构,也有变旋现象。

　　糖的环氧式结构主要以五元环、六元环的形式存在。葡萄糖分子中有五个羟基,一般情况下,都是形成六元环,即葡萄糖分子内 C_5 上的羟基与醛基形成环状的半缩醛。果糖在水溶液中形成环状结构时,可由 C_5 上的羟基与羰基成环,也可由 C_6 上的羟基与羰基成环。两种环氧式都有 α 和 β 两种构型,因此,果糖在水溶液中存在五种构型,即六元环的 α 型和 β 型、五元环

的 α 型和 β 型与开链式(图 13-3)。

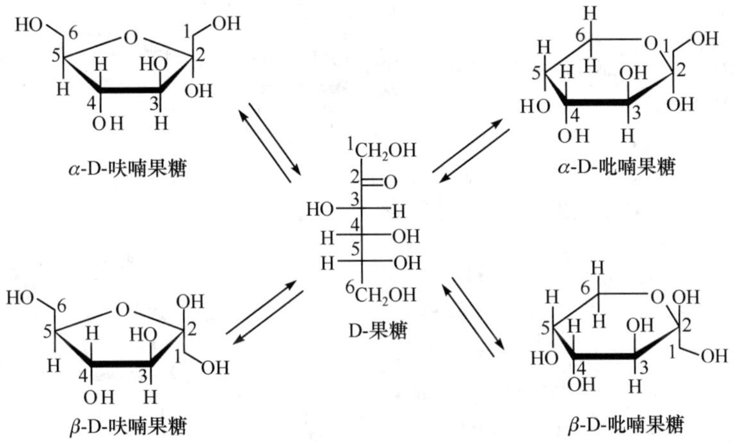

图 13-3　果糖的 Haworth 透视式与开链式的平衡

2)哈武斯透视式

糖的 Fischer 投影式的环氧式结构不能反映出各个基团的相对空间位置。为了更清楚地反映糖的环氧结构,出现了哈武斯(Haworth)透视式的表示方法。下面以 D-葡萄糖为例,说明将链状结构书写成 Haworth 透视式的步骤。

(1)碳链向右放成水平,使原基团处于左上右下的位置。

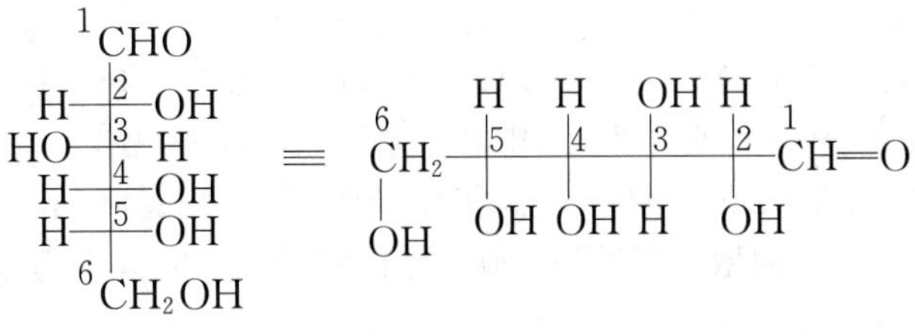

D-(+)-葡萄糖

(2)将碳链水平位置向后弯成六边形状。

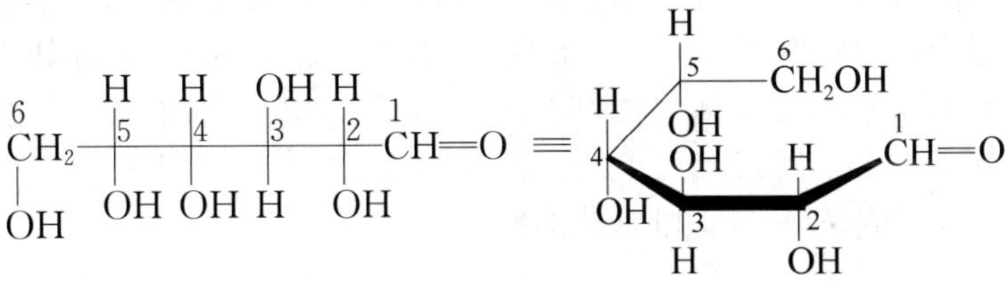

(3)以 C_4—C_5 为轴旋转 $120°$ 使 C_5 上的羟基与醛基接近,然后成环(因羟基在环平面的下面,它必须旋转到环平面上才易与 C_1 成环)。这时,由于 $C\!=\!O$ 为平面结构,羟基可从平面的上下两边进攻 $C\!=\!O$,所以成环后可得到 α 和 β 两种不同构型的异构体。

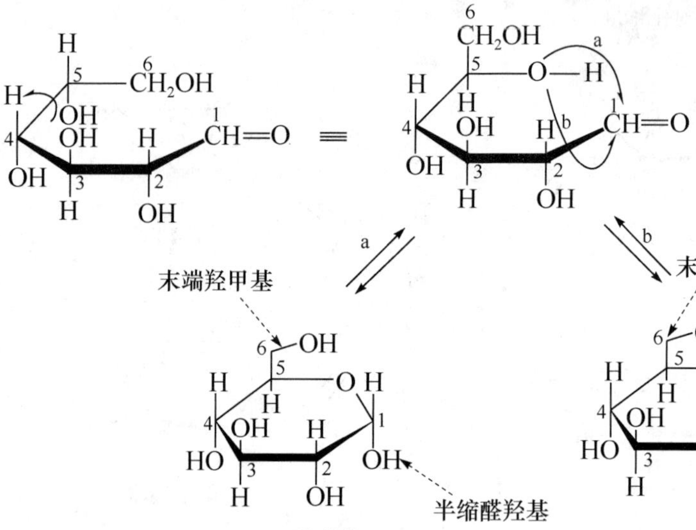

α-D-(+)-葡萄糖　　　　　　　　　β-D-(+)-葡萄糖

这时决定 D/L 构型的羟基已经与羰基加成形成了氧环,在 Haworth 透视式中已经找不到了,也就无法根据原始定义判断单糖的构型。因此,在 Haworth 透视式中确定单糖的构型,需按以下步骤进行。

第一步:确定半缩醛羟基(又称苷羟基)。

环上与氧直接相连的碳上的羟基即为半缩醛羟基。

第二步:确定 D/L 构型。

当环上从氧到半缩醛羟基相连的碳(醛糖即为 C_1,酮糖即为 C_2)是顺时针排列,即氧环中碳原子的编号按顺时针方向排列时,从以上链状结构转化成 Haworth 透视式的步骤可见,如果编号最大的末端羟甲基在环平面上方,即意味着决定 D/L 构型的羟基在 Fischer 投影式的右边,为 D 构型;如果编号最大的末端羟甲基在环平面下方,则意味着决定 D/L 构型的羟基在Fischer投影式的左边,为 L 构型。当氧环上碳原子的编号按逆时针方向排列时,结果刚好相反。

第三步:决定 α/β 型型。

从以上链状结构转化成 Haworth 透视式的步骤可见,半缩醛羟基与末端羟甲基处于环平面异侧时,即意味着半缩醛羟基与决定 D/L 构型的羟基在 Fischer 投影式的同侧,为 α 构型;相反,半缩醛羟基与末端羟甲基处于环平面同侧时,即意味着半缩醛羟基与决定 D/L 构型的羟基在 Fischer 投影式的异侧,为 β 构型。而且不论环上碳原子的编号顺序如何,结果都是如此。

在单糖的环状结构中,五元环与呋喃环相似,六元环与吡喃环相似,因此,五元环单糖又称呋喃型单糖,六元环单糖又称吡喃型单糖。因而,下列 D-葡萄糖 Haworth 透视式的全名称为α-D-(＋)-吡喃葡萄糖或 β-D-(＋)-吡喃葡萄糖。

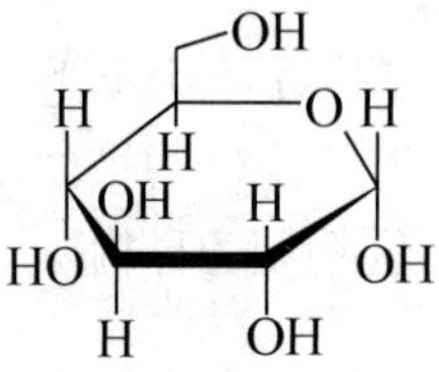

α-D-(+)-吡喃葡萄糖　　　　　　　β-D-(+)-吡喃葡萄糖

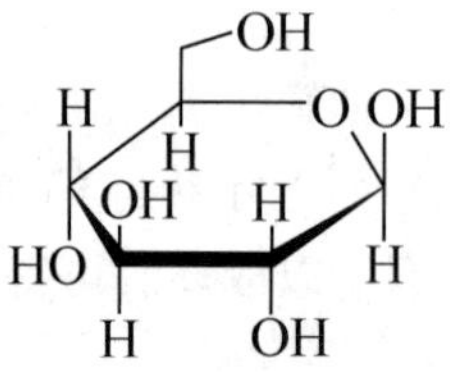

果糖水溶液中,五种环式结构的 Haworth 透视式及其与开链式的平衡见图 13-3。

其中 C_5 上的羟基与羰基加成形成的是呋喃型环,末端羟甲基(C_6 上的羟基)与羰基加成形成的是吡喃型环。

呋喃型环状果糖中,决定 D/L 构型的羟基已经与羰基加成形成了氧环,因此,构型的判断方法与上述吡喃型葡萄糖相类似。

而吡喃型环状果糖中,决定 D/L 构型的羟基仍然保留,因此,按原始定义即可确定其构型:氧环上的碳原子的编号为顺时针排列时,离半缩醛羟基最远的手性碳上的羟基(C_5 上的羟基,也即决定 D/L 构型的羟基)如在 Haworth 透视式的下方,即意味着它原本在 Fischer 投影式的右边,按原始定义应为 D 构型;在上方则意味着它原本在 Fischer 投影式的左边,为 L 构型;氧环按逆时针排列时,则正好相反。氧环上的碳原子的编号不论顺时针还是逆时针排列,半缩醛羟基与决定 D/L 构型的羟基在 Haworth 透视式环平面同侧,即意味着它原本在 Fischer 投影式中也是同侧,按原始定义,为 α 型,在异侧则为 β 型。

其他几种常见单糖的 Haworth 透视式如下所示。

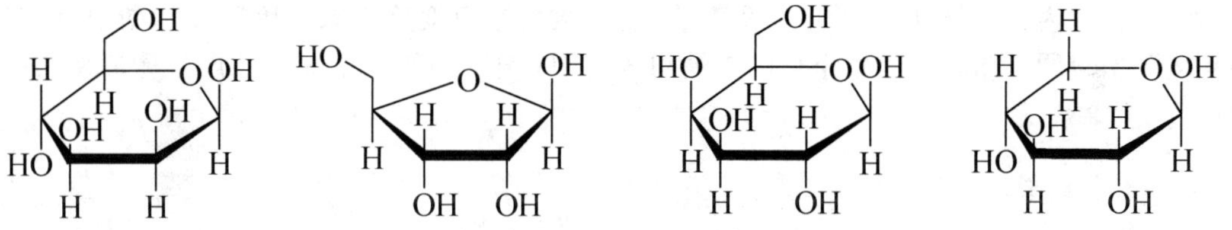

β-D-甘露糖　　　　β-D-核糖　　　　β-D-半乳糖　　　　β-D-木糖

问题 13-2 将 L-葡萄糖从链形的 Fischer 投影式改写成 α- 及 β-L-吡喃葡萄糖的 Haworth 透视式。

问题 13-3 写出下列化合物的 Haworth 透视式。

(1) α-D-呋喃甘露糖　　(2) β-D-吡喃果糖

问题 13-4 写出下列化合物的结构式。

(1) D-葡萄糖的 C_3 差向异构体　　(2) β-D-(+)-吡喃葡萄糖的对映体

(3) α-D-呋喃果糖的端基差向异构体

---

3) 吡喃型糖的构象

近代 X 射线衍射等分析技术对单糖的结构研究表明,分子中的成环原子并不在同一平面上,吡喃型糖(如葡萄糖、半乳糖等)的构象与环己烷相似,椅式构象占绝对优势。在椅式构象中,又以较大基团占据 e 键的最稳定。

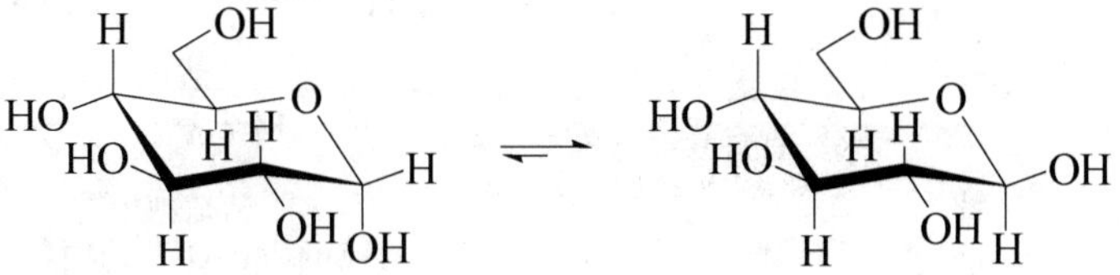

α-D-(+)-吡喃葡萄糖　　　　β-D-(+)-吡喃葡萄糖
　　37%　　　　　　　　　　　63%

比较 D-吡喃葡萄糖两种构型的构象,可以清楚地看到,在 β-D-吡喃葡萄糖中,体积大的取代基—OH 和—CH_2OH,全在 e 键上;而在 α-D-吡喃葡萄糖的构象中,则还有一个—OH 在 α

键上。故 β 构型的葡萄糖比 α 构型的稳定,因而它在平衡混合物中较多。在所有 D 型己醛糖中,β-D-葡萄糖是唯一的、所有较大基团(羟基和羟甲基)都处于 e 键上的糖。这也可能是葡萄糖在自然界中存在最多的原因之一。

　　构象式更真实地反映了单糖的三维空间结构。但为了书写方便,通常还是使用构型式(Fischer 投影式或 Haworth 透视式)来表示单糖的结构。

问题 13-5　试写出 β-D-吡喃甘露糖的稳定构象。

13.1.3　单糖的性质

1. 物理性质

　　单糖都是无色晶体,易溶于水,能形成黏稠的糖浆,也溶于乙醇,但不溶于乙醚、丙酮、苯等有机溶剂。除丙酮糖外,所有的单糖都有旋光性,大多数有变旋现象。单糖和二糖都有甜味,但甜度各不相同。糖的甜度大小是以蔗糖甜度为 100 作标准而得的相对甜度。葡萄糖的相对甜度为 74,果糖为 173。

2. 化学性质

　　单糖是多羟基醛或多羟基酮,因此,单糖具有醇和醛、酮的某些性质,如成酯、成醚、还原、氧化等。此外,由于分子内羟基和羰基的相互影响,还能产生特殊的性质。

　　由于单糖水溶液中链式和环式结构之间存在平衡,单糖的反应有的以开链结构进行,有的则以环式结构进行,对应生成开链式或环式结构产物。

1) 成苷反应

　　单糖环状结构以半缩醛、酮的形式存在,其中的半缩醛羟基也可以与其他含羟基的化合物如醇、酚等脱水形成的环状缩醛结构,这种结构的糖衍生物称为糖苷。在糖苷分子中,糖的部分称为糖基,非糖部分称为配基,连接糖基与配基的键称为糖苷键(简称苷键)。由 α 型单糖形成的糖苷称为 α-糖苷,由 β 型单糖形成的糖苷称为 β-糖苷。例如,α-D-葡萄糖在无水氯化氢存在下与甲醇作用,就得到 α-D-葡萄糖甲苷,而 β-D-葡萄糖在无水氯化氢存在下与甲醇作用,就得到 β-D-葡萄糖甲苷。

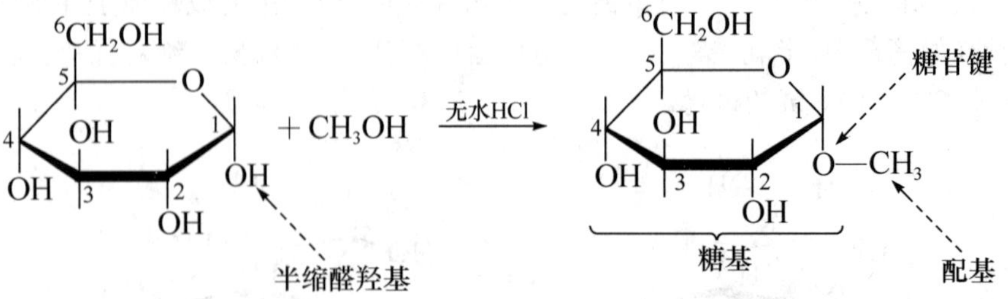

　　糖苷是无色有苦味的晶体,能溶于水和乙醇,难溶于乙醚,有旋光性。糖苷分子是缩醛结构,不再有半缩醛羟基,在中性及碱性条件下相对稳定,在水溶液中不能再转变为开链式。因此,糖苷没有变旋现象和还原性,也不发生其他开链式结构才能发生的反应,如成脎等。但糖苷键比一般的醚键容易水解。在稀酸或酶的作用下,可以水解为单糖和其他含羟基的化合物

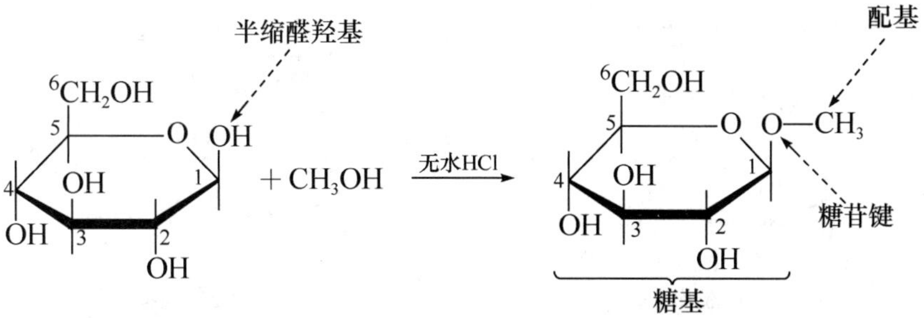

β-D-葡萄糖   β-D-葡萄糖甲苷
或甲基-β-D-葡萄糖苷

（非糖体）；而且由于水溶液中开链式结构与环氧式结构的互变异构平衡的存在，不管是 α 型还是 β 型的糖苷，水解后均同时生成 α 型和 β 型单糖的混合物。例如

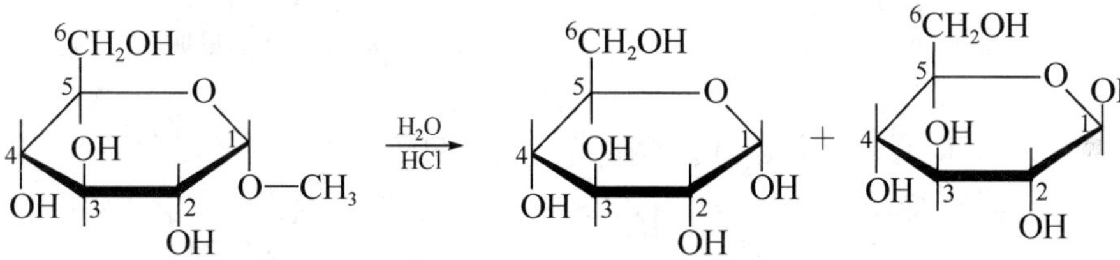

在生物体中，酶催化的水解有选择性，如麦芽糖酶只能水解 α-葡萄糖苷而不能水解 β-葡萄糖苷，而苦杏仁酶则只能水解 β-葡萄糖苷而不能水解 α-葡萄糖苷。

2）成酯和成醚

糖的羟基具有醇的性质，可成酯和成醚。

单糖的环状结构中，所有的羟基都可以被酯化。例如，D-葡萄糖在吡啶存在下与乙酸酐作用，可生成葡萄糖五乙酸酯。

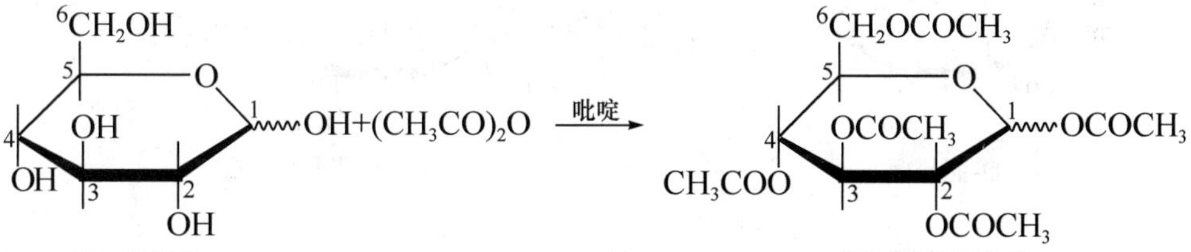

D-葡萄糖   D-葡萄糖五乙酸酯

中国单宁是自然界存在的糖脂。它是五个双没食子酸与一个葡萄糖形成的酯。双没食子酸与糖的羟基所形成的酯键和双没食子酸本身的酯键都能水解。中国单宁彻底水解可得十分子没食子酸和一分子的葡萄糖。

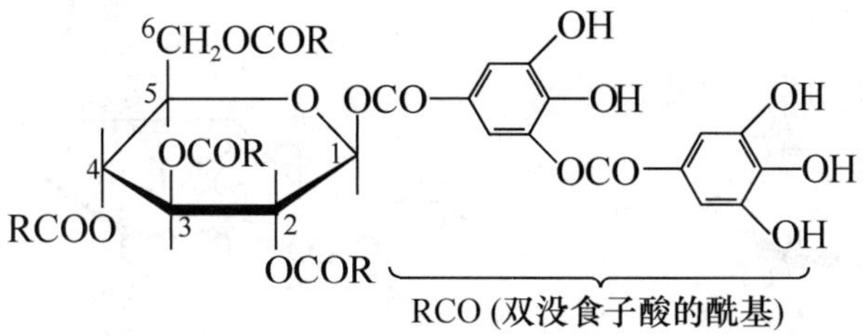

RCO（双没食子酸的酰基）
中国单宁

在生物体内，糖能在酶的作用下形成一些单酯或二酯。其中最重要的是磷酸酯，它们在生

理活动过程中发挥着极为重要的作用。例如

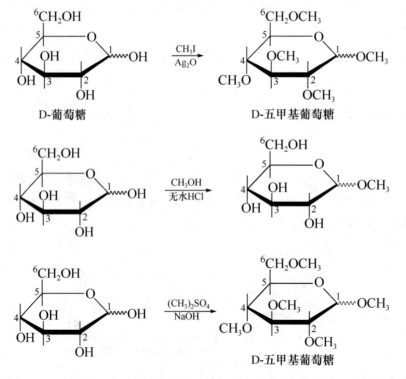

α-D-6-磷酸葡萄糖　　　　　　α-D-1-磷酸葡萄糖

β-D-6-磷酸果糖　　　　　　β-D-1,6-二磷酸果糖

D-3-磷酸甘油醛　　　磷酸二羟基丙酮　　　β-D-5-磷酸核糖

糖的羟基还可以转化为醚。例如，葡萄糖用氧化银和碘甲烷处理可得到高产率的五甲基醚。将葡萄糖转化为甲基糖苷后，在碱性条件下用硫酸二甲酯处理，同样可以得到糖甲基醚。

D-葡萄糖　　　$\xrightarrow[\text{Ag}_2\text{O}]{\text{CH}_3\text{I}}$　　　D-五甲基葡萄糖

$\xrightarrow[\text{无水HCl}]{\text{CH}_3\text{OH}}$

$\xrightarrow[\text{NaOH}]{\text{(CH}_3)_2\text{SO}_4}$　　　D-五甲基葡萄糖

D-葡萄糖中 C_1 上的羟基（半缩醛羟基）与甲醇形成的是糖苷键，而其他羟基与甲醇形成的是一般的醚键。酸性水溶液中,糖苷键易水解,而一般的醚键稳定,不易水解。

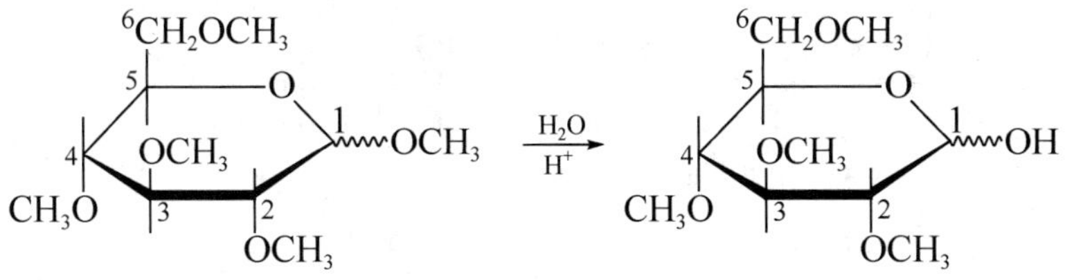

3) 差向异构化

在含有多个手性碳原子的旋光异构体中,只有一个手性碳原子的构型不同的非对映异构体称为差向异构体。例如,D-葡萄糖和 D-甘露糖只有 C_2 的构型相反,互称为 C_2 差向异构体,D-葡萄糖和 D-半乳糖彼此称为 C_4 差向异构体。

用碱的水溶液处理单糖时,能形成含有某些差向异构体的平衡体系。例如,用稀碱处理 D-葡萄糖,就会得到 D-葡萄糖、D-甘露糖和 D-果糖三种单糖的平衡混合物。其中,D-葡萄糖和 D-甘露糖的相互转化称为差向异构化。三者之间的转化是通过烯二醇中间体完成的。

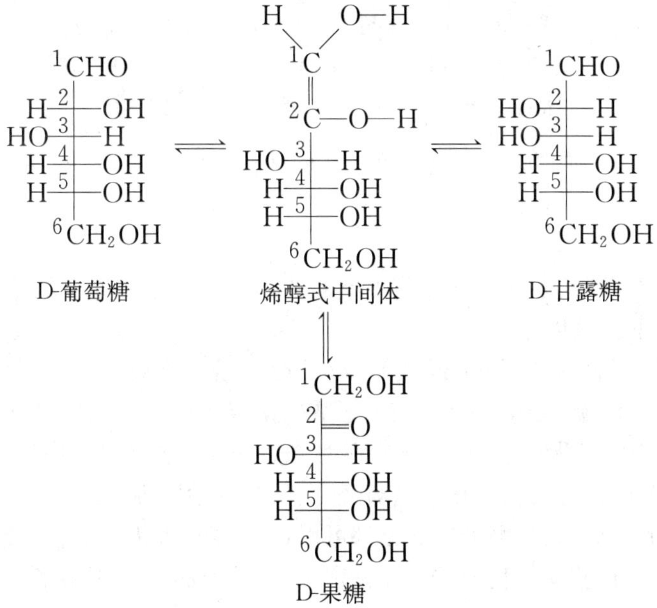

在烯二醇结构中,C_2 是 sp^2 杂化的。当 C_1 羟基上的氢原子转移到 C_2 上变回醛型结构时,C_2 又变成了 sp^3 杂化,即由原来的非手性碳原子变成了手性碳原子。这时,醛型结构中,C_2 的羟基就可以有两种空间取向:既可以在右边,即仍然得到 D-葡萄糖;也可以在左边,产物便是 D-甘露糖。例如,烯二醇 C_2 羟基上的氢原子转移到 C_1 上,这样得到的产物便是酮式结构的 D-果糖。用稀碱处理 D-甘露糖或 D-果糖,也可得到同样的平衡混合物。生物体代谢过程中,在异构酶的作用下,常会发生葡萄糖与果糖的相互转化。

4) 成脎反应

成脎反应是开链结构的反应。一般的醛酮能与一分子苯肼作用生成苯腙。而单糖,无论是醛糖还是酮糖,都能逐步与三分子苯肼作用生成糖脎。总的结果可简示如下:

$$\begin{array}{c} {}^{1}CHO \\ H \overset{2}{\rule[0.3em]{0pt}{0.6em}} OH \\ HO \overset{3}{\rule[0.3em]{0pt}{0.6em}} H \\ H \overset{4}{\rule[0.3em]{0pt}{0.6em}} OH \\ H \overset{5}{\rule[0.3em]{0pt}{0.6em}} OH \\ {}^{6}CH_2OH \end{array} \xrightarrow{3C_6H_5NHNH_2} \begin{array}{c} {}^{1}CH = N - NHC_6H_5 \\ \overset{2}{=} N - NHC_6H_5 \\ HO \overset{3}{\rule[0.3em]{0pt}{0.6em}} H \\ H \overset{4}{\rule[0.3em]{0pt}{0.6em}} OH \\ H \overset{5}{\rule[0.3em]{0pt}{0.6em}} OH \\ {}^{6}CH_2OH \end{array}$$

　　　　　D-葡萄糖　　　　　　　　　　　　　D-葡萄糖脎

　　成脎反应只发生在 C_1 和 C_2 上,不涉及其他碳原子。因此,含相同碳原子数的单糖,只要是除 C_1 和 C_2 外的其他碳原子的构型相同,都将生成相同的脎。例如,D-葡萄糖、D-甘露糖、D-果糖的 C_3、C_4、C_5 的构型都相同,它们与过量苯肼作用都生成同一种糖脎——葡萄糖脎,只是在生成的速率上有些差别。

$$\begin{array}{ccc} {}^{1}CHO & {}^{1}CHO & {}^{1}CH_2OH \\ H\!-\!OH & HO\!-\!H & {}^{2}\!=\!O \\ HO\!-\!H & HO\!-\!H & HO\!-\!H \\ H\!-\!OH & H\!-\!OH & H\!-\!OH \\ H\!-\!OH & H\!-\!OH & H\!-\!OH \\ {}^{6}CH_2OH & {}^{6}CH_2OH & {}^{6}CH_2OH \end{array}$$

　　　D-葡萄糖　　　　　D-甘露糖　　　　　D-果糖

　　糖脎为黄色结晶,不同的糖脎有不同的晶形,反应中生成的速率也不同。因此,可根据糖脎的晶形和生成的时间来定性鉴别糖。

　　5) 氧化反应

　　单糖用不同的试剂氧化,生成氧化程度不同的产物。氧化反应也是开链结构的反应。

　　(1) 碱性条件下的氧化。

　　醛糖具有醛基,很容易被 Tollens 试剂、Fehling 试剂(硫酸铜、氢氧化钠和酒石酸钾钠混合液)和 Benedict 试剂(硫酸铜、碳酸钠和柠檬酸钠混合液)等碱性弱氧化剂所氧化。酮糖如 D-果糖,尽管它的羰基是酮羰基,但由于在碱性条件下,上述差向异构化平衡的存在,它可以转变为醛糖,因而也同样容易被氧化。这与醛、酮羰基的性质不同。

　　事实上,所有的单糖,无论醛糖或酮糖都可以被上述弱氧化剂氧化,结果是糖分子的醛基被氧化为羧基,同时,这些弱氧化剂被还原分别生成银镜或氧化亚铜沉淀。

$$\left.\begin{array}{c} \begin{array}{c} {}^{1}CHO \\ H\!-\!OH \\ HO\!-\!H \\ H\!-\!OH \\ H\!-\!OH \\ {}^{6}CH_2OH \end{array} \\ \text{D-葡萄糖} \\[1em] \begin{array}{c} {}^{1}CH_2OH \\ {}^{2}\!=\!O \\ HO\!-\!H \\ H\!-\!OH \\ H\!-\!OH \\ {}^{6}CH_2OH \end{array} \\ \text{D-果糖} \end{array}\right\} \xrightarrow[OH^-]{[Ag(NH_3)_2]^+} \begin{array}{c} {}^{1}COOH \\ {}^{2}CHOH \\ HO\!-\!H \\ H\!-\!OH \\ H\!-\!OH \\ {}^{6}CH_2OH \end{array} + Ag\downarrow$$

　　　　　　　　　　　　　　　　　　　　　　D-葡萄糖酸和D-甘露糖酸

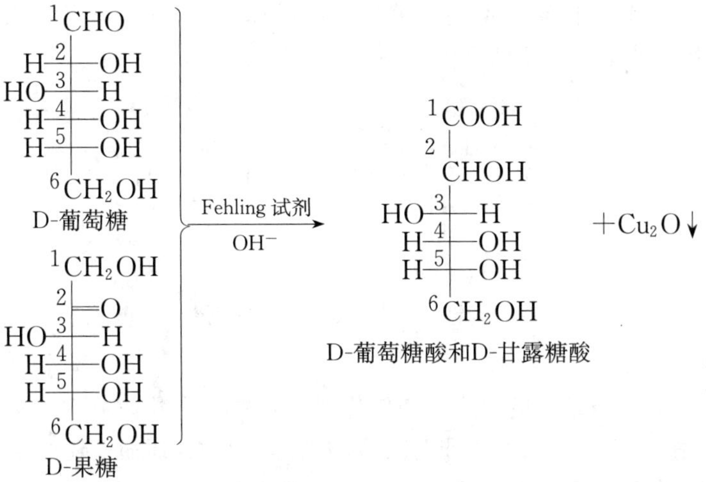

这种能被 Tollens 试剂和 Fehling 试剂等弱氧化剂氧化的性质，称为还原性。具有还原性的糖称为还原性糖，反之，为非还原性糖。所有单糖都具有还原性，都是还原性糖。单糖的这种性质可作糖的定性或定量测定。

（2）酸性溶液中的氧化。

（a）溴水氧化。溴水能使醛糖氧化为糖酸。但在酸性（pH＝5～6）溶液中，由于糖不存在上述差向异构化平衡，因而酮糖不能被氧化。因此，可用溴水鉴别醛糖和酮糖。

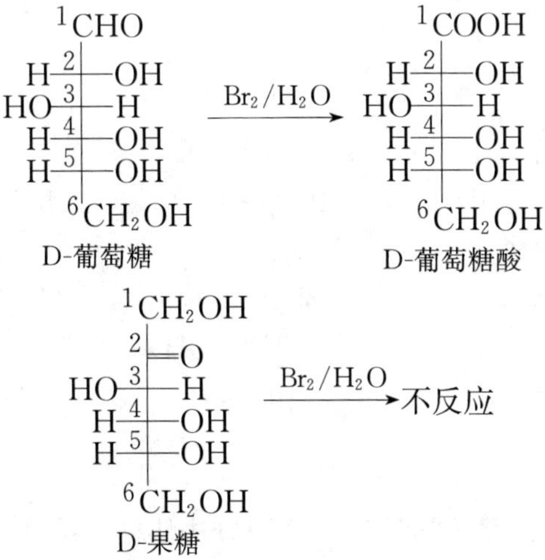

（b）稀硝酸氧化。稀硝酸的氧化能力比溴水强，不但可以氧化醛基，还可以氧化糖的末端羟甲基，把醛糖氧化成糖二酸。

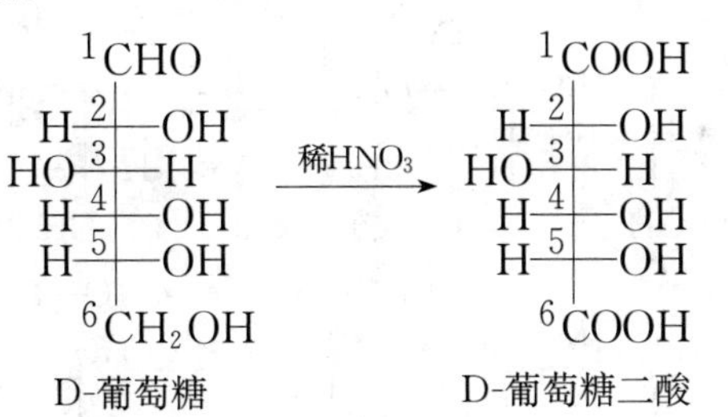

酮糖在稀硝酸的作用下发生碳链的断裂，生成小分子羧酸。在更强的氧化剂作用下，醛糖、酮糖都可被氧化分解，产物比较复杂。

(c) 酶的氧化作用。生物体内,有些醛糖在酶的作用下,可以是羟甲基被氧化成羧基,醛基不被氧化,产物为糖尾酸(糖醛酸)。

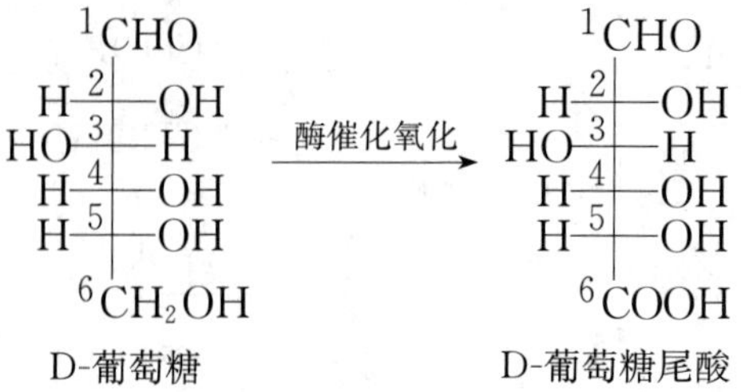

D-葡萄糖　　　　　　　　　　　　　　　D-葡萄糖尾酸

6) 还原反应

还原反应同样是开链结构的反应。在催化加氢或酶的作用下,羰基可还原成羟基,醛糖还原生成相应的糖醇,酮糖还原成两个非对映体的糖醇。例如,葡萄糖还原生成山梨醇,甘露糖还原生成甘露醇,果糖还原时,C_2 变为手性碳原子,所以得到山梨醇和甘露醇的混合物。

山梨醇和甘露醇广泛存在于植物体内,李、桃、苹果、梨、柿、洋葱、蘑菇、胡萝卜等的果实、块茎、块根中都含有这些糖醇。山梨醇无毒,有轻微的甜味和吸湿性,常用于化妆品和药物中。

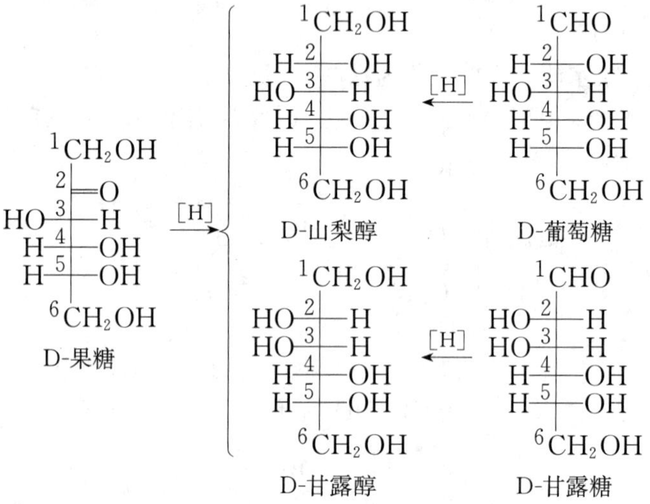

7) 糖的升级和降解

(1) 醛糖的递升反应。

醛糖的递升常用 Kiliani 氰化增碳法。这种方法使糖的羰基与 HCN 加成,生成羟基腈,这时原来非手性的羰基碳变成了手性碳,因而产生两个互为差向异构体的羟基腈,它们经分离、酸性水解、脱水成内酯,再经钠汞齐还原,可得到两个增加一个碳的醛糖。

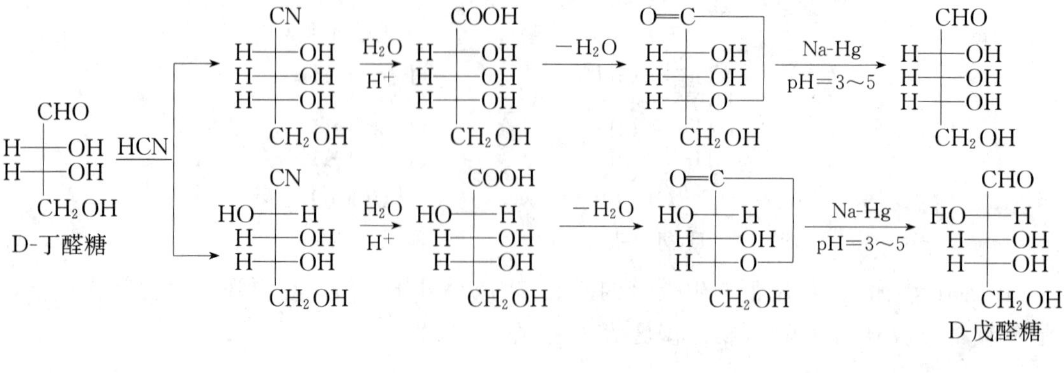

（2）糖的递降反应。

从高一级糖减去一个碳原子而生成低一级糖的方法称为递降。常用的递降法有 Wohl 递降法和 Ruff 递降法。

（a）Wohl 递降法。首先是糖与羟氨反应形成糖肟,然后在乙酸钠存在下用乙酸酐处理使糖醛基转化为氰基,最后氰醇在强碱性条件下失去 HCN,生成少一个碳的醛糖。

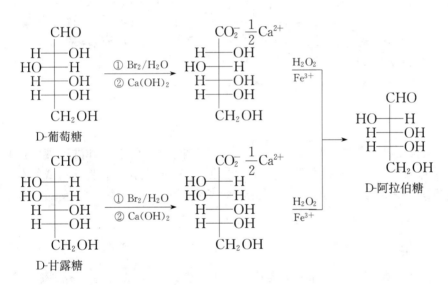

8）呈色反应

（1）Molisch 反应。

所有的糖都能与浓硫酸和 α-萘酚反应生成紫色物质,这个反应称为 Molisch 反应,是鉴别碳水化合物的最简便的方法。

（2）Seliwanoff 反应。

酮糖与浓盐酸和间苯二酚作用生成红色物质,这一反应称为 Seliwanoff 反应,用来区别醛糖和酮糖。

（3）Bial 酚反应。

在浓盐酸存在下,戊糖与 5-甲基-1,3-苯二酚作用生成绿色物质,这个反应称为 Bial 反应,是鉴别戊糖的一种方法。

（4）蒽酮反应。

碳水化合物能与蒽酮的浓硫酸溶液作用生成绿色物质,这个反应可用来定量测定碳水化合物。

问题 13-6　三个单糖和过量苯肼作用后,得到同样晶形的脎,其中一个单糖为 D-半乳糖,写出其他两个异构体的投影式。

问题 13-7　D-甘露糖与下列试剂作用的主要产物:

(1) Br_2/H_2O　　(2) HNO_3　　(3) 无水 HCl 与甲醇　　(4) HCN,在酸性条件下水解

13.1.4　重要的单糖及其衍生物

1. D-核糖和 D-2-脱氧核糖

它们是生物细胞中极为重要的戊醛糖,常与磷酸及某些含氮杂环结合而存在于核蛋白中。它们分别是核糖核酸(RNA)及脱氧核糖核酸(DNA)分子的构成组分。脱氧核糖与核糖在结构上的差异只是在 C_2 上连接的基团不同,把核糖 C_2 上的羟基换成氢即变成了脱氧核糖。

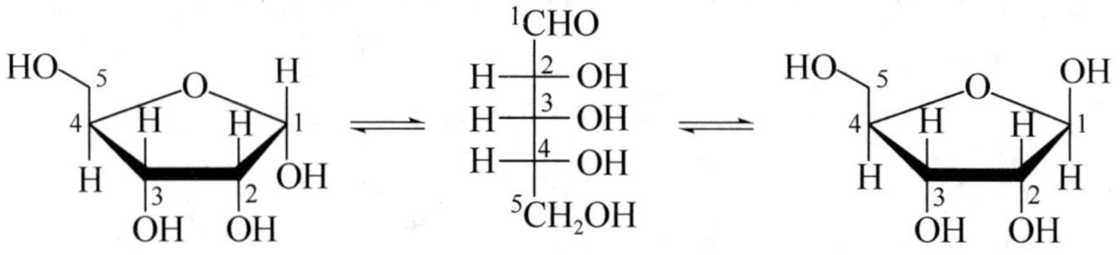

α-D-核糖　　　　　　D-核糖　　　　　　β-D-核糖

2. D-葡萄糖

D-葡萄糖是自然界分布最广泛的己醛糖,存在于水果、动物的血液和淋巴液中。它为无色结晶,常以多糖或糖苷的形式存在于许多植物的种子、根、叶或花中。将淀粉或纤维素水解都可得 D-葡萄糖。D-葡萄糖在医药上用作营养剂,印染工业中用作还原剂,食品工业中用于制糖浆。

3. D-果糖

D-果糖是最甜的糖,存在于水果和蜂蜜中。它为无色结晶,易溶于水,$[\alpha]_D = -92°$,故又称左旋糖。

4. D-半乳糖

D-半乳糖是乳糖、棉子糖、黏多糖和半纤维素等分子中的组分,也是组成脑髓的重要物质之一。

5. 维生素 C

维生素 C 是单糖的衍生物,在结构上可以看成是不饱和糖酸的内酯。工业上它可由 D-葡萄糖制备。

维生素 C 能防治坏血病,故又称 L-抗坏血酸。它广泛存在于新鲜的瓜果蔬菜中,柠檬、橘子、番茄中含量较多。它是白色结晶,易溶于水,其构型是 L 型,$[\alpha]_D = +21°$。分子中两个烯醇型羟基上的氢显酸性,遇碱或加热会遭到破坏,易被氧化,在生物氧化过程中,可作传递氢的载体。

6. 氨基己糖

天然氨基糖是己醛糖分子中第二个碳原子上的羟基被氨基取代的衍生物,主要有氨基葡萄糖和氨基半乳糖等,氨基糖上的氨基有的是乙酰化的。例如,昆虫甲壳质(也称几丁质)的基本组成单位是 2-氨基-D-葡萄糖和 2-乙酰氨基-D-葡萄糖;软骨素中所含多糖的基本单位是 2-乙酰氨基-D-半乳糖。

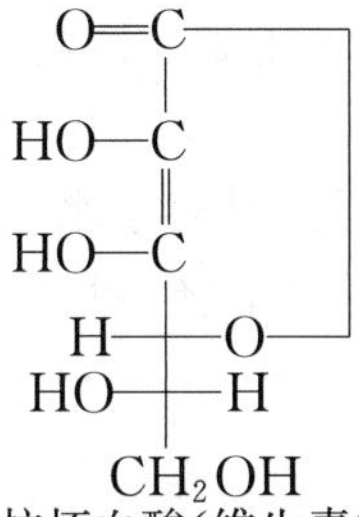

L-抗坏血酸(维生素C)

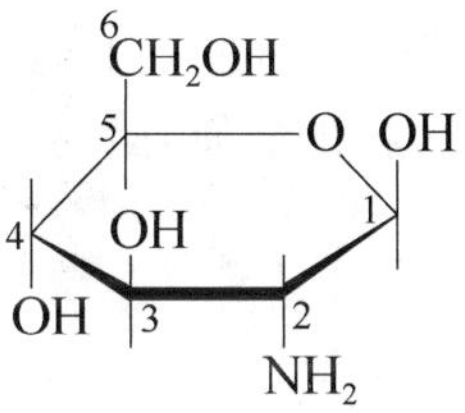

2-氨基-β-D-葡萄糖 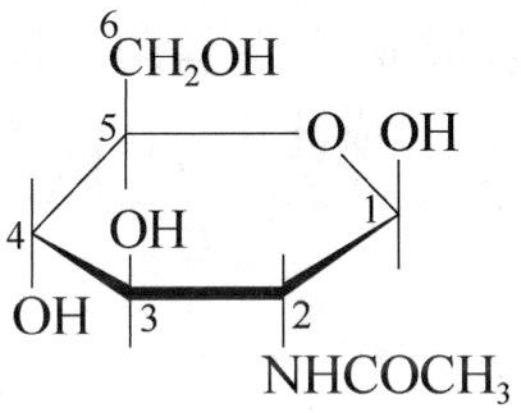　　　　2-乙酰氨基-β-D-葡萄糖 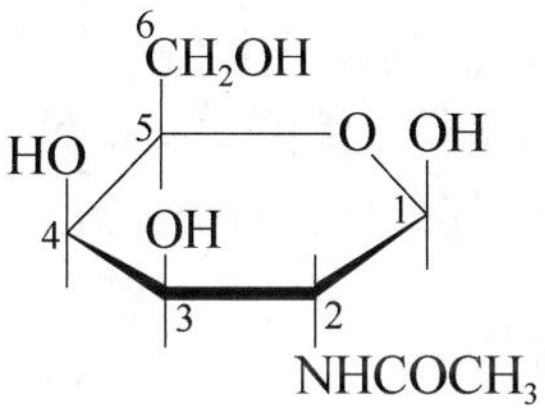　　　　2-乙酰氨基-β-D-半乳糖

7. 糖苷

糖苷在自然界的分布很广泛,主要存在于植物的根、茎、叶、花和种子中,而且往往是 β 型的。例如,松针内的水杨苷是由 β-D-葡萄糖和水杨醇形成的,杨梅苷是由 β-D-葡萄糖和对苯二酚形成的。两者的结构如下:

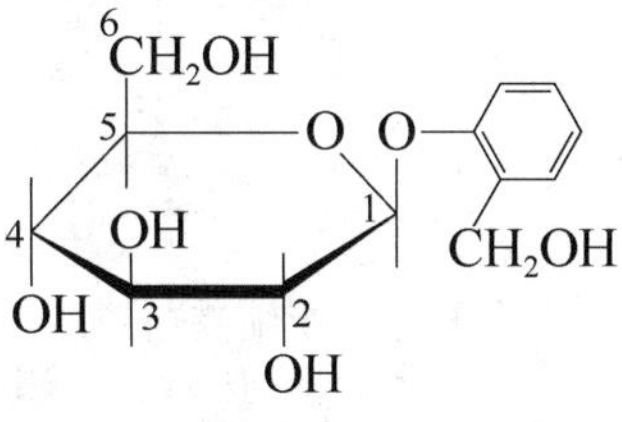

水杨苷 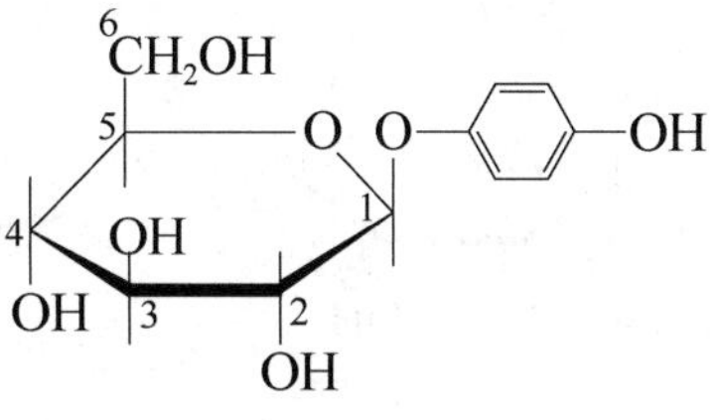　　　　　　　　　　　　杨梅苷

苦杏仁中的苦杏仁苷是由龙胆二糖和苦杏仁腈形成的。苦杏仁之所以有毒,主要是由于在消化道中它可被水解而产生氢氰酸。

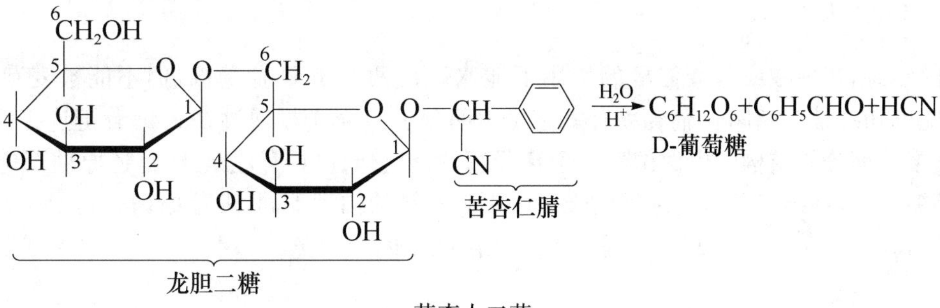

$$\xrightarrow[\text{H}^+]{\text{H}_2\text{O}} C_6H_{12}O_6 + C_6H_5CHO + HCN$$

D-葡萄糖

苦杏仁腈

龙胆二糖

苦杏人二苷

木薯及其他一些植物中也含有这类能产生氢氰酸的糖苷,所以食用木薯之前,必须经过去皮和浸水处理以除去这类糖苷。

13.2　二　　糖

二糖(disaccharide)是一个单糖分子的半缩醛羟基(苷羟基)与另一分子单糖分子的羟基(可以是苷羟基,也可以是其他羟基)脱水得到的产物。从结构上看,二糖也是糖苷。它在酸或酶的作用下水解可得到两分子单糖。

双糖的物理性质和单糖相似,能结晶,易溶于水,有甜味。

天然存在的二糖可分为还原性二糖和非还原性二糖两类。

13.2.1　还原性二糖

还原性二糖可以看作是一分子单糖的苷羟基(半缩醛羟基)与另一分子糖的羟基失水缩合而成的二糖。其分子中有一个单糖基形成了苷(糖的环状缩醛结构),而另一单糖基仍保留有苷羟基(仍然是半缩醛结构),可以开环形成链式,因而具有一般单糖的性质,能与苯肼成脎、有变旋现象和还原性。现介绍比较重要的几种。

1. 麦芽糖

麦芽糖在稀酸或麦芽糖酶的作用下能水解成两分子 D-葡萄糖,但不能被苦杏仁酶水解,这一事实说明麦芽糖属 α-葡萄糖苷。它是由一分子 α-D-葡萄糖 C_1 上的苷羟基与另一分子 D-葡萄糖 C_4 上的醇羟基失水连接而成的,这种苷键称为 α-1,4′-苷键。

在麦芽糖的分子结构中还保留着一个苷羟基,它在水溶液中仍可以 α、β 和链式三种形式存在,所以麦芽糖具有还原性。

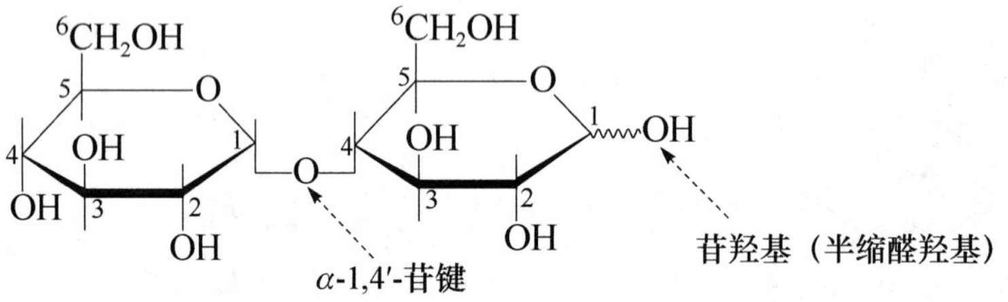

麦芽糖

麦芽糖可由淀粉在淀粉酶的作用下水解得到。它是饴糖的主要成分。

2. 纤维二糖

纤维二糖在稀酸或苦杏仁酶的作用下能水解成两分子 D-葡萄糖,但不能被麦芽糖酶水解,因此可知纤维二糖属 β-葡萄糖苷。它是由两分子 D-葡萄糖通过 β-1,4′-苷键连接而成的。

纤维二糖分子结构中也保留着一个苷羟基,所以它同样具有还原性,是还原糖。化学性质与麦芽糖相似,纤维二糖与麦芽糖的唯一区别是苷键的构型不同,麦芽糖为 α-1,4′-苷键,而纤维二糖为 β-1,4′-苷键。纤维二糖是纤维素水解的中间产物。

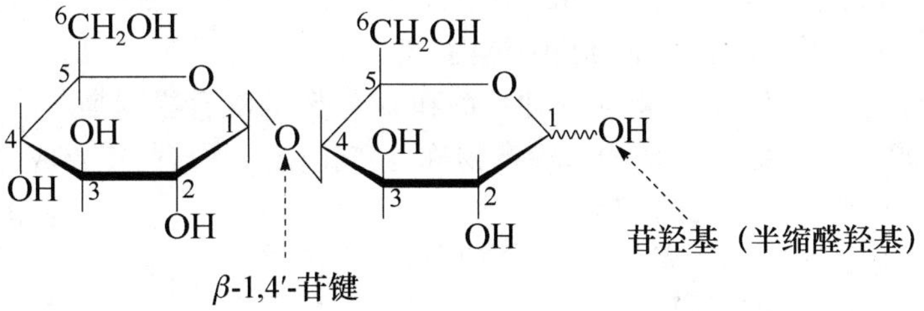

纤维二糖

3. 乳糖

乳糖是一分子 β-D-半乳糖与一分子 D-葡萄糖以 β-1,4'-苷键连成的二糖,成苷部分是 β-D-半乳糖。

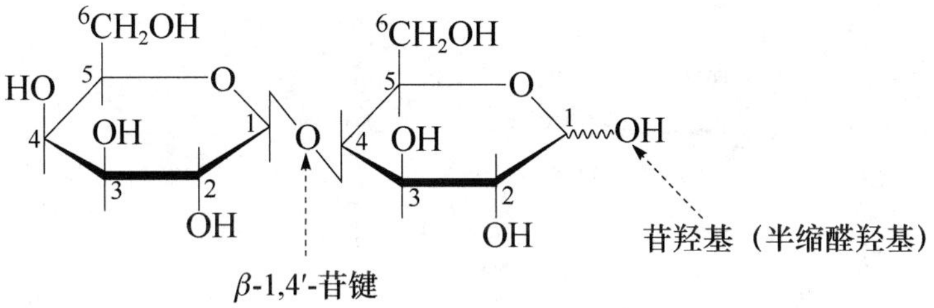

乳糖

乳糖分子结构中仍有苷羟基,属还原性二糖。它水解生成一分子 D-半乳糖和一分子 D-葡萄糖。乳糖存在于哺乳动物的乳汁中,人乳中含乳糖 $5\sim8\%$,牛、羊乳中含乳糖 $4\sim5\%$。乳糖的甜度只有蔗糖的 70%。乳糖应用于食品及医药工业。

13. 2. 2　非还原性二糖

非还原性二糖是由两个单糖的苷羟基失水而成的。因分子中不再存在苷羟基而不能开环形成开链式,所以这类二糖没有变旋现象和还原性,也不与苯肼成脲。

1. 蔗糖

蔗糖是由一分子 α-D-葡萄糖 C_1 上的苷羟基与另一分子 β-D-果糖 C_2 上的苷羟基失水以 α-1,2'-苷键(或称 β-2',1-苷键)连接而成的二糖。

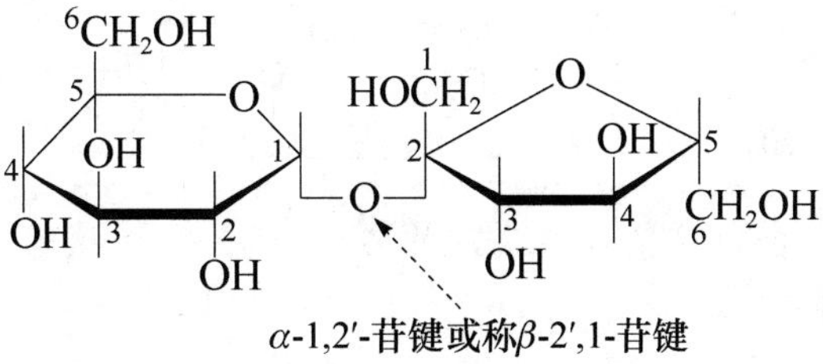

蔗糖

蔗糖分子中不再存在苷羟基,对两个组成蔗糖的单糖而言,均生成了环状缩醛结构,因而属于非还原性二糖。

蔗糖广泛存在于植物中,尤以甘蔗和甜菜中含量最多,甘蔗含蔗糖 14％以上,北方甜菜含蔗糖 16％～20％,但蔗糖一般不存在于动物体内。

蔗糖是右旋糖,水解后生成等量的 D-葡萄糖和 D-果糖的混合物则是左旋的。由于水解而使旋光方向发生改变,故一般把蔗糖的水解产物称为转化糖。蜂蜜的主要成分就是转化糖。

$$蔗糖 \xrightarrow{\text{H}_2\text{O/H}^+} D\text{-葡萄糖} + D\text{-果糖}$$

$$[\alpha]_D = +66.5° \qquad\qquad +55.2° \qquad -92°$$

$$[\alpha]_D = -19.8°$$

2. 海藻糖

海藻糖是由两个 α-D-葡萄糖以 α-1,1′-糖苷键连成的二糖。

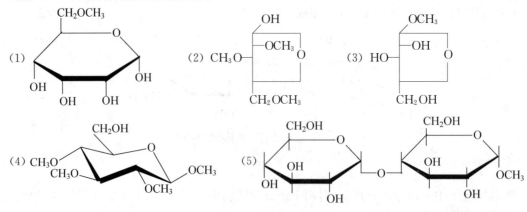

α-1,1′-苷键

海藻糖

其分子中不存在苷羟基,也是一种非还原性二糖。海藻糖存在于藻类、细菌、真菌、酵母、地衣及某些昆虫体内。

问题 13-8　下列化合物中,哪个化合物还能还原 Benedict 试剂,哪个不能,为什么?

(1)
$$\begin{array}{l} \text{CH} \!-\! \text{OCH}_3 \\ \text{(CHOH)}_3\ \text{O} \\ \text{CH} \\ \text{CH}_2\text{OH} \end{array}$$

(2)
$$\begin{array}{l} \text{CH}_2\text{OH} \\ \text{C}\!=\!\text{O} \\ \text{CH}_2\text{OH} \end{array}$$

(3)
$$\begin{array}{l} \text{C}\!=\!\text{O} \\ \text{(CHOH)}_3\ \text{O} \\ \text{CH} \\ \text{CH}_2\text{OH} \end{array}$$

(4)
$$\begin{array}{l} \text{CH}_2\text{OH} \\ \text{(CHOH)}_3 \\ \text{CH}_2\text{OH} \end{array}$$

问题 13-9　下列化合物哪些有变旋现象?

13.3　多　　糖

多糖是由许多单糖以苷键相连的天然高分子化合物,其结构极为复杂。组成多糖的单糖可以是戊糖、己糖、醛糖和酮糖,也可以是单糖的衍生物,如氨基己糖和半乳糖酸等。组成多糖的单糖数目可以是几百个,有的甚至可高达几千个。多糖不是一种纯粹的化学物质,而是多种聚合度不同的高分子化合物的混合物。

多糖与单糖及低聚糖在性质上有较大差异。多糖都没有甜味,大多不溶于水,且没有还原性和变旋现象,也无成脎反应。

多糖按其组成可分为两类:一类为均多糖,它是由同种单糖构成的,如淀粉和纤维素等;另一类为杂多糖,它是由两种或两种以上单糖构成的,如果胶质和黏多糖等。多糖按其生理功能大致也可分为两类:一类是作为储藏物质,如淀粉和糖原;另一类是构成植物的结构物质,如纤维素、半纤维素和果胶质等。

13.3.1　淀粉

淀粉是植物体内的储藏物质,广泛存在于植物体的各个部分,特别是在种子及某些块根和块茎中含量较高。当把淀粉块磨成粉状溶于热水时,可以把淀粉根据其不同的溶解性分离成两种成分:一种可溶于热水而成溶胶,称为直链淀粉,它常存在于淀粉粒内部;另一种是不溶性的,只能吸水膨胀,称为支链淀粉,常存在于淀粉粒外部。这两种成分在淀粉粒中所占比例随作物的品种而有很大差异。

直链淀粉是由 D-葡萄糖以 α-1,4′-苷键结合而成的线形高聚物,其相对分子质量在 $2\times10^4\sim2\times10^6$ 之间,随来源不同,差别很大。结构如下所示:

$$n=200\sim980$$

直链淀粉

直链淀粉并不是简单的线形长链分子,而是由分子内的氢键使长链卷曲成螺旋状,每一圈螺旋约含有六个葡萄糖单位。直链淀粉遇碘呈深蓝色,是由于螺旋中空隙恰好可以装入碘分子,当碘分子进入螺旋圈内时,圈内的羟基是电子供给体,碘分子是电子接受体,从而形成一个深蓝色的包合物(图 13-4 和图 13-5)。

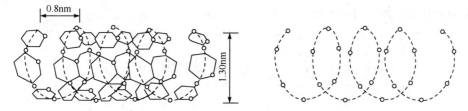

图 13-4　直链淀粉螺旋状管道结构示意图

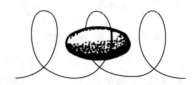

图 13-5　直链淀粉与碘形成的包合物

支链淀粉的相对分子质量比直链淀粉更大,有的可达 600 万。支链淀粉的主链是 D-葡萄糖之间以 α-1,4'-苷键相连,大约相隔 25 个葡萄糖单位有一个分支,在分支上的结合是 α-1,6'-苷键。支链淀粉遇碘呈紫色。结构如下所示:

支链淀粉

淀粉可以在酸或酶的作用下水解。水解过程的中间产物统称为糊精。根据它们与碘产生不同的颜色可分为蓝糊精、红糊精和无色糊精。继续水解还可生成麦芽糖,最后得到葡萄糖。水解过程如下:

淀粉→蓝糊精→红糊精→无色糊精→麦芽糖→葡萄糖

淀粉用途很广,除了用于食品工业以外还可作为酿造工业的原料、纺织工业的浆剂、造纸工业的填料和制取葡萄糖的原料等。

13.3.2　纤维素

纤维素是自然界中存在最广泛的有机化合物,它占植物界碳含量的 50% 以上。木材中纤维素含量为 50% 左右,亚麻为 80%,棉花是自然界最纯的纤维素,其含量为 97%～99%。

纤维素是植物细胞壁的主要成分,其分子一般是由 1.4 万个左右的 D-葡萄糖单位通过 β-1,4'-苷键连成的高聚体。纤维素和直链淀粉一样,是没有分支的链状分子,但是,纤维素分子不是盘绕成空心螺旋形,而是扁平、伸展的螺条形(锯齿形),再由 100～200 条这样彼此平行的螺条形分子链通过氢键紧密地结合在一起形成纤维束,几个纤维束绞在一起形成绳索状的结构,这种绳索状的结构排列起来形成肉眼所见的纤维。

纤维素

纤维素是白色纤维状物质,不溶于水和一般的有机溶剂,可溶于氢氧化铜氨溶液。它没有还原性和变旋现象。纤维素的水解比较困难,需用酸在加压下长时间加热,它彻底水解产生 D-葡萄糖,部分水解可生成纤维二糖,所以纤维素也可以说是纤维二糖的高聚体。

淀粉酶只能水解 α-1,4$'$-苷键,而不能水解 β-1,4$'$-苷键,因此,人类只能消化淀粉而不能消化纤维素。而食草动物的消化道中存在一些微生物,这些微生物能分泌出可以水解 β-1,4$'$-苷键的酶,所以纤维素对这些动物是有营养价值的。

纤维素分子上的羟基可以全部或部分地与烷基化试剂作用生成醚,或者与酰基化试剂作用生成酯。纤维素的某些醚或酯有很多工业用途。例如,纤维素硝酸酯可制火棉胶、赛璐珞、油漆等,高度硝化的纤维素可作无烟火药,纤维素乙酸酯可用来制造人造丝和电影胶片。

问题 13-10　用简单化学方法鉴别下列各组化合物。
(1) 葡萄糖和蔗糖　(2) 纤维素和淀粉　(3) 麦芽糖和淀粉　(4) 葡萄糖和果糖

13.3.3　其他多糖

1. 糖原

糖原是动物体内作为储藏物质的一种多糖,又称动物淀粉,主要储藏于高等动物的肝脏和肌肉中,因此,又有肝糖原和肌糖原之分。

糖原是由 D-葡萄糖以 α-苷键连接而成,其结构(图 13-6)与支链淀粉相似,只是分支程度比支链淀粉还多,每 3～4 个葡萄糖单位即出现分支。糖原是白色粉末,易溶于水成溶胶而不糊化,遇碘呈红色。

糖原可调节动物血液中的含糖量,当葡萄糖在血液中的含量较高时,它就结合成糖原而储存于肝脏中,当血液中含糖量降低时,糖原就分解为葡萄糖。

2. 果胶质

果胶质是一类结构未定的多糖类化合物,它往往充塞在植物细胞间,使邻近细胞黏结。植物成熟、衰

图 13-6　糖原分子部分结构示意图

老、受伤时能产生某些酶,将果胶质逐步水解,使植物某些部位的细胞松脱、离层,于是便出现落叶、落花、落果等现象。

果胶质是一批多糖化合物的总称。这批多糖化合物包括果胶酸、可溶性果胶和原果胶等。果胶酸是由很多 D-半乳糖醛酸通过 α-1,4$'$-苷键连接起来的多糖,其羧基可与钙、镁等离子结合成钙镁盐沉淀。果胶酸的全甲酯便是可溶性果胶。可溶性果胶能"溶于"水而成溶胶或凝胶,可做成胶冻。成熟的水果及胡萝卜、甜菜中都含有较多的可溶性果胶,果汁的胶冻就是由于含有多量可溶性果胶的缘故。可溶性果胶与纤维素的缩合体便是原果胶。原果胶不溶于水,多存在于未成熟的水果中。未成熟的水果较为坚硬,这与原果胶的存在有关。

3. 黏多糖

黏多糖是存在于动物体内的一类含氮多糖,常与蛋白质结合形成黏蛋白而存在于软骨、肌腱、结缔组织腺体分泌的黏液、细胞间质、关节液、眼球玻璃体中,对组织起着滑润和保护作用。

存在于肝脏、肌肉、血管壁等组织中的肝素也是一种黏多糖,它具有抗凝血的作用。

黏多糖的种类很多,从不同动物或不同器官得到的黏多糖,其组成和结构也不一致。一般来说,它们多是以一些己糖(葡萄糖或半乳糖)的糖醛酸与乙酰氨基己糖(或其硫酸酯)以苷键连成二糖,再由二糖以苷键交错结合而成多糖,但至今结构尚未研究清楚。

4. 甲壳素

甲壳素又称几丁质,分布于虾、蟹及许多昆虫的硬壳中,是这些动物的保护物质,地衣的外膜也存在甲壳素。甲壳素是 2-乙酰氨基葡萄糖以 β-1,4′-苷键连接而成的多糖,也可看作 2-乙酰氨基纤维素,它不溶于水和有机溶剂,也不溶于铜氨溶液,化学性质稳定,但能被强碱破坏,强酸可使甲壳素水解,水解产物是 2-氨基葡萄糖和乙酸。

5. 环糊精

环糊精由芽孢杆菌属的某些种产生葡萄糖的葡萄糖基转移酶作用于淀粉而生成的一类环

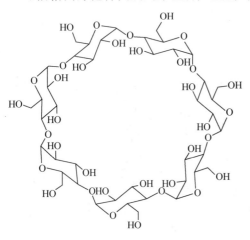

状低聚糖,通常含有 6～12 个 D-吡喃葡萄糖单元以 α-1,4′-糖苷键连接成环。其中研究得较多并且具有重要实际意义的是含有六、七、八个葡萄糖单元的分子,分别称为 α、β、γ-环糊精。环糊精是一个环外亲水、环内疏水且有一定尺寸的立体手性空腔体,孔径分别为 0.6nm、0.8nm 和 1nm。由于独特的筒状结构和内外表面,环糊精可以包合特定的分子,其无论在理论研究还是应用中都有特殊作用,环糊精在医药、食品工业、环境保护、生物医学、电化学等方面发展迅速。β-环糊精(图 13-7)的分子孔洞适中,应用范围广,生产成本低,是目前工业上使用最多的环糊精产品。

图 13-7　β-环糊精

诺贝尔奖获得者

费歇尔(E. Fischer,1852—1919)

哈武斯(W. N. Haworth,1883—1950)

　　费歇尔(E. Fischer,1852—1919),德国化学家,1902 年诺贝尔化学奖获得者,合成了 50 多种糖分子,确定了许多糖类的构型。被人们誉为"糖化学之父"。此外,费歇尔还发现了苯肼,并在蛋白质和嘌呤化学研究方面作出了重大贡献,他的研究为有机化学广泛应用于现代工业奠定了基础。

　　哈武斯(W. N. Haworth,1883—1950),英国化学家。1912 年在圣安得鲁斯大学与化学家 J·欧文和 T·珀迪共同研究碳水化合物,其中包括糖类、淀粉和纤维素。他们发现糖的碳原子不是直线排列而成环状,此结构被称为哈武斯结构式。1934 年他与英国化学家 E·赫斯特成功地合成了维生素 C,这是人工合成的第一种维生素,为此,他于 1937 年获得了诺贝尔化学奖。这一研究成果不仅丰富了有机化学的研究内容,而且使医药用维生素 C(抗坏血酸)实现了廉价工业生产。

习　　题

1. 糖类化合物按 IUPAC 命名,D-葡萄糖应称为(2R,3S,4R,5R)-2,3,4,5,6-五羟基己醛。据此,试命名 D-果糖和 D-甘露糖。

2. 判断下列各对化合物是属于对映体还是非对映体? 是否差向异构体?
   (1) D-葡萄糖和 L-葡萄糖的开链式结构
   (2) α-D-吡喃葡萄糖和 β-D-吡喃葡萄糖
   (3) α-麦芽糖和 β-麦芽糖
   (4) D-葡萄糖和 D-半乳糖的开链式结构

3. 写出下列化合物的 Haworth 结构式。
   (1) α-D-葡萄糖　　(2) β-D-甘露糖　　(3) α-D-半乳糖　　(4) β-D-呋喃果糖
   (5) α-D-葡萄糖尾酸　(6) 甲基-β-D-核糖苷　(7) 2-乙酰氨基-β-D-葡萄糖　(8) α-麦芽糖

4. 下列化合物中哪些没有变旋现象?

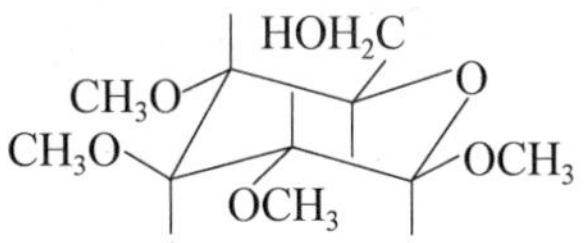

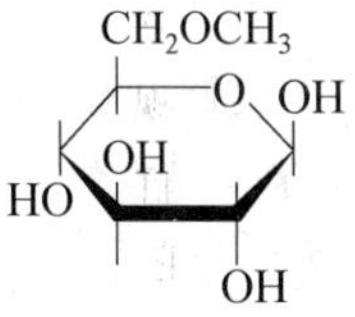

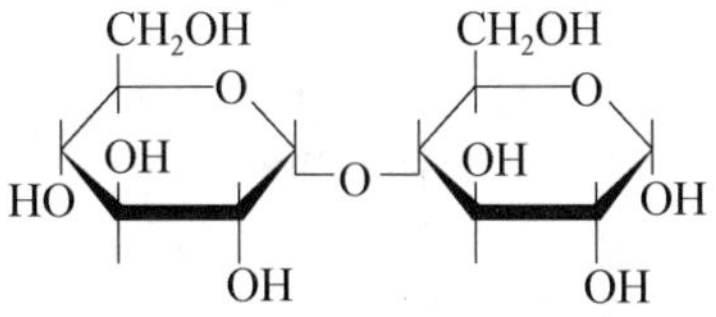

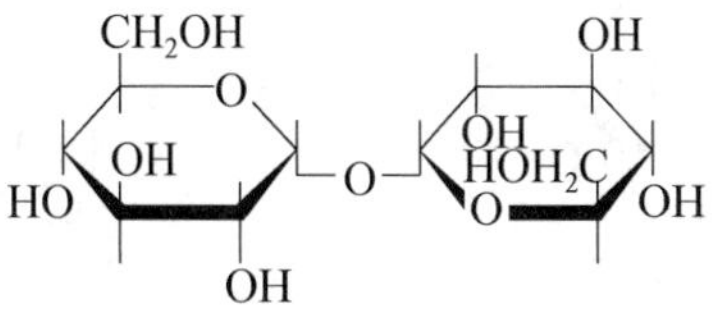

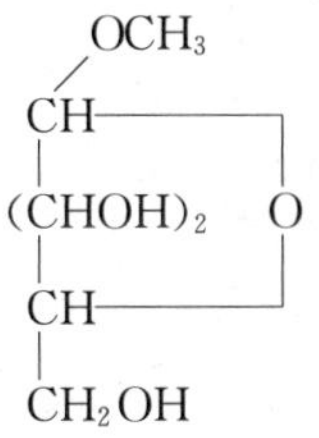

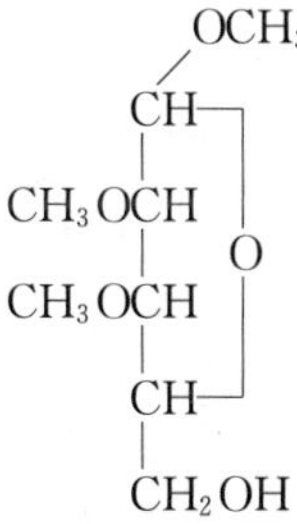

5. 下列化合物中,哪些能将 Fehling 试剂还原? 说明理由。

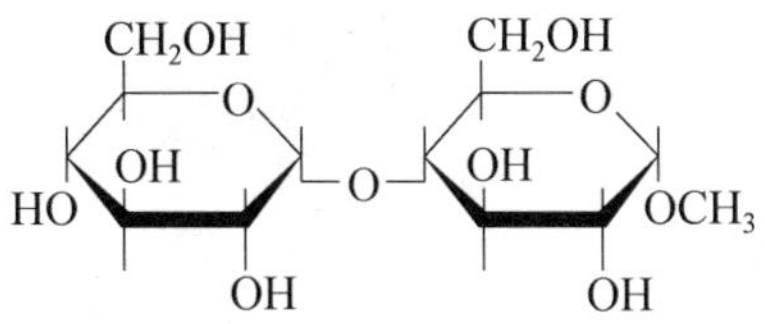

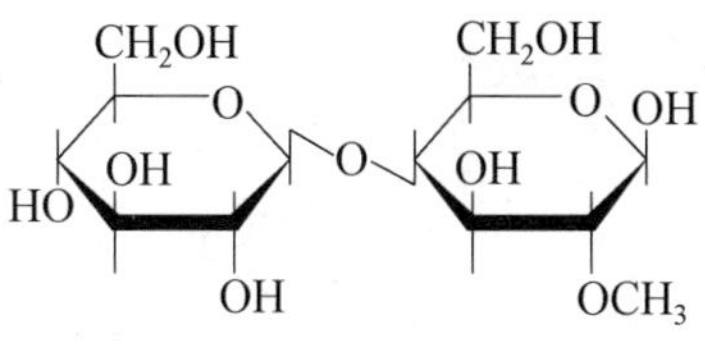

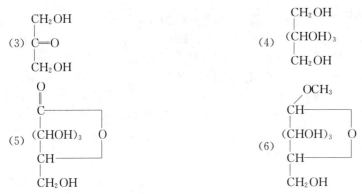

$$(3)\quad \begin{array}{c} CH_2OH \\ | \\ C=O \\ | \\ CH_2OH \end{array} \qquad (4)\quad \begin{array}{c} CH_2OH \\ | \\ (CHOH)_3 \\ | \\ CH_2OH \end{array}$$

6. 用化学方法鉴别下列各组化合物。

(1) 蔗糖与麦芽糖　(2) 纤维素与淀粉　(3) 葡萄糖与果糖　(4) 葡萄糖与甲基葡萄糖苷

7. 写出 β-D-核糖与下列试剂反应的反应式。

(1) 异丙醇(干燥 HCl)　(2) 苯肼(过量)　(3) 稀硝酸　(4) 溴水　(5) H_2(Ni)

8. 有三种单糖,与过量苯肼作用后得到同样的糖脎,已知这三种单糖中有一种的构型为

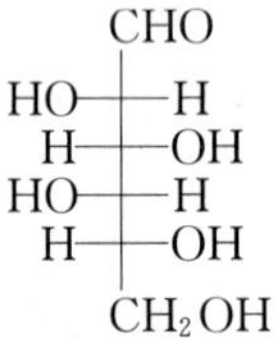

$$\begin{array}{c}
CHO \\
HO-\!\!\!-H \\
H-\!\!\!-OH \\
HO-\!\!\!-H \\
H-\!\!\!-OH \\
CH_2OH
\end{array}$$

试写出其他两种单糖的构型。

9. 有两个具有旋光性的 L-丁醛糖 A 和 B,与苯肼作用生成相同的脎;用硝酸氧化后都生成二羟基丁二酸,但 A 的氧化产物具有旋光性而 B 的氧化产物不具旋光性。试推测 A 和 B 的结构。

10. 某糖是一种非还原性二糖,没有变旋现象,不能用溴水氧化成糖酸,用酸水解只生成 D-葡萄糖,它可以被 α-葡萄糖苷酶水解而不能被 β-葡萄糖苷酶水解。试推测此二糖的结构。

11. 确定下列单糖的构型(D、L),并指出它们是 α 式还是 β 式。

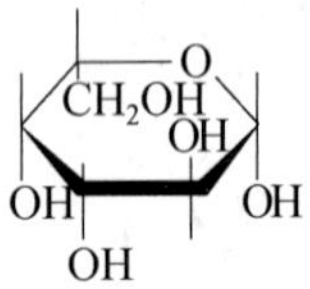

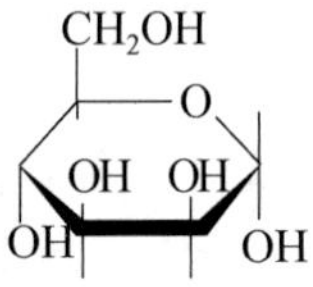

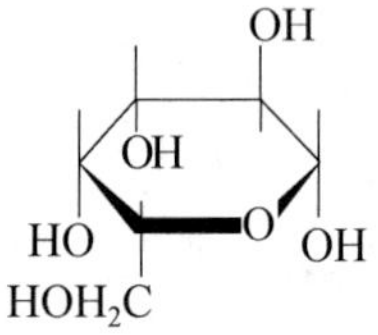

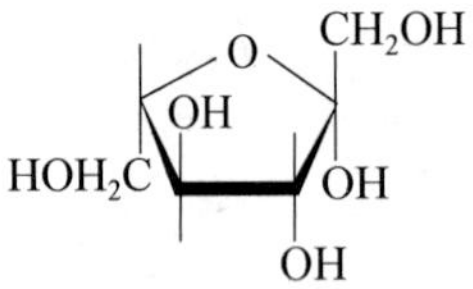

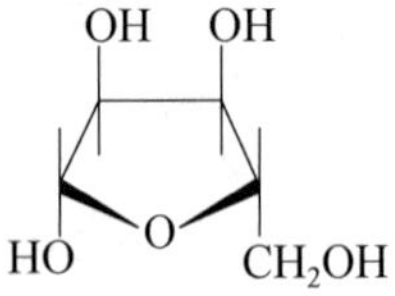

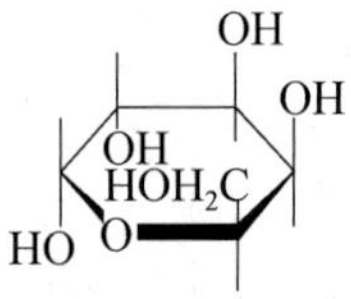

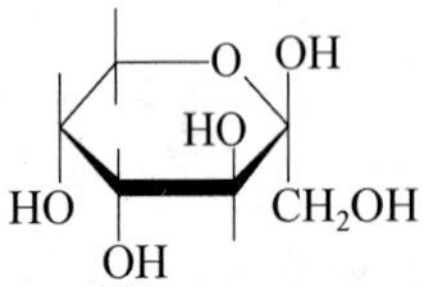

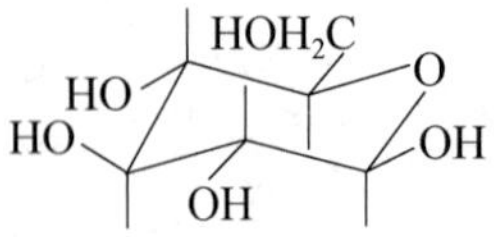

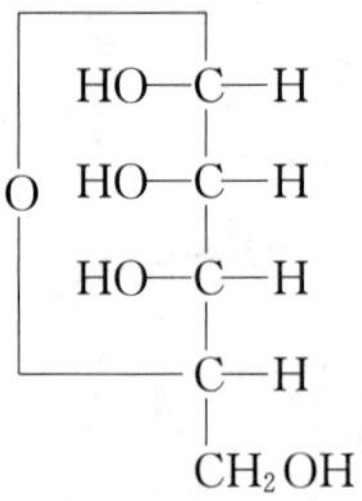

第14章 杂环化合物

"杂环"就是由碳原子和杂原子组成的一类环状有机化合物。组成环的非碳原子统称杂原子。最常见的杂原子是 O、S 和 N。

前面学过的内酐、内酯、内酰胺等分子中虽然也含有杂原子,但由于它们通常是由同一分子中的两个官能团环合而成的,这类化合物很容易开环,变为链状化合物,而且它们的性质也与对应的开链化合物相似,因而一般不把它们看作杂环化合物。本章主要讨论环系比较稳定的杂环。

杂环化合物广泛存在于自然界中,在生物化学和药物学中占有重要的地位。例如,在生物体中起着重要生理作用的叶绿素、血红素、核酸和某些维生素都是杂环化合物,许多中药的有效成分如生物碱,合成药物(如抗生素)中都含杂环。除此之外,杂环化合物在其他领域也有广泛的用途,如不少合成染料及胶片的敏化剂中也都含杂环。

14.1 杂环化合物的分类与命名

14.1.1 杂环化合物的分类

杂环化合物数目众多,根据其母核骨架大致可分为单杂环和稠杂环两大类。在单杂环中,最常见的是五元杂环和六元杂环;在稠杂环中,最常见的是苯环与单杂环稠合或单杂环相互稠合。根据是否有芳香性杂环化合物还可分为芳香杂环和非芳香杂环两大类。其中杂原子和碳原子共平面,环上 $4n+2$ 个 p 电子处于环状闭合的共轭体系中的杂环,统称芳香杂环化合物,简称芳杂环。不能形成"π 电子数为 $4n+2$ 的环状闭合共轭体系"的杂环,称为非芳香杂环或杂脂环。

14.1.2 杂环化合物的命名

杂环化合物母核的命名普遍采用英文名称音译法。环上有取代基时,环上原子的编号大都从杂原子开始,并遵循最低系列原则,使各取代基的位次尽可能小;环上有不同的杂原子时,则按氧、硫、氮的顺序编号;如果杂原子都是氮,则由连有氢或取代基的氮原子开始编号;取代基位次除用阿拉伯数字表示之外,也可用希腊字母表示。但有些稠杂环(如嘌呤、异喹啉等)有其特定的编号顺序。常见的杂环有以下几种。

1. 五元芳杂环

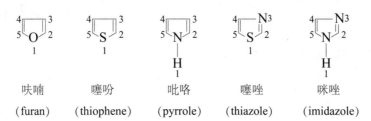

呋喃	噻吩	吡咯	噻唑	咪唑
(furan)	(thiophene)	(pyrrole)	(thiazole)	(imidazole)

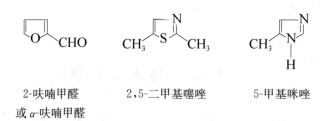

2-呋喃甲醛　　　　　2,5-二甲基噻唑　　　　5-甲基咪唑
或 α-呋喃甲醛

2. 六元芳杂环

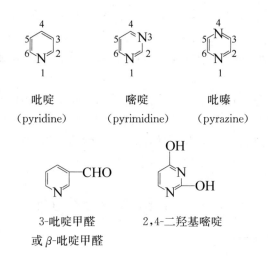

吡啶　　　　　　嘧啶　　　　　　吡嗪
（pyridine）　　（pyrimidine）　　（pyrazine）

3-吡啶甲醛　　　　　2,4-二羟基嘧啶
或 β-吡啶甲醛

3. 稠杂环

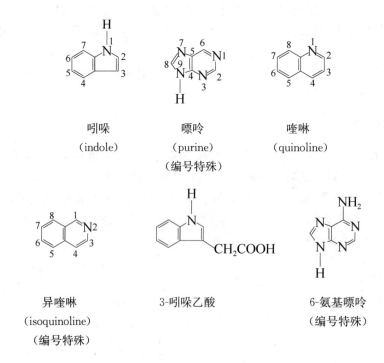

吲哚　　　　　　嘌呤　　　　　　喹啉
（indole）　　　（purine）　　　（quinoline）
　　　　　　　（编号特殊）

异喹啉　　　　　3-吲哚乙酸　　　　6-氨基嘌呤
（isoquinoline）　　　　　　　　　　（编号特殊）
（编号特殊）

4. 非芳香性杂环

吡喃　　　　　　二氢吡咯　　　　四氢吡咯

14.2　五元芳杂环

14.2.1　五元芳杂环的结构

　　呋喃、噻吩、吡咯是最常见的五元芳杂环化合物。在五元芳杂环中,所有成环原子都以 sp^2 杂化轨道重叠形成 σ 键;未杂化的 p 轨道互相平行重叠,形成环状闭合的共轭体系,其中碳原子的未杂化 p 轨道各带着一个电子,杂原子带着一对电子参与共轭。因此,五元芳杂环形成的是 5 原子共用 6 电子的环状闭合的大 π 键共轭体系(图 14-1、图 14-2、图 14-3)。

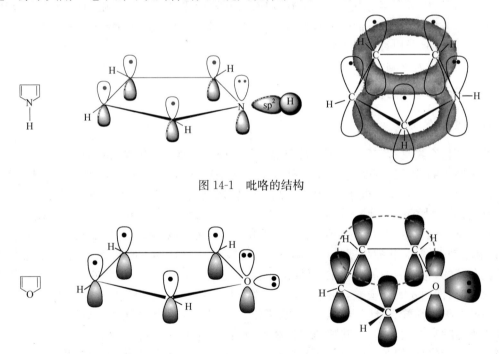

图 14-1　吡咯的结构

图 14-2　呋喃的结构

　　在杂环体系中,一方面由于杂原子电负性较大,对环上碳原子有吸电子的诱导效应;另一方面由于杂原子提供一对 p 电子参与共轭,对整个环又有给电子的共轭效应。诱导效应与共轭效应方向相反,两者共同作用的结果,使杂环中的碳原子相对于苯环中的碳原子的电子云密度较高,这与苯环上连有强给电子基团的苯酚与苯胺的情况相似。直观地看,与 6 原子共用 6 个 p 电子的苯环相比,呋喃、噻吩、吡咯环为 5 原子共用 6 个 p 电子,使得环上的 π 电子云密度比苯环大。因此,五元芳杂环又称富电子芳杂环。呋喃、吡咯、噻吩等五元芳杂环都是富电子

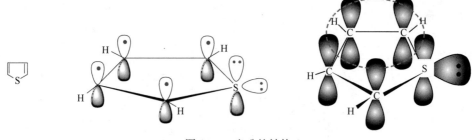

图 14-3　噻吩的结构

芳杂环。如果以苯环上碳原子的电荷密度为标准（作为 0），则三个五元杂环化合物的有效电荷分布为

$$\begin{array}{ccc} \text{呋喃} & \text{噻吩} & \text{吡咯} \\ +0.1 & +0.20 & +0.32 \end{array}$$

因此，它们比苯更容易发生亲电取代反应。但是，由于杂原子的影响，环上电子云密度分布不如苯那样均匀，所以它们的芳香性都比苯弱。而且由于杂原子的给电子或吸电子诱导效应，杂环中的碳原子相对于苯中碳原子的电子密度有高、有低，这种结构上的细微区别对它们的化学性质有很大影响。

14.2.2　五元芳杂环的性质

1. 亲电取代反应

芳杂环化合物具有芳香性，可进行亲电取代反应。在富电子芳杂环中，由于碳原子相对于苯环中碳原子的电子云密度高，亲电取代反应比苯容易，反应活性顺序为吡咯＞呋喃＞噻吩＞苯。而且由于环上 α-位的电子云密度比 β 位更高，亲电反应一般发生在 α 位，并容易发生多元取代反应；活性大的吡咯、呋喃遇酸或氧化剂，甚至容易发生开环、聚合、氧化等副反应。为避免这些副反应的发生，在五元杂环化合物的亲电反应中往往采用较温和的试剂，而避免使用强酸、强氧化剂。例如，呋喃和噻吩在常温下就可直接与卤素作用。吡咯极其活泼，其活性类似于苯胺和苯酚，它与碘的氢氧化钠溶液作用，很容易得到四碘吡咯。噻吩在室温下与浓硫酸发生磺化反应，得到 α-噻吩磺酸，利用此反应可以将从煤焦油中得到的苯进行提纯，即除去其中溶于硫酸的噻吩磺酸。吡咯、呋喃的硝化、磺化反应，必须采用比较缓和的试剂（硝酸乙酰酯和三氧化硫与吡啶的配合物）。呋喃、吡咯、和噻吩的 Friedel-Crafts 酰基化反应一般用比较缓和的路易斯酸催化剂（如 $SnCl_4$、BF_4 等），活性大的吡咯甚至可不用催化剂，直接用酸酐酰化。

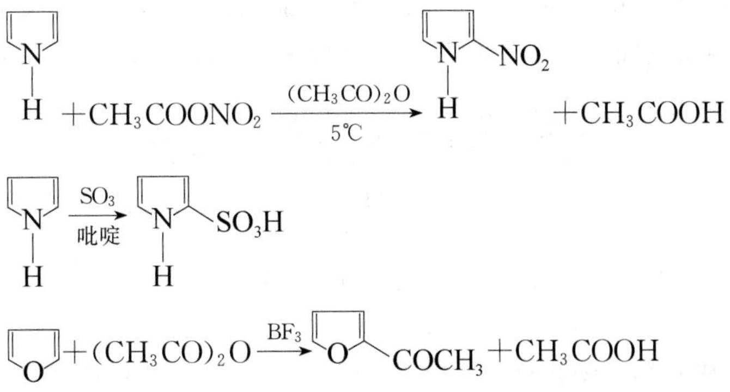

问题 14-1 试用中间体的相对稳定性解释下列现象。

(1) 呋喃的亲电取代主要发生在 α-位。

(2) 吡啶的 β-位比 α-位、γ-位更容易接受亲电试剂的进攻。

问题 14-2 指出下列化合物中哪些具有芳香性，并说明理由。

(1) (2) (3) (4)

问题 14-3 下列化合物发生硝化反应，请用箭头表示主要产物的位置。

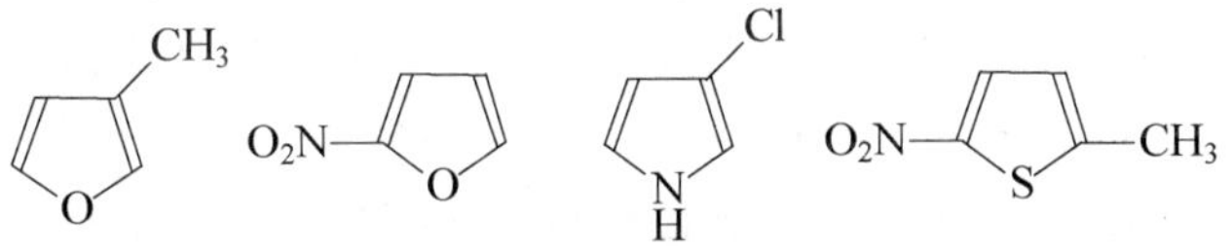

---

2. 氧化反应

呋喃、吡咯极易被氧化，氧化导致环的破裂或聚合物的生成。

3. 还原反应

杂环化合物有一定程度的不饱和性，可以在较缓和的条件下催化加氢生成相应的饱和化合物。

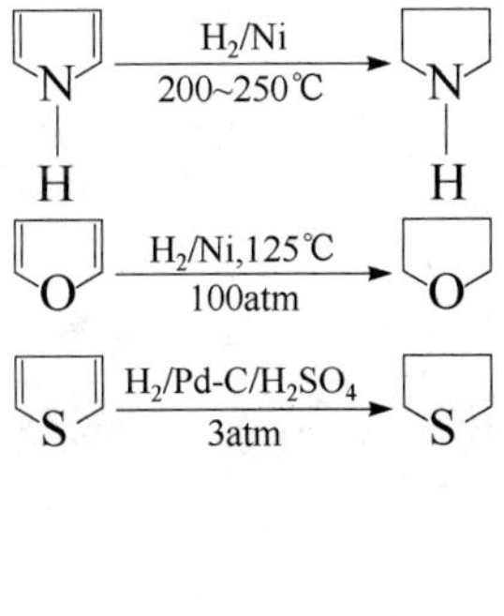

4. 吡咯的酸碱性

吡咯属仲胺，似乎应具有较强的碱性，但由于氮原子的孤电子对参与形成闭合的共轭体系，氮原子上的电子云密度有所降低，吸引质子的能力减弱。因此，吡咯的碱性非常微弱，不但比脂肪族仲胺弱得多，而且比芳香胺还弱（吡咯的 pK_b 为 13.7，苯胺为 9.4），以致它与酸不能生成稳定的盐;另外,氮原子上的氢原子解离为 H^+ 的倾向增大,这就使吡咯反而有弱酸性,但其酸性比苯酚还弱,只有与固体 KOH 共热(或与金属 K、Na 反应),才能生成盐。

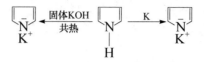

14.3 六元芳杂环

六元芳杂环化合物包括环中只有一个杂原子的六元芳杂环(如吡啶等)、环中有多个杂原子的六元芳杂环(如嘧啶等)及稠杂环(如喹啉、嘌呤等)。

14.3.1 吡啶

1. 吡啶的结构

六元杂环也可形成环状闭合的共轭体系。在吡啶中,环中的 N 和 C 原子都以 sp^2 杂化轨道相互交盖形成 σ 键相连。环上每个原子余下的 p 轨道相互平行重叠,形成环状闭合的共轭体系,π 电子数为 6,具有芳香性。但由于杂原子的孤电子对占据的是 sp^2 杂化轨道,参与共轭的 p 轨道上只有一个电子,体系中杂原子参与共轭使电子云密度平均化的结果,并未对整个环有给电子的作用,相反,杂原子对环上碳具有吸电子的诱导效应,从而使杂环中碳原子相对于苯中碳原子的电子云密度低,这与硝基苯的情况相似,故六元芳杂环也称缺电子芳杂环。吡啶是缺电子芳杂环,环上 β-位的电子云密度比 α-位和 γ-位相对高些(图 14-4、图 14-5)。

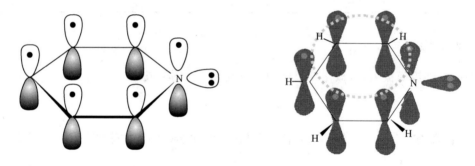

图 14-4 吡啶的结构

图 14-5 吡啶的电荷分布

2. 吡啶的性质

1) 亲电取代反应

缺电子芳杂环的亲电取代反应比苯困难,一般发生在 β 位,这与硝基苯的亲电反应是类似的。吡啶不能发生 Friedel-Crafts 反应,其卤化、硝化、磺化的条件均比苯强烈,并得到 β-位取代的化合物。

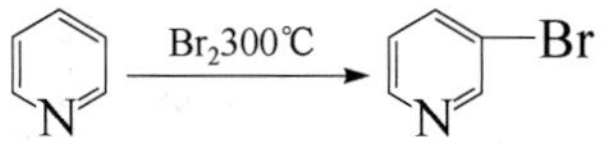

β-硝基吡啶

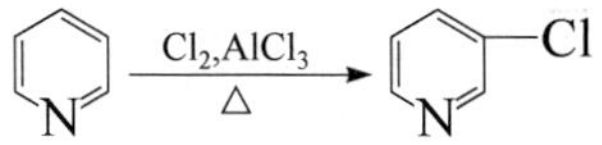

β-氯吡啶

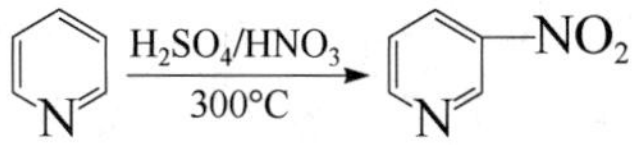

β-硝基吡啶

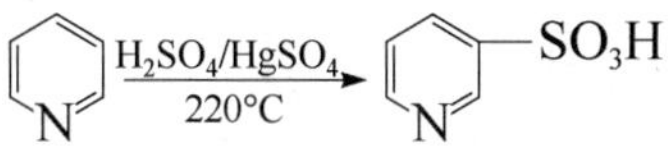

β-吡啶磺酸

2）氧化反应

缺电子芳杂环吡啶对氧化剂比较稳定,比苯还难于被氧化。但环上具有 α-H 的侧链容易被氧化。

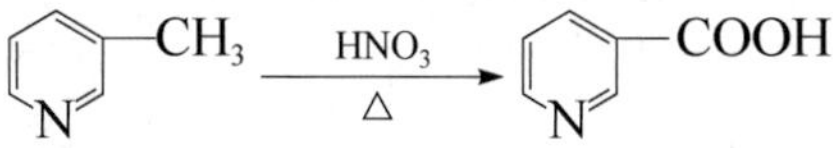

β-吡啶甲酸

3）还原反应

缺电子芳杂环也可以在较缓和的条件下催化加氢生成相应的饱和化合物。

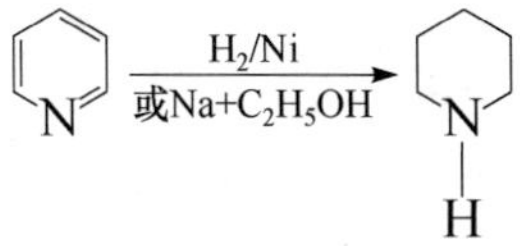

六氢吡啶

4）吡啶的酸碱性

吡啶属叔胺,氮原子上的孤电子对未参与闭合共轭体系,同时,环上的电子云也偏向于电负性较强的氮原子,因此,氮原子可与质子结合,碱性较吡咯、苯胺都强,可与酸形成稳定的盐(吡啶的 pK_b 为 8.8,碱性弱于脂肪胺),吡啶也可与卤代烷反应生成季铵盐。

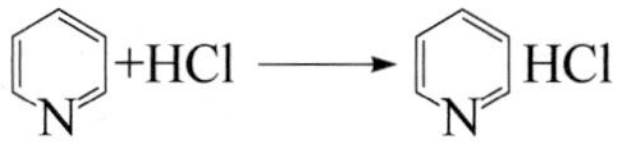

吡啶盐酸盐

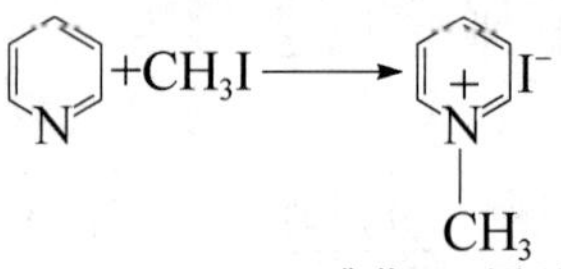

碘化-N-甲基吡啶

问题 14-4　将苯胺、苄胺、吡咯、吡啶、氨按其碱性由强至弱的次序排列。

14.3.2　喹啉和异喹啉

1. 喹啉和异喹啉的结构

喹啉和异喹啉是含有一个杂原子的六元环苯并体系。体系中苯环与吡啶环上所有 π 电子形成一个相互交盖的大 π 键体系,但电子云密度分布不是很均匀,由于分子中杂原子的吸电子效应,苯环上的电子云密度比吡啶环相对高些,环上各个位子的电子云密度分布还有差别。这与 α-硝基萘有些相似。

2. 喹啉和异喹啉的性质

喹啉和异喹啉的化学性质与 α-硝基萘有些相似。

1) 亲电取代反应

喹啉和异喹啉电子云密度较高的苯环容易发生亲电取代,而且主要发生在 5-位和 8-位。

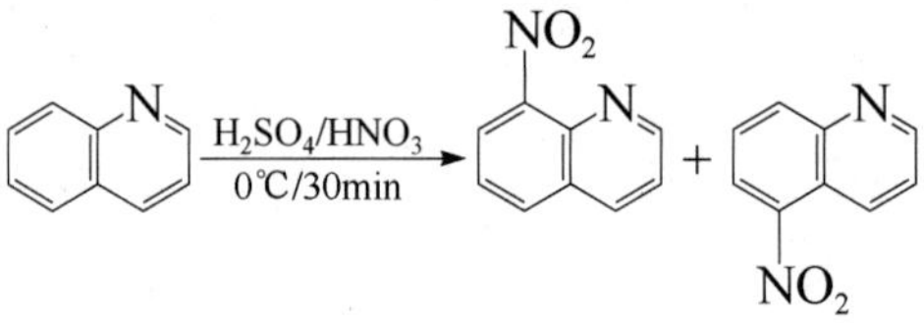

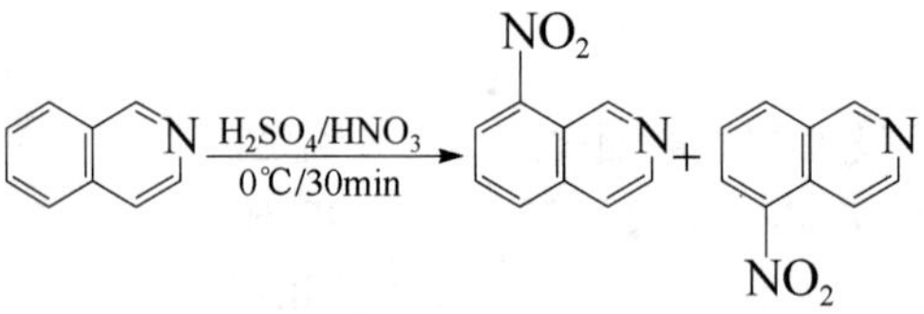

2) 氧化反应

喹啉氧化时,电子云密度较高的苯环破裂而吡啶环保持不变。

2,3-吡啶二甲酸

3) 还原反应

喹啉和异喹啉还原时,吡啶环被氢化而苯环保持不变。

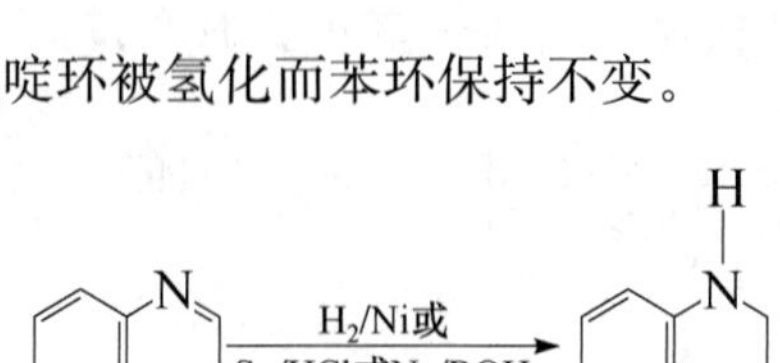

四氢喹啉

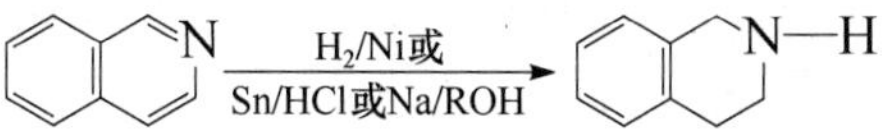

四氢异喹啉

14.4　自然界中重要的杂环化合物

14.4.1　呋喃及其衍生物

呋喃存在于松木焦油中,是一种无色、有特殊气味、低沸点的液体,易溶于有机溶剂。它的衍生物 α-呋喃甲醛(糠醛)和 5-硝基-2-呋喃甲醛是重要的工业原料,前者可从米糠、玉米芯、高粱秆、花生壳等农副产品加工而得。用稀酸处理上述物质,其中所含的多聚戊糖水解为戊糖,再失水环化即可得糠醛。糠醛在光、热及空气中很容易氧化和聚合。

糠醛是有机合成的重要原料,可制造酚醛树脂。糠醛不含 α-氢,在碱性条件下可发生歧化反应,生成糠醇和糠酸。

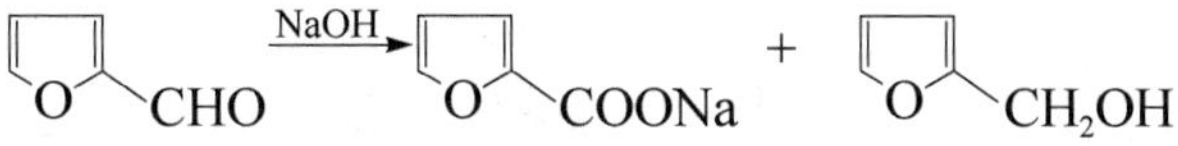

5-硝基糠醛是医药工业的原料,其醛基与氨基化合物缩合可制备呋喃西林、呋喃唑酮等杀菌和抗菌药物。

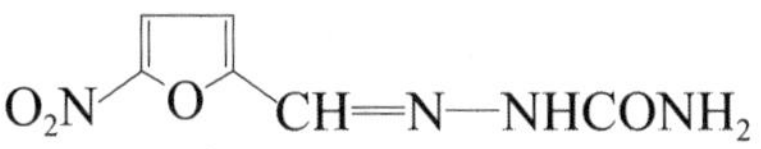

呋喃西林 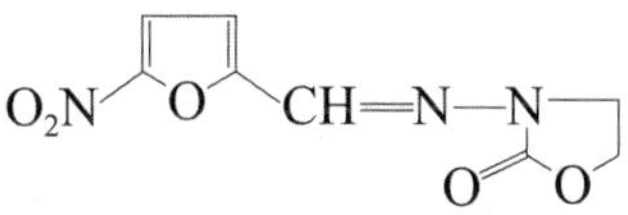　　　　　　　　　　　　　呋喃唑酮

14.4.2　吡咯及其衍生物

吡咯存在于骨焦油和煤焦油中,是沸点为 113℃ 的无色液体,溶于有机溶剂,在空气中易氧化,遇蘸有盐酸的松木片能显红色。四个吡咯环与四个次甲基(—CH ==)组成一个共轭的卟吩环,它是构成生物界有重大生物功能的色素——血红素和叶绿素的物质。血红素为血红蛋白分子中的辅基,它起着将肺部吸收的氧传递到肌肉或其他组织中的作用。其化学结构如下:

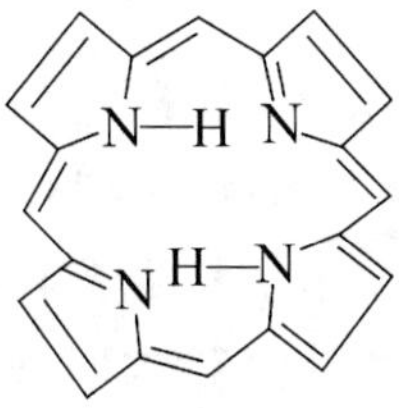

卟吩 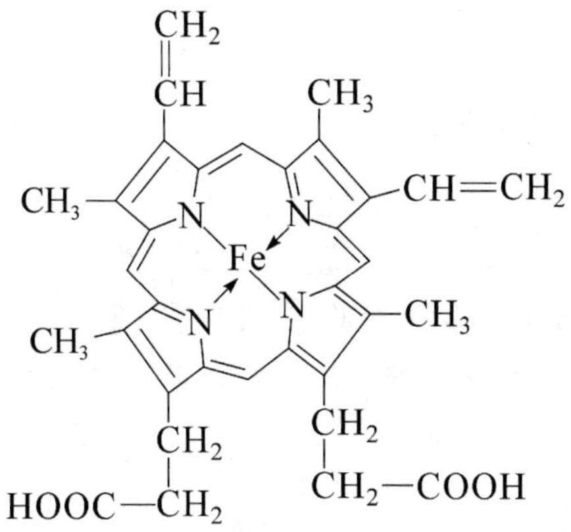　　　　　　　　　　　　　　　　血红素

该分子中含一卟啉环(卟吩的取代物称为卟啉),为一复杂的共轭体系。血红素被蛋白质的肽链包围,只留下一个小孔道,允许氧分子通过。

叶绿素能溶于非极性溶剂,在碱的作用下可皂化水解,在弱酸的作用下可置换金属镁离子,在强酸的作用下会使叶绿素遭到破坏。叶绿素分子中也含有高度共轭的卟啉环,能吸收光量子,把太阳能转化为化学能。叶绿素的化学结构如下:

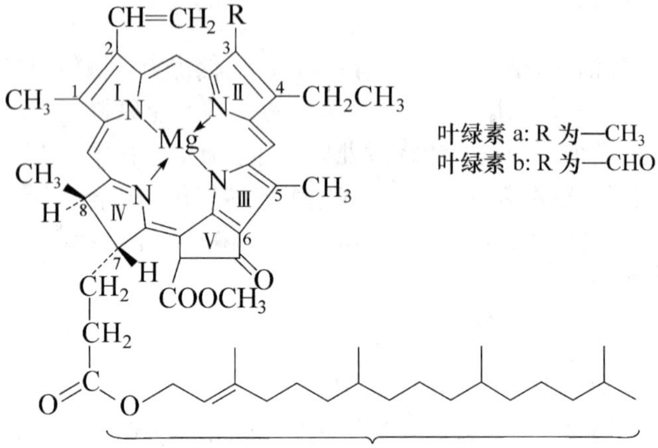

叶绿素 a: R 为—CH₃
叶绿素 b: R 为—CHO

叶绿醇基
叶绿素的分子结构

14.4.3　噻吩及其衍生物

噻吩存在于煤焦油中,是沸点为 84℃的无色液体,溶于有机溶剂,它是含一个杂原子的五元杂环化合物中最稳定的一个。噻吩的衍生物中有许多是重要的药物,如维生素 H(又称生物素)及半合成头孢菌素——先锋霉素等。

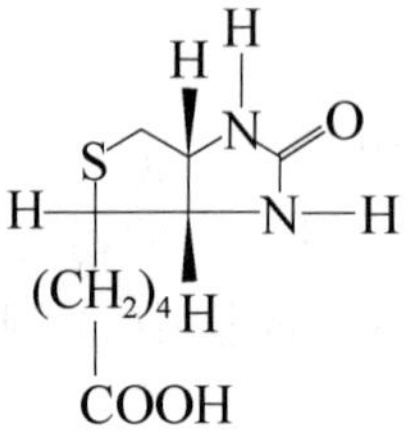

维生素H 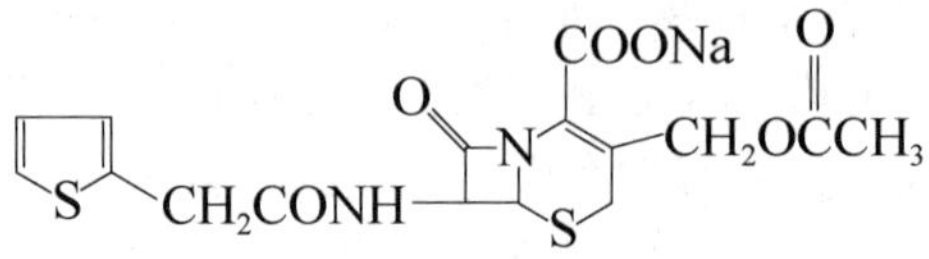　　　　　　　　　　　先锋霉素

14.4.4　吡啶及其衍生物

吡啶存在于煤焦油和骨焦油中,是沸点为 115℃,有臭味的液体,溶于许多极性和非极性溶剂中,吡啶本身就是一种优良的溶剂。维生素 B_6 和维生素 PP 是吡啶的重要衍生物。

维生素 B_6 由吡哆醇、吡哆醛、吡哆胺三种物质组成,它为无色结晶,易溶于水和乙醇,耐热、易被光破坏,麦麸、米糠和谷胚中含量较多,缺乏维生素 B_6 会使生物体内蛋白质代谢发生障碍。

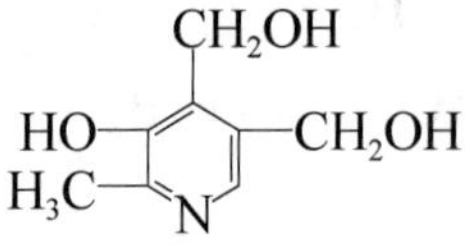

吡哆醇 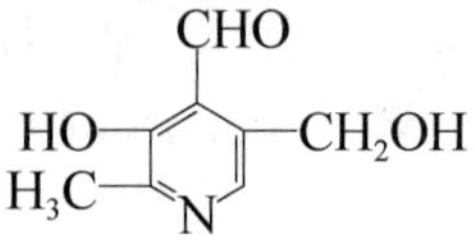　　　　　　　　　　吡哆醛 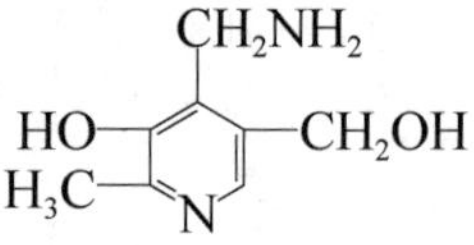　　　　　　　　　　吡哆胺

维生素 PP 包括烟酸和烟酰胺。它们都是针状结晶,能溶于水和乙醇,在米糠、酵母、肝、牛乳、花生中含量较多,参与生物体的许多反应,并能治疗癞皮病。

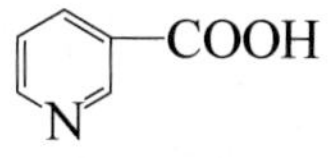

烟酸 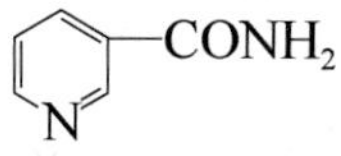　　　　　　　烟酰胺

14.4.5　吲哚和 1,2,4-三唑的衍生物

吲哚是无色片状结晶,其极稀溶液有愉快的香味。β-吲哚乙酸(简称 IAA)是最早发现的植物内源激素之一,它能促进植物生长,是一种植物生长调节剂。

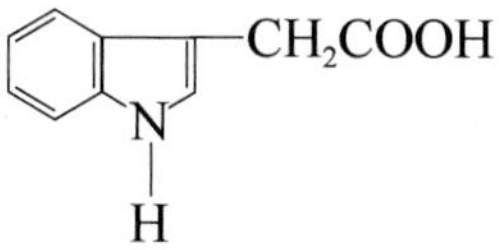

β-吲哚乙酸(IAA)

含 1,2,4-三氮五环(含 1,2,4-三唑)的一些化合物有杀菌剂和植物生长调节剂活性,如粉锈宁、多效唑、烯效唑等。

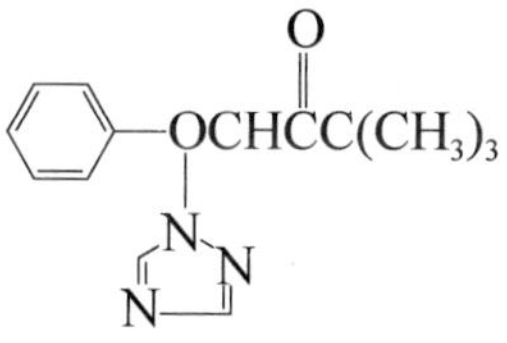

粉锈宁 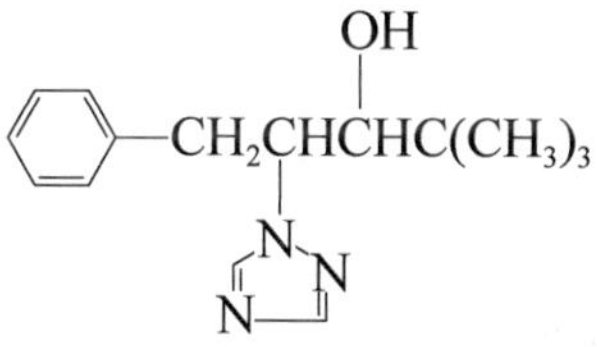　　　　　　多效唑 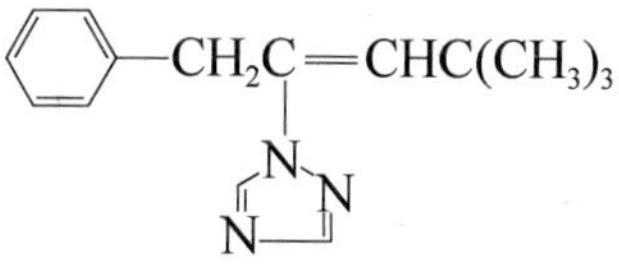　　　　　　烯效唑

14.4.6　嘧啶和嘌呤的衍生物

嘧啶和嘌呤的衍生物广泛存在于自然界。嘧啶的衍生物维生素 B_1 为无色结晶,味苦,易溶于水,能与酸成盐。麦麸、米糠和谷胚中含有丰富的维生素 B_1,人体缺乏维生素 B_1 会得脚气病。

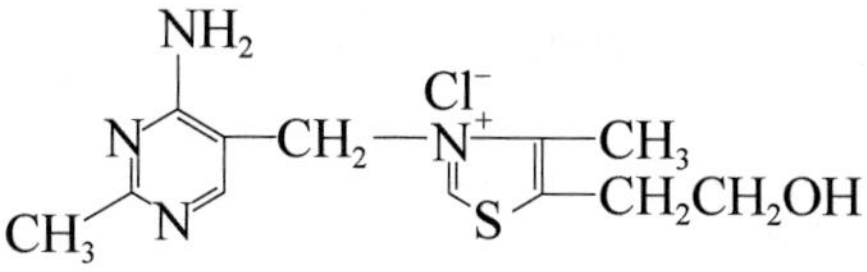

硫胺素(维生素 B_1)

嘌呤的三羟基衍生物俗称尿酸,存在于鸟类、爬虫类和人的排泄物中。

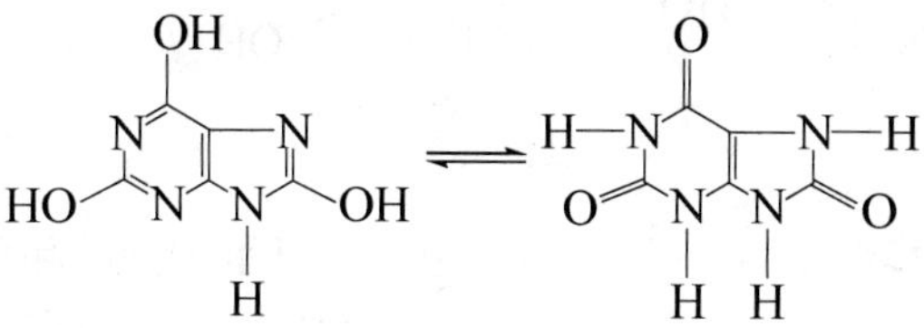

尿酸

嘧啶碱和嘌呤碱是核酸的重要组成部分,它们的结构如下:

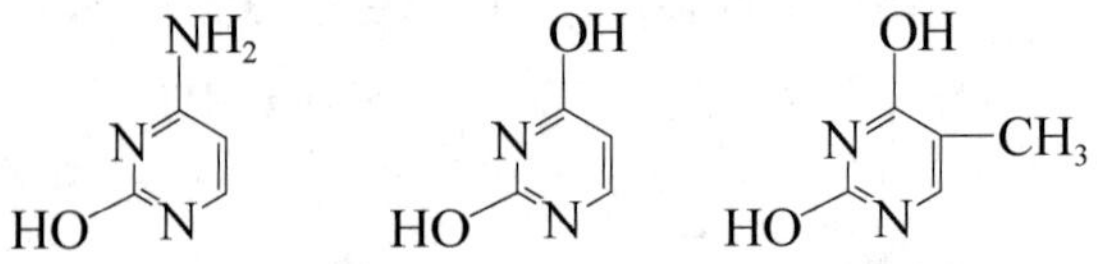

胞嘧啶　　　　尿嘧啶　　　　胸腺嘧啶

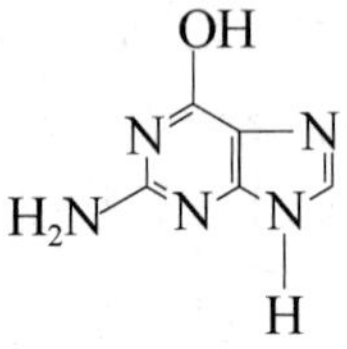

腺嘌呤　　　　鸟嘌呤

嘧啶和嘌呤也是一些抗肿瘤药物的母体。

14.4.7　苯并吡喃及其衍生物

苯并吡喃是由苯环和吡喃环稠合而成的,它本身并不重要,但许多天然色素都是它的衍生物,如花色素、黄酮色素等。

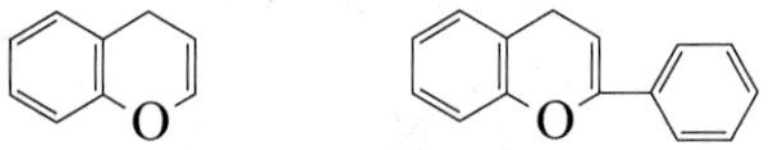

苯并吡喃　　　　2-苯基苯并吡喃

植物的花、果显示出各种不同的颜色,主要是由花色素引起的。在植物体中,花色素与糖结合成为糖苷,通常称为花色苷。如用盐酸将这些糖苷水解,可得到糖和花色素的盐酸盐。水解各种植物的花色苷得到的花色素盐主要有下列三种,它们都有颜色并具有苯并吡喃的基本骨架以及锌盐的结构。它们结构上的差异仅在于其中一个苯环上所连的羟基数目不同。

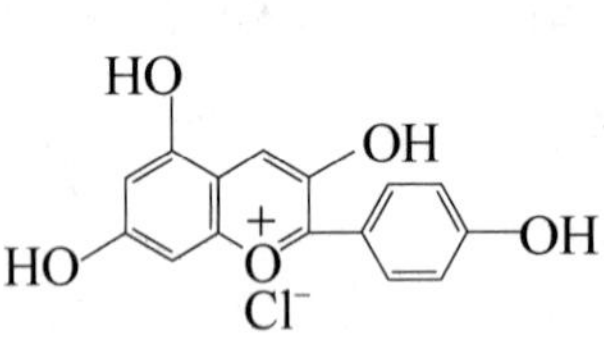

氯化天竺葵素 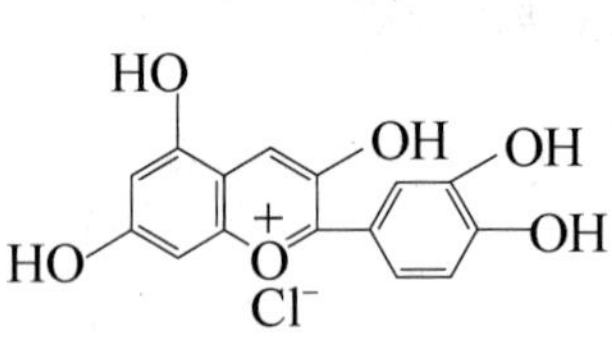　　　　　　　　氯化青芙蓉素

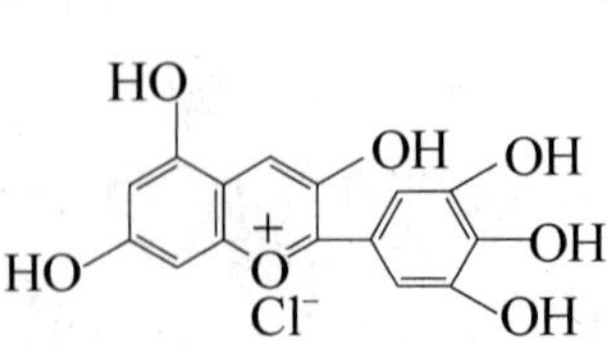

氯化飞燕草素

在不同的 pH 环境中,由于结构的变化,花色素可显示不同的颜色。各种不同比例花色素的配合,使得植物的花和果呈现纷繁艳丽的颜色。例如,玉蜀黍的穗及玫瑰花中都含有青芙蓉色素与两个葡萄糖分子形成的糖苷,但前者呈紫色而后者则显红色,这主要是由于它们的细胞

液 pH 不相同(图 14-6)。

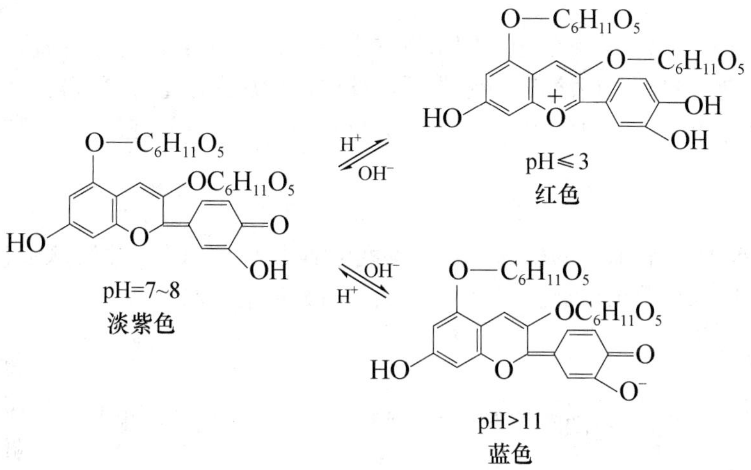

图 14-6　不同 pH 下的青芙蓉素二葡萄糖苷

　　黄酮色素是一类黄色色素,广泛存在于植物的花、根和茎中,大多数与糖结合成黄酮苷。黄酮色素都具有黄酮(α-苯基苯并-γ-吡喃酮)的基本结构。

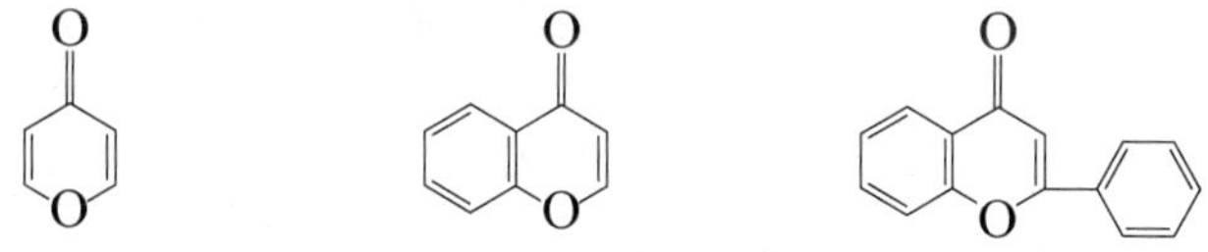

γ-吡喃酮　　　　苯并-γ-吡喃酮　　　α-苯基苯并-γ-吡喃酮(黄酮)

14.5　生　物　碱

14.5.1　生物碱概述

　　生物碱是一类主要存在于植物中的,对人和动物有强烈生理效应的碱性含氮化合物,也常被称为植物碱。以毛茛科、罂粟科、茄科、豆科、防己科和小檗科等植物含量较多。它们大多具有含氮的杂环,也有少数生物碱分子结构中没有含氮的杂环,如秋水仙碱、麻黄碱等。许多中草药的有效成分是生物碱。

　　生物碱一般按它的来源命名,如从烟草中提出来的生物碱就称为烟碱(尼古丁)。

　　大多数生物碱是无色有苦味的晶体,一般都有旋光性,易溶于有机溶剂,除少数季铵型生物碱外,大部分不溶于水。除酰胺生物碱外,均有碱性,可溶于稀酸。在生物体内常与草酸、苹果酸、柠檬酸等有机或无机酸结合成盐。生物碱可与许多试剂发生沉淀或呈色反应,如单宁、苦味酸、磷钨酸、磷钼酸、碘与碘化钾、碘化汞与碘化钾、碘化铋钾、甲醛、硫酸、硝酸等,这些试剂被称为生物碱试剂。常用来鉴别生物碱的试剂为碘化铋钾试剂,它与含生物碱试液显棕黄色。

14.5.2　生物碱的提取

　　从植物中提取生物碱,一般有以下三种方法。

1. 加酸-碱提取法

首先将含有较丰富生物碱的植物用水清洗干净,沥干研碎,再用适量的稀盐酸或稀硫酸处理,使生物碱成为无机酸盐而溶于水中,然后向此溶液中加入适量的氢氧化钠使生物碱游离出来,最后用有机溶剂萃取游离的生物碱,蒸去有机溶剂便可得到较纯的生物碱。

2. 加碱提取法

在某些情况下,可把研碎的植物直接用氢氧化钠处理,使原来与生物碱结合的有机酸与加入的氢氧化钠作用,生物碱就会游离出来,最后用有机溶剂萃取。

3. 蒸馏法

有些生物碱(如烟碱)可随水蒸气挥发,因此可用水蒸气蒸馏法提取。

14.5.3　生物碱选述

1. 烟碱

烟碱俗称尼古丁,是烟草中最主要的生物碱。烟碱分子中含吡啶环和四氢吡咯环。

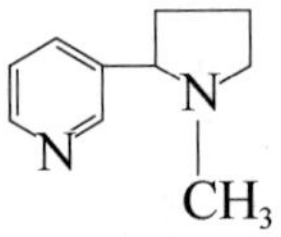

烟碱

烟碱为无色或微黄色油状液体,沸点为 246℃,能溶于水及大多数有机溶剂,在空气中能迅速被氧化变褐色。烟碱有剧毒,能增高血压、麻痹心脏,内服或吸入 40mg 即可致死。在农业上可用作杀虫剂。

2. 茶碱和咖啡碱

茶碱和咖啡碱都是存在于茶叶和咖啡中的生物碱,属嘌呤衍生物。

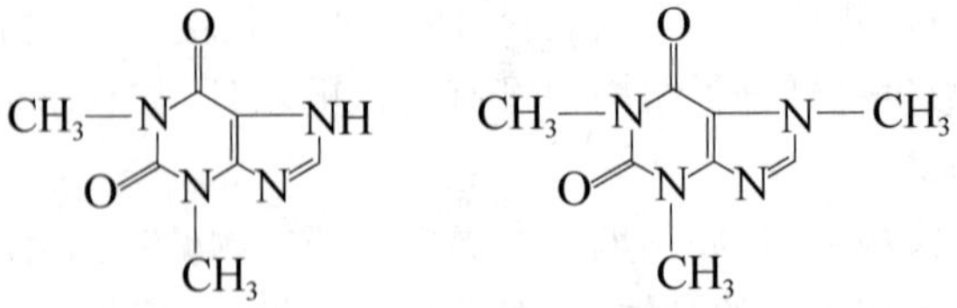

茶碱　　　　　　咖啡碱

它们均为无色针状结晶,能溶于热水,难溶于冷水,易溶于氯仿等有机溶剂。茶碱和咖啡碱对人均有兴奋和利尿作用。

3. 颠茄碱

颠茄碱又称阿托品,是存在于茄科植物颠茄、曼陀罗、天仙子等中的主要生物碱,分子中含有四氢吡咯与六氢吡啶稠并而成的杂环,具有芳香族羟基酸酯的结构。

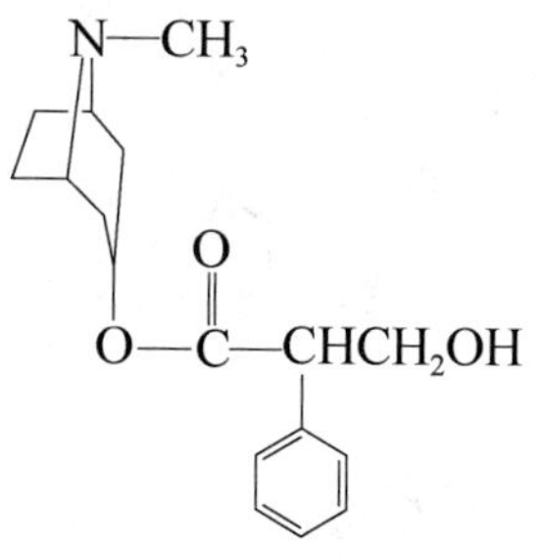

颠茄碱

颠茄碱为无色结晶,熔点为 114～116℃,溶于热水乙醇和氯仿。颠茄碱具有镇痛及解痉挛等生理作用,眼科用于扩散瞳孔,也用作有机磷中毒的解毒剂。

4. 麻黄碱

麻黄碱俗称麻黄素,是存在于中草药麻黄中的主要生物碱。麻黄碱不是杂环化合物,具有脂肪胺的结构。

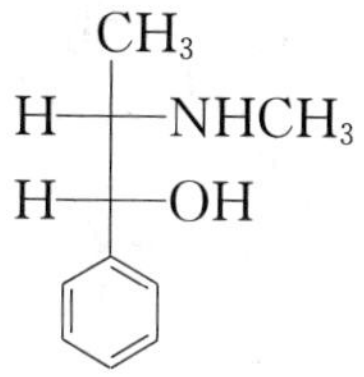

麻黄碱

麻黄碱为无色结晶,熔点为 38℃,易溶于水和乙醇,乙醚、氯仿等有机溶剂。具有增高血压、扩张气管的作用,用于治疗支气管哮喘。将麻黄碱上的氧原子脱去,即形成脱氧麻黄素(俗称冰毒),是一种毒性强烈、易成瘾的毒品。

5. 吗啡碱

吗啡碱是存在于罂粟(俗称鸦片)中的主要生物碱,属异喹啉衍生物。

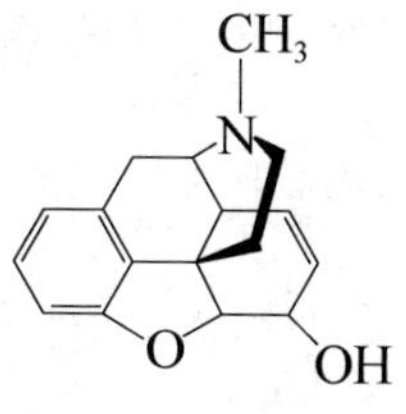

吗啡碱

吗啡碱为无色柱状结晶,熔点为 254℃,溶于热水及氯仿,有镇痛、止痉、止咳、催眠、麻醉等作用,但连续使用易成瘾。将羟基上的氢换成乙酰基,即成海洛因,海洛因比吗啡碱更易成瘾。

6. 秋水仙碱

秋水仙碱存在于植物秋水仙中,在云南等省的山慈姑中含量也较高。其分子中不含杂环,氮原子呈环外酰胺状态。

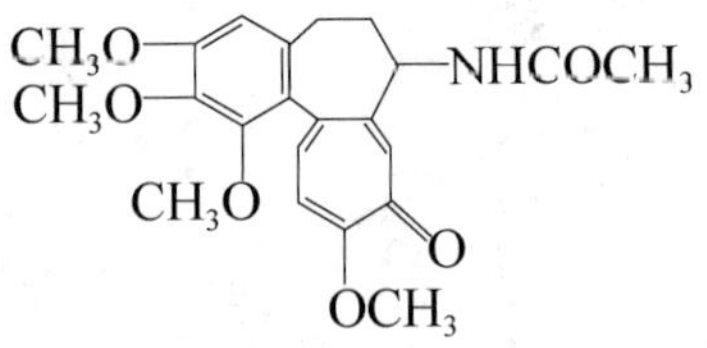

秋水仙碱

秋水仙碱为浅黄色针状结晶,熔点为 155～157℃,可溶于水或稀乙醇,易溶于氯仿。秋水仙碱是人工诱发细胞染色体加倍的药剂,常用于植物组织培养;也是一种抗癌药物,但毒性较大。

7. 金鸡纳碱

金鸡纳碱俗称奎宁,存在于金鸡纳树皮中,属喹啉衍生物。

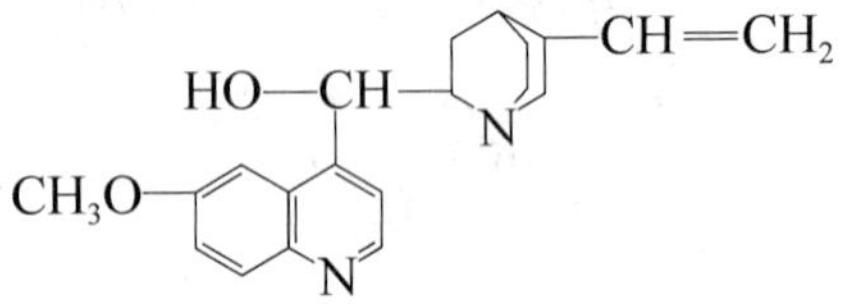

金鸡纳碱

金鸡纳碱为无色结晶,熔点为 177℃,微溶于水,易溶于乙醇、乙醚等有机溶剂,是常用的治疗疟疾的药物,但有引起耳聋的副作用,目前正在被青蒿素及其衍生物替代。

阅读材料

请远离毒品

　　毒品种类繁多,但一般来说,毒品都有四个共同的特征:不可抗力,强制性地使吸食者连续使用该药,并且不择手段地去获得它;连续使用有不断加大剂量的趋势;对该药产生精神依赖性及躯体依赖性,断药后产生戒断症状(脱瘾症状);对个人、家庭和社会都会产生危害。

　　联合国麻醉药品委员会将毒品分为六大类:吗啡型药物(包括鸦片、吗啡、可卡因、海洛因和罂粟植物等)是最危险的毒品;可卡因、可卡叶;大麻;甲基苯丙胺等人工合成兴奋剂;安眠镇静剂(包括巴比妥药物和安眠酮);精神药物,即安定类药物。目前毒品种类已达到 200 多种。主要有海洛因、苯丙胺类(即冰毒)等。

　　(1)鸦片。俗称"阿片"、"大烟"、"烟土"、"阿片烟"、"阿芙蓉"等。鸦片是草本类植物罂粟未成熟的果实用刀割后流出的汁液,经风干后浓缩加工处理而成的褐色膏状物。鸦片含有 25 种以上鸦片生物碱,其中最主要的是吗啡、可待因等,含量可达 10%～20%。

　　(2)吗啡。吗啡是鸦片的主要有效成分,是从鸦片中经过提炼出来的生物碱,白色结晶粉末,闻上去有点酸味。吗啡成瘾者常用针剂皮下注射或静脉注射。曾被作为镇痛剂应用于临床,但由于它对呼吸中枢有极强的抑制作用,如同吸食鸦片一样,过量吸食吗啡会出现昏迷、瞳孔极度缩小、呼吸受到抑制,甚至出现呼吸麻痹、停止而死亡。

　　(3)海洛因。也称盐酸二乙酰吗啡,是鸦片经特殊化学处理后所得的产物。毒品市场上的海洛因有多种形状,是带有白色、米色、褐色、黑色等色泽的粉末、粒状或凝聚状物品,多数为白色结晶粉末,极纯的海洛因俗称"白粉"。有的具有特殊性气味,有的则没有。由于海洛因成瘾最快,毒性最烈,曾被称为"世界毒品之王",一般持续吸食海洛因的人只能活 7～8 年。

　　(4) 大麻。一年生草本植物,大麻叶中含有多种大麻酚类衍生物,主要有大麻酚、大麻二酚、四氢大麻酚、大麻酚酸、大麻二酚酸、四氢大麻酚酸。通常被制成大麻烟吸食或用作麻醉剂注射。初吸或注射大麻有兴奋感,但很快转变为恐惧,长期使用会出现人格障碍、双重人格、人格解体、记忆力衰退、迟钝、抑郁、头痛、心悸、瞳孔缩小和痴呆,偶有无故的攻击性行为,导致违法犯罪的发生。

　　(5) 可卡因。1860 年从前南美洲称为古柯(COCA)的植物叶片中提炼出来的生物碱,无味、白色薄片状的结晶体。可卡因服用方式是鼻吸,是最强的天然中枢兴奋剂,对中枢神经系统有高度毒性,可刺激大脑皮层,产生兴奋感及视、听、触等幻觉;服用后极短时间即可成瘾,并伴以失眠、食欲缺乏、恶心及消化系统紊乱等症状;精神逐渐衰退,可导致偏执呼吸衰竭而死亡。一剂 70mg 的纯可卡因,可以使体重 70kg 的人当场丧命。

　　(6) 甲基苯丙胺及其衍生物。甲基苯丙胺(又称去氧麻黄碱),俗称"冰毒"。甲基苯丙胺为白色块状结晶体,易溶于水,一般作注射用。长期使用可导致永久性失眠、大脑机能破坏、心脏衰竭、胸痛、焦虑、紧张或激动不安,更有甚者会导致长期精神分裂症,剂量稍大便会中毒死亡。

　　(7) K 粉。"K 粉"的化学名称为"氯胺酮",白色结晶,无臭,易溶于水,静脉全麻药,有时也可用作兽用麻醉药。K 粉的吸食方式为鼻吸或溶于饮料后饮用,能兴奋心血管,吸食过量可致死,具有一定的精神依赖性。服用后遇快节奏音乐便会强烈扭动,会导致神经中毒反应、精神分裂症状,出现幻听、幻觉、幻视等,对记忆和思维能力造成严重的损害。此外,易让人产生性冲动,所以又称"迷奸粉"或"强奸粉"。

　　(8) 摇头丸。传统的摇头丸是指由 MDMA、MDA 等致幻性苯丙胺类化合物所构成的毒品。MDMA 即 3,4-亚甲二氧基甲基安非他明;MDA 即 3,4-亚甲二氧基安非他明;MMDA 即 3-甲氧基-4,5-亚甲二氧基甲基安非他明。摇头丸外观为圆形、方形、棱形等形状的片剂,呈白色、灰色、粉色、蓝色、绿色等多种颜色。这类毒品具有明显的中枢致幻、兴奋作用。因吸毒者滥用后会随着音乐剧烈地摆动头部而得名"摇头丸"。吸食摇头丸后,经常处于幻觉、妄想状态,出现精神异常,酷似精神分裂症。同时,也会发生其他滥用药物感染合并综合征,包括肝炎、细菌性心内膜炎、败血症、性病和艾滋病等。

　　(9) 咖啡因。咖啡因是化学合成或从茶叶、咖啡果中提炼出来的一种生物碱。大剂量长期使用会对人体造成损害,引起惊厥、心律失常,并可加重或诱发消化性肠道溃疡,甚至导致吸食者下一代智能低下、肢体畸形,同时具有成瘾性,停用会出现戒断症状。

习　　题

1. 命名下列化合物。

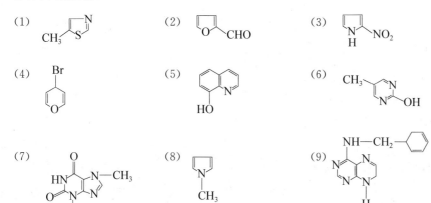

2. 下列化合物是否具有芳香性? 说明理由。
　　(1) 呋喃和吡喃(提示:吡喃环不是平面构型)　　(2) 吡啶和嘧啶

3. 比较下列化合物碱性的相对强弱,说明理由。

    (1) 吡咯和四氢吡咯　　　(2) 吡啶和六氢吡啶　　　(3) 苯胺、吡啶、甲胺、氨、吡咯

4. 吡咯容易进行亲电取代反应,而嘧啶则较难。试从结构上给予解释。

5. 喹啉发生硝化反应时,硝基取代在苯环上还是取代在吡啶环上? 为什么?

6. 用适当的方法将下列混合物中的少量杂质除去。

    (1) 苯中混有少量噻吩　　　(2) 甲苯中混有少量苯酚、吡啶

7. 完成下列反应式。

    (1)

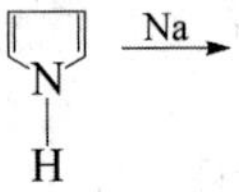

    (2)

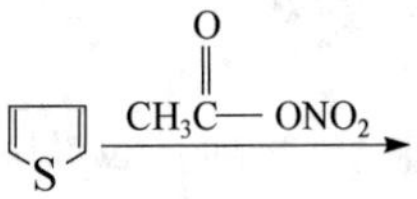

    (3)

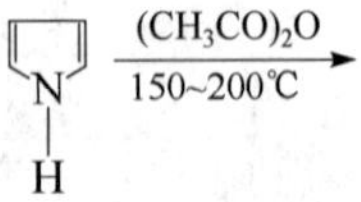

    (4)

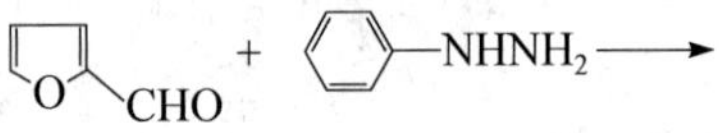

    (5)

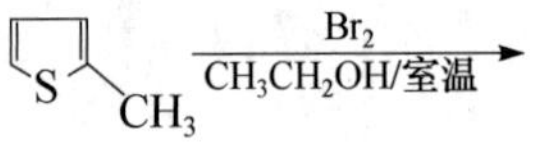

    (6)

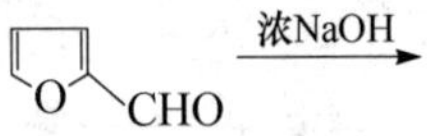

    (7)

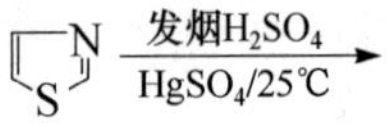

    (8)

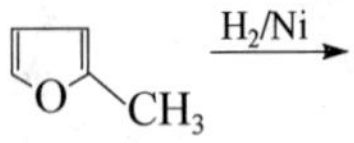

    (9)

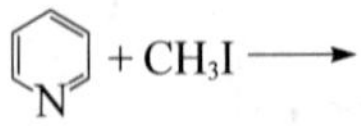

    (10)

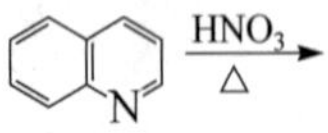

    (11)

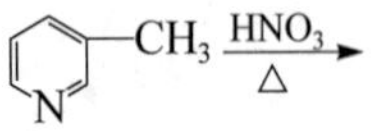

    (12)

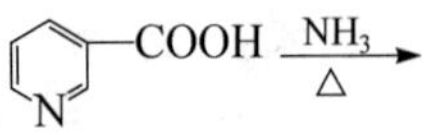

    (13)

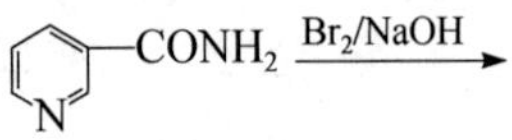

    (14)

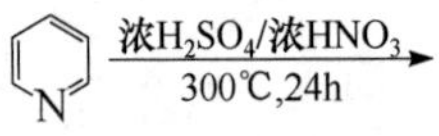

第15章 氨基酸、蛋白质和核酸

蛋白质(protein)存在于所有细胞中,是生命活动中不可缺少的一类重要物质,它是生物体各种组织如皮肤、肌肉、血液、骨骼、神经和血液等的重要组成物质。蛋白质具有多种生理功能,如作为酶和激素的蛋白质,催化和调节着机体内的众多生化反应;作为抗体的蛋白质,能抵御病菌的入侵等。1965 年,我国在世界上第一次用人工方法合成了具有生理活性的蛋白质——结晶牛胰岛素。

氨基酸(amino acid)是蛋白质的基本组成单位。天然蛋白质是由 20 多种氨基酸失水形成的多酰胺高聚物,蛋白质水解后生成各种氨基酸。氨基酸通过酰胺键相连成肽链,多个肽链相连形成蛋白质。

核酸(nucleic acid)是与蛋白质有密切关系的生物高分子化合物,可通过转录、复制等过程控制蛋白质的合成,在生物体的生长、发育、生殖、遗传和变异等过程中发挥着重要作用。

15.1 氨 基 酸

15.1.1 氨基酸的分类、命名与结构

氨基酸是羧酸分子中烃基上的氢原子被氨基($-NH_2$)取代后的衍生物。目前发现的天然氨基酸约有 300 种,构成蛋白质的氨基酸有 30 余种,其中常见的有 20 余种(表 15-1,除羟赖氨酸和胱氨酸外,其他 20 种氨基酸和核酸中的遗传密码子有相对应关系)。构成蛋白质的 20 余种常见氨基酸中除脯氨酸外,都是 α-氨基酸,其结构可用下列通式表示:

表 15-1 一些常见的氨基酸

名称	代号	结构式	等电点(25℃)
含一个氨基和一个羧基,中性氨基酸			
甘氨酸	Gly(甘)	$H-CH(\overset{+}{N}H_3)COO^-$	5.97
丙氨酸	Ala(丙)	$CH_3-CH(\overset{+}{N}H_3)COO^-$	6.00
缬氨酸*	Val(缬)	$(CH_3)_2CH-CH(\overset{+}{N}H_3)COO^-$	5.96
亮氨酸*	Leu(亮)	$(CH_3)_2CHCH_2-CH(\overset{+}{N}H_3)COO^-$	6.02
异亮氨酸*	Ile(异亮)	$(3R)-CH_3CH_2CH(CH_3)-CH(\overset{+}{N}H_3)COO^-$	5.98
丝氨酸	Ser(丝)	$HOCH_2-CH(\overset{+}{N}H_3)COO^-$	5.68
苏氨酸*	Thr(苏)	$(3R)-CH_3CHOH-CH(\overset{+}{N}H_3)COO^-$	6.53
含一个氨基和两个羧基或其酰胺衍生物,酸性氨基酸			
天冬氨酸	Asp(天冬)	$HOOCCH_2-CH(\overset{+}{N}H_3)COO^-$	2.77
天冬酰胺	Asn[天冬(NH_2)]	$H_2NCOCH_2-CH(\overset{+}{N}H_3)COO^-$	5.41

续表

名称	代号	结构式	等电点(25℃)
(含一个氨基和两个羧基或其酰胺衍生物,酸性氨基酸)			
谷氨酸	Glu(谷)	$HOOCCH_2CH_2—\overset{+}{C}H(NH_3)COO^-$	3.22
谷氨酰胺	Gln[谷(NH$_2$)]	$H_2NCOCH_2CH_2—\overset{+}{C}H(NH_3)COO^-$	5.65
(含两个氨基和一个羧基,碱性氨基酸)			
赖氨酸*	Lys(赖)	$\overset{+}{H_3}N(CH_2)_4—CH(NH_2)COO^-$	9.74
羟赖氨酸	Hyl(羟赖)	$\overset{+}{H_3}NCH_2CHCH_2CH_2—CH(NH_2)COO^-$ 下接OH	9.54
精氨酸	Arg(精)	$H_2N—C—NH(CH_2)_3—CH(NH_2)COO^-$ 下接$\overset{+}{N}H_2$	10.06
(含硫)			
半胱氨酸	Cys(半胱)	$HSCH_2—\overset{+}{C}H(NH_3)COO^-$	5.07
胱氨酸	Cysscy(胱)	$\overset{-}{O}OCCH(\overset{+}{N}H_3)CH_2S—SCH_2CH(\overset{+}{N}H_3)COO^-$	4.80
蛋氨酸*	Met(蛋)	$CH_3SCH_2CH_2—\overset{+}{C}H(NH_3)COO^-$	5.74
(含芳环)			
苯丙氨酸*	Phe(苯丙)	$PhCH_2—\overset{+}{C}H(NH_3)COO^-$	5.48
酪氨酸	Tyr(酪)	$HO—\bigcirc—CH_2—\overset{+}{C}H(NH_3)COO^-$	5.66
(含杂环)			
组氨酸	His(组)	(结构式)	7.59
脯氨酸	Pro(脯)	(结构式)$CH_2CH(\overset{+}{N}H_3)COO^-$	6.30
色氨酸*	Try(色)	(结构式)$CH_2CH(\overset{+}{N}H_3)COO^-$	5.89

* 为必需氨基酸。

　　这些 α-氨基酸中除甘氨酸外,都含有手性碳原子,有旋光性。其构型一般都是 L 型(某些细菌代谢中产生极少量 D-氨基酸)。氨基酸的构型也可用 R、S 标记法表示。

$$
\begin{array}{c}
COOH \\
| \\
H_2N—\!\!\!\!—\!\!\!\!—H \\
| \\
R
\end{array}
$$

L-氨基酸

　　根据 α-氨基酸通式中 R—基团的碳架结构不同,α-氨基酸可分为脂肪族氨基酸、芳香族氨基酸和杂环族氨基酸;根据 R—基团的极性不同,α-氨基酸又可分为非极性氨基酸和极性氨基酸;根据 α-氨基酸分子中氨基(—NH$_2$)和羧基(—COOH)的数目不同,α-氨基酸还可分为中性氨基酸(羧基和氨基数目相等)、酸性氨基酸(羧基数目大于氨基数目)、碱性氨基酸(氨基的数目大于羧基数目)。

氨基酸名称多根据其来源或性质采用俗称的方法。如微具甜味的甘氨酸,从天门冬植物中得到的天门冬氨酸,蚕丝中得到的丝氨酸等。1975 年,IUPAC 对 20 多种蛋白氨基酸都做了一个正式命名及标准的一个字母或三个字母组成的通用的缩写符号,并规定了它们的碳架定位(表 15-1)。缩写符号由其英文名称的前三个字母组成,这种符号在表示蛋白质和肽链结构时被广泛采用。非蛋白氨基酸的命名相对比较混乱一些,俗名、半系统和系统命名均有。

15.1.2　α-氨基酸的物理性质

α-氨基酸一般为无色晶体,熔点比相应的羧酸或胺类要高,一般为 200~300℃(许多氨基酸在接近熔点时分解)。除甘氨酸外,其他的 α-氨基酸都有旋光性。大多数氨基酸易溶于水,而不溶于有机溶剂。常见氨基酸的物理性质见表 15-1。

15.1.3　α-氨基酸的化学性质

氨基酸分子中既含有氨基又含有羧基,因此它具有羧酸和胺类化合物的性质;同时,由于氨基与羧基之间相互影响及分子中 R—基团的某些特殊结构,又显示出一些特殊的性质。

　1. 氨基酸的两性性质和等电点

氨基酸的酸、碱电离常数比一般的羧酸和胺都要小得多;红外光谱中并无典型的羧基吸收峰($1700cm^{-1}$),但能看到羧基负离子的吸收峰($1600cm^{-1}$)等。这些现象说明,在一般情况下,氨基酸没有游离的羧基和氨基,而以偶极离子形式出现。它们可以在内部发生酸碱反应,生成一个偶极离子,或称两性离子。

$$
\begin{array}{ccc}
\overset{\textstyle O}{\underset{\textstyle NH_2}{\underset{\displaystyle |}{R\overset{|}{C}HCOH}}} & \rightleftharpoons & \overset{\textstyle O}{\underset{\textstyle {}^+NH_3}{\underset{\displaystyle |}{R\overset{|}{C}HCO^-}}}
\end{array}
$$

内盐(偶极离子)

这种两性离子,既可以作为碱和质子反应,也可以作为酸和碱反应。但是,每个氨基酸分子中羧基的离解能力和氨基接受质子的能力并不相等。因此,在纯水中,氨基酸的正离子、负离子和偶极离子这三种形式存在的量并不相等。在一定的 pH 下,可以使氨基酸的酸性离解和碱性离解的程度正好相等,这时氨基酸将以偶极离子的形式存在。若在这种状态下置于电场内,氨基酸将既不会向阳极移动,也不会向阴极移动,相当于电中性状态。这种状态下的溶液的 pH 被称为该氨基酸的等电点(isoelectric point,简称 pI)。当溶液的 pH 大于氨基酸的pI 时,有利于负离子 $NH_2CHRCO_2^-$ 的生成,在电场中向阳极移动,并在阳极析出。反之,当溶液的 pH 小于 pI 时,氨基酸将主要以正离子 $^+NH_3CHRCO_2H$ 的形式存在,在电场中则向阴极移动,在阴极析出。因此,中性氨基酸的 pI 在 5.6~6.3 之间,酸性氨基酸的 pI 在 2.8~3.2之间,而碱性氨基酸的 pI 一般在 7.6~10.6 之间。

$$
\underset{\substack{{}^+NH_3 \\ \text{正离子} \\ pH<pI}}{R\overset{\textstyle O}{\overset{\|}{C}}HCOH} \underset{H^+}{\overset{OH^-}{\rightleftharpoons}} \underset{\substack{{}^+NH_3 \\ \text{偶极离子} \\ pI}}{R\overset{\textstyle O}{\overset{\|}{C}}HCO^-} \underset{H^+}{\overset{OH^-}{\rightleftharpoons}} \underset{\substack{NH_2 \\ \text{负离子} \\ pH>pI}}{R\overset{\textstyle O}{\overset{\|}{C}}HCO^-}
$$

在等电点时,氨基酸的溶解度最低。因此,可以利用这一性质分离各种氨基酸。

问题 15-1　用 Fischer 投影式表示 L-苯丙氨酸和 L-亮氨酸。

问题 15-2　写出 pH＝2 和 11 时,丙氨酸的离子结构。

---

2. 氨基酸中氨基的反应

1) 与亚硝酸反应

大多数氨基酸中含有伯氨基,可以定量与亚硝酸反应,生成 α-羟基酸,并放出氮气。

$$R-\underset{NH_2}{CH}-COOH + HNO_2 \longrightarrow R-\underset{OH}{CH}-COOH + H_2O + N_2\uparrow$$

该反应定量进行,从释放出的氮气的体积可计算分子中氨基的含量。这种方法称为 van slyke 氨基测定法,可用于氨基酸定量和蛋白质水解程度的测定。

2) 与甲醛反应

$$R-\underset{NH_2}{CH}-COOH + 2HCHO \longrightarrow R-\underset{HOH_2C-N-CH_2OH}{CH}-COOH$$

氨基酸分子中的氨基能作为亲核试剂进攻甲醛的羰基,生成(N,N-二羟甲基)氨基酸。在(N,N-二羟甲基)氨基酸中,由于羟基的吸电子诱导效应,降低了氨基氮原子的电子云密度,削弱了氮原子结合质子的能力,使氨基的碱性削弱或消失,这样就可以用标准碱液来滴定氨基酸的羧基,用于氨基酸含量的测定。这种方法称为氨基酸的甲醛滴定法。

在生物体内,氨基酸分子中的氨基在某些酶的催化下,可与醛酮反应生成弱碱性的 Schiff 碱,它是植物体内合成生物碱及生物体内酶促转氨基反应的中间产物。

$$R'CHO + H_2N-\underset{R}{CH}-COOH \longrightarrow R'CH=N-\underset{R}{CH}-COOH$$
Schiff 碱

3) 与 2,4-二硝基氟苯反应

氨基酸能与 2,4-二硝基氟苯(DNFB)反应生成 N-(2,4-二硝基苯基)氨基酸,简称 N-DNP-氨基酸。这个化合物显黄色,可用于氨基酸的比色测定。英国科学家 Sanger 首先用这个反应来标记多肽或蛋白质的 N 端氨基酸,再将肽链水解,经层析检测,就可识别多肽或蛋白质的 N 端氨基酸。

$$O_2N-\langle\rangle-F + H_2N-CHCOOH \xrightarrow{弱碱} O_2N-\langle\rangle-NH-CHCOOH + HF$$

N-DNP-氨基酸(黄色)

4) 氧化脱氨反应

氨基酸分子的氨基可以被双氧水或高锰酸钾等氧化剂氧化,生成 α-亚氨基酸,然后进一步水解,脱去氨基生成 α-酮酸。

$$\mathrm{R{-}CH(NH_2){-}COOH \xrightarrow{[O]} R{-}C({=}NH){-}COOH \xrightarrow{H_2O} R{-}C(OH)(NH_2){-}COOH \xrightarrow{-NH_3} R{-}C({=}O){-}COOH}$$

α-亚氨基酸　　α-羟基-α-氨基酸

生物体内在酶催化下,氨基酸也可发生氧化脱氨反应,这是生物体内蛋白质分解代谢的重要反应之一。

3. 氨基酸中羧基的反应

1) 与醇反应

氨基酸在无水乙醇中通入干燥氯化氢,加热回流时生成氨基酸酯。

$$\mathrm{R{-}CH(NH_2){-}C({=}O){-}OH + C_2H_5{-}OH \xrightarrow{干燥\ HCl} R{-}CH(NH_2){-}C({=}O){-}O{-}C_2H_5 + H_2O}$$

α-氨基酸酯在醇溶液中又可与氨反应,生成氨基酸酰胺。

$$\mathrm{R{-}CH(NH_2){-}C({=}O){-}OC_2H_5 + NH_3 \longrightarrow R{-}CH(NH_2){-}C({=}O){-}NH_2 + C_2H_5{-}OH}$$

这是生物体内以谷氨酰胺和天冬酰胺形式储存氮素的一种主要方式。

2) 脱羧反应

将氨基酸缓缓加热或在高沸点溶剂中回流,可以发生脱羧反应生成胺。生物体内的脱羧酶也能催化氨基酸的脱羧反应,这是蛋白质腐败发臭的主要原因。例如,赖氨酸脱羧生成1,5-戊二胺(尸胺)。

$$\mathrm{H_2N{-}CH_2(CH_2)_3{-}CH(NH_2){-}COOH \xrightarrow{\triangle} H_2N{-}(CH_2)_5{-}NH_2}$$

戊二胺(尸胺)

4. 氨基酸中氨基和羧基共同参与的反应

1) 与水合茚三酮的反应

α-氨基酸与水合茚三酮的弱酸性溶液共热,一般认为先发生氧化脱氨、脱羧,生成氨和还原型茚三酮,产物再与水合茚三酮进一步反应,生成蓝紫色物质。该反应很灵敏。除脯氨酸外,这是鉴定α-氨基酸最为迅速简便的方法。用纸层析分离氨基酸时,就可以用茚三酮试剂的喷晒显色实验来检验氨基酸的存在。

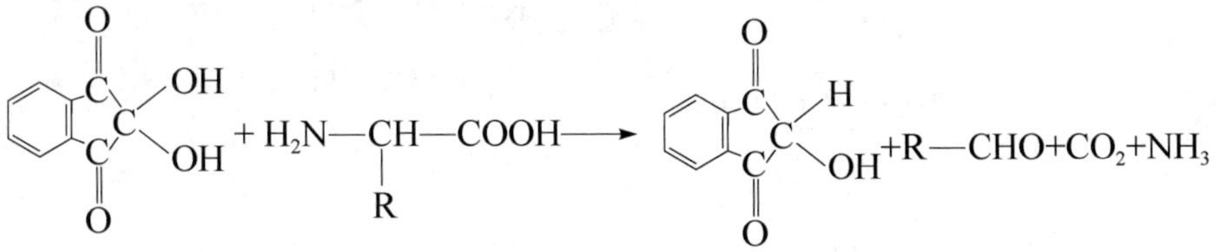

还原性茚三酮

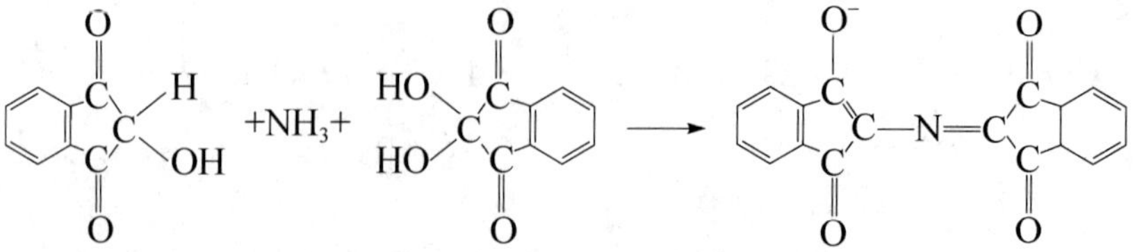

蓝紫色

凡是有游离氨基的氨基酸都和水合茚三酮试剂发生显色反应,多肽和蛋白质也有此反应,脯氨酸和羟脯氨酸与水合茚三酮反应时,生成黄色化合物。

2) 与金属离子形成配合物

某些氨基酸与某些金属离子能形成结晶型化合物,有时可以用来沉淀和鉴别某些氨基酸。例如,二分子氨基酸与铜离子能形成深紫色配合物结晶。

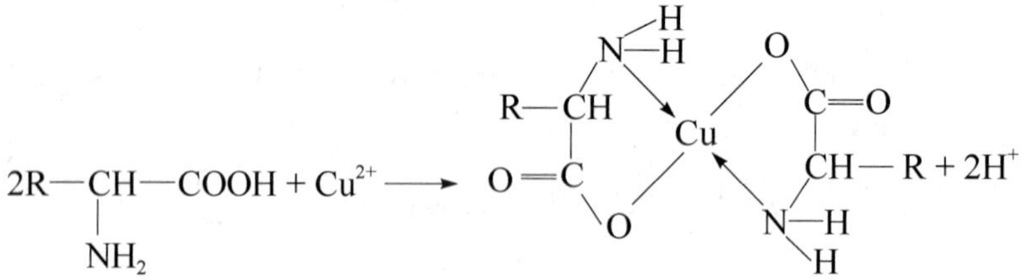

3) 脱羧失氨作用

氨基酸在酶的作用下,同时脱去羧基和氨基得到醇。

$$(CH_3)_2CH-CH_2-CH-COOH + H_2O \xrightarrow{\text{酶}} (CH_3)_2CH-CH_2-CH_2OH + CO_2 + NH_3$$
$$\qquad\qquad\qquad\quad | \\ \qquad\qquad\qquad NH_2$$

工业上发酵制取乙醇时,杂醇就是这样产生的。

此外,一些氨基酸侧链具有的官能基团,如羟基、酚基、吲哚基、胍基、巯基及非 α-氨基等,均可以发生相应的反应,这是进行蛋白质化学修饰的基础。α-氨基酸还可通过分子间的 —NH$_2$ 基与 —COOH 基缩合脱水形成多肽,该反应是形成蛋白质一级结构的基础,将在蛋白质部分介绍。

5. 氨基酸的受热分解反应

α-氨基酸受热时发生分子间脱水生成交酰胺;γ 或 δ-氨基酸受热时发生分子内脱水生成内酰胺;β-氨基酸受热时不发生脱水反应,而是失氨生成不饱和酸。

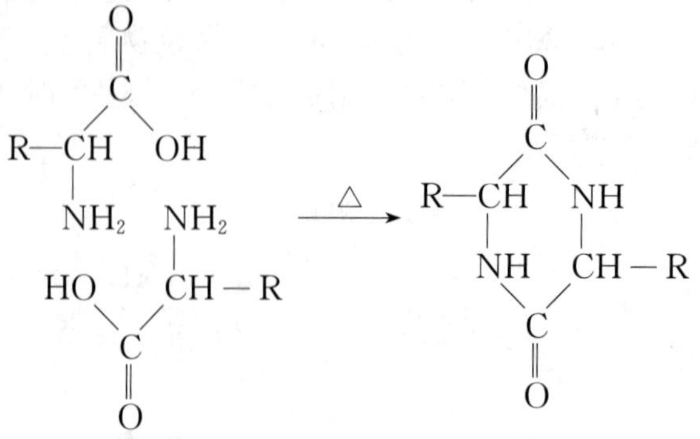

　　　　　α-氨基酸　　　　　　　　　　　交酰胺

$$\underset{\underset{\beta\text{-}氨基酸}{\overset{|}{NH_2}}}{RCHCH_2COOH} \xrightarrow{\triangle} \underset{\alpha,\beta\text{-不饱和酸}}{RCH=CHCOOH} + NH_3 \uparrow$$

$$\underset{\underset{\gamma\text{-}氨基酸}{\overset{|}{NH_2}}}{RCHCH_2CH_2COOH} \xrightarrow{\triangle} \underset{内酰胺}{RCH} \begin{array}{c} CH_2 \\ | \quad | \\ CH_2 \\ | \quad | \\ NH-C=O \end{array}$$

15.1.4　氨基酸的制备

许多氨基酸可以通过某些易得的蛋白质水解来产生。例如,被广泛使用的味精调味品谷氨酸钠即是面粉中的蛋白质——面筋,酸性水解后分离出来的,由动物毛发水解后可以得到胱氨酸等。通过有机合成制备得到的氨基酸通常是外消旋混合物。

1. Strecker 氨基酸合成法

$$RCHO \xrightarrow{NH_3} RCH=NH \xrightarrow{HCN} \underset{\overset{|}{NH_2}}{RCHCN} \xrightarrow{H_3O^+} \underset{\overset{|}{NH_2}}{RCHCO_2H}$$

用氯化铵和氰化钾的水溶液与醛酮反应也可得到同样的产物,这样可以避免使用氢氰酸或氰化铵。

2. α-卤代酸氨解

$$\underset{\overset{|}{Br}}{RCHCO_2H} \xrightarrow{NH_3} \underset{\overset{|}{NH_2}}{RCHCO_2H}$$

工业上脯氨酸由明胶水解制得,L-色氨酸用吲哚、丙酮酸和氨在色氨酸酶作用下生产,光学活性的 L-赖、缬、亮、异亮、苏、精、苯丙、酪、组、脯等 L-氨基酸主要由微生物发酵法生产,而甘、丙和蛋氨酸主要仍用合成法来制取。生物体系中氨基酸的合成在酶的催化下进行,多由 α-酮酸经还原氨基化产生,NADH 为还原剂,其化学原理和实验室里的合成完全一样。

15.1.5　氨基酸的天然来源

许多蛋白质氨基酸是人体可以代谢产生的,但有 8 个氨基酸是只能依靠从食物中来摄取得到的。营养学研究表明,人体缺少这 8 种氨基酸会发生缺乏营养的症状,因为这将导致许多种类蛋白质的代谢和合成失去平衡,这 8 种氨基酸也是生命运动的基本物质。人们可以从不同的食物来源中获取它们,但不容易在一种食物中同时获得。故饮食的多样化、科学化对人类健康是非常重要的。此外,针对性地适量加入这些氨基酸也是一种方法。这 8 种氨基酸也被称为必需氨基酸(essential amino acid),见表 15-1 中带 * 者。

α-氨基酸广泛用于食品、医药和饲料等工业中,L-谷氨酸单钠盐即味精,L-天冬氨酸钠和甘氨酸钠、丙氨酸钠和某些核苷酸如肌苷酸、乌苷酸等均有增强鲜味的作用。食品和饲料中常常加入某些必需氨基酸以增强营养效果,氨基酸配制的药液可用作手术前后患者的营养补充,不少氨基酸衍生物则有药理作用。

问题 15-3 完成下列反应式。

(1) $\underset{\underset{NH_2}{|}}{C_6H_5CH_2-CH-COOH}$ $\xrightarrow[\text{HCl}]{\text{NaNO}_2}$ (   )

(2) $CH_3-\underset{\underset{NH_2}{|}}{CH}-COOH + O_2N-\underset{\overset{NO_2}{|}}{C_6H_3}-F \longrightarrow$ (   )

(3) $2CH_3-\underset{\underset{NH_2}{|}}{CH}-COOH \xrightarrow{\triangle}$ (   )

(4) $\underset{\underset{CH_3}{|}}{CH_3}CH_2-\underset{\underset{NH_2}{|}}{CH}-COOH \xrightarrow{[O]}$ (   ) $\xrightarrow{H_2O}$ (   )

15.2 蛋 白 质

蛋白质是由多种 α-氨基酸组成的一类天然高分子化合物,相对分子质量一般可由 1 万左右到几百万,有的相对分子质量甚至可达几千万,但元素组成比较简单,主要含有碳、氢、氮、氧、硫,有些蛋白质还有磷、铁、镁、碘、铜、锌等。

各种蛋白质的含氮量很接近,平均为 16%,即每克氮相当于 6.25g 蛋白质,生物体中的氮元素,绝大部分是以蛋白质形式存在,因此,常用定氮法先测出农副产品样品的含氮量,然后计算出蛋白质的近似含量,称为粗蛋白含量。

$$W_{粗蛋白} = W_{氮} \times 6.25 \tag{15-1}$$

15.2.1 蛋白质的分类

蛋白质种类繁多,结构复杂,目前只能根据蛋白质的形状、溶解性及化学组成粗略分类。

从水溶性看,蛋白质可以分为不溶于水的纤维状蛋白质和可溶于水的球状蛋白质两大类。纤维蛋白也称结构蛋白,组成生物体的皮肤、毛发、羽毛、角、骨骼及结构组织等,起到支撑和保护作用。其中在毛发、爪甲、羽毛等组织中的蛋白质又称角蛋白;在动脉、腱筋等弹性组织中的也称弹性蛋白;结缔组织中的蛋白质又称胶原,它们可以在稀酸、稀碱或沸水中成为可溶的明胶。球状蛋白质往往在生命活动现象中有极重要的作用,如酶、血红蛋白、白蛋白、清蛋白等。

从组成来看,蛋白质又可分为单纯蛋白质和结合蛋白质两种,前者只由 α-氨基酸组成,后者由单纯蛋白质和称为辅基的非蛋白两部分组成。辅基是非氨基酸物质,常见的如糖蛋白中的糖、核蛋白中的核糖核酸、脂蛋白中的磷酸甘油酯和胆固醇、血红蛋白中的血红素及某些金属离子和叶绿素等。

按功能来看,蛋白质可以分为只起保护和支撑作用的角蛋白、胶原等非活性蛋白质和在生命运动中起生理作用的活性蛋白质两大类。后者又按不同的功能分为起催化作用的酶、起调节作用的激素和起免疫作用的抗体等。

15.2.2　蛋白质的结构

蛋白质分子是由 α-氨基酸经首尾相连形成的多肽链,肽链在三维空间具有特定的、复杂的精细结构。这种结构不仅决定蛋白质的理化性质,而且是生物学功能的基础。蛋白质的结构通常分为一级结构、二级结构、三级结构和四级结构四种层次,蛋白质的二级、三级、四级结构统称蛋白质的空间结构或高级结构。

1. 多肽

1) 多肽的结构

一个氨基酸的氨基与另一个氨基酸的羧基之间失水形成的酰胺键称为肽键,所形成的化合物称为肽(peptide)。

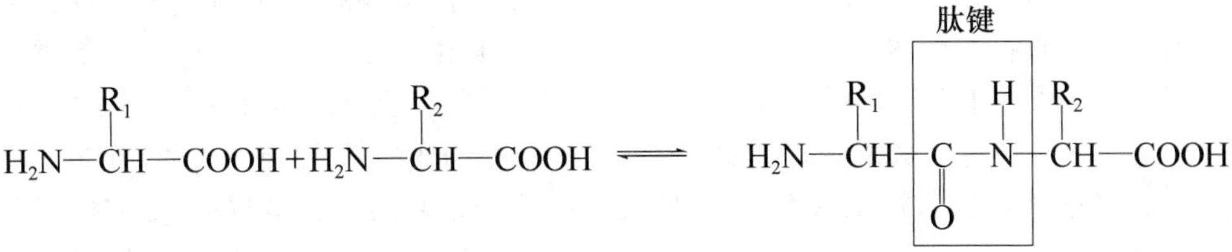

由两个氨基酸组成的肽称为二肽,由多个氨基酸组成的肽则称为多肽。组成多肽的氨基酸单元称为氨基酸残基。肽键将氨基酸头尾连接起来形成肽链,两分子氨基酸形成的肽称为二肽,多个氨基酸由多个肽键结合起来形成的肽称为多肽(polypeptide),相对分子质量大于10000 的肽一般称为蛋白质。形成肽键的氨基酸可以是相同的,也可以是不相同的。在多肽链中,氨基酸残基按一定的顺序排列,这种排列顺序称为多肽的氨基酸顺序。通常在多肽链的一端含有一个游离的 α-氨基,称为氨基端或 N 端;在另一端含有一个游离的 α-羧基,称为羧基端或 C 端。氨基酸的顺序是从 N 端的氨基酸残基开始,以 C 端氨基酸残基为终点的排列顺序。肽的书写和命名都据此模式由左到右排列,即从 N 端开始书写和命名直到 C 端为止,称为某酰某酰某酸。例如

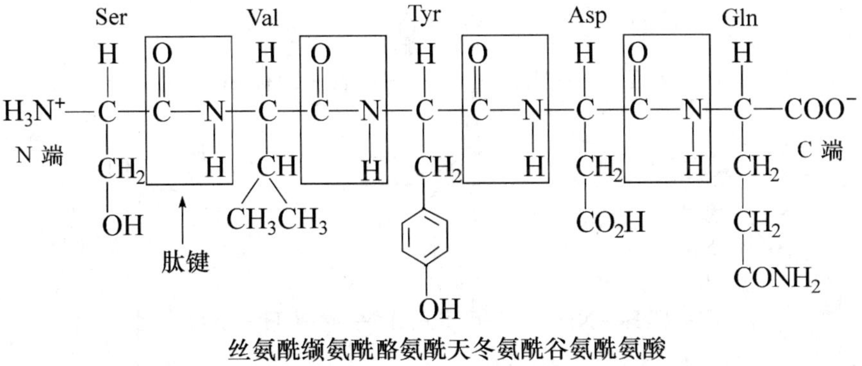

丝氨酰缬氨酰酪氨酰天冬氨酰谷氨酰氨酸

但这样的命名显然有点繁琐,故可以将其简称为丝缬酪天冬谷氨酰氨肽。用英文缩写符号来表示,这个五肽可命名为 Ser-Val-Tyr-Asp-Gln。

肽键的特点是氮原子上的孤电子对与羰基具有明显的共轭作用,组成肽键的原子处于同一平面,肽键中的 C—N 键具有部分双键性质,不能自由旋转,在大多数情况下,以反式结构存

在(图 15-1)。

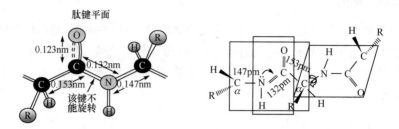

图 15-1　肽键的结构

2) 多肽的性质

肽在水溶液中是以两性离子存在的,肽的亚氨基不能解离,因此肽的酸碱性质主要取决于肽链 N 端和 C 端的自由 NH_2、自由羧基及 R 基上可解离的官能团。肽中 C 端的羧基的 pK 要比自由氨基酸的 pK 大,肽中 N 端的氨基的 pK 要比自由氨基酸的 pK 小,R 基的解离和氨基酸差不多。蛋白质水解所得的各种肽,酶解时不发生消旋,就具有旋光性。一般短肽的旋光度约等于组成该肽的各个氨基酸旋光度之和。大肽和蛋白质的旋光度一般大于组成该肽的各个氨基酸旋光度之和。同氨基酸类似,多肽具有一些与氨基酸一样的反应,如多肽可与茚三酮、考马斯亮蓝、硝酸、尿素等产生显色反应。这些显色反应,可用于多肽的定性或定量鉴定。其中多肽的双缩脲反应是多肽特有的显色反应;双缩脲是两分子的尿素经加热失去一分子 NH_3 而得到的产物。双缩脲能够与碱性硫酸铜作用,产生蓝色的铜-双缩脲络合物,称为双缩脲反应。含有两个以上肽键的多肽,具有与双缩脲相似的结构特点,也能发生双缩脲反应,生成紫红色或蓝紫色配合物。这是多肽定量测定的重要反应。

3) 天然存在的重要多肽

在生物体中,多肽最重要的存在形式是作为蛋白质的亚单位。但是,也有许多相对分子质量比较小的肽以游离态存在。这类肽通常都具有特殊的生理功能,常称为活性肽。例如,脑啡肽、激素类多肽、抗生素类多肽、谷胱甘肽、蛇毒多肽等。

鹅膏覃碱的平面化学结构

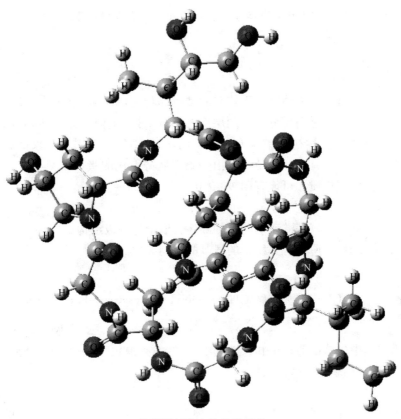

鹅膏覃碱的立体化学结构

$^+H_3N-Tyr-Gly-Gly-Phe-Met-COO^-$　　　　$^+H_3N-Tyr-Gly-Gly-Phe-Leu-COO^-$

Met-脑啡肽　　　　　　　　　　　　　　　　　　　　　Leu-脑啡肽

```
L—Leu—D—Phe—L—Pro—L—Val
  |                       |
L—Orn                   L—Orn
  |                       |
L—Val—L—Pro—D—Phe—L—Leu
```

短杆菌肽 S（环十肽）

```
Cys ─┐
 |   │
Tyr  │
 |   │
Ile  S
 |   │
Gln  S
 |   │
Asn  │
 |   │
Cys ─┘
 |
Pro
 |
Leu
 |
Gly—NH₂
```

```
Cys ─┐
 |   │
Tyr  │
 |   │
Phe  S
 |   │
Gln  S
 |   │
Asn  │
 |   │
Cys ─┘
 |
Pro
 |
Arg
 |
Gly—NH₂
```

牛催产素　　　　　　　　　　　　　　　　　　　　　牛加压素

由细菌分泌的多肽,有时也都含有 D-氨基酸和一些不常见氨基酸,如鸟氨酸(ornithine,缩写为 Orn)。

2. 蛋白质的结构

任何一种蛋白质分子在天然状态下均具有独特而稳定的构象,这是蛋白质分子在结构上最显著的特点。为了表示蛋白质分子不同层次的结构,常将蛋白质分子结构分为一级、二级、三级和四级。一级结构又称初级结构或基本结构,二级结构以上属于构象范畴,称为高级结构。并非所有的蛋白质均具有四级结构。由一条多肽链形成的蛋白质只有二、三级结构。由两条以上肽链形成的蛋白质才可能有四级结构。

1) 一级结构

一级结构指多肽链中氨基酸残基的排列顺序。肽键是一级结构中连接氨基酸残基的主要化学键。任何特定的蛋白质都有其稳定的氨基酸排列顺序。

$$-HN-CH-\overset{\displaystyle O}{\underset{\displaystyle R_1}{C}}-NH-CH-\overset{\displaystyle O}{\underset{\displaystyle R_2}{C}}-NH-CH-\overset{\displaystyle O}{\underset{\displaystyle R_3}{C}}-NH-CH-\overset{\displaystyle O}{\underset{\displaystyle R_4}{C}}-$$

不同的蛋白质中多肽链的数量和长度都不相同,每条肽链中还有各种氨基酸的排列顺序问题,即蛋白质的一级结构或共价结构。

2) 二级结构

肽链并不是以线性伸展的形式存在,在各种蛋白质中由于氨基酸相互靠近的构象关系,肽链按一定的规律卷曲或折叠形成特定的空间结构,这是蛋白质的二级结构。各种蛋白质的主链骨架均相同,但连接在 α-C 上的 R 结构和性质都不同,它们与主链各原子间的相互影响使肽链平面的相对旋转出现不同角度,从而导致主链骨架在空间形成不同的构象,包括 α-螺旋、β-折叠层、β-转角和无规卷曲等几种类型。

(1) α-螺旋构象。

多肽链中各肽键平面通过 α-C 的旋转,围绕中心轴形成一种紧密螺旋盘曲现象。盘曲可形成左手螺旋和右手螺旋。绝大多数蛋白质分子是右手螺旋(图 15-2)。

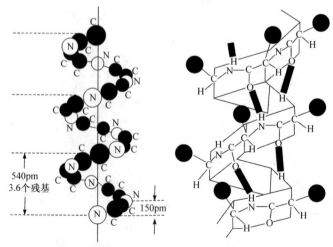

540pm
3.6个残基

150pm

图 15-2 α-螺旋构象

（2）β-折叠层构象。

β-折叠层构象分两种情况，其一是顺向平行，两条肽链从 N 端到 C 端走向相同［图 15-3（a）］，其二是逆向平行两条肽链从 N 端到 C 端走向相反［图 15-3(b)］。

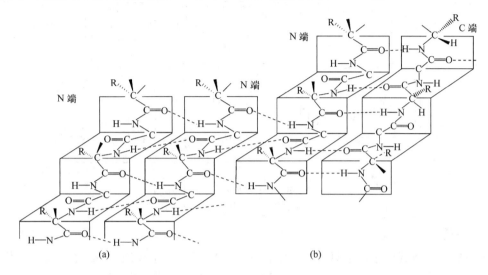

图 15-3　β-折叠层构象

（3）β-转角。

在形成二级结构时，多肽链的主链骨架呈 180°回折而呈发夹状，称为 β-转角。由 4 个连续氨基酸残基构成，第 1 个氨基酸的 C＝O 与第 4 个氨基酸的 N—H 之间形成氢键以维系构象（图 15-4）。

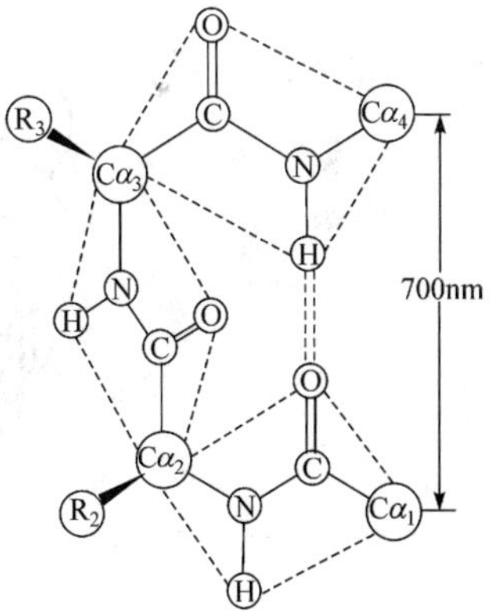

（4）无规卷曲。

多肽链中的某些肽段，由于氨基酸残基的相互影响，肽键平面不规则排列以致形成无一定规律的构象，称为无规卷曲。

在蛋白质分子中，可以同时存在上述几种二级结构或以某种二级结构为主的结构形式，这取决于各种残基在形成二级结构时具有的不同倾向或能力。例如，谷、蛋、丙残基易形成 α-螺旋；缬、异亮残基最有可能形成 β-折叠层；脯、甘、丝、天酰残基常见于 β-转角。

图 15-4　β-转角

3）三级结构

蛋白质分子在二级结构基础上进一步盘曲折叠形成的三维结构，是多肽链在空间的整体分布。三级结构的形成主要靠侧链上 R 基团的相互作用。其作用力有下列几种：①氢键，酪、丝侧链中的—OH 可与天冬、谷侧链中的—COOH 及组中的咪唑基形成氢键；②盐键（离子键），—COO—与—NH$_3$ 静电引力；③疏水作用力，R 上的非极性基团为避开水相而聚集在一起的聚合力；④范德华力，如偶极力、取向力、色散力；⑤二硫键，为共价键，键较牢固。

氢键、盐键、疏水作用力、范德华力等分子间作用力比共价键弱得多，称为次级键。虽然次级键键能较小，稳定性较差，但数量多，故在维持蛋白质空间构象中起着重要作用（图 15-5）。

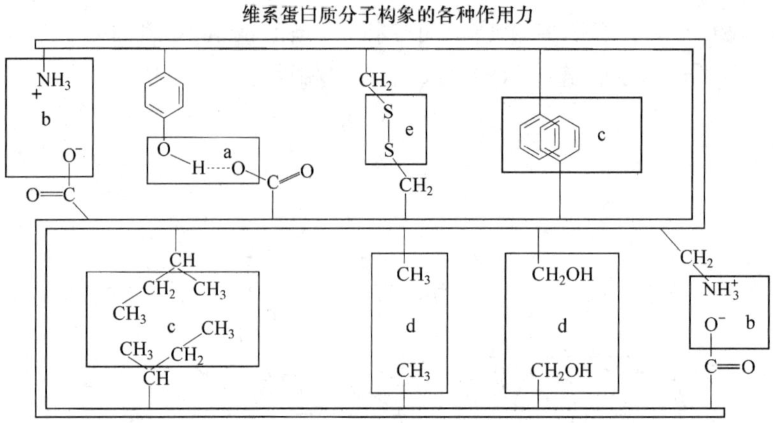

维系蛋白质分子构象的各种作用力

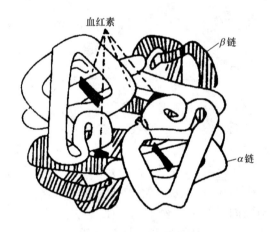

图 15-5　蛋白质三级结构中的作用力
a. 氢键；b. 盐键；c. 疏水作用力；d. 范德华力；e. 二硫键

4）四级结构

　　蛋白质由两条或两条以上具有三级结构的多肽链通过疏水作用力、盐键等次级键相互缔合而成。每一个具有三级结构的多肽链称为亚基。在蛋白质分子中，亚基的立体排布、亚基间相互作用与接触部位的布局称为四级结构。四级结构不包括亚基内部的空间结构（图 15-6）。

图 15-6　血红蛋白的四级结构

15.2.3　蛋白质的性质

　　蛋白质的基本组成单位是氨基酸，因此它和氨基酸有部分相似的理化性质，但由于其结构上的特殊性，它又有一些自身特有的性质。

　　1. 两性和等电点

　　虽然蛋白质中的氨基酸已经结合成肽键，但其分子两端仍保留有氨基和羧基，侧链也还有可能存在各种基团。因此，蛋白质分子的电离情况比氨基酸复杂得多。但是，它也是和氨基酸相似的两性化合物，有等电点，在电场中的移动也受到分子所带有的净电荷和溶液 pH 的影响。在等电点时，蛋白质才是中性分子，不在等电点的 pH 条件下，蛋白质以离子形式存在，蛋白质颗粒将分别带有正电荷或负电荷;在等电点时,蛋白质所带净电荷为零,成为两性离子。不同蛋白质的等电点不同,而在同一 pH 的溶液中,不同蛋白质分子的大小和所带电荷的性质、数量也不相同,故在电场中移动的速度也不一样,利用这种性质发展出来的电泳分析方法就可以将各种蛋白质分离分析。

2. 胶体性质

蛋白质分子颗粒的大小正在胶体的大小范围(1~100μm)以内,故蛋白质溶液具有胶体溶液的性质。蛋白质表面有许多亲水基团,与水形成氢键,吸附水分子,故对水有很强的亲和力(图 15-7)。

带正电荷的蛋白质颗粒　　等电点时的蛋白质颗粒　　带负电荷的蛋白质颗粒

图 15-7　蛋白质亲水胶体示意图(外圈为水化膜)

球蛋白在水溶液中时,每个蛋白质颗粒的外层可以和水形成水化膜,这层水膜的存在会对蛋白质颗粒的凝聚沉淀起到遏制作用,又由于同种蛋白质颗粒表面都带有同种电荷,这种带有同性电荷的粒子也会相互排斥,这两个因素使蛋白质能形成稳定的胶体溶液。其稳定性和粒子大小、电荷及水化程度都有关系。当这两个稳定因素消失时,如加入脱水剂和调节 pH,胶体结构受到破坏,蛋白质就会凝聚成块,利用这个性质也可以分离提纯蛋白质。

蛋白质溶液还具有黏度较大、扩散速率慢等高分子溶液的性质,它一般也不能透过半透膜,利用半透膜分离纯化蛋白质的方法称为透析。人体的细胞膜都具有半透膜性质,使不同的蛋白质合理地分布在细胞内外不同的部位分别发挥作用,这对维持正常的电解质和水的平衡分布及调节各类物质的代谢作用均具有重要的意义。

3. 变性作用和水解

当蛋白质在某些物理和化学因素影响下,如加热、加压、超声、光照、辐照、振荡、搅拌、干燥、脱水或强酸、强碱、重金属盐及有机溶剂(乙醇、丙酮、脲等)作用下,缔合的肽链松展开来,它的多级空间结构受到破坏而不复存在。此时,虽然蛋白质中的肽链并无断裂,但蛋白质的理化性质和生物特性都被改变了,即产生了蛋白质的变性作用。

人们对蛋白质的变性现象虽然早就有所了解,但对其机制的认识是通过对蛋白质多级结构有了正确而完整的认识后才逐渐明了的。肽链中的作用力主要可分为三类:第一是氢键;第二是疏水基团之间的作用力;第三是极性基团之间的作用。在这些作用力共存下肽链形成一定的构象,外界环境变化时,构象就会产生变化。在变性的早期阶段,空间构象尚未深度破坏,变性作用是可逆的,如血红蛋白在低浓度的水杨酸钠溶液中变性,除去水杨酸钠后其天然性质可得以恢复。此时,变性破坏的只是蛋白质的三级和四级结构。但在变性过度,蛋白质分子的二级和三级结构都彻底变化后,蛋白质将不能再恢复到其原有的结构,这样的变性就成为不可逆的了。

变性后的蛋白质最显著的特点是溶解度降低、黏度增加和难以结晶,但更容易被蛋白酶催化水解。变性作用带来的另一个重要影响是蛋白质原来有的生理活性完全丧失。蛋白质的变性和人类的生活生产活动密切相关。例如,种子要在适当的环境条件下保存以避免其变性而失去发芽能力;疫苗、制剂、免疫血清等蛋白质产品在储存、运输和使用过程中也要注意防止变性;延迟和制止蛋白质变性也是人类保持青春、防止衰老的一个有效过程。另外,人们又可以用注入乙醇或加热、辐照等手段使病菌和病毒的蛋白质变性而起到治病、消毒和灭菌等作用。

蛋白质在水溶液中受到酸、碱等催化剂的影响使一级结构受到破坏后即发生了水解作用,此时可以产生一系列示、朊、肽等中间产物,直到最终水解产物氨基酸。水解完全时,自由氨基氮的量就成为恒定。

$$\text{蛋白质}\xrightarrow{\text{水解}}\text{示}\xrightarrow{\text{水解}}\text{朊}\xrightarrow{\text{水解}}\text{多肽}\xrightarrow{\text{水解}}\text{二肽}\xrightarrow{\text{水解}}\alpha\text{-氨基酸}$$

4. 沉淀

蛋白质从溶液中析出的现象即蛋白质的沉淀。沉淀出的蛋白质有些是变性的,有些并未变性。使蛋白质沉淀的主要方法有以下几种。

1) 盐析

向蛋白质水溶液中加入氯化钠等中性电解质盐,使蛋白质分子表面的电荷被中和,失去电荷的蛋白质颗粒就开始凝聚,牛奶中加入食盐就可看到结块现象。如果盐析时溶液的 pH 正好在等电点 pI 上,其盐析效果更佳,沉淀出的蛋白质在这样的场合下一般不会变性。

2) 加热

加热可使某些蛋白质变性凝固沉淀出来,这与热运动使氢键破坏有关,加热灭菌也是使细菌体内的蛋白质凝固而失去生理活性。

3) 加脱水剂

丙酮、甲醇和乙醇等亲水性强的有机溶剂加入蛋白质溶液中后,这些有机溶剂的亲水性能很强,使蛋白质胶体颗粒表面的水化膜消失而产生沉淀或进入肽链空隙引致溶胀作用使氢键和分子间力受到破坏。在这个过程中还往往引起变性作用,75%的乙醇有最强的灭菌作用也是这个性质所产生的效果。

4) 试剂

钨酸、鞣酸、三氯乙酸和苦味酸、磷钨酸等生物碱试剂既能使生物碱沉淀也能使蛋白质沉淀,这些试剂与蛋白质结合后生成不溶性的盐。Hg^{2+}、Ag^+、Cu^{2+}等重金属离子也会和蛋白质结合生成沉淀,此时蛋白质往往也发生变性作用。利用这个性质在临床上可用来救治重金属盐中毒的患者,给他们口服生鸡蛋和生牛奶,使其和重金属离子结合成不溶性的能沉淀的蛋白质,然后在催吐剂作用下将它们呕出,达到解毒的效果。

5. 显色反应

一切伯胺和含有 α-氨基酰基官能团的化合物与茚三酮反应均能生成蓝紫色物质,蛋白质也有同样的反应现象并可用于它的定性和定量分析。

碱性蛋白质溶液中滴加硫酸铜稀溶液,铜离子与四个肽键上的氮原子形成紫红色的配位化合物,肽键越多,颜色越深,因为双缩脲在碱性溶液中和 0.5% $CuSO_4$ 溶液反应产生紫红色,故蛋白质的这个呈色反应称为蛋白质的双缩脲反应。

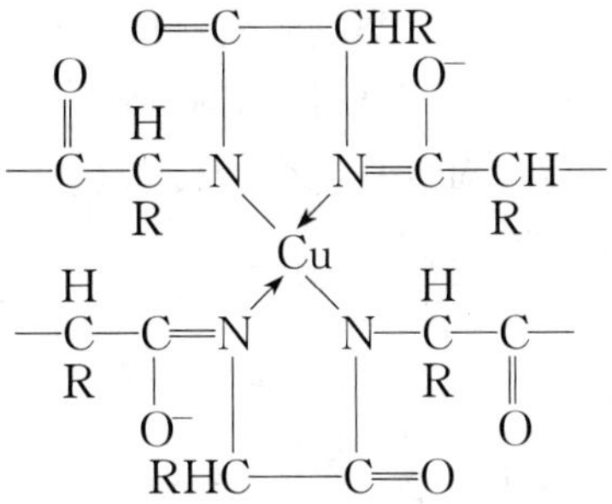

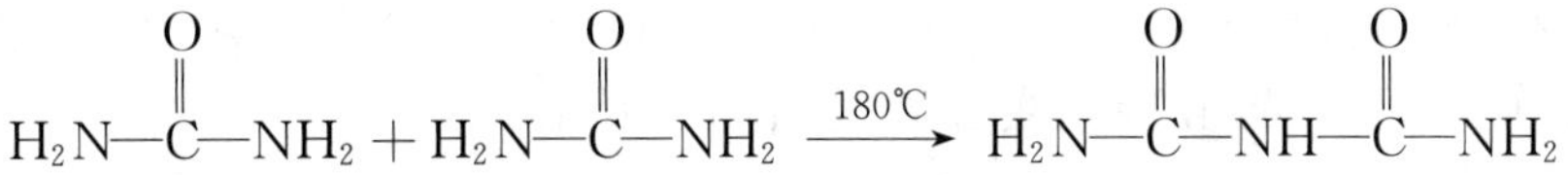

$$H_2N-\overset{\overset{O}{\|}}{C}-NH_2 + H_2N-\overset{\overset{O}{\|}}{C}-NH_2 \xrightarrow{180℃} H_2N-\overset{\overset{O}{\|}}{C}-NH-\overset{\overset{O}{\|}}{C}-NH_2$$

蛋白质遇到硝酸,在芳香氨基酸的侧链芳香环上发生硝化反应,产生黄色,这被称为蛋白黄反应。实验时皮肤不慎溅上硝酸会留下黄色的痕迹就是蛋白黄反应的结果。

问题 15-4　写出 Pro-Ser-Ile-Ala-Gly 五肽的结构式。

问题 15-5　维持蛋白质三级结构的作用力主要有哪些?

15.3　酶

15.3.1　酶的结构

蛋白质按其化学组成可分单纯蛋白质和结合蛋白质两大类。类似地,酶也可根据其化学组成分为单纯酶和结合酶两大类。单纯酶是由单纯蛋白质组成的酶,如蛋白酶、淀粉酶、脂肪酶、核糖核酸酶等;结合酶是由蛋白质部分(酶蛋白)和非蛋白质部分(酶的辅助因子)组成的酶,属于结合蛋白质。酶蛋白和酶的辅助因子单独存在时,均无催化活力,只有当酶蛋白与辅助因子结合成全酶时,才表现出催化活力。

$$全酶 \Longrightarrow 酶蛋白 + 辅助因子$$

(结合酶)　　　　　　　　(辅酶或辅基、金属离子)

有些酶只有在和某种特定金属离子结合后才表现出活性。例如

醇脱氢酶(Zn^{2+})	碳酸酐酶(Zn^{2+})
激酶类(Mg^{2+})	柠檬酸裂解酶(Mg^{2+})
丙酮酸脱羧酶(Mn^{2+})	柠檬酸合成酶(K^+)
酪氨酸酶(Cu^{2+})	黄嘌呤氧化酶(Mo^{6+})

金属离子在结合酶中所起的作用是:构成酶活性中心的组分;在酶蛋白与底物之间起桥梁作用;稳定酶蛋白的空间构型;在氧化还原酶反应中参与电子的传递。

辅酶与辅基的区别是:辅酶与蛋白质的结合比较疏松,可用透析法将辅酶透析出来;辅基与酶蛋白的结合很牢固,不能用透析法将它们分开。辅酶与辅基是一些有机物分子,其中大多数是 B 族维生素的衍生物,这类有机物分子有 NAD、NADP、FMN(黄素单核苷酸)、FAD(黄素腺嘌呤二核苷酸、铁卟啉)、CoA(辅酶 A)、生物素、四氢叶酸等。

15.3.2　酶的性质

从酶的化学组成及其理化性质的分析结果来看,酶是蛋白质,因此,凡是蛋白质所具有的

理化性质,酶都具备。除此以外,酶还是一类具有特殊催化功能的蛋白质。

酶作为一种特殊的催化剂,除具有一般催化剂的共性(如反应前后酶本身没有量的改变;只加速反应而不改变反应平衡等)外,尚有其独有的特点。

1. 有极高的催化效率

酶的催化效率相对其他无机或有机催化剂要高 $10^6 \sim 10^{13}$ 倍。例如,过氧化氢的分解反应。

$$2H_2O_2 \xrightarrow{\text{催化剂}} 2H_2O + O_2$$

用 Fe^{2+} 催化,效率为 $6 \times 10^{-4} \ mol/(mol \cdot s)$,用过氧化氢酶催化,效率为 $6 \times 10^6 mol/(mol \cdot s)$,可见,酶比 Fe^{2+} 催化效率要高出 10^{10} 倍。

2. 有高度的专一性(选择性)

酶的专一性是指酶对它所作用的底物有严格的选择性,一种酶只能催化某一类,甚至只与某一种物质发生化学变化。例如,糖苷键、酯键、肽键等都能被酸碱催化而水解,但水解这些化学键的酶却各不相同,即它们分别需要在具有一定专一性的酶作用下才能被水解。酶的专一性又可分为以下几种类型:

1) 底物专一性

一种酶只能催化一种底物使之发生特定的反应,如脲酶只能催化尿素水解,反应式为

$$H_2N—CO—NH_2 + H_2O \xrightarrow{\text{脲酶}} 2NH_3 + CO_2$$

而不能催化尿素以外的任何物质(包括结构与尿素非常相似的甲基尿素)发生水解,也不能使尿素发生水解以外的其他反应。

2) 反应专一性

有些酶的专一性程度较低,对具有相同化学键或基团的底物都能进行某种类型的反应。如酯酶催化酯键的水解,但对底物 $RCOOR'$ 中的 R 及 R' 基团却没有严格的要求。

3) 立体化学专一性

有些酶对底物的构象有特殊要求,往往只能催化底物的一种立体化学结构体。例如,L-乳酸脱氢酶只能催化 L-乳酸氧化,对 D-乳酸不起作用。又如,反丁烯二酸酶仅作用于反丁烯二酸,而不能作用于顺丁烯二酸。

由于酶反应具有严格的专一性,所以它的催化反应产物比较单一,副产物少,从而有利于产品分离。酶作用上的专一性,从根本上保证了生物体内为数众多的各种各样的化学反应能有条不紊地协调进行。

3. 要求温和的反应条件

酶由生物体产生,其本身又是蛋白质,只能在常温、常压、接近中性的 pH 条件下发挥作用。因此,酶作为工业催化剂,不用耐高温、高压的设备,也不需要耐强酸、强碱的容器。例如,用盐酸水解淀粉生产葡萄糖时,需在 0.15MPa 和 140℃的操作条件下进行,需要耐酸、耐碱的设备,若用 α-淀粉酶和糖化酶,则可用一般设备在常压下进行。因此,可降低能量消耗,减轻设备腐蚀,对设备的材质及制造要求大大降低。

15.3.3 酶促反应

酶的基本功能是催化生命体内发生的各种化学变化——主要是各种有机化学反应。酶催

化的有机化学反应类型主要包括水解反应、缩合反应、氧化反应、还原反应、烷基化反应、磷酰化反应、异构化及分子重排反应等。这些反应类型，不仅在生物化学上极为重要，而且在有机化学上也具有重要意义。

酶作为有机化学反应的催化剂，具有许多突出的特点和优势，它的应用前景无疑是非常广阔的。但是，也应该看到仍然存在一些问题需要解决。

(1) 酶催化的有机化学反应类型及能用于酶促反应的酶和底物还比较少。

(2) 酶促反应的操作参数比较窄。酶的某些特性，如要求在温和条件下进行反应等，实际上对酶促有机化学反应的应用不利。如果一个反应过程只能在指定的温度或 pH 条件下缓慢进行(升高温度及改变 pH 将会使酶蛋白构象发生变化而失活)，这显然是不可取的。

(3) 酶在水介质中表现出很高的催化活性，但是对于大多数重要的有机化学反应来说，只能在有机溶剂介质中进行。虽然近年来酶在有机介质中的催化反应及其应用研究取得了很大进展，但是仍然有许多酶无法在有机介质中使用。

(4) 许多酶促反应容易被底物或产物抑制。在反应体系中底物或产物的浓度过高时，反应将难以进行。

将酶应用于有机化学反应，特别是有机合成反应中，是有机化学家长期以来追求的目标。随着酶催化作用机制及其应用研究的飞速发展，人们已经认识到将酶应用于有机化学反应研究和合成非天然有机化合物的巨大潜力。近十多年来，生物有机化学家在酶促有机化学反应的理论和应用研究方面已经做了许多工作，如酶-底物的相互识别和作用理论的发展，核酸酶、抗体酶和杂化酶的发现，酶在有机溶剂中反应特性的发现和应用，模拟酶的合成和酶的化学修饰技术的发展等，使酶促有机化学反应的应用展现出光明的前景。

酶促有机化学反应研究的发展并没有改变有机化学的传统内容和方法，但是明显地拓宽而且丰富了它的内容，代表了一种新的有机化学研究和合成工具，丰富了现代有机化学的研究方法。

15.3.4　酶的提取与分离

酶作为生物催化剂普遍存在于动物、植物和微生物中。最早人们多从动物的脏器、腺体及植物的果实、种子中提取酶，如用猪胃生产胃蛋白酶、牛胰制胰蛋白酶、发芽大麦生产淀粉酶等。利用微生物进行酶生产是从 19 世纪末日本用曲霉通过固体培养生产"他卡"淀粉酶用作消化剂开始的。20 世纪 20 年代，德国用枯草杆菌生产 α-淀粉酶用于棉布退浆，为微生物酶的工业生产奠定了基础。20 世纪 40 年代末，日本用深层发酵法生产 α-淀粉酶，是微生物生产酶大规模工业化的开始。目前工业上应用的酶大多采用微生物发酵生产，这是因为微生物品种繁多，几乎所有的酶都能从微生物中找到，而且它的生产不受季节、气候和地域的限制；由于微生物容易培养，繁殖快，产量高，故可在短时间内廉价地大量生产；又因微生物容易变异，通过变异或培养条件的改变，既可以增加酶的产量又可使酶的性能更适合人们的需要。

微生物产生的酶有胞内酶和胞外酶之分。胞内酶是指在细胞内合成又在细胞内起作用的酶；胞外酶是指在细胞内合成后，分泌到细胞外，在细胞外起作用的酶。无论哪一种酶，把它从菌体中(胞内酶)或培养基中(胞外酶)提取出来，并使之达到与使用目的相适应的纯度，这是酶的提取与精制的目的。

工业提取法是工业上大批量提取酶的常用方法。工业上的酶制剂，一般用量较大，纯度不高。但生化研究用酶，则要求特别高的纯度，达到接近于单一蛋白的程度。要做到这一点，在本节中讨论的基本方法一般只能作为辅助手段,除此之外,还必须采用其他精制手段,如透析、层析、电泳、超滤等技术。

工业用酶制剂的形式通常有两种:液体酶制剂和粉剂。由于液体酶的包装费用大,运输费用大,保存期短,因而工业上主要应用形式是粉剂。微生物酶粉剂的工业提取大致包括如下步骤:第一步,如果目的酶是胞外酶,首先在发酵液中加入适当的絮凝剂或凝固剂,并进行搅拌,然后通过分离(如离心沉降分离、转鼓真空吸滤、板框过滤等)除去絮凝物或凝固物,以取得澄清的酶液;如果目的酶是胞内酶,则先把发酵液中的菌体分离出来,使之破碎(如化学破碎法、机械磨碎法、超声波破碎法等),将酶抽提至液相中,然后进行同胞外酶一样的处理,以取得澄清酶液;考虑到后继步骤的经济性,一般用减压浓缩法或薄膜浓缩法和超滤法将上述得到的酶液进行适当程度的浓缩。第二步,采用适当的沉淀手段将酶沉淀分离。第三步是收集沉淀,干燥、研磨成粉,加适当的稳定剂、填充剂等,做成粉末制剂。

由于酶的提取液中含有微生物菌体杂质、蛋白质、多糖、脂类和无机盐等,这类杂质通常远远超过所需要的酶,必须将这些杂质除去,提高酶的纯度。纯化方法很多,工业上较为常用的有两种方法:盐析法和有机溶剂提取法。

15.4　核　　酸

核酸和糖、蛋白质一样,都是对生命现象有重大意义的生物高分子化合物。1868 年,Miescher 从细胞核中分离出一种含磷的酸性物质,由于这个物质首先是从细胞核中分离得到的,又具有酸性,故命名为核酸。自然界中,无论是植物、微生物、动物还是人类,凡是有生命的地方就有核酸存在。较长一段时期内,人们只把蛋白质看成生命的基本物质,而对核酸的作用和机制了解得并不多。Avery 发现并证实了染色体中的脱氧核糖核酸(DNA)是携带遗传信息的物质,只含有 DNA 的细胞提取物能够将一个新的特性传递给细菌,而细菌的后代也继承了这一特性。到 20 世纪 50 年代,人们已经可以完全肯定,核酸是以遗传编码的方式储存和传递信息并指导蛋白质合成的物质。

15.4.1　核酸的结构

正如蛋白质是由氨基酸结合而成的一样,核酸是由许多核苷酸聚合而成的。因此,核酸又称多核苷酸。但核酸中核苷酸单体的数目远远多于蛋白质中氨基酸单体的数目。一些 DNA 分子的长度可以用电子显微镜直接测量,大肠杆菌染色体 DNA 由 40 多万个碱基对组成,相对分子质量为 2.6×10^9,长度达 1.4mm。

由于核酸的分子十分巨大,对它们的测序实际上只能先将它们剪切成易处理的片段,先测定每一片段的序列,然后综合全部信息,重新构成起始大分子的全序列。从组成分析,核酸主要含 C、H、O、N、P 五大元素,个别的还有 S 元素。从化学结构分析,核苷酸用核苷酸酶水解后得到磷酸和由嘌呤或嘧啶类的杂环碱和戊糖所组成的核苷,酸性水解核苷酸生成戊糖的磷酸酯和杂环碱。因此,在核苷酸分子中,杂环的碱与戊糖相连形成核苷,核苷上的糖基再与磷酸相连组成核苷酸。核苷酸是二元酸,如腺苷酸的 pK_a 为 3.8 和 6.2,在中性水溶液中以二价负离子形式存在。由于核酸也有酸性,在中性水溶液中也以多价负离子形式存在,而在细胞中则与碱性蛋白质、多元胺或碱土金属离子结合。

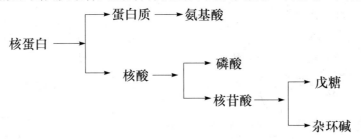

核蛋白由核酸和蛋白质结合而成,若将核蛋白水解,则分步可得到如下各产物:

核蛋白 →
→ 蛋白质 → 氨基酸
→ 核酸 →
→ 磷酸
→ 核苷酸 →
→ 戊糖
→ 杂环碱

核苷酸中有两类戊糖,因此核酸也有两类,它们是核糖核酸(ribonucleic acid,RNA)和脱氧核糖核酸(deoxyribonucleic acid,DNA)。RNA 和 DNA 中的戊糖分别是 D-核糖和 $2'$-脱氧-D-核糖(右上角的"$'$"专指核苷中糖的位置)。RNA 主要存在于细胞核外的细胞质中,而 DNA 主要存在于细胞核中。核苷酸中的碱基有嘌呤和嘧啶两大类,它们分别是腺嘌呤(adenine,A)、鸟嘌呤(guanine,G)和胞嘧啶(cytosine,C)、脲嘧啶(uridine,U)、胸腺嘧啶(thymine,T)五种。后面四个碱都有酮式和烯醇式的互变异构存在,在 pH 为 7 ± 2 的生理条件下,它们主要以酮式结构存在。

核糖　　　　脱氧核糖

A　　　G　　　C　　　U　　　T

DNA 和 RNA 在结构上有两点差别。第一,DNA 中是脱氧核糖,RNA 中是核糖;第二,DNA 中的碱基没有脲嘧啶(U),RNA 中的碱基没有胸腺嘧啶(T)。成键时,嘧啶类碱基以 1-位和戊糖的 $1'$-位形成苷键,嘌呤类碱基则以 9-位和戊糖的 $1'$-位形成苷键,它们都是 β-苷链。正磷酸则与戊糖的 $3'$-位和 $5'$-位形成磷酸二酯键,简称 C-$3'$-O-P-O-C-$5'$键。考虑到碱结构的差别及各个核苷酸在链的顺序排列连接的各种可能性,加上高达亿万级的巨大相对分子质量,DNA 和 RNA 分子结构的复杂性可想而知。

图 15-8 代表了由 4 个核苷酸组成的 DNA 或 RNA 中的一段多核苷酸链的结构。多核苷酸链一般都用下列的缩写式表示,由左向右是从 $5'$-端到 $3'$-端,P 代表磷酸基,垂直的线代表核糖或脱氧核糖。P 在核苷的右下方或左下方分别表示在糖 $3'$-位或 $5'$-位上酯化。A、C、G、T、U 各代表不同种类的碱基。两个核苷通过一分子的磷酸在 $3'$-及 $5'$-位上结合,它们分别被

简写为-A-C-G-T-或-A-C-G-U-(图 15-9)。因此,核酸是由核糖或脱氧核糖通过磷酸连接起来的一条长链,在糖的分子上再和不同的碱基结合。核酸的两个末端分别为磷酸单酯或游离的羟基。

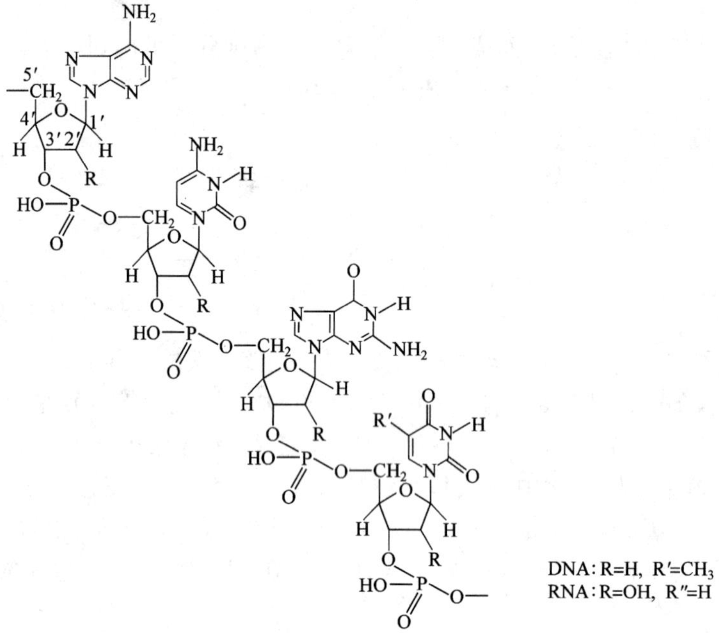

图 15-8　　DNA 和 RNA 链示意图

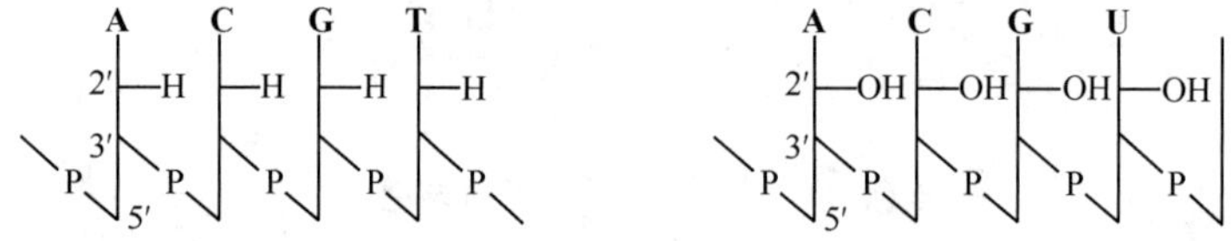

图 15-9　　DNA 和 RNA 链的简单表示法

核苷酸分子中既有只带一个磷酸基的一磷酸核苷,也有含两个和三个磷酸基的腺苷二磷酸(ADP)和腺苷三磷酸(ATP)等多磷酸核苷,它们都有着非常重要的生理活性功能(图 15-10)。

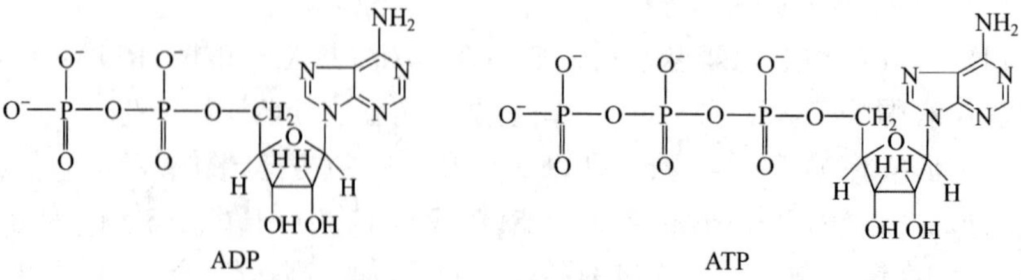

图 15-10　　ADP 和 ATP 的结构

20 世纪 40 年代后期,已经证实在所有的 DNA 分子中,腺嘌呤(A)和胸腺嘧啶(T)的比例相等,鸟嘌呤(G)和胞嘧啶(C)的个数也完全相等。也就是说,这两对碱中的每两个碱之间是互补的。通过对分子模型的推论及各碱基的性质研究,结合 DNA 分子的 X 射线衍射分析,Crick 和 Watson 在 1953 年合作推出了 DNA 的双螺旋(double helix)结构模型。这是人类在

分子水平上认识生命现象所取得的一个重大突破。这两个科学家也因他们的杰出工作而荣获
1960 年诺贝尔生理学或医学奖(图 15-11)。

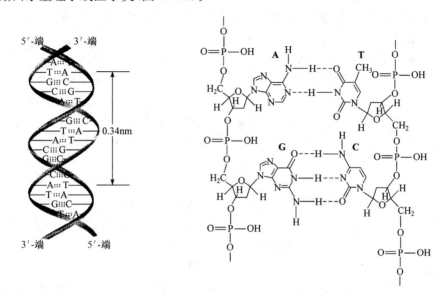

图 15-11　DNA 的双螺旋结构示意图

在 DNA 的双螺旋中,A 与 T 配对,G 与 C 配对,其间的虚
线表示配对碱基之间的氢键,A 与 T 之间形成两个氢键,G 与
C 之间形成三个氢键。和 DNA 相比,RNA 的碱基主要是腺
嘌呤(A)、鸟嘌呤(G)、胞嘧啶(C)和脲嘧啶(U)四种。但有些
RNA 分子还含有另外一些特殊碱基,如 5-甲基胞嘧啶等,这些
特殊碱基又被称为"稀有碱基"。它的二级结构远不如 DNA
那么有规律(图 15-12)。

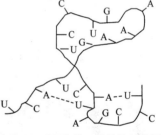

图 15-12　RNA 的二级结构示意图

15.4.2　核酸的性质

1. 核酸的离解性质

多聚核苷酸链的离解性质与多肽链情况相似,能够发生两性离解,也有等电点。由于磷酸
是一个中等强度的酸,而含氮碱基碱性很弱,因此核酸的等电点都在低 pH 范围内。DNA 的
等电点为 4～4.5,RNA 的等电点为 2～2.5。DNA 和 RNA 等电点相差较大这一特点,在
DNA 和 RNA 分离中具有重要意义。

DNA 和 RNA 等电点相差较大的原因,很容易从它们的结构特点来理解。RNA 链中,核
糖 2'-OH 的氢原子能与磷酸酯中的羟基氧原子形成氢键,促进了磷酸酯羟基中氢原子的
离解。

2. 核酸的水解

1) 酸或碱水解

多聚核苷酸链在适当的条件下能被酸或碱水解成核苷酸。但是 DNA 和 RNA 对酸或碱
的稳定性有很大的差别,DNA 比 RNA 要稳定得多。这是因为,RNA 分子中核糖 2'-OH 的存

在促进了磷酸酯键的水解过程。DNA 和 RNA 水解难易程度的不同具有极为重要的生理意义。DNA 作为遗传信息的携带者,要求具有一定的稳定性,而 RNA 在大多数情况下是作为 DNA 的信使,完成任务后即分解掉,所以要求 RNA 具有易被水解的特性。

2) 酶水解

在生物体内存在着多种核酸水解酶。这些酶可以水解多聚核苷酸中的磷酸二酯键。核酸水解酶一般可分为 RNA 水解酶和 DNA 水解酶。核酸水解酶还可以根据其水解核酸方式分为两类:①核酸外切酶,能够从多聚核苷酸链的一端($3'$-端或 $5'$-端)开始,逐步将核苷酸水解下来;②核酸内切酶,能够水解多聚核苷酸链中某种核苷酸形成的磷酸酯键。不同的核酸水解酶的水解产物——核苷酸也不同,可以是 $5'$-单磷酸核苷或 $3'$-单磷酸核苷。

3. DNA 变性(denaturation)和复性(renaturation)

DNA 变性指双螺旋 DNA 分子间氢键断裂,形成无规则单链线形结构的现象,变性不引起一级结构的改变。变性 DNA 的一些理化及生物学性质通常会发生改变。通常引起变性的条件包括加热、极端的 pH、有机试剂甲醇、乙醇、尿素及甲酰胺等。

DNA 复性指变性 DNA 在适当条件下,两条互补链全部或部分恢复到双螺旋结构的现象。例如,由温度升高引起的热变性 DNA 经缓慢冷却后可以复性,此过程称为退火(annealing)。如果采用骤然冷却的方式处理热变性 DNA,因单链 DNA 分子无法相互碰撞,导致复性无法发生,此过程称为淬火(quench)。

问题 15-6　在 DNA 的双螺旋中,比较 A 与 T 之间及 G 与 C 之间哪个结合得更牢固? 解释原因。

阅读材料

与蛋白质有关的诺贝尔化学奖

1946 年,酶晶体与病毒纯蛋白的制备:美国人萨姆纳(James Batcheller Sumner)、诺思罗普(John Howard Northrop)、斯坦利 (Wendell Meredith Stanley)。

1958 年,测定胰岛素分子结构:英国人桑格(Frederick Sanger)。

1962 年,测定血红蛋白的结构:英国人肯德鲁(John Cowdery Kendrew)、佩鲁兹(Max Ferdinand Perutz)。

1988 年,首次确定了光合作用反应中心的立体结构,揭示了模结合的蛋白质配合物的结构特征:德国人罗伯特·休伯(Robert Huber)、约翰·戴森霍弗(Johann Deisehofer)、哈特穆特·米歇尔 (Hartnut Michel)。

2004 年,发现了泛素调节的蛋白质降解:以色列科学家阿龙·切哈诺沃(Aaron Ciechanover)、阿夫拉姆·赫什科(Avram Hershko)和美国科学家欧文·罗斯(Irwin Rose)。

2008 年,发现绿色荧光蛋白质 GFP 及其后一系列重要发现:美国科学家马丁·查非(Martin Chalfie)、美国华裔化学家钱永健(Roger Tsien)及日本科学家下村修(Osamu Shimomura)。

2012 年,G 蛋白偶联受体研究:美国科学家罗伯特·莱夫科维茨(Robert J. Lefkowitz)和布莱恩·克比尔卡因(Brian K. Kobilka)。

2015 年,细胞修复 DNA 的机制及细胞对遗传信息的保护研究:瑞典科学家托马斯·林道(Tomas Lindahl)和美国科学家保罗·莫德里奇(Paul Modrich)、阿齐兹·桑卡(Aziz Sancar)。

【DNA 的发现】

　　1953 年 2 月 28 日,剑桥大学的两位年轻的科学家詹姆斯·沃森和弗朗西斯·克里克宣布他们的发现:DNA 是由两条核苷酸链组成的双螺旋结构。1953 年 4 月 25 日,英国的《自然》杂志刊登了这一被誉为 20 世纪以来生物学方面最伟大的发现,同时标志着分子生物学的诞生。威尔金斯和富兰克林用 X 射线数据分析证实了双螺旋结构模型的正确性,并写了两篇实验报告同时发表在英国《自然》杂志上。1962 年,沃森、克里克和威尔金斯获得了诺贝尔生理学或医学奖,而富兰克林因患癌症于 1958 年病逝而未被授予该奖。

沃森(J. D. Watson)　　　克里克(F. H. C. Crick)　　　威尔金斯(M. H. F. Wilkins)

习　题

1. 在多少 pH 的酸性条件可以电泳分离组氨酸、丝氨酸和谷氨酸?

2. 如何用化学方法识别下列各组化合物?
   (1) 苹果酸和谷氨酸　(2) 丝氨酸和色氨酸　(3) 色氨酸乙酯和酪氨酸

3. 一个八肽化合物由天冬氨酸、亮氨酸、缬氨酸、苯丙氨酸及两个甘氨酸和两个脯氨酸组成,终端分析法表明 N 端是甘氨酸,C 端是亮氨酸,酸性水解给出缬—脯—亮,甘—天冬—苯丙—脯、甘和苯丙—脯—缬碎片,给出这个八肽的结构。

4. 催产素是一个九肽化合物。顺序测定发现它在两个半胱氨酸间有二硫桥存在,当二硫桥被还原后发现其除了有两个半胱氨酸外还有谷氨酸、甘氨酸、天冬氨酸、异亮氨酸、亮氨酸、脯氨酸和酪氨酸。N 端是甘氨酸,部分水解给出天冬—半胱、异亮—谷、半胱—酪、亮—甘、酪—异亮—谷、谷—天冬—半胱、半胱—脯—亮等碎片,谷氨酸和天冬氨酸均以酰胺形式存在。给出它的结构式及还原后的结构式。

5. 解释下列说法。
   (1) 胰岛素和鱼精蛋白的 pI 分别为 5.3 和 10,将它们混于纯水中时有浑浊现象。
   (2) 蛋白质中的巯基和二硫基、酚基等官能团一般在其变性后才易检出。
   (3) 保护氨基的试剂是苄氧甲酰氯而不是苯甲酰氯,活化羧基的试剂是用对硝基苯酚而不是苯酚。
   (4) 消毒用的乙醇浓度为 75%,过浓或过稀都不太好。

6. 回答下列问题。
   (1) 氨基酸的酯化反应比羧酸快还是慢,其酰基化反应比胺快还是慢?
   (2) 肽中的羧基和质子化氨基的酸性比氨基酸强还是弱?
   (3) 怎样利用已知绝对构型的 L-(+)-丙氨酸来判断 L-(−)-丝氨酸、L-(−)-天冬酰胺酸和 L-(−)-半胱氨酸的绝对构型?